Enzyklopädie der Cannabiszucht

Mike MoD

Enzyklopädie der Cannabiszucht

Fachbuch der Hanfgenetik

NACHTSCHATTEN VERLAG
nachtschatten.ch

Impressum

Verlegt durch:

Nachtschatten Verlag AG
Kronengasse 11
CH-4500 Solothurn
Tel: 0041 32 621 89 49
Fax: 0041 32 621 89 47
info@nachtschatten.ch
www.nachtschatten.ch

Überarbeitete und aktualisierte Neuausgabe 2024
2. Auflage 2025

Der Nachtschatten Verlag wird vom Bundesamt für Kultur
mit einem Strukturbeitrag für die Jahre 2021–2025 unterstützt.

© Fotos
Sofern nicht anders vermerkt, aus dem Archiv des Autors
(Siehe auch Quellenverzeichnis auf Seite 440)
Infografiken
Alexander Heinrich, Constantin Mawrodiew, © beim Autor
Übrige Grafiken, sofern nicht anders vermerkt, aus Wikimedia Commons

Umschlaggestaltung und Layout
Constantin Mawrodiew, feinkost Designnetzwerk, Berlin
Nachbearbeitung Cover und Inhalt Neuauflage
Nina Seiler, Zürich; Mitarbeit: Tobias Strebel, Zürich

Lektorat
Nina Seiler, Zürich
Korrektur
Katharina Rohrbeck, Wien
Druck
Druckerei & Verlag Steinmeier, Deiningen

Printed in Germany
ISBN 978-3-03788-658-8

Auslieferung EU: LKG • Leipziger Kommissions- und Großbuchhandelsgesellschaft mbH •
An der Südspitze 1-12 • D-04571 Rötha • info@agorando.com

Inhalt

Vorwort

Mein Name ist Mike, doch die meisten Grower kennen mich unter dem Pseudonym *MoD*. Als ich vor über fünfzehn Jahren aus Deutschland in die Schweiz kam, gab es in einigen Städten mehr Hanfläden als Bäckereien, und auf den Feldern der Hanfbauern standen Tausende von Pflanzen in voller Blüte. Aber jede schöne Zeit geht einmal zu Ende – die riesigen Felder, die Massen an Stecklingen und viele Hanfshops gibt es inzwischen nicht mehr. Trotzdem blieb die Hanfzucht meine Leidenschaft; ein nebenberufliches Studium der Molekularbiologie half mir, die ersten eigenen Zuchtprojekte erfolgreich zu verwirklichen. Im Jahr 2009 gründete ich schließlich zusammen mit vier erfahrenen Growern sowie einem ehemaligen Hanfbauern und Herbaria-Seeds Breeder die Schweizer Samenbank Alpine Seeds.

Es war schon immer mein Traum, die über Jahre hinweg gesammelten Erfahrungen an Grower und Hanfliebhaber weiterzugeben. Dieses Buch soll Growern wie Breedern dabei helfen, mehr über die Prozesse im Innern einer Hanfpflanze, über Zucht und Genetik und die Selektion von Hanfpflanzen zu erfahren. In den meisten Grow-Büchern geht es um Themen wie das richtige Licht, den passenden Dünger und um die optimalen Grow-Bedingungen; das Thema Pflanzenzucht wird hingegen ausgespart oder nur sehr kurz angeschnitten. Ich wollte nicht einfach ein weiteres Buch dieser Art veröffentlichen; es ging mir um ein Thema, das heute noch nicht sehr viel Beachtung findet, im Umgang mit Hanf aber dennoch sehr wichtig ist: die Zucht, die Selektion und Weiterentwicklung von Hanfpflanzen. Denn ich glaube, dass viele Homegrower und Selbstversorger bereit sind, den nächsten Schritt zu wagen und tiefer in die Materie der Pflanzenzucht einzutauchen.

Dieses Fachbuch vermittelt Wissen, das die Arbeit an eigenen Projekten erleichtert und dabei hilft, das persönliche Zuchtziel schneller zu erreichen und einen geeigneten Arbeitsweg einzuschlagen. Ich versuche alle Aspekte der Hanfzucht detailliert und doch so einfach wie möglich zu erklären: von den Landrassen, ihrem Ursprung und ihrem Potenzial bei Kreuzungen über die mendelschen Regeln und die Selektion bis hin zur Geschlechtsfestlegung.

Außerdem erläutere ich das Feminisieren ausführlich und gehe auf die dabei entstehenden Prozesse innerhalb der Pflanze ein. Darüber hinaus behandelt dieses Buch die Zellteilung, das Kopieren der DNA, die verschiedenen Phytohormone und deren Wirkungsweise sowie die Fixierung von Eigenschaften und Merkmalen auf kommenden Generationen.

Neben wissenschaftlichen Fakten und Forschungsergebnissen spielt aber auch die persönliche Erfahrung in diesem Buch eine wichtige Rolle. Viele Freunde, einige bekannte Breeder, ehemalige Hanfbauern und langjährige Grower-Weggefährten haben ihre Ansichten und Erfahrungen zu diesem Buch beigetragen; ohne sie wäre das Buch so nicht möglich geworden.

Ich möchte an dieser Stelle auch all jenen danken, die dazu beigetragen haben, dass ich meinen Traum realisieren konnte: Stoner für die gute Zusammenarbeit und die Bilder; Flughase (*in vino veritas*); ElMalo für die Hilfe über all die Jahre hinweg; John; Stamina für den Support, die guten Tipps und die nette Kommunikation; Silversurfer, Mouse und den Kölner Stammtisch; Grower.ch und Simon, Klaas & Buschman, Subtone, Sour und Bliss – bis demnächst.

Darüber hinaus möchte ich mich bei allen Alpine-Seeds-Kunden und Stamm-Usern für die großartige Unterstützung bedanken. Ein ganz spezielles Dankeschön auch an S.A, ohne ihre Hilfe und Geduld wäre dieses Buch nie erschienen.

Ganz besonders danke ich natürlich auch den direkt an der Entstehung und der Produktion dieses Buches Beteiligten: Roger Liggenstorfer und Barbara Blankart vom Nachtschatten Verlag für die gute Zusammenarbeit; Constantin Mawrodiew von Feinkost Design für die herausragende grafische Gestaltung, Nina Seiler für das kompetente Lektorat sowie Katharina Rohrbeck für die sorgfältige Korrektur.

Und nun wünsche ich viel Vergnügen und Erkenntnis beim Lesen!

Mike MoD, im September 2013

Kapitel 1

1.1 Von Panama Red bis Oaxacan Gold – die legendären Sativa-Landrassen

Rechts: Seitenbud einer Thai-Landrasse am Blütetag 60.

Im ersten Kapitel des Buches betrachten wir die verschiedenen Cannabis-Unterarten genauer und versuchen, die Herkunft und Geschichte dieser Strains zu verstehen. Dazu gibt es eine Menge Tipps und Tricks rund um den Anbau der verschiedenen Arten.

Sativa-Landrassen

Von *Panama Red* bis *Molokai Frost* gibt es sehr viele legendäre Landrassen, die aus unterschiedlichen Teilen der Welt stammen. Doch wo liegt der Ursprung dieser alten und sehr bekannten Sativa-Sorten, die bis heute sehr viele Liebhaber und Fans haben?

Man sollte sich der Tatsache bewusst sein, dass heute auf den Feldern der Hanfbauern schon lange keine seltenen und ursprünglichen Landrassen mehr blühen. Denn auch in den ursprünglichen Herkunftsländern hat der Holland-Genpool die Vorherrschaft übernommen. Die Gründe dafür sind vielfältig: Hochgezüchtete Hybriden reifen schneller aus, erzielen einen besseren Ertrag und lassen mehrere Ernten pro Saison zu. Weitere Vorteile sind der niedrigere Wuchs und die kompakte Struktur der Pflanzen. Ursprüngliche Sativas aus Thailand oder Hawaii werden vier bis fünf Meter hoch und können von Polizei und Behörden leichter entdeckt werden als kleine, zwei Meter hohe Indica/Sativa-Hybriden. Darüber hinaus kann heute jeder Grower über das Internet Hanfsamen bestellen. Daher gehen viele alte Genetiken und besondere Klassiker der 70er und 80er Jahre unwiderruflich verloren und werden von schnellen Hybriden aus Holland oder Spanien verdrängt.

Schöner Thai-Bud.

Doch es gibt einige wenige Grower, Breeder und Unternehmen, die sich der Erhaltung solcher legendärer Strains verschrieben haben. World of Seeds, HortaPharm, Robert

Connell Clarke, Alpine Seeds, Seedsman mit ***Sam the Skunkman***, seine frühere Seedbank Sacred Seeds & Cultivators Choice und vor allem die vielen privaten Grower, die versuchen, Sorten wie ***Oaxacan Gold***, ***Panama Red***, ***Chocolate Thai*** oder ***Elephant Ear*** zu sichern und zu erhalten.

Der unvergleichliche Turn der alten Landrassen

Doch was ist das Spezielle an diesen alten Landrassen? Ganz einfach: Der Turn, das Aroma und der Geschmack sind wirklich etwas Besonderes. Jeder, der einmal ***Molokai Frost*** oder ***Columbian Gold*** geraucht hat, wird gemerkt haben, dass dieser Turn unvergleichbar mit den heutigen ***Sativa-Strains*** ist. Das oftmals extrem psychedelische Up-High und der fruchtig-zitronige Geschmack machen das Rauchen zu einem echten Erlebnis. Es gibt sogar einige Grower, die ausschließlich Sativa-Landrassen anbauen und nichts anderes in ihren Grow-Räumen haben wollen; sie nehmen eine sehr lange und schwierige Blütephase auf sich, um am Ende mit einer ganz besonderen Qualität belohnt zu werden. Im Folgenden geht es mir um die Geschichte und die Herkunft dieser besonderen Cannabis-Unterart.

Unten: Eine Columbian Gold im Indoor-Anbau mit sehr lockeren Blüten.

Bevor wir aber auf den Ursprung der Sativa eingehen, müssen wir erst einmal klären, was man unter Landrassen überhaupt versteht und welche Sorten man als solche bezeichnen kann. Laut Definition versteht man unter Landrassen «Pflanzen, die sich ohne systematische Züchtung des Menschen, seit Generationen und in einem bestimmten Gebiet an das hiesige Klima und die Umweltbedingungen angepasst haben». Aber ab wann zählt eine bestimmte Genetik zu den ursprünglichen und natürlichen Sorten einer Region? US-amerikanische Landrassen zum Beispiel existieren erst seit 30 bis 40 Jahren, wogegen mexikanische Genetiken ihren Ursprung auch in Mexiko haben. Bei diesem Thema gehen die Meinungen sehr weit auseinander. Ich persönlich meine, dass Pflanzen, die sich seit zehn oder mehr Jahren an eine bestimmte Region gewöhnt haben, auch als Landrasse bezeichnet werden können. Voraussetzung dafür ist, dass der Mensch keinen Einfluss auf die Selektion der Pflanzen hat; die Pflanzen müssen sich unter natürlichen Bedingungen und von Generation zu Generation durch Inzucht vermehren, ohne dass der Mensch in irgendeiner Form eingreift.

Landrassen: Definition

Langgezogene Blüten bei einer Thai-Sativa.

Zu den Ländern, aus denen bekannte Sativa-Landrassen kommen, zählen Kolumbien, Panama, Mexiko, Nigeria, der Kongo, Indien oder Thailand. Die Blütezeit der meist reinen Sativas liegt in der Regel zwischen 90 und 120 Tagen, je nachdem, aus welchem Gebiet die Pflanze stammt. Äquatoriale Sativas sind etwas potenter und besitzen einen hohen THC und einen eher niedrigen CBD-Gehalt. Mit zunehmender Entfernung vom Äquator steigt der CBD-Gehalt, und die THC-Konzentration in den Blüten nimmt leicht ab. Pflanzen aus Thailand, Afrika oder Hawaii sind zudem etwas heikel und neigen in einigen Fällen schnell zur Zwitterbildung. Das hat einerseits mit den extremen Wetterbedingungen in den entsprechenden Anbauländern zu tun, andererseits sind sie sehr empfindlich auf schnelle Änderungen der Photoperiode.

THC- und CBD-Gehalt bei Sativas

Will man reine Sativa-Landrassen erfolgreich unter künstlichen Bedingungen anbauen, so sollte man einige Punkte beachten: Sorten, die nicht unter künstlichem Licht selektiert wurden, werden auch nicht immer einen

Überraschend dichte Blütenstände bei einer Brasil-Landrasse.

überzeugenden Ertrag und eine gute Performance liefern. Wilde Landrassen haben nur sehr wenig Potenzial für einen reinen Indoor-Grow. Die Bedingungen, an welche die Pflanzen in ihren Ursprungsländern gewöhnt sind, kann man keinesfalls mit denen des Indoor-Bereichs vergleichen. Vor allem die kürzere Wachstumsphase macht einen recht großen Unterschied aus.

Ich lese auch oft von Growern, die sich von ihrem reinen Landrassen-Grow mehr erhofft haben und mit der Leistung der Pflanzen nicht ganz zufrieden sind. Man darf selektierte Landrassen nicht mit F1-Hybriden vergleichen. Hybriden besitzen in ihrer ersten Generation ein sehr vitales und kräftiges Wachstum, bringen einen hohen Ertrag und in der Regel eine bessere Leistung als beide Elternpflanzen für sich allein.

Heterosis-Effekt
Bastard-Effekt

Man nennt diese Leistungssteigerung in bestimmten Generationen auch **Heterosis-** oder **Bastard-Effekt**. Das heisst aber nicht, dass F1-Hybriden einen besonders guten Genpool haben, im Gegenteil. Oft überdeckt der Heterosis-Effekt ungünstige Eigenschaften der Pflanzen – für einen Breeder denkbar ungeeignet, da bei neuen Kreuzungen auch die schlechten Eigenschaften mit vererbt werden, obwohl man diese negativen Merkmale in der F1-Generation gar nicht gesehen hat.

Sativas haben im Gegensatz zu Indicas einen deutlich höheren Stickstoffbedarf, was auf die längere Vegetationsphase und ein entsprechend schnelleres Wachstum zurückzuführen ist. Bis in die vierte oder fünfte Blütewoche hinein können reine Sativas an Höhe dazugewinnen, erst dann beginnt die eigentliche Bildung der Blüten. Das schnelle Wachstum kann man durch die Wahl kleinerer Töpfe etwas bremsen. Haben die Wurzeln viel Platz, kann das zusätzlich die Blütezeit verlängern, ja sogar die Lockerheit bzw. die Bildung von sehr luftigen Buds forcieren. Ich empfehle, bei einem reinen Sativa-Grow eher kleinere Töpfe zu verwenden. Optimal sind 6,5–8 Liter Topfvolumen. Auf diese Weise kann man die Nodienabstände verkürzen, damit die Pflanzen etwas dichtere Buds produzieren und ihr Erscheinungsbild

Die gleiche Brasil-Landrasse wie oben zu Beginn der Blüte.

etwas kompakter wird. Man muss wissen, dass die meisten Landrassen in ihren Heimatländern sehr oft auf steinigen und nährstoffarmen Böden wachsen; auch der pH-Wert liegt mit 7–8 deutlich über dem Optimum.

Die Temperatur sollte man ebenfalls im Auge behalten. Bei über 30 Grad wird das Wachstum nochmals angeregt und der Stoffwechsel beschleunigt; man kennt dieses Phänomen auch von vielen *Haze*-Kreuzungen, die darauf ähnlich schnell reagieren und völlig überraschend mit der Ausbildung neuer und frischer Triebe beginnen, obwohl die Pflanzen schon viele Blüten gebildet haben und sich mitten in der Blütephase befinden.

Ein weiterer wichtiger Punkt ist die Nährstoffdosierung. Die richtige Menge Dünger zu finden ist bei Sativa-Pflanzen nicht immer einfach. Aufgrund ihrer langen Wachstumsphase benötigen sie über einen längeren Zeitraum mehr und häufiger Stickstoff. Allerdings kann es bei zu viel Wachstumsdünger auch schnell zu extrem großen Nodienabständen kommen. Das Längenwachstum beschleunigt sich, und die Blütenproduktion zieht sich in die Länge. Auch die Reife

Eine weitere Brasil-Pflanze in der Mitte der Blütezeit.

wird sich unkontrollierbar hinauszögern. Auf Blütedünger, sprich mehr Kalium und Phosphor, sollte man erst umstellen, wenn die Griffelproduktion richtig in Gang gekommen ist. Bis dahin würde ich weiter mit einem Dünger für die Wachstumsphase arbeiten. Achtet man ein wenig auf diese Punkte, steht einem interessanten Sativa-Grow nichts mehr im Weg.

Ein paar ursprüngliche Anbauländer und ihre Sativa-Genetiken

Mexiko

In den 70er Jahren kam sehr viel schlechtes Gras von Mexiko in die USA. Erst in den 80er Jahren stieg die Qualität um ein Vielfaches an. Sativas oder Mostly Sativas mit Namen wie ***Acapulco Gold***, ***Oaxacan*** oder ***Chiapas*** überfluteten den amerikanischen Markt. Doch mit der Zeit machten sich immer mehr indische Gene im Cannabis bemerkbar. Der Turn wurde immer drückender und lieferte schon lange nicht mehr das altbekannte Up-High der ursprünglichen mexikanischen Sativa-Landrassen.

Mexikanisches Gras kann man grundsätzlich in zwei Kategorien unterteilen. Sorten wie ***Oaxacan***, ***Lima Gold*** oder ***Lemon Gold*** hatten ein fast hellgrünes Aussehen, der Turn war meist trippig und sehr stark. Aroma und Geschmack waren dagegen eher fruchtig-süßlich. Die Buds wurden oft zu großen Bällen zusammengepresst und in dieser Form in den Handel gebracht. Der zweite Typ Gras war ein braunes, krautiges Weed, das meist aus dem Süden Mexikos kam. Der Turn war drückend und narkotisch, das Aroma intensiv-scharf und sehr würzig.

Beginnende Blüte bei einer Pakistani-Landrasse.

Ursprüngliche mexikanische Sorten wachsen sehr hoch, bilden allerdings nur kleine Seitentriebe aus. Die Blütenstände sind sehr lang und haben ein hohes Blatt-Calyx-Verhältnis. Auffällig ist, dass bei mexikanischen Sorten die Marmorierung der Samen fast völlig fehlt. Doch in den letzten Jahren hat eine unaufhaltbare Hybridisierung eingesetzt. Ursprüngliche Sorten findet man heute so gut wie nicht mehr; ungefähr 95 Prozent des mexikanischen Cannabis stammt aus amerikanischem Saatgut und wird von Kartellen und großen Familien kommerziell angebaut. Die legendären Sativa-Landrassen sind seit langem ausgestorben und wurden von stärkeren Hybriden verdrängt.

Sehr auffällige Wuchs- und Blattform bei dieser Pakistani-Indica.

Jamaika

Für viele Grower ist es das Ursprungsland von Cannabis. Doch Jamaika besaß keinen natürlichen Hanf. Erst durch den regen Handel im 17. Jahrhundert kamen Samen aus Indien, Thailand, Mexiko und Kolumbien nach Jamaika und wilderten dort über viele Generationen aus. Das Spezielle am jamaikanischen Klima sind die drei Erntezeiten während eines Jahres. Es gibt eine kurze Blütezeit von knapp 50 Tagen, gefolgt von einer längeren Periode von 90–120 Tagen, die wiederum von einer kurzen 50-tägigen Blütezeit abgelöst wird.

Sativas aus Jamaika sehen den mexikanischen Sorten sehr ähnlich, wachsen aber etwas höher und filigraner. Die Blütenstände sind sehr groß, und auch die kleinen Seitentriebe tragen dicke, nicht sonderlich kompakte Blütenstände. Der Turn wirkt sich besonders klar auf Körper und Geist aus und kann als ein sehr helles, euphorisches Up-High beschrieben werden.

Aroma und Geruch sind meist süßlich/fruchtig, aber dennoch sehr mild beim Rauchen. Jamaikanische Sorten sind hitze- und schädlingsresistent und brauchen nur wenig Dünger, um ihre volle Leistung zu bringen. Zu den bekanntesten Sorten zählen ***Lambs Bread*** oder ***Kali Herb***. Jamaika gehört heute zu den wenigen Ländern, in denen noch ursprüngliche Sorten angebaut werden. Es gibt zwar auch viele handelsübliche Sorten, doch die Hanfbauern aus Jamaika wissen um die speziellen Merkmale und Eigenschaften der alten Landrassen.

USA

Wie ich oben schon kurz erwähnt habe, gab es in den USA bis vor 30 oder 40 Jahren keine natürlichen Cannabissorten. Es sind mexikanische, südafrikanische und indische Genetiken, die sich über Jahre und Jahrzehnte hinweg an das Klima und die Bedingungen der verschiedenen Regionen angepasst haben. Die wohl bekanntesten Landrassen sind ***Yumbolt, Big Sure Holy*** oder ***Mendocino Madness***. Meist ist das Aroma etwas krautig oder erdig, dafür besitzen die Landrassen aber enorm viel Harz und eine hohe Potenz. Einige Genetiken oder verschiedene Kreuzungen aus ursprünglichen Strains bekommt man heute noch bei kanadischen oder amerikanischen Züchtern, doch man sollte nicht gleich alles glauben, was man in den Sortenbeschreibungen lesen kann. Etwas Skepsis ist hier angebracht.

Thailand

Seitentrieb einer Thailand-Sativa. Rechts: Dieselbe Blüte in einer Nahaufnahme.

Aus dieser äquatorialen Region kommen die besten und potentesten Sativas überhaupt. Die kräftigen, hoch wachsenden Pflanzen bilden viele Verästelungen und wirken in ihrem äußeren Erscheinungsbild sehr buschig. Die Blätter sind grob gezackt und bestehen meist aus 9–11 Blattfingern. Thai-Sorten beginnen sehr spät mit der Blüte und reifen entsprechend langsam aus. Das Wachstum der Pflanzen kann sich schon mal bis in die fünfte oder siebte Blütewoche hinziehen. Die Blütenstände werden sehr groß, können aber zu verschiedenen Zeitpunkten unterschiedlich ausreifen. Genetiken aus Thailand sind im Aroma und im Geschmack besonders süß bis leicht zitronig. Die Wirkung bezeichnen viele Grower und Raucher als extrem psychoaktiv und anregend.

Ein kleiner Nachteil dieser Pflanzen ist der leichte Hang zur Zwitterbildung, was eine genaue Selektion unumgänglich macht. Bekannte Genetiken aus Südostasien sind ***Chocolate Thai, Vietnam Tourist, Laos*** oder auch ***Vietnamese***. Diese Old-School-Sorten bekommt man ohne Glück und viel Vitamin B so gut wie nicht mehr in Europa zu kaufen. Meist verstecken sich hinter den gleichnamigen angebotenen

Sorten einfach Nachzüchtungen oder Thai-Kreuzungen, die nur sehr wenig bis gar nichts mit den ursprünglichen Grundsorten gemeinsam haben. Man kann heute nicht davon ausgehen, dass diese natürlichen, oft jahrzehntealten Landrassen noch im Grundstock verschiedener Samenbanken vorhanden sind. Man sollte Sortenbeschreibungen immer mit etwas Skepsis betrachten und sich Informationen aus verschiedenen Quellen holen. Auch eine Mail an den Breeder kann hilfreich sein und Unklarheiten beseitigen.

Kolumbien

Auch Kolumbien verfügt über hochpotentes Marihuana, das überwiegend in den Küstenregionen und in der Nähe von Panama seinen Ursprung hat. Noch heute wird in den schlecht zugänglichen Gebirgsregionen viel Cannabis angebaut. Die Pflanzen zeichnen sich durch ein starkes und anregendes Up-High aus, der Gehalt an CBD ist in den Blütenständen aber sehr gering. Die stark verzweigten Pflanzen entwickeln nur kurze Nodienabstände und wirken dadurch etwas buschiger und gedrungener.

Unten: Ein weiterer Phänotyp bei der Columbian Gold.

Kolumbianische Landrassen wechseln sehr langsam in die Blütezeit und reifen, ähnlich wie thailändische Sativas, entsprechend spät aus. Strains wie ***Columbian Gold***, ***Columbian Red*** oder ***Panama Red*** bekommt man heute nur noch ganz selten oder gar nicht. Es gibt zwar auch einige Reseller oder Samenbanken, die gleichnamige Sorten im Angebot haben, aber auch hier kann man nicht genau sagen, wie original die Genetik heute noch ist.

Typische Sativa-Blüten.

Hawaii

In Hawaii ist der traditionelle Cannabisanbau schon seit vielen Jahrzehnten fest verankert. Große Familien züchten in weiträumigen Gärten ihre eigenen Sorten. Strains wie ***Molokai Frost***, ***Maui Waui*** oder ***Molokai Lepper Blood*** sind auf diese Weise entstanden. Nehmen wir beispielsweise *Maui Waui*. Die Legende sagt, dass ein einheimischer Gärtner und Botaniker namens Dr. Waui in seinen Garten über Jahre hinweg eine Sorte kultivierte und stetig verbesserte. Durch den Grasschmuggel in den Süden der USA wurde dieser Strain innerhalb kürzester Zeit zu einer der beliebtesten Sativas aus Hawaii – *Maui Waui* war geboren.

Die heimischen Landrassen wachsen sehr hoch und verzweigt, vier bis fünf Meter sind dabei keine Seltenheit. Die Herkunft der hawaiianischen Landrassen ist heute weitgehend geklärt. Man nimmt an, dass englischer Faserhanf mit thailändischer Genetik vermischt wurde, auswilderte und sich über zwei Jahrhunderte hinweg an die klimatischen Bedingungen in der Region angepasst hat. Heute ist die Situation eine ganz andere. Die US-Regierung bekämpft den Cannabis-Anbau im Bundesstaat Hawaii. Oft werden Helikopter eingesetzt, um die Cannabis-Spots in den unzugänglichen Gebieten der Inseln auszumachen. Auch aus diesem Grund werden immer häufiger Indica-Gene aus Indien oder Holland verwendet. In den letzten Jahren hat sich zudem der Indoor-Anbau mehr als verdoppelt und nimmt tendenziell weiter zu.

Ich will nun noch ein paar bekannte Landrassen vorstellen. Die meisten Grower werden die Namen kennen, doch nur die wenigsten werden die originalen Genetiken schon einmal in ihrer Growbox herangezogen haben.

Columbian Gold

Diese mittelhoch wachsende Sativa stammt aus dem kolumbianischen Hochland und weist ein sehr buschiges, stark verzweigtes Wachstum auf. Die Blütenstände haben eine goldene, fast braune Färbung, die durch eine sehr späte Ernte entsteht. Meist sind die Pflanzen schon komplett abgestorben, wenn die Buds geerntet werden. Dabei nehmen sie die bekannte goldene Farbe an. Der Geruch ist ähnlich dem von Sandelholz, sehr mild und einzigartig beim Rauchen. Turn und Wirkung haben einen mächtigen psychedelischen Einschlag, manche vergleichen den Turn sogar mit Mushrooms oder LSD.

Phänotyp 2 der Columbian Gold gegen Ende der Blütezeit.

Highland Oaxacan

Diese Sativa aus Mexiko ist ähnlich der *Columbian Gold*, auch hier färben sich Blütenkelche und Blätter leicht rötlich, golden oder fast bräunlich. Die großen Blätter besitzen längliche, filigrane und sehr dünne Blattfinger, typisch für Sativas aus dieser Region. Die mittelfesten Blüten haben einen leicht würzigen Geruch. Beim Rauchen entfaltet sich zudem ein beeriger, sehr milder Nachgeschmack. Das *Oaxacan Weed* ist sehr potent und wirkt, wie so viele Sativas, stark psychoaktiv. Es verwundert darum nicht, dass es in den 70er Jahren zu einem Preis von bis zu 20 Dollar pro Gramm gehandelt wurde.

Panama Red

Diese Genetik ist bekannt für ihr würzig-erdiges, fast haschiges Aroma, vergleichbar mit dem Geruch und dem Geschmack des Libanesen. Die Pflanzen wachsen mittelhoch und sehr buschig, dabei entwickeln sie an allen Haupt- und Seitentrieben große Blüten. Ein kleiner Nachteil ist der starke Hang zur Zwitterbildung. Die Blütephase dauert sehr lange, 12–14 Wochen sind dabei keine Seltenheit.

Neben dem besonderen Aroma ist auch der Turn der *Panama Red* äußerst beliebt bei Rauchern und Growern. Das Gras wirkt sehr stimmungsaufhellend und euphorisierend, ein sehr starkes High, das auch den geübtesten Raucher aus den Socken hauen kann. Ich persönlich bin nur einmal in den Geschmack der puren und originalen *Panama Red* gekommen und kann sagen, dass diese Sativa alle Erwartungen mehr als erfüllte. Die heute als «Panama Red» angebotenen Samen haben jedoch in den meisten Fällen nichts mit der ursprünglichen Genetik der 60er und 70er Jahre zu tun.

Getrocknete Panama-Red-Blüte, made in Switzerland.

Acapulco Gold

Der Name wurde von der auffälligen Farbe der Blüten abgeleitet, denn auch bei dieser mexikanischen Sativa aus der Region Acapulco nehmen die Buds eine goldene bis braune Färbung an. Dieser leichte gelblich-braune Farbton entsteht durch eine spezielle Erntetechnik, bei der die Wasser- und Nährstoffaufnahme ein bis zwei Wochen vor der Ernte gekappt wird. Meist werden Triebe oder sogar der ganze Stamm mit einer Drahtschlinge umwickelt und so weit zugedreht, bis die Wasserzufuhr zum Stillstand kommt. Die Pflanzen wachsen sehr hoch, bilden aber nur wenige große Seitentriebe aus. Die Blütenstruktur reicht von sehr luftigen bis zu mittelfesten Buds. Wirkung und Turn gehen in die Richtung eines starken Up-High, und auch das Aroma ist mit seiner zitronig-würzigen Note sehr interessant und äußerst mild im Rauch.

Acapulco-Gold-Erntetechnik

1.2 Herkunft und Geschichte der Indica-Landrassen

Die zweite Cannabis-Unterart, die ich nun vorstelle, hat mindestens genauso viele Liebhaber und Fans wie die Sativa-Landrassen.

Doch anders als bei reinen Sativas, deren Herkunft je nach Region unterschiedlich sein kann, gibt es bei den Indica-Landrassen die Vermutung, dass alle Sorten dieser

Unterart von einer alten Urform abstammen. Diese Grundgenetik ist das erste Mal im zweiten Jahrtausend v. Chr. in Indien aufgetaucht und verbreitete sich von dort aus schnell nach Ägypten, Persien und Asien. Heute findet man reine und ursprüngliche Indica-Landrassen in den Gebirgen, den Hochebenen und Tälern Nepals, in Marokkos, im Libanon, in Afghanistan und Pakistan, ja sogar in Russland, Burma und in China wurden schon wilde, kurzblühende Landrassen gesichtet. Vergleicht man diese untereinander, dann stößt man sehr schnell auf viele ähnliche Eigenschaften. Aus diesem Grund nimmt man an, dass alle bekannten Indica-Sorten in gewisser Weise miteinander verwandt sind.

Links: Roter Berg-Phänotyp der Nepali (von Blue Hemp).

Die typischen Merkmale dieser Genetiken sind eine kurze bis mittelhohe Wuchsform, starke Verzweigung, eine sehr schnelle Blüte und vor allem der überdurchschnittliche Harzbesatz auf Blüten und den angrenzenden Blättern. Durch die extremen Wetterbedingungen in den Anbauländern sind die Pflanzen im Laufe der Jahre anpassungsfähiger und stabiler geworden. Sie akklimatisieren sich schneller als Sativas, die auf Veränderungen im Lichtzyklus oder auf schwankende Umweltbedingungen sehr stark reagieren, teilweise sogar mit der Ausbildung von beiden Geschlechtern auf einer Pflanze. Diesen Vorteil der Indicas machen sich natürlich auch Züchter und Breeder zunutze. Lang blühende Sativas werden mit schnell reifenden Indicas gekreuzt. Man erhält mit hoher Wahrscheinlichkeit einen sehr starken Hybriden, der vom High und vom Aroma her einer Sativa gleicht, während der hohe Harzbesatz, der Ertrag und die schnellere Reife vom Indica-Elternteil abstammen.

Typisch Indica: Deep-Chunk-Pflanzen in der Wachstumsphase.

Aber warum übertragen reine Indicas oft die besten Eigenschaften auf die nächste Generation? Der Grund liegt in der Ausprägung ihrer Gene. Positive Merkmale wie Harzbesatz, frühe Reife oder ein hoher Ertrag verhalten sich oftmals dominant und setzen sich auch in den verschiedenen Kreuzungen durch. Bei Indica-Landrassen scheint dieser Effekt etwas stärker zu sein als bei Sativa-Landrassen, die sich sehr oft schon in der ersten Generation aufspalten und verschiedene Phänotypen ausbilden. Dazu kommt der bereits erwähnte Bastard- oder Heterosis-Effekt. Dieser ist umso stärker, je weiter der Genpool der Eltern auseinanderliegt, und das ist bei Indica/Sativa-Hybriden natürlich der Fall. Auch eine gewisse Homogenität im gesamten Eltern-Genpool verstärkt diesen Effekt deutlich.

Besonderheiten der Wachstumsphase bei Indicas

Die Düngetoleranz bei Indicas liegt meist sehr hoch. Es gibt aber auch Strains wie die ***Lebanese***, die mit wenigen Nährstoffen auskommen können. Wer indoor reine Indicas growt, sollte eine minimale Wachstumsphase von 2–4 Wochen einplanen. Die Streckung ist bei weitem nicht so stark wie bei reinen Sativas, die oftmals bis in die vierte oder fünfte Blütewoche hinein wachsen. Indicas gehen schnell in Blüte. Dementsprechend früh beginnt die Streckung der Pflanzen, sie dauert aber in der Regel nur 10–14 Tage an. Danach stecken die Pflanzen ihre Energie in die Produktion von Harz und Blütenmasse.

Indoor sollten die Pflanzen nur wenig umgetopft werden, man entscheidet sich besser von Anfang an für einen etwas größeren Topf. Der Grund liegt in der kurzen Streckung. Ist diese vorbei, stoppen auch die Wurzeln ihr Wachstum. Dies passiert meist in der dritten oder vierten Blütewoche. Schon früh sollte man den Pflanzen die Möglichkeit geben, ein großes Wurzelsystem auszubilden; das kommt nämlich auch der Endhöhe, dem Ertrag und der Wuchsform zugute. Ich rate je nach Länge der Wachstumsphase zu 8- bis 12-Liter-Töpfen; damit erspart man sich in manchen Fällen auch die nachträgliche Düngung auf dem Medium Erde.

Die Lebanese von Blue Hemp Seeds.

Durch die dichten Blütenstände steigt auch die Gefahr eines Schimmelbefalls in der Endblüte. Wichtig ist hierbei, die Luftfeuchtigkeit genau im Auge zu behalten und für ausreichend Luftbewegung innerhalb der Box zu sorgen. In den letzten beiden Wochen kann man die Gabe von Wasser soweit reduzieren, dass die Pflanzen die ganze Feuchtigkeit in 24 Stunden aufgebraucht haben. Eine tägliche Kontrolle des Headbuds kann natürlich auch nicht schaden, um wirklich auf Nummer sicher zu gehen.

Jede größere Samenbank bietet mittlerweile ihre eigenen Landrassen an, manche Züchter haben sich auch ganz auf

diese ursprünglichen Strains spezialisiert, aber wie viel von der originalen Genetik wirklich noch enthalten ist, bleibt meist im dunkeln oder ist nicht mehr nachvollziehbar. Oftmals besteht eine angebotene Kush-Landrasse aus zwei reinen Indicas, die aus verschiedenen Teilen der Welt kommen. Jeder Grower sollte sich aber im klaren sein, dass die Landrassen, die es zu kaufen gibt, keine «wilden» Sorten sind. Breeder müssen Samen produzieren und können kaum Tausende von Seeds schmuggeln, zumal wilde und ursprüngliche Genetiken in ihrer ersten Generation bei weitem nicht das Potenzial haben, das sie nach der Selektion und Stabilisierung im In- oder Outdoorbereich besitzen.

Oben: Eine befruchtete Kush.

Landrassen sind oft durch Inzucht vermehrt oder bestehen aus Kreuzungen zweier verschiedener Grundgenetiken. Die heute erhältlichen Landrassen sind meist aus einer Handvoll Samen entstanden, sie wurden selektiert und über Generationen ans Klima angepasst. Wenn man es genau nimmt, sind Sorten, die der Mensch selektiert und vermehrt hat, keine Landrassen mehr, sondern Inzuchtlinien, die von Landrassen abstammen. Samen dieser Landrassen haben meist eine braune Färbung, auf der feine schwarze Marmorierungen zu sehen sind. Wild wachsende Pflanzen erkennt man oft an winzigen Samen, die gerade mal die Größe einer

Stecknadel haben. Oft findet man dies bei wilden Sorten aus Nepal oder dem Hindukusch-Gebirge. Afghanische Strains können dagegen auch sehr große Seeds haben; die Farbe und das Muster sind aber in der Regel identisch oder zumindest sehr ähnlich.

Afghanistan

Eine der bekanntesten Regionen, die als Ursprungsland verschiedener kommerzieller Strains gilt, ist Afghanistan. Zum Beispiel *Maple Leaf Indica* von Sensi Seeds, ein Backcross aus einer selektierten Afghani-Landrasse. Oder auch *Deep Chunk*, wohl die bekannteste Inbreedline in der Growerszene weltweit.

Das Land am Hindukusch hat ein Hochgebirgsklima mit sehr kurzen und warmen Sommern, in denen kaum Niederschlag fällt. Die Winter sind kalt und dauern etwas länger als in unseren Breiten. Seit vielen Generationen betreiben Bauern und große Familien auf einer Höhe von über 2000 Metern über Meer den Cannabisanbau. Diese Tradition wird in schwer zugänglichen Gebieten trotz des Krieges nicht aufgegeben. Neben dem Mohnanbau ist gerade die Haschproduktion die zweite wichtige Einnahmequelle für Afghanistan und dessen Bevölkerung.

Eine sehr harzige Maple Leaf.

Landrassen aus dieser Region blühen sehr schnell und wachsen klein bis mittelhoch. Ihre Blüten befinden sich meist direkt am Hauptstamm, sind fest und äußerst kompakt. Der hohe CBD- und THC-Gehalt lässt den Turn drückend und einschläfernd wirken. Man kennt ja das typische *Stoned* einer Afghani. Geruch und Aroma kann man als haschig, vielleicht etwas süßlich/würzig beschreiben. Neben den grob gezackten und fleischigen Sonnensegeln entwickeln afghanische Sorten oft ein großes Wurzelsystem, was den Pflanzen besseren Halt auf steinigen und unebenen Böden gibt. Triebe und Stamm sind kräftig und bilden im unteren Bereich viele kurze Verzweigungen. Das gibt ihnen die typische Form eines Christbaums. Durch den großen Headbud, die kurzen Nodienabstände und durch die feste Struktur der Blüten bringen Indicas in vielen Fällen einen sehr hohen

Rechts: Eine fast ausgereifte Afghani-Blüte.

Ertrag, was sie für jeden Grower und Breeder interessant macht.

Bekannte Strains aus dieser Region der Welt sind *Deep Chunk*, *Mazar-i-Sharif* oder auch die oben erwähnte *Maple Leaf Indica* von Sensi Seeds. In 70 Prozent aller verfügbaren Kreuzungen findet sich heute Afghani-Genetik, ob nun als direkter oder indirekter Cross.

Eine wunderschöne Outdoor-Pakistani-Blüte.

Nepal

Welcher Grower wünscht sich nicht, einmal nach Nepal zu reisen, um dort von den berühmt-berüchtigten Temple Balls zu kosten? Der Cannabisanbau ist in diesem Teil der Welt schon lange Tradition. Die geernteten Blüten und Pflanzen werden zwischen den Händen gerollt oder über Leinentüchern ausgeklopft, um das gute nepalesische Haschisch herzustellen. Leider kommt heutzutage nur noch selten ungestrecktes Hasch aus Nepal auf den europäischen Schwarzmarkt. Die guten Qualitäten, sprich die ersten Siebungen, findet man schon seit Jahren kaum mehr.

Sorten aus Nepal wachsen etwas höher als afghanische Strains, auch im Geruch und im Aroma gibt es kleine Unterschiede. Während das Nepal-Hasch immer einen superben Geschmack hat, macht das Rauchen von nepalesischem Gras nicht immer Spaß. Die Palette reicht von intensiv/scharf bis würzig/krautig. Dagegen sind der Turn und die Wirkung der Landrassen überraschend psychoaktiv und lange nicht so drückend wie von afghanischen oder marokkanischen Strains. Der Harzbesatz und der THC-Gehalt sind sehr hoch und werden meist dominant vererbt. Das macht diese Genetik optimal zum Breeden und Züchten. Die Pflanzen blühen früh und schnell, produzieren einen sehr guten Ertrag und eine Menge Harz, das auch auf den großen Sonnensegeln und den Trieben zu finden ist.

Mohn und Cannabis: Symbiose oder doch nur Nachbarn?

Bekannte Anbaugebiete im Königreich Nepal sind die Ganges-Ebene oder auch die Hochebenen des Himalaja. Dort ist die Tradition des Terrassenanbaus noch nicht vergessen: Jeden Sommer blühen diese Felder in einer unbeschreiblichen Pracht, auf einer Höhe von fast 2500 Metern

Links: Close-up einer Maple-Leaf-Indica.

Oben: Ein Schweizer Outdoor-Anbau, die Shishkaberry.

über Meer. Das Wetter in der Region ist sehr wechselhaft – vom tropischen Monsunklima bis zum eisigen Wind an den Hängen des südlichen Himalaja-Gebirges und seiner Achttausender. Auch heute noch kann man in Nepal wilde Landrassen finden; sie wachsen an vielen Plätzen ohne jegliches Zutun des Menschen.

Russland

Die ehemalige Sowjetunion hat nicht nur den Kreml oder das Lenin-Mausoleum zu bieten, auch einige Landrassen kommen aus diesem Teil der Welt. Neben den vielen *Cannabis-ruderalis*-Arten gibt es auch im Süden Russlands einige spezielle Strains, die sich weitab vom Menschen über Jahre hinweg angesiedelt und entwickelt haben.

Auch heute noch kann man in dieser abgeschiedenen Region mit etwas Glück wildwachsende Indica-Landrassen finden. Das Aroma sowjetischer Sorten ist haschig bis würzig, die Pflanzen bilden große Blätter mit schmaleren Blattfingern. Im Wachstum unterscheiden sie sich kaum von afghanischen Sorten, sie bleiben eher klein und buschig und besitzen ein niedriges Blatt/Calyx-Verhältnis. Harzbesatz und Ertrag sind mittel bis sehr hoch. Auch die Qualität des Endprodukts ist dementsprechend gut. Russland gilt bei vielen Breedern als Geheimtip, wenn es um unbekannte neue Landrassen geht.

Makro-Aufnahme eines Calyx.

Libanon und Marokko

Landrassen aus diesen beiden islamischen Ländern haben eine sehr große Ähnlichkeit mit den Pflanzen und Sorten aus dem Hindukusch, sprich aus Afghanistan oder Pakistan. Ein sehr niedriges Blatt/Calyx-Verhältnis ist der sichtbarste Unterschied. Die Pflanzen wachsen vielleicht ein wenig kleiner und bilden auch etwas größere untere Seitentriebe aus. Markant ist auch die rötliche oder braune Färbung der Blüten zum Ende der Reifezeit. Aroma und Geschmack sind würzig und haschig, vielleicht etwas milder und süßlicher als in den anderen Ländern.

Marokkos wichtigster Export

Gerade in Marokko oder auch im Libanon werden Cannabispflanzen hauptsächlich für die Haschproduktion angebaut. Getrocknete Blüten sind oft voller Samen und werden in der Regel als weniger wertvoll angesehen. Der Haschexport ist inoffiziell die größte Einnahmequelle für Marokkos Wirtschaft und für die Bewohner der ländlichen Gegenden oft die einzige überhaupt; das Land hat den weitaus höchsten Anteil an der weltweiten Haschischproduktion. Und wer kennt sie nicht, die «Europlatte» oder den «Stanni» vom Dealer um die Ecke? Die Qualitäten können sehr stark variieren, man findet heute mehr gestrecktes als sauberes Haschisch aus dieser Region. Die bekanntesten Anbaugebiete sind das Rif-Gebirge, die Ausläufer des Atlas-Gebirges und teilweise auch die Küstenregionen mit ihrem milden Klima. Indica-Landrassen findet man aber auch stellenweise im trockenen Wüstenklima im Landesinneren oder im Süden der Region. Blue Hemp's *Lebanese* ist wohl einer der bekanntesten Vertreter aus diesem Gebiet.

Frisch hergestellter Wasserhasch.

Ich konnte schon einige verschiedene Landrassen aus Marokko und dem Libanon growen, doch jedes Mal gab es eine große Anzahl an zwittrigen Pflanzen. Aus diesem Grund

Ein sehr imposanter Lebanese-Male im August.

ist genaue Selektion über mehrere Generationen der erste Schritt, den man bei allen Landrassen machen muss.

DeepChunk IBL · *TomHill – Alpine-Seeds*

Für manche ist sie ein Wunder der Natur, für andere die potenteste Indica-Inbreedline, die es heute gibt. Man findet kaum einen anderen Strain, der solche enormen Mengen an Harz produziert wie diese pure Afghani. Blüten und Blätter sind dick mit Trichomen bedeckt. Manchmal sehen die Pflanzen so aus, als wären die Buds mit Eiskristallen überzogen und gefroren.

DeepChunk wächst sehr langsam und bringt in seiner reinen Form nur wenig Ertrag. Dafür besitzen die harten und kompakten Nuggets eine überdurchschnittliche Potenz. Die Blüte verläuft sehr schnell. Indoor ist ***DeepChunk*** in 50 bis 55 Tagen voll ausgereift. Beim Outdoor-Anbau reifen die Buds Anfang bis Mitte September voll aus.

Eines der typischen Strain-Merkmale sind die riesigen Sonnensegel und die am Rand eingedrehten kleinen Blütenblätter. ***DeepChunk*** wurde in Kalifornien selektiert und von Tom Hill auf den Markt gebracht.

Unten: DeepChunk-Cross. Man kann die DeepChunk-Verwandtschaft gut erkennen.

Lebanese · *BlueHemp Seeds*
Eine sehr schnelle Indica-Variation, die indoor zwischen 45 und 50 Tagen Blütezeit braucht, um vollständig auszureifen. Outdoor ist die *Lebanese* Ende August, Anfang September reif. Ihr würzig/fruchtiges Aroma und der starke Couchclock-Turn machen sie zu einer der beliebtesten Outdoor-Pflanzen in unserer Region. Ein Drittel aller *Lebanese*-Männchen zeigen einen AF-Effekt und fangen deutlich vor den anderen Pflanzen zu blühen an. Die *Lebanese* bringt auch auf nährstoffarmen Böden ihr ganzes Potenzial zum Ausdruck. Mittelfeste Blüten, reichlich Harz und ein guter Ertrag – die Outdoor-Ernte wird mit einer guten *Lebanese* jedes Jahr zu einem Fest.

Nepali · *BlueHemp Seeds*
Die Haschpflanze schlechthin ist in knappen 50 Tagen ausgereift und produziert dichte, mit Harz überzogene Blüten, die ein scharfes, leicht haschiges Aroma besitzen. Der Wuchs hält sich in Grenzen. Outdoor muss man mit einer Pflanzenhöhe von 150 cm rechnen, trotzdem bildet die *Nepali* viele Blüten und beschert ihrem Grower einen guten Ertrag. Es gibt zwei grobe Phänotypen, die sich leicht in der Struktur und der Blütenfarbe unterscheiden: einen Berg- und einen Tal-Phänotyp. *Nepali*-Sorten werden von einigen Samenbanken für günstiges Geld angeboten, eine Selektion lohnt sich darum allemal.

Weißer Tal-Phänotyp der Nepali.

Maroc · *Diverse Seedbanks*
Scharf und würzig im Geschmack, drückend und fast narkotisch im Turn. Das sind die groben Eigenschaften einer marokkanischen Landrasse. Die Pflanzen bilden einen großen Headbud aus, wohingegen an den Seitentrieben eher kleine, sehr feste und harzbesetzte Buds wachsen. Auch *Maroc*-Sorten werden mittlerweile von sehr vielen Breedern angeboten. Der einzige Nachteil der *Maroc*-Genetiken ist die Schimmelanfälligkeit bei einer hohen Luftfeuchte im Grow Raum.

1.3 All about Afghani – eine Hommage an afghanische Genetiken

Rechts: Eine DeepChunk.

Sie produziert viel Harz, sie besitzt eine sehr frühe Reife und eine fast unschlagbare Potenz – sie ist heute eine der beliebtesten Genetiken. Die Rede ist natürlich von der Afghani, einer für mich ganz besonderen Genetik; deshalb stelle ich die Afghanis hier näher vor und erläutere ihre klassischen Eigenschaften.

Die meisten afghanischen Variationen kommen aus den Hochebenen und den Ausläufern des 1200 km langen Hindukusch-Gebirges, das den größten Teil des Landes ausmacht. Die im Norden Afghanistans gelegene Stadt Mazar-i-Sharif ist unter den Growern wohlbekannt. Aber auch Herat, Kundus und vor allem die südliche Region um Kandahar sind seit Jahrhunderten Anbaugebiete heimischer Sorten, die vorwiegend für die Haschproduktion genutzt werden.

Landrassen müssen nicht immer einheitlich aussehen. Die Variationen sind vielmehr bei ursprünglichen Indicas wie der Afghani zum Teil sehr hoch. Das hat einen einfachen Grund: Jedes Jahr wird die Natur die schwächsten und am wenigsten angepassten Pflanzen ganz von selbst selektieren. Eine wichtige Rolle dabei spielt das Wetter. Die Outdoor-Bedingungen verändern sich jedes Jahr, und nur die am besten angepassten Pflanzen überstehen die Saison und können sich vermehren. Eine gewisse Variation ist also unumgänglich, damit eine Landrasse weiter existieren kann. Die heute angebotenen Sorten sind in der Regel selektiert oder es wurden durch verschiedene Methoden bestimmte und gewollte Merkmale fixiert. So schafft man es, homogene Pflanzen zu erhalten, ohne dass neue Gene mit eingebracht werden.

Eine DeepChunk aus einem anderen Seedbatch.

Eine andere Möglichkeit ist das Kreuzen zweier Sorten aus einer Region. Oft haben diese Pflanzen ähnliche Gene, die für ein gemeinsames Merkmal stehen können. Aus diesem Grund wird die Wahrscheinlichkeit höher sein, dass die gewollte Eigenschaft sich auch auf die nächste Generation überträgt, ohne dass Inzuchtdepressionen auftreten; diese entstehen, wenn es ab einer gewissen Generation bei zu viel

Inzucht zu einer nachlassenden Vitalität kommt. Man umgeht das durch eine Rückkreuzung auf einen Elternteil; so wird die Genetik zusätzlich etwas aufgefrischt. Auf diese Weise kann man bestimmte Merkmale festhalten und auf einer Sorte verstärken. (Ein derartiger **Backcross** wird immer als **BX** abgekürzt, vom Breeder aber nur selten bis gar nicht angegeben.)

Backcross (BX)

Eine gängige Art, starke Afghani-Hybriden zu züchten, ist die Kreuzung mit einer möglichst reinen Sativa. Die Vielfalt von unterschiedlichen Genen führt zu schnell wachsenden und starken F1-Hybriden, die in vielen Fällen bessere Eigenschaften aufweisen als beide Elternteile. Dieser bereits erwähnte Heterosis- oder Bastard-Effekt wird nur in der ersten Generation so enorm stark sein. Alle später durch Inzucht entstandenen Folgegenerationen werden nach und nach an Qualität, Vitalität und Stabilität verlieren.

Reifende Samen bei einer Triple Afghani.

Typische Afghani-Eigenschaften

Wer schon afghanische Genetiken gegrowt hat, wird sie immer und überall erkennen und von anderen Sorten unterscheiden können. Es gibt klassische Eigenschaften, die bei einem Großteil aller Afghani-Genetiken vorkommen können, aber es gibt eben auch Sorten, die nicht ganz in dieses Schema passen. (Gemeinsame Genetik heißt noch lange nicht gleiches Aussehen – Pflanzen können sich getrennt voneinander ganz unterschiedlich entwickeln, siehe auch weiter unten.) Beschäftigen wir uns aber erst einmal mit den Eigenschaften, die man bei einem Indoor- oder Outdoor-Grow zu sehen bekommt.

Meist brauchen Indicas eine lange Wachstumsphase von mindestens zwei bis vier Wochen, um eine gewisse Größe bei der Blüteneinleitung zu erreichen. Die Streckung wird wegen der sehr kurzen Blütezeit nicht lange andauern, da die Pflanzen sich sehr schnell auf die Blütenproduktion konzentrieren müssen, um innerhalb von 50–60 Tagen voll auszureifen. Afghanische Sorten sind bekannt für ihre großen, fleischigen Blätter und ihre auffällig grob gezackten Blattfinger, die in der Mitte sehr breit und zu ihren Enden hin leicht abgerundet sind. Oftmals sind die Sonnensegel so groß wie zwei Männerhände und haben eine dunkle, fast giftgrüne Farbe.

Rotfärbung durch Anthocyan-Pigmente

Ein weiteres besonderes Merkmal sind die rötlichen Blattadern, die von den gleichen Anthocyan-Pigmenten bestimmt werden, die eine Rotfärbung in den Blütenständen auslösen oder auch einen anfänglichen Phosphormangel anzeigen können. Eine rötliche Färbung der Blüten oder der Blattadern ist sehr häufig bei Afghanis anzutreffen, vor allem bei etwas kälteren Temperaturen kann man diese Veränderung beobachten. Es gibt aber eine Möglichkeit, wie man zwischen genetisch bedingter Färbung und einem Mangel unterscheiden kann: Bei zu wenig Phosphor nehmen Blattstiele im vollen Umfang einen dunkelroten Farbton an. Genetische Farbwechsel, die durch kalte Temperaturen ausgelöst werden, befinden sich oft nur im unteren Bereich der Stiele. Die Oberseite bleibt weiter grün, und auch das Auge, aus dem die Blattfinger wachsen, behält in der Regel seine Grünfärbung bei.

Unten: Handgeriebener Charas-Hasch made in Switzerland.

Oben: Mostly Afghani mit Mehltau.

Ein wichtiger Grund, warum Afghanis heute so beliebt sind, ist die Blütenstruktur der Pflanzen – dicke, schwere und harzreiche Buds wünscht sich doch jeder Grower in seiner Blütenbox! Die Trichome sind zwar im Vergleich zu Sativas viel kleiner, besitzen jedoch einen größeren Drüsenkopf und einen höheren THC-Gehalt. Doch für die typische Stoned-Wirkung sind auch noch viele andere Cannabinoide verantwortlich. Zu den wichtigsten und bekanntesten zählt das Cannabidiol (CBD). Der CBD-Wert in Indicas ist immer etwas höher als in Sativas, die eine stärker euphorisierende Wirkung auf den Raucher haben. Durch die kompakten Buds steigt aber auch die Schimmelgefahr am Ende der Blüte. Man sollte in dieser Phase des Grows täglich die Luftfeuchtigkeit kontrollieren und für genügend Frischluftzufuhr und Luftbewegung im Raum sorgen. Es hilft auch, wenn man täglich nur so wenig Wasser gibt, wie die Pflanze bis zum nächsten Tag verbrauchen kann.

Schimmelgefahr bei Indicas

Gibt man in dieser letzten Lebensphase noch zusätzlichen Dünger, dann werden die Pflanzenzellen mehr Wasser aufnehmen und speichern, was wieder zu einer hohen

Schimmelgefahr führt. Darum sollte man jegliche Nährstoffgabe in den letzten zwei Wochen des Grows vermeiden, man will ja schließlich auch keinen Düngergeschmack in seinem Endprodukt haben. Über viele Generationen hinweg haben Afghanis von sich aus schon eine hohe Schimmelresistenz aufgebaut, aber gegen nicht optimale Bedingungen kann auch die beste Pflanze nicht ankommen. Es ist deshalb unumgänglich, ein wenig auf die genannten Punkte zu achten, wenn man sich für reine Afghanis entscheidet.

Afghani-Wuchsformen

Die **Wuchsform** kann bei Afghanis deutlich verschieden sein und richtet sich auch ein wenig nach dem Standort. Am häufigsten wird man die sogenannte Weihnachtsbaumform antreffen. Wie der Name schon sagt, nimmt die Pflanze hier eine Form ähnlich einem Weihnachtsbaum an – mit dem Unterschied, dass sich die unteren Triebe bei einem bis zwei Dritteln der gesamten Pflanzenhöhe treffen und nicht weiterwachsen. Einige andere afghanische Variationen bilden nur sehr wenige Seitentriebe aus, sie legen eher ein Headbud-dominiertes Wachstum an den Tag. Die kompakten Blütenstände entstehen dabei durch die nah am Stamm liegenden Blüten und die sehr kurzen Nodienabstände. Deshalb empfehle ich bei Afghani-Genetiken eine längere Wachstumsphase (Minimum zwei Wochen), damit die Pflanze so viele Nodien wie möglich ausbilden kann. Man kann dadurch einen deutlichen Ertragszuwachs erzielen.

Frischer Wasserhasch, noch leicht feucht.

Afghani-Aroma

Auch das **Aroma** der Blüten kann klassisch oder typisch Afghani sein. Es gibt natürlich kleinere Unterschiede und verschiedene Nuancen, aber man kann z.B. sehr oft das haschig-würzige Aroma und den teils süßlichen Unterton in vielen Variationen wiederfinden – für mich persönlich der beste Geschmack, den eine Pflanze bzw. das Endprodukt haben kann. Ein Faktor, den man im Zusammenhang mit dem Aroma nicht vergessen sollte, ist die Temperatur im Grow-Raum. Die chemischen Verbindungen (Terpene), die den Geruch ausmachen, verdampfen schon bei Temperaturen um 30 Grad. Einige Grower berichten auch von einer viel dumpferen, eher kopfbetonten Wirkung beim Rauchen von zu warm angebautem Cannabis. Obwohl Afghanis von

Natur aus sehr hitzebeständig sind und auch über einen längeren Zeitraum mit höheren Temperaturen klarkommen, sollte man zu viel Wärme lieber vermeiden, wenn man auf ein intensives Aroma aus ist.

Das Wurzelsystem der Afghanis

Ein weiterer Vorteil der Afghani-Unterart ist das starke Wurzelsystem, das jeder Pflanze an noch so steilen Hängen Halt gibt. Gerade Outdoor-Pflanzen verfügen über lange und tief reichende Wurzeln. Im Indoor-Bereich sollte man beachten, dass die Wurzeln nach der Streckung so gut wie nicht mehr weiter wachsen. Als optimaler Umtopfzeitpunkt hat sich die letzte Wachstumswoche herausgestellt, noch bevor man die Pflanzen in die Blüte schickt. Spätestens beim Outing sollten jedoch neue und größere Töpfe mit ausreichend Platz vorhanden sein. Man kann sich eine alte Gärtnerweisheit zunutze machen und so den Platzbedarf der Wurzeln besser einschätzen: Wurzeln wachsen mit der gleichen Geschwindigkeit, mit der die Pflanze auch über der Erde wächst – die sichtbare Größe der Pflanze ist also auch ein Indiz für die Größe des Wurzelballens. Diese Regel trifft im Großen und Ganzen auf alle Grünpflanzen zu. Viele Leser werden auch schon bemerkt haben, dass Stecklinge mit Afghani-Genen schneller wurzeln als reine Sativas. Oft kann man Afghani-Stecklinge schon innerhalb von 7 bis 12 Tagen in die neuen Töpfe setzen; optimale Bedingungen sind dabei aber Voraussetzung.

Ultra Jax, eine alte Alpine-Seeds-Kreuzung.

Afghanische Sorten vertragen in der Regel auch eine höhere Düngerdosis, was aber nicht heißt, dass diese sich positiv auswirken muss. Am besten fährt man mit einer Dosierung, die etwas über dem Minimum liegt. Brauchen die Pflanzen mehr Nährstoffe, so düngt man einfach noch einmal; hat man aber die Pflanzen überdüngt, wird es schwierig, das Medium durchzuspülen und die Auswirkungen auf die Pflanzen gering zu halten. Nach der Blüten-Einleitung sollte man noch 10 bis 12 Tage mit stickstoffhaltigem Wachstumsdünger arbeiten, dann aber schnell zu Blütendünger wechseln. Durch die frühe Blüteninduktion der Afghanis bilden die Pflanzen sehr schnell die ersten Griffel und benötigen darum auch

früher eine erhöhte Phosphor- und Kalium-Konzentration im Medium.

Oben: DeepChunk. Viel Harz und schöne Farben.

Es ist eine wirkliche Leistung, innerhalb von 50 Tagen mächtige und kompakte *Top Colas* zu produzieren und diese zur vollen Reife zu bringen. Wie erwähnt ist das der Grund für die kurze Streckung der afghanischen Sorten. Andere Merkmale, wie das Wuchsverhalten, sind durch kleine Eingriffe etwas beeinflussbar. Die einfachste Methode, die gleichzeitig am meisten bringt, ist das Beschneiden des Haupttriebes. Allerdings sei gesagt, dass viele Afghani-Sorten schlecht darauf reagieren. Beschneiden ist eher etwas für Sativas oder schnellwüchsige Hybriden als für langsam wachsende reine Indicas.

Einige Breeder wie beispielsweise DJ Short behaupten, mit veränderten Lichtzyklen die Ausbildung von Phänotypen beeinflussen zu können. Dies kann durchaus möglich sein, da Pflanzen auf alle Umgebungsfaktoren reagieren und ihr Äußeres entsprechend anpassen. Dies geschicht eher im kleinen, kaum sichtbaren Rahmen – doch es ist möglich. DJ Short schrieb vor einigen Jahren, dass ein Rhythmus von 13 Licht und 11 Nachtstunden die eher sativaähnlichen

Phänotypen zur Geltung bringt, während ein Zyklus von 11 Licht- und 13 Nachtstunden die kleinen, kompakten, afghanitypischen Wuchsformen fördern soll.

Wir haben vorhin schon kurz über die Genetik gesprochen; vielleicht hat sich der eine oder andere Leser auch schon gefragt, wieso in der Afghani-Familie so viele unterschiedliche Wuchsformen entstehen können. Die Antwort ist relativ einfach: Einerseits steuern Gene jeden Vorgang in der Pflanze, somit werden auch einzelne Gene oder ganze Gengruppen den Wuchstyp und das Erscheinungsbild bestimmen. Man spricht hierbei von einem Genotyp. Andererseits können Faktoren wie Wetter, Grow-Bedingungen, vorhandene Nährstoffe, Temperatur oder die eben angesprochene Photoperiode verschiedene Änderungen an den Pflanzen bewirken. Daher können Pflanzen die gleichen Gene haben, aber durch verschiedene Bedingungen in den Anbaugebieten komplett unterschiedlich aussehen. Man nennt diese Gruppe Phänotypen. Growt man indoor und hat

Unten: DeepChunk-Harzmonster.

im gesamten Raum die gleichen Voraussetzungen, kann man zwar davon ausgehen, dass viele unterschiedliche Phänotypen genetisch bedingt sind. Die äußeren Einflüsse sollte man aber nie unterschätzen, sie können große Wirkung auf die Pflanze und ihre Qualität haben.

1.4 Schweizer Genetiken – die Schätze der Eidgenossen

Schweizer Outdoor-Strains: Eine alte Blue-Hemp-Sorte.

In diesem Abschnitt geht es um Ur-Schweizer Genetiken, die seit vielen Jahren für Grower und Züchter gleichermaßen interessant sind. Die Schweiz hat viel mehr zu bieten als das Matterhorn, leckere Schokolade und das serbelnde Bankgeheimnis. In den Jahren bis 2002/2003 war das kleine Alpenland die Hochburg der Hanfbauern und Züchter. Vor allem im Wallis, in Graubünden und im Tessin war der freie Anbau weit verbreitet. Es gab riesige Hanffelder mit potentem Hanf, Direktverkauf vom Hof des Bauern, Treibhäuser von der Größe mehrerer Fussballfelder und natürlich auch den Verkauf von Duftkissen (Hanfblüten) und Stecklingen in diversen Growshops – ein Traum für jeden Raucher, Grower und natürlich auch für die Breeder und Bauern in der Schweiz. In dieser Zeit erhielt die Schweiz ihren Ruf als Hanfrepublik und machte diesem auch alle Ehre.

Es waren die schönsten Jahre, die ich in der Schweiz bisher erlebt habe. Welches Land konnte schon von sich behaupten, mehr Hanfshops als Bäckereien zu haben? Es gab an jeder Straßenecke Läden, in denen man Hanfblüten in Form von Duftkissen oder Badezusätzen kaufen konnte. Aber genau das wurde der Schweiz schon bald zum Verhängnis. Tausende Drogentouristen aus Deutschland, Frankreich, Italien und Österreich bescherten dem Zoll eine Menge Arbeit und das tagtäglich, Woche für Woche, Jahr für Jahr. Kein Wunder, dass die Regierungen der Nachbarländer die Schweizer Behörden stark kritisierten und unter Druck setzten. Auch die USA hatten wohl einen nicht geringen Anteil an der immer stärker werdenden Repression in den Jahren 2002 und 2003.

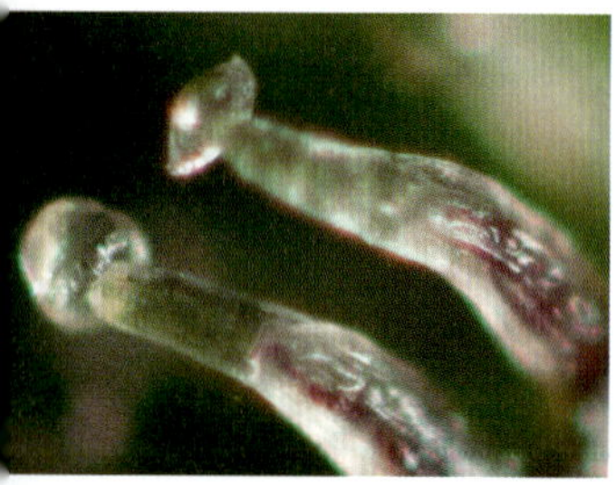

Eine Makroaufnahme von Erdbeerli-Trichomen.

(Es ist schon seltsam, dass heute gerade die USA bei der Vergabe von medizinischem Cannabis wieder eine gewisse Vorreiterrolle spielen; aber in der Politik wird nicht immer nach Vernunft und Logik entschieden.) Nach und nach wurden in der Schweiz immer mehr Pflanzen auf den Feldern beschlagnahmt. Es gab Razzien bei Grow- und Coffeeshops, oft mehrere Male in der Woche; man ging massiv gegen die immer größer werdende Hanfszene vor, bis der Traum vom freien Hanfanbau und Konsum ein frühes Ende fand.

Ein späterer Versuch, eine liberalere Hanfpolitik zu lancieren, scheiterte 2008 bei der letzten Volksabstimmung über die Initiative «Für eine vernünftige Hanf-Politik mit wirksamem Jugendschutz» kläglich. Das ist aber auch kein Wunder. Die Forderungen – freier Handel, Export und legaler Verkauf von Duftkissen – waren viel zu hoch gegriffen, vor allem da die Schweizer Bevölkerung den Drogentourismus bereits kannte und davon nicht gerade begeistert war. Es ist nachvollziehbar, dass sogar Raucher gegen die Initiative stimmten. Wer etwas bewegen will, muss klein anfangen: Man sollte den Gebrauch für medizinische Zwecke freigeben, den Anbau einer gewissen Anzahl an Pflanzen legalisieren und endlich eine Regelung zur Fahrtauglichkeit im Verkehr schaffen. Diese drei Punkte wären ein Schritt in die richtige Richtung. Ich bin mir sicher, dass die meisten Schweizer dem zustimmen würden, denn nach wie vor ist Hanf gleich nach dem Alkohol das beliebteste Genussmittel in der Schweiz. Aber niemand will ähnliche Zustände wie 2002/2003, als es von öffentlich kiffenden Kindern und Drogentouristen nur so wimmelte.

Erdbeerli S1 von Alpine-Seeds.

Rechts: Erdbeerli, die legendäre Schweizer Outdoor-Sorte.

Doch zurück zum eigentlichen Thema, den Ur-Schweizer Genetiken. Diese waren auch in Holland heiß begehrt, und so kamen die dort ansässigen Breeder ins Land der Eidgenossen. Greenhouse, Spice of Life, Sensi Seeds oder auch Paradise Seeds – es gab keinen großen Züchter, der nicht auch in der Schweiz seine Zuchtprojekte am Laufen hatte und mit Schweizer Genetiken arbeitete. Der Vorteil lag auf der Hand. Alte Schweizer Sorten wurden über viele Jahre und viele Generationen outdoor selektiert und reiften im

Oben: Noch eine Erdbeerli-Outdoor.

Schweizer Klima voll aus. Das machten sich natürlich auch die Breeder zunutze und kreuzten passende Outdoor-Genetiken in bestehende Sorten hinein, um so die Reifezeit zu beschleunigen und zusätzlich neue Gene mit einzubringen. Es gab auch sehr viele Schweizer Züchter, die versuchten, ihre eigenen Sorten zu verfeinern und weiter zu verbessern. Es war eben nicht jedermanns Sache, schnelle Kreuzungen zu schaffen, in denen eine Schweizer Genetik mit einer ***Haze*** oder ***Skunk1*** gekreuzt wurde. Man legte hier mehr Wert auf Qualität, eine pünktliche Reife und alle anderen wichtigen Eigenschaften.

Die Schweizer Sorte White Widow Afghan.

Aber bleiben wir noch kurz bei den Vorteilen der Schweizer Genetiken. Durch große Selektionen, eine gute Zuchtarbeit und durch die neue und reine Hintergrundgenetik schafften es Breeder, perfekte Outdoorsorten zu züchten. Aber auch im Indoor-Bereich erkannte man schnell die Vorteile von großen Selektionen. So entstanden im Laufe der Jahre bekannte und heute noch sehr beliebte Sorten wie die ***Original-Erdbeerli***, die ***White Widow Afghan*** oder die ***Heaven***. Zu den besten Schweizer Züchtern und Hanfbauern der damaligen Zeit gehörten sicherlich Felix Kautz von Owl's Seeds, ElMalo von BlueHemp Seeds, Tünde Kovac und Hannes Lüthi von Herbaria Seeds oder auch der Hanfpionier und Aktivist Bernard Rappaz, der zur Zeit noch seine sechsjährige Haftstrafe absitzt. Das sind bei weitem nicht alle Züchter, die sich damals der Erhaltung und der Entwicklung der Schweizer Genetiken verschrieben hatten und durch erstklassige Arbeit den hervorragenden Ruf der Schweizer Gene überhaupt erst möglich machten. Oft schlossen sich Breeder, private Grower und Bauern zusammen, um in einer Genossenschaft gemeinsam an neuen Sorten und Kreuzungen zu arbeiten. Eine der bekanntesten Genossenschaften war wohl die Genossenschaftsgärtnerei in Ossingen. Hier bündelten Owl's, Herbaria und einige andere Bauern ihr Wissen, um weiter an neuen Kreuzungen zu arbeiten. Dabei entstanden Genetiken wie ***Heaven, Grandflora, WWA*** oder die ***Purpurea Ticinensis***.

Schweizer Heaven Cut, das Original.

Die wohl bekannteste Schweizer Outdoorsorte ist die ***Erdbeerli*** – eine der besten, wenn nicht sogar die beste Outdoorgenetik, die es heute noch in originaler Form gibt. Keine andere Sorte vereint hohe Qualität, frühe Reife und ein besonderes Aroma so perfekt wie diese Clone-only-Genetik. Die Grundgenetik ist unbekannt, auch wenn es viele Geschichten und Gerüchte gibt. Eines davon besagt, dass die ***Erdbeerli*** ein spezieller Phänotyp einer ***Haze x Skunk***-Kreuzung ist. Doch ob an dieser Geschichte etwas dran ist, wage ich stark zu bezweifeln, da die ***Erdbeerli*** mit keinem der beiden genannten Elternteile eine große Ähnlichkeit aufweist. Ein weiterer Grund, an diesen Mythos nicht zu glauben, sind die Zeitabstände. ***Erdbeerli*** war schon Anfang der 90er Jahre ein weit verbreiteter Cut, der auf vielen Hanffeldern blühte. ***Skunk1*** und ***Haze*** kamen erst ein paar Jahre später in die Schweiz. Daher ist es recht unwahrscheinlich, dass der ***Erdbeerli*** eine ***Skunk*** und eine ***Haze*** zugrunde liegen.

Erdbeerli-Trichome von «Stoner»., Meister der Makroaufnahmen.

Doch aus welchen Genetiken ist sie entstanden? Keiner konnte mir auf diese Frage eine wirklich verläßliche Antwort geben. Darum gilt die Grundgenetik bis heute als unbekannt.

Viele Breeder aus dem In- und Ausland arbeiteten mit der ***Erdbeer*** und haben sie zum Teil heute noch in ihrem Grundstock. Bekannte Schweizer Züchter, die mit dem ***Erdbeer***-Clone experimentierten, waren BlueHemp und Greenhornet Seeds. Auch der dänische Züchter Zen Seeds produzierte verschiedene Kreuzungen mit dem originalen ***Erdbeer***-Clone, den er Mitte der 90er Jahre von BlueHemp Seeds bekam.

Erdbeerli: eine reine Clone-only-Genetik

Doch auch wir von Alpine Seeds arbeiten weiter mit dieser **Clone-only**-Genetik, da es schade wäre, wenn dieser Strain ganz von der Bildfläche verschwinden würde. Die ***Erdbeer*** ist eine reine Clone-only-Genetik; es ist leider nicht möglich, reguläre Samen zu produzieren, da der männliche Part fehlt. Die einzige Möglichkeit, Samen herzustellen, ist das **Selfen** – die Selbstbestäubung – zweier Erdbeer-Pflanzen. Auf diese Weise ist es möglich, eine feminisierte Generation von ***Erdbeerli***-Pflanzen zu schaffen, die dem Cut sehr ähnlich sind. Die originale Erdbeer ist eine reine Outdoor-Genetik. Indoor bringt sie nur wenig Ertrag und wächst bei weitem nicht so gut wie unter natürlichen Bedingungen.

Unten: Der alte Schweizer ICE Cut hat seinen Ursprung in den Niederlanden.

Kein Wunder, wurde sie doch jahrzehntelang nur outdoor angebaut und wahrscheinlich auch outdoor selektiert und akklimatisiert.

Eine andere bekannte Schweizer Genetik ist die ***Purpurea Ticinensis***. Viele Gerüchte und Halbwahrheiten machen auch hier die Runde. Wir werden diese Mythen noch genauer unter die Lupe nehmen und zu klären versuchen, wie original die Purpurea Ticinensis heute noch ist. Doch beginnen wir mit einer anderen, sehr bekannten Schweizer **Clone-only**-Genetik.

Die ICE war eine bekannte Schweizer Outdoor-Genetik.

ICE Cut

Dieser Strain ist schon sehr viele Jahre alt und wurde vermutlich Mitte der 90er Jahre – in den Glanzzeiten des Anbaus – in der Schweiz gezüchtet; in den Coffeeshops war dies ein sehr beliebtes Gras. Die genauen genetischen Hintergründe sind nicht bekannt oder widersprechen sich in einigen Punkten. Wahrscheinlich ist die Swiss ***ICE*** eine Kreuzung aus einer ***Afghani***, einer ***Shiva***-Variation, ***Northern Light*** und der ***Skunk1***.

Dieser Cut besitzt einen leicht skunkigen, aber auch sehr fruchtigen Geruch. Der Harzbesatz ist überdurchschnittlich hoch, und auch der Ertrag liegt in einem sehr guten Bereich. Die ***ICE*** ist für den Indoor- und Outdoor-Anbau geeignet. Sie wächst gedrungen und buschig, vielleicht sogar ein wenig mehr Indica-betont, auch wenn man verschiedene Sativa-Merkmale erkennen kann. Dementsprechend schnell tritt die Blütezeit ein. Indoor sollte man nach 55 bis 60 Tagen die großen Blütenstände ernten können. Outdoor kann Ende September bis Anfang Oktober mit voll ausgereiften Buds gerechnet werden. Wer diesen Clone sein Eigen nennen darf, kann sich auf ein sehr hochwertiges und feines Gras freuen, das kaum ein anderer Grower besitzt.

Die White Widow Afghan, mit viel Harz und Afghani-Eigenschaften.

White Widow Afghan

Ein anderer Vertreter der typischen Schweizer Stecklingsgenetik ist die ***White Widow Afghan***. Dieser Indica/Sativa-Hybrid kann sowohl indoor als auch outdoor angebaut

Die Swiss NLx.

werden und bringt überall sehr gute Ergebnisse. Die Genetik der WWA besteht aus der ersten gezüchteten *White Widow*, die aus den Niederlanden kam, und einer reinen Afghani-Landrasse, die in der Schweiz sehr oft für Kreuzungen verwendet wurde.

Der Harzbesatz dieses Clones ist wirklich beeindruckend. Alle Grower, die sie bisher testen konnten, waren begeistert von der Performance dieser Pflanze. Das Aroma ist fruchtig-süßlich, besteht aber zusätzlich noch aus einem leicht würzig-haschigen Unterton, der vom Afghani-Elternteil stammt. Das Wachstum wird von Indica-, aber auch von einigen Sativa-Eigenschaften bestimmt. Der Ertrag liegt im guten Durchschnitt. Die etwas lockeren und nicht ganz so kompakten Blütenstände gleichen dieses kleine Defizit aber locker wieder aus. Indoor braucht die *White Widow Afghan* 55–60 Tage, um voll auszureifen. Outdoor kann man dafür schon Mitte bis Ende September ernten. Die *White Widow Afghan* hat ihren guten Ruf zu Recht – ein sehr gutes und feines Weed, das eine starke Indica-Wirkung besitzt.

Leider ist es auch hier sehr schwer, an die Genetik zu kommen. Einige Breeder oder auch private Grower konnten die *White Widow Afghan* über viele Jahre sichern und erhalten. Leider wird es auch hier nicht möglich sein, reguläres Saatgut zu produzieren, ohne eine andere Genetik mit einzukreuzen.

Heaven

Eine der wohl ältesten Genetiken und gleichzeitig auch eine der besten ist die *Heaven*. Früher gab es diesen Strain auch in regulärer Samenform, doch 2002/2003 wurden die originalen Elternteile von den Behörden konfisziert. Seit dieser Zeit gibt es den Strain nur noch in *Clone-only*-Form. Einige Breeder verkaufen noch «Heaven»-Seeds, man sollte sich aber darüber im klaren sein, dass dies entweder sehr alte Samen sind oder dass durch Nachzucht bzw. F2-Genetik neue Seeds produziert wurden. Die originale *Heaven* ist leider, wie so viele Schweizer Genetiken, nur noch als Clone erhältlich. Mehr als einmal stand diese Genetik auf dem

Podest des **Canna Swiss Cup**, der noch bis ins Jahr 2003 ausgetragen wurde.

Als Breeder gilt Felix Kautz von Owl's Seeds, der die ***Heaven*** in der Ossinger Genossenschaftsgärtnerei weiter verfeinert und verbessert hat. ***Heaven*** ist eine alte Afghani-Genetik, in die eine unbekannte Sorte mit eingekreuzt wurde. Wenn man nach dem Wuchsmodell geht, könnte es sich bei der unbekannten Genetik um eine Indica/Sativa-Genetik gehandelt haben.

Heaven wächst ziemlich Afghani-dominant, man kann aber auch hier ein paar Sativa-Merkmale ausmachen. Outdoor reift sie bis Ende September/Anfang Oktober aus. Indoor sollte man 60 bis 65 Tage Blütephase einplanen. Der Harzbesatz und der Ertrag sind sehr gut, die Buds steinhart und extrem kompakt, eben typisch Afghani. Doch nicht nur der Ertrag und die Bud-Struktur sind Indica-ähnlich; auch der Geschmack und das Aroma kommen ganz nach einer süßen, leicht haschigen Afghani-Genetik – wirklich eine der

Unten: Dark Vader von BlueHemp.

besten Schweizer Stecklingssorten, die man heute ab und zu noch finden kann.

Erdbeerli

Die *Erdbeerli* (siehe auch weiter oben) ist sicherlich die bekannteste Genetik, die auch im Ausland einen sehr guten Ruf genießt. Ihre Grundgenetik ist wie erwähnt unbekannt. Man kann aber davon ausgehen, dass eine Afghani-Genetik enthalten ist, wie so oft bei Schweizer Sorten. Persönlich halte ich die Original-*Erdbeerli* für eine der besten Outdoor-Sorten, die es momentan noch gibt. Indoor performt der Strain nicht ganz so gut, er wächst sehr langsam und bildet sehr spät die ersten Blüten aus. *Erdbeerli* ist eben ein typischer Outdoor-Strain, der nur unter natürlichen Bedingungen sein ganzes Potenzial zeigt.

Ein Erdbeerli-Outdoor-Clone.

Mitte bis Ende September sind die Blüten voll ausgereift und bereit zum Ernten. Der Harzbesatz ist sehr gut und durchaus vergleichbar mit Indoor-Sorten. Die sehr harten und kompakten Buds bringen zudem einen sehr guten Ertrag und besitzen eine starke Potenz. Trotz der festen Blütenstände ist die *Erdbeerli* äußerst schimmelresistent und übersteht auch kalte und feuchte Nächte ohne Schaden. Alle diese Eigenschaften sprechen für eine Afghani-Verwandtschaft, nicht für *Haze* oder *Skunk1*, wie der Mythos sagt. Der Wuchs ähnelt Indica wie Sativa gleichermaßen; die Pflanzen haben große Blätter, sind sehr buschig, und mittlere Nodienabstände lassen die *Erdbeerli* outdoor zu riesigen Büschen heranwachsen.

Der Name *Erdbeerli* kommt vom recht erdbeerähnlichen Aroma. Die getrockneten Blütenstände verströmen einen fruchtigen, leicht süßen Geruch. Im Geschmack macht sich dagegen eine leicht beerige Note bemerkbar. Turn und Wirkung gehen mehr in Richtung Sativa-Up-High, wobei der Afghani-Einschlag auch hier deutlich spürbar bleibt.

Zu Zeiten der Hanfbauern gab es einige große Felder, auf denen Tausende von *Erdbeer*-Pflanzen wuchsen und blühten. Der Bedarf war auch entsprechend groß, da die *Erdbeer* eine der beliebtesten Schweizer Weed-Sorten war und fast in jedem Shop angeboten wurde. Wer heute noch einen *Erdbeer*-Clone sein Eigen nennen darf, sollte die Genetik auf jeden Fall sichern und erhalten. Es wäre mehr als schade, wenn diese Sorte von der Bildfläche verschwinden würde.

Purpurea Ticinensis: Trichome am Blattstängel.

Purpurea Ticinensis

Purpurea Ticinensis (PT) ist wohl eine der bekanntesten Genetiken überhaupt und besitzt gleichzeitig eine sehr bewegte Vergangenheit. Es gibt viele Mythen und Gerüchte über die Herkunft und die Hintergrundgenetik der *Purpurea Ticinensis*. Vor allem die Herkunftsgeschichte tönt wie aus einem schlechten Krimi, aber es soll sich wirklich so zugetragen haben: Felix Kautz von Owl's Seeds entdeckte im Vorgarten einer älteren Dame eine sehr alte Schweizer Hanfsorte. Über die Hintergründe konnte die betagte Dame nicht viel sagen; klar war nur, dass die Pflanzen dort schon über Jahre hinweg wuchsen und blühten. Kautz nahm sich des Strains an, growte und verbesserte ihn in den Tessiner Bergen auf einer Höhe von über 1500 Metern ü. M.

Mitte der Neunzigerjahre kam die Purpurea dann auf den Markt und überzeugte sehr schnell die Outdoorbauern und Grower. *Purpurea Ticinensis* ist sehr naturbelassen und hatte an sich schon keinen sehr hohen THC-Gehalt, trotzdem wurde sie eine der beliebtesten Schweizer Sorten. Vor allem die Anpassungsfähigkeit und die frühe Reife machten den Strain sehr erfolgreich. Man konnte davon ausgehen, dass die *Purpurea Ticinensis* immer zur vollen Reife kommen würde und zudem einen sehr guten Ertrag abwarf, egal wie schlecht und kalt der Sommer war. Die Selektion auf 1500 Metern Höhe sorgte dafür, dass die Schimmelresistenz und der natürliche Schutz gegen Schädlinge verbessert wurden. In kalten Perioden färbten sich Blüten und Blätter rötlich bis violett und verliehen der Pflanze ein optisch ansprechendes Aussehen.

Purpurea Ticinensis: Sehr kurze Harzdrüsen.

Outdoor konnte man die Blüten Anfang bis Mitte September ernten. Indoorgrower berichten über 50–60 Tage Blütezeit. Der Harzbesatz war gut, das Aroma würzig, fruchtig und leicht haschig. Einige Grower sprechen auch von einem feinen Kirscharoma, das im Nachgeschmack sehr dunkel und haschig ist. Das waren Merkmale und Eigenschaften der ursprünglichen Purpurea, die es bis 2002/2003 gab. Danach wurden viele originale Elternpflanzen und Stecklinge von den Behörden und der Polizei beschlagnahmt. Somit war es nicht mehr möglich, originale PT-Samen herzustellen. Wenn die originalen Elternpflanzen nicht mehr vorhanden sind, kann man einen Strain auch nicht mehr produzieren. Ändert sich die Elterngenetik, so ändert sich natürlich auch die Grundgenetik der ganzen Pflanze. Felix Kautz soll sogar Faserhanf mit eingekreuzt haben, in der Hoffnung, dass die *Purpurea Ticinensis* so wieder in den legalen Bereich fallen würde.

In der Praxis sah das aber ganz anders aus. Equipment und Pflanzen wurden weiterhin beschlagnahmt, oft sogar mehrmals pro Woche. Die Polizei machte Jagd auf Breeder und Bauern, mit zahlreichen Durchsuchungen. Diese Zermürbungstaktik erwies sich als erfolgreich. Viele ehemalige Züchter und Bauern hatten es extrem schwer; sie verloren alles, was sie einmal aufgebaut hatten, fielen in tiefe Löcher und erkrankten an Depressionen. Vielleicht hört sich das etwas übertrieben an, aber das ist es definitiv nicht. Man muss sich das so vorstellen, dass Polizei und Behörden über Monate hinweg zwei, drei Mal die Woche mit einem Durchsuchungsbefehl auftauchten und Haus und Hof auf den Kopf stellten. Man wurde für Tage oder Wochen in U-Haft gesteckt, es gab Verkehrskontrollen und Observierungen – eine einzige Schikane vonseiten der Polizei.

Eine Cloud7 von Herbaria Seeds.

Leider enthalten die PT-Samen, die heute noch bei einigen Breedern und Resellern erhältlich sind, nicht mehr die originale *Purpurea-Ticinensis*-Genetik. Grower, welche die Pflanze noch vor 2002 gegrowt haben und sie kennen, werden bestätigen können, dass die Bud-Struktur, das ganze Wuchsmodell, das Aroma und die Potenz sich extrem verändert haben und nur noch wenig Gemeinsamkeiten mit der PT von 2002 zeigen. Nichtsdestotrotz bleibt die *Purpurea* eine der beliebtesten Hanfsorten und einer der ältesten Strains der Schweizer Hanfkultur.

Die Sorten, die ich hier kurz beschrieben habe, gehören zu den besten, welche die Schweiz in Sachen Hanf zu bieten hatte, aber es sind bei weitem nicht alle Top-Genetiken, die es in dem kleinen Alpenland gab und noch gibt. *Grandflora* von OWLs Seeds, *SwissSkunk* und *Walliser Queen* von B. Rappaz, *Primadonna* und *Cannabis Sativa* vom Cannabio-Land, *Lila B.* von Hansruedi Allemann, *XT-S* von Andi Staf-forte oder *Le Druide* von André Fürst. Die Liste mit sehr guten Kreuzungen und Top-Outdoor-Sorten könnte man noch um viele weitere Namen verlängern.

Das waren noch Zeiten: Cloud7 von Herbaria.

Doch die guten alten Zeiten sind schon lange vorbei. Einige Breeder gibt es noch, doch arbeiten diese im Untergrund oder sichern sich extrem ab. So lange es noch Grower und Breeder gibt, die sich für eine Erhaltung einsetzen, werden die alten Genetiken weiter im Untergrund bestehen bleiben und auf bessere Zeiten warten. Es gibt sie also noch, die typischen Ur-Schweizer Genetiken.

Kapitel 2

2.1 Samen: Die Grundlagen

Im zweiten Kapitel dreht sich alles um das Thema Hanfsamen. Ich werde den Aufbau und die Inhaltsstoffe des Saatgutes genau unter die Lupe nehmen und die verschiedenen Methoden zur Bestäubung und Samenproduktion ausführlich beschreiben. Doch bevor wir uns ganz der Verschmelzung von **Mikrosporen** (Pollen) und **Megasporophyllen** (Eizellen) widmen, müssen wir erst einmal die Grundlagen kennen. Wir befassen uns darum zuerst mit der Keimung, der Saatgutlagerung und der Samenernte.

Hanf ist eine der wenigen Pflanzenarten, die der Mensch schon seit Jahrtausenden kultiviert. Er hat den Nutzen dieses einzigartigen Rohstofflieferanten schon früh erkannt und vorteilhafte Eigenschaften der Pflanzen stetig verbessert. Vor allem die Samen und Fasern sind für Industrie und Handwerk von besonders großer Bedeutung. Es gibt nur wenige Pflanzen, deren Samen einen derart hohen Nährstoffgehalt besitzen, dass man sie auch in der Lebensmittel- und Tierfutterindustrie einsetzen kann. Hanfsamen bezeichnet man botanisch korrekt als Früchte oder einsamige Nüsschen, bei denen der Samen fest in einer harten verholzten Fruchtschale (***Perikarp***) eingeschlossen ist. Dieser inaktive Keimling besteht aus zwei großen Keimblättern (***Kotyledonen***), deren Zellen als Nährstoffspeicher fungieren, dem unteren Sprossabschnitt (***Hypokotyl***) und der Keimwurzel (***Radicula***). Die Keimblätter sind aus ernährungsphysiologischer Sicht kaum zu überbieten. Sie enthalten ein hochwertiges Öl, viele Proteine, Kohlenhydrate und wichtige Mineralstoffe.

Aufbau der Hanfsamen

Wie hoch der Gehalt an wertvollen Rohstoffen ist, sieht man bei einem genauen Blick auf die Inhaltsstoffe. 100 Gramm Hanfsaat enthalten 5–6 Gramm Wasser und zwischen 40 und 50 Gramm Öl, das wiederum aus wichtigen Proteinen, Kohlenhydraten, Ballast- und Mineralstoffen besteht. Darüber hinaus finden sich darin neun verschiedene

Rechts: Pollenflug einer männlichen Pflanze.

Hanfsamen, THC und die EU

Hanfsamen enthalten keine psychoaktiven Stoffe wie Delta-9-Tetrahydrocannabinol. Die für die Rauschwirkung verantwortlichen Verbindungen werden ausschließlich in den Trichomen der Pflanze produziert. Sie befinden sich auf den Blättern und Blüten der gesamten Hanfpflanze und nicht auf den Samen selber. Nun kann es aber passieren, dass bei verschiedenen Trennverfahren psychoaktives Harz mit den Samen in Kontakt kommt und Spuren von THC hinterlässt. Aus diesem Grund hat die EU strenge Regelungen und Richtlinien bei der Herstellung von Lebens- und Futtermitteln aus Hanfsamen erlassen. Durch komplizierte Messverfahren wird der THC-Gehalt der Seeds kontinuierlich gemessen und kontrolliert. Bei einer Überschreitung der zulässigen Werte muss das Saatgut erneut gewaschen und gereinigt werden.

Vitamine und Aromastoffe sowie Asche und Chlorophyll, das auch für den menschlichen Organismus wichtig ist.

Für Grower und Breeder haben Hanfsamen allerdings eine ganz andere Bedeutung. Ihnen geht es vor allem um die genetischen Informationen, die sich in der DNA befinden und in jedem einzelnen Samen einzigartig sind. Man könnte sagen, dass Merkmale wie Blütenbildung, Aroma, Harzbesatz oder die Reifezeit von Anfang an in einem gewissen Rahmen vorgegeben sind. Hanf ist **diploid** – das bedeutet, dass jede Pflanze zwei fast identische Gensätze besitzt. Dazu ein einfaches Beispiel. Die Eigenschaft der Blattform ist im Gen **a** gespeichert. Da Hanf zwei Gensätze besitzt, wird die Blattform jetzt durch die Gene **aa** bestimmt. Man nennt diese einzelne Information auch **Allel**. Beim Hanf haben wir somit zwei Allele, die bis auf sehr kleine Unterschiede identisch sind. Bei der Bestäubung gibt jede Elternpflanze nur einen haploiden Gensatz weiter, so wird aus den

Samen-Querschnitt.

einzelnen Gensätzen von Männchen und Weibchen wieder eine diploide (2n) Hanfpflanze.

Eine befruchtete Female-Pflanze.

Größe und Form

Samen von potenten Hanfpflanzen sind in der Regel zwischen 2 und 4 Millimeter breit und bis zu 6 Millimeter lang. Die Form ist elliptisch. Indica-Saatgut ist meist etwas kleiner als jenes von Sativa-Pflanzen. Das kann man aber nicht auf alle Sorten übertragen, da der genannte Größenunterschied nur auf reine Genetiken zutrifft und der heutige Genpool als sehr vermischt gilt. Reife Samen sind braun oder fast schwarz und können auf ihrer Oberfläche dunkle Marmorierungen aufweisen. Zwar können auch nicht ganz ausgereifte Samen keimen, ausgereifte Seeds sind den leicht unreifen aber immer vorzuziehen. Allerdings hat die Reife nichts mit der Qualität der daraus entstehenden Pflanzen zu tun, wie man häufiger in Grow-Foren lesen kann.

Ein anderer Faktor, der die Größe von Samen bestimmt, ist der Nährstoffgehalt des Bodens, auf dem die bestäubte weibliche Pflanze wächst. Vor allem in der Natur kann man dies sehr gut beobachten. Wachsen weibliche und komplett befruchtete Pflanzen auf einem nährstoffarmen Boden, dann sind die meisten Seeds sehr klein. Dazu kommt, dass die Anzahl an unreifen und nicht richtig entwickelten Samen deutlich ansteigt. Haben die Pflanzen ausreichend Nährstoffe zur Verfügung, dann werden die Samen auch größer sein, und die Ausfallquote wird deutlich reduziert.

Samen einer F2-Generation.

Die Seed-Größe wird zudem durch die Anzahl an Samen bestimmt, welche die Pflanze produziert. Sind nur einzelne Triebe befruchtet, so werden die Samen viel größer sein als bei einer komplett bestäubten weiblichen Pflanze. Entsprechend geringer ist auch die Anzahl unreifer Samen, die es bei jeder Samenproduktion gibt. Die Nährstoffe und die Anzahl der entstehenden Samen beeinflussen nicht nur die Größe, sondern auch das gleichmäßige Ausreifen der Seeds. Wenn viele Samen produziert werden, benötigt die Pflanze zum Ausreifen mehr Energie und Nährstoffe als eine Pflanze, die nur einzelne Samen produziert.

Outdoor-Male in der Slowakei.

Eine samenproduzierende Pflanze hat einen anderen Nährstoffbedarf als eine samenlose Pflanze, die nur Blüten ausbildet. Bei der Blütenbildung braucht jede Cannabispflanze vor allem drei Hauptnährstoffe: Phosphor, Kalium und auch etwas Stickstoff. Bildet eine Pflanze zusätzlich Samen aus, dann braucht sie neben den oben genannten Stoffen auch noch größere Mengen an Schwefel, Magnesium und Eisen. Mit einer guten und abgestimmten Düngung kann man ein gleichmäßiges Ausreifen der Samen erreichen; natürlich kommt es auch immer darauf an, ob die weibliche Pflanze nur teilweise oder komplett bestäubt wurde.

Auch die eigentliche Größe der Pflanze hat einen nicht geringen Einfluss auf die Samenbildung. Große Pflanzen brauchen an sich schon sehr viele Nährstoffe; wenn noch eine komplette Befruchtung der Blütenstände hinzukommt, steigt auch der Nährstoffbedarf enorm an. In der Regel kann man sagen, dass die Samen bei kleineren Pflanzen schneller und gleichmäßiger ausreifen als bei großen und sehr buschigen Pflanzen. Allerdings ist die Menge an Seeds bei kleineren Pflanzen niedriger.

Unten: Männliche Blütenstände.

Daher sollte sich jeder, der Samen produzieren will, zuerst überlegen, welche Anzahl an Samen es braucht und ob man für eine Samenbank oder für sich persönlich Samen herstellen möchte.

Es gibt aber auch Ausnahmen bei der Form und Größe der Samen. Die Samen nepalesischer Landrassen sind oft nur wenige Millimeter lang und breit und so groß wie ein kleiner Stecknadelkopf. Die Farbe der Samen geht oft ins Dunkle, fast Schwarze. Marmorierungen sucht man bei ihnen vergebens. Die Keimung ist bei solchen Seeds nicht immer einfach und bedarf meist einiger Erfahrung.

Gerade bei kleinen Seeds ist es wichtig, den Samen ausreichend Nährstoffe zu liefern. Durch die kleinere Oberfläche gibt es nämlich auch weniger Platz zum Speichern von Energie, die bei dem Kraftakt, den die Keimung darstellt, durchaus benötigt wird. Einige Züchter arbeiten bei solchen wilden Landrassensamen mit einer natürlichen Keimmethode.

Andere legen solche Samen in ein Nährmedium ein und lassen den Seed auf diese Weise keimen. Auch ich habe bei Alpine Seeds sehr oft mit solchen Samen gearbeitet.

Warum Hanfsamen rund sind

In der Natur ist eine runde Samenform von Vorteil für die Vermehrung und Verbreitung einer Pflanzenart. Nicht nur Vögel können die Samen fressen, auch bei Mäusen und anderen Kleintieren stehen Hanfsamen ganz oben auf der Speisekarte. Die gefressenen Seeds wandern durch den Verdauungstrakt der Tiere und werden etwas später mit einem Häufchen natürlichem Dünger ausgeschieden. Auch die Samenschale kann Nährstoffe in kleinem Rahmen aus dem Vogelkot absorbieren und in der Fruchthülle speichern. So besitzt der noch inaktive Keimling genug Kraft, um sich später aus der Samenhülle befreien zu können.

Samen einer F1-Generation

Es ist nicht immer leicht, diese Seeds erfolgreich zum Keimen zu bringen, vor allem, wenn sie schon mehrere Jahre im Kühlschrank gelagert wurden. Das Problem beschränkt sich aber nicht nur auf Indica-Landrassen. Es gibt Sativas aus Afrika, deren Samenform und -größe den heute erhältlichen Seeds entsprechen. Doch es gibt auch Landrassen aus der gleichen Region, bei denen das Saatgut deutlich kleiner und runder ist. Man kann also aus der Form und Farbe von Hanfsamen nur bedingt auf ihre Genetik schließen.

Eine kräftige Male-Pflanze.

Ernte und Lagerung

Wenn man Seeds produziert hat und sie ernten will, ist es am besten, wenn man sie an der noch frischen Pflanze belässt und diese 2–3 Wochen zum Trocknen aufhängt. Zum einen kann man die Samen später viel besser von den trockenen Blüten trennen, zum anderen können die Samen noch etwas ausreifen, da die Verbindung Pflanze–Samen noch 2–3 Tage erhalten bleibt. Sind die Blüten trocken, können wir diese zwischen den Händen zerreiben; die reifen Seeds werden aus ihrer Hülle fallen und können mit einem passenden Samensieb aufgefangen werden. Die kleinen Pflanzenteile fallen durch das Sieb hindurch und können gesammelt werden.

Praktische Samensiebe

Samensiebe oder **Seed-Pollinatoren** kann man in verschiedenen Größen kaufen oder sich mit etwas handwerklichem Geschick auch selber bauen. Lochbleche mit unterschiedlichen Durchmessern findet man in jedem Baumarkt. Wenn man große Mengen an Samen produziert, ist man über jede Erleichterung froh. Es kann sehr anstrengend sein, Tausende von Samen von Hand in einem Haufen zerkleinerter Buds zu suchen.

Sind die Seeds getrennt, werden sie weitere 3–4 Wochen an der Luft getrocknet. Danach kann man sie für die nächsten 1–3 Monate in einer Tüte oder einem anderen Behälter bei niedrigen Temperaturen ruhen lassen. Erst dann liegt die Keimquote in einem Bereich von 90 Prozent oder mehr. Auch frische Samen können keimen; das ist aber nicht die Regel und hat unter anderem mit der Sorte und mit den Bedingungen bei der Samenernte zu tun. Einige Breeder simulieren sogar die natürliche Winterpause, indem sie die Samen über drei Monate hinweg, bei 4–7 Grad Celsius im Kühlschrank lagern. Hier ist aber darauf zu achten, dass die Samen wirklich trocken sind, da sich das restliche Wasser im Seed ausdehnen und die Samenhülle sprengen könnte.

Gut gelagerte Seeds bleiben 6 bis 8 Jahre lang keimfähig, wobei die Keimquote mit steigendem Alter nachlasst. Am besten bewahrt man Hanfsamen bei Dunkelheit und Temperaturen um die 4–7 Grad Celsius auf. Der größte Feind ist die weitere Austrocknung der Seeds. Durch Vakuumieren kann man diesen Effekt unterbinden und die Alterung sogar um Jahre hinauszögern.

Oben: Ein Close-up-Foto von den Pollensäcken.

Samenernte einer Testkreuzung.

Saatgut für die Nachwelt

Es gibt in der Nähe des Polarkreises eine Einrichtung der Europäischen Union (EU), in der alle heute bekannten Nutz- und Kulturpflanzen in Samenform gesichert und erhalten werden. In diesem Bunker herrschen Temperaturen, die nur wenig über dem Gefrierpunkt liegen. Auch die relative Luftfeuchte wird ständig überwacht und auf einem sehr trockenen Niveau gehalten. Alle Samen sind vakuumiert und in speziellen Schutzfolien eingeschweißt. So ist es möglich, das Saatgut über Jahrzehnte hinweg zu lagern und für die Nachwelt zu erhalten. Auch verschiedene Hanfsorten werden dort unter EU-Aufsicht verwahrt.

Wenn man Samen über eine lange Zeit im Kühlschrank aufbewahren will, muss man darauf achten, dass man den Kühlvorgang so wenig wie möglich unterbricht. Große Temperaturschwankungen mindern die Keimfähigkeit enorm und können so ganze Seed-Batches unbrauchbar machen.

Seltene Wucherung am Stamm.

Keimung

Doch was geschieht eigentlich beim Keimvorgang, und was ist das Startzeichen für den noch immer inaktiven Keimling? Nach dem Ernten sind die Samen noch frisch und besitzen einen hohen Feuchtigkeitsgehalt. Nach dem Trocknen sinkt dieser Wert auf circa 20–40 Prozent. Kommt der Seed jetzt erneut mit Feuchtigkeit in Kontakt, wird er seine Oberfläche durch das Aufquellen der Schale vergrößern. Der Keimling wird aktiv und erwacht zu neuem Leben. Zu diesem Zeitpunkt beginnen auch die im Samen enthaltenen Hormone wie Gibberelline ihre Arbeit und stellen in einem Prozess Nährstoffe wie zum Beispiel Einfachzucker bzw. Monosaccharide zur Verfügung.

Die langsam wachsende Keimwurzel nimmt weiter Feuchtigkeit auf und wächst innerhalb von 10–24 Stunden um das Zwei- bis Dreifache. Die ehemals harte Schale wird durch die Feuchtigkeit weicher; zuletzt wird sie von der Keimwurzel richtiggehend aufgesprengt und in zwei gleiche Hälften geteilt. Die Energie, die der Keimling in den ersten Tagen braucht, ist in den beiden Keimblättern enthalten; aber auch in der Fruchthülle gibt es Energiedepots, die der junge Keimling anzapfen kann. Die Wurzel wird nun weiter ins Medium wachsen und die ersten feinen Wurzelhaare ausbilden. Erst jetzt ist die kleine Pflanze in der Lage, Nährstoffe aus dem Boden aufzunehmen und diese dann durch **Photosynthese** in Zucker und Energie umzuwandeln.

Testgrow einer neuen Kreuzung.

Jeder hat seine eigene Methode, um Samen zum Keimen zu bringen. Die einen schwören auf zwei Lagen feuchtes Küchentuch, die anderen bevorzugen das Keimen im Medium. Dieser Vorgang ist keine Hexerei, sondern eher noch das Leichteste am ganzen Grow-Prozess. Gut ausgereifte und gelagerte Samen sollten bei allen Methoden innerhalb von 2–5 Tagen keimen. Wichtig sind nur zwei Faktoren: eine hohe Luftfeuchtigkeit und eine Temperatur von 23–26 Grad Celsius.

Wenn die Samen nicht keimen

Es liegt in den wenigsten Fällen wirklich am Grower, wenn neu gekaufte Seeds nicht keimen. Die Fehler werden oft an ganz anderen Stellen gemacht, nur spricht man darüber nicht allzu gerne und schiebt die Schuld lieber dem Grower zu. Man muss bedenken, dass das Saatgut vom Breeder kommt und per Post zum Reseller geschickt wird, der dann wiederum die abgepackten Seeds zum Kunden schickt. Die Samen brauchen auf dem Postweg nur für ein paar Stunden in der prallen Sonne oder im Winter bei Minustemperaturen draußen zu liegen, und schon leidet die Keimquote. Staatliche Institute oder Universitäten versenden deshalb ihre Samen meist in speziellen Versandboxen, wobei die Seeds vakuumiert und vor Temperaturschwankungen geschützt werden.

Nach dem eigentlichen Keimvorgang ist es jetzt besonders wichtig, dem kleinen Pflänzchen ausreichend Licht und Nährstoffe zur Verfügung zu stellen. Die Pflanzen können nun anfangen, aus Kohlendioxid, Nährstoffen, Wasser und Licht mittels Photosynthese selber Energie in Form von Glukose herzustellen. Ohne den Prozess der Photosynthese würde es kein Leben auf unserem Planeten geben. Im Folgenden will ich deshalb diesen in der Natur einzigartigen Vorgang in groben Zügen erklären.

Die wunderschöne Blüte einer Sweet Tooth3 BX1.

Photosynthese

Die Photosynthese unterteilt man in zwei verschiedene Reaktionen, die lichtabhängige Reaktion und die lichtunabhängige Reaktion. Beides sind Grundprozesse, die in den Pflanzenzellen ablaufen. Jedes Hanfblatt besteht aus Millionen von Zellen, die verschiedene Aufgaben übernehmen. In fast allen Zellen befinden sich sogenannte **Chloroplasten**, in welchen sich die Photosynthese abspielt. Man könnte die Chloroplasten auch als Zellorgane beschreiben, da es pro Zelle mehrere davon geben kann.

Aufbau der Chloroplasten

Die Chloroplasten haben eine ovale Form und besitzen zwei Membranen, die das Innere des Chloroplasten vom Äußeren abtrennen. Im Innenraum befindet sich eine wässrige Lösung, die auch **Stroma** genannt wird. Darüber hinaus gibt es im Inneren noch Stärkemoleküle und die für die Photosynthese wichtigen **Thylakoiden**. In ihnen – oder besser gesagt in der **Thylakoid-Membran** – finden wir zwei Proteine, die Photosysteme einer Pflanze. Diese können das Licht in zwei verschiedenen Wellenlängen absorbieren. Durch diese Energie werden Elektronen mit Energie aufgewertet und in der Thylakoid-Membran durch Enzyme weitergeleitet. Die Energie wird durch zwei Trägermoleküle aufgenommen, das Coenzym *Nicotinamidadenindinukleotidphosphat (NADP)* und das Nucleotid *Adenosindiphosphat (ADP)*.

Das von der Pflanze aufgenommene Wasser wird in den Zellen sofort zu Sauerstoff und Wasserstoff gespalten, der Sauerstoff aber gleich über die *Stomata* (Spaltöffnungen) wieder abgegeben. Das Trägermolekül NADP bindet kurzzeitig den übriggebliebenen Wasserstoff und wird auf diese Weise zu NADPH+. Das Molekül ADP kann durch die Sonnenenergie ein zusätzliches Phosphat aufnehmen und wird so zum energiereicheren ***A**denosin-**T**ri-**P**hosphat (ATP)*. Diesen Vorgang bezeichnen wir als **lichtabhängige Reaktion**. Zusammenfassend könnte man diese Reaktion als eine «chemische Bindung des Sonnenlichts» bezeichnen.

Lichtabhängige Reaktion

Die beiden Energieträger NADPH+ und ATP verlassen die Thylakoid-Membran und steigen ins Stoma auf. Dort läuft nun die zweite wichtige Grundreaktion der Photosynthese ab, die **lichtunabhängige Reaktion**, auch **Calvin-Zyklus** genannt. Unter Beihilfe von sechs aus der Luft aufgenommenen CO_2-Molekülen und der beiden Energieträger NADPH+ und ATP entsteht ein C_6-Ringmolekül, die Glukose. Dieser Einfachzucker wird nun über die Leitbahnen durch die ganze Pflanze transportiert und liefert wichtige Energie für das Wachstum oder die Blütenbildung.

Lichtunabhängige Reaktion oder Calvin-Zyklus

Unten: Gesunde Pflanzen benötigen ausreichend Licht und Nährstoffe.

2.2 Die Bestäubung von weiblichen Pflanzen und die Samenherstellung

Schickt man Hanfpflanzen durch das Ändern der Photoperiode in die Blütephase, so werden sich Pflanzen aus regulärem Saatgut in den ersten zwei Wochen outen und ihr Geschlecht preisgeben. Männliche Pflanzen unterscheiden sich von den weiblichen nicht nur in der Blütenform, sondern auch im Wuchsverhalten: Sie haben größere Nodienabstände, zeigen ein weniger verzweigtes, dafür aber schnelleres Wachstum und eine geringere Anzahl an Blättern und großen Sonnensegeln. Das hat einen einfachen Grund – der männliche Pollen kann auf diese Weise leichter von den männlichen zu den weiblichen Pflanzen gelangen und die dort wachsenden Blüten bestäuben. Bei größeren Nodienabständen und weniger Blättern gelangt der Pollen ohne große Hindernisse auf die Griffel der Weibchen. Auch die Wuchshöhe der männlichen Pflanzen ist ein Vorteil. Der Pollen kann auf diese Weise leichter auf die kleineren weiblichen Pflanzen fliegen und die dort vorhandenen Blütenkelche bestäuben.

Eine Male-Pflanze im Maisfeld.

Geschlechtsunterschiede in der Wachstumsphase

Natürlich reichen diese möglichen Merkmale nicht aus, um schon in der Wachstumsphase *Male*- und *Female*-Pflanzen zu unterscheiden. Dafür spielen die aus den äußeren Bedingungen resultierenden Phänotypen eine viel zu große Rolle. Gerade bei einem Indoor-Grow ist es schwer, Wachstumsunterschiede auszumachen, wogegen sich die Wuchseigenschaften beim Outdoor-Anbau durch die längere Vegetationsphase viel deutlicher abzeichnen.

Pollen: Reife und Ernte

Drei bis vier Wochen nach dem Einleiten der Blütephase stehen die männlichen Pflanzen kurz vor dem Höhepunkt der Pollenbildung. Die Pollensäcke werden immer praller und öffnen innerhalb von nur wenigen Stunden ihre Deckblätter. Kurz darauf geben die sechs Pollenkammern, in denen sich der männliche Pollen befindet, den Blütenstaub an ihre Umgebung ab. 2–3 Tage vorher werden die Pollensäcke einen leicht gelblichen Schimmer annehmen, an

Links: Befruchtete Female-Pflanze mit schönem, pudrigem Harzbesatz.

Größe dazugewinnen und auf diese Weise zeigen, dass sie mit Pollen gefüllt sind und die Öffnung kurz bevorsteht.

Male-Pollen, 1000-fach vergrößert.

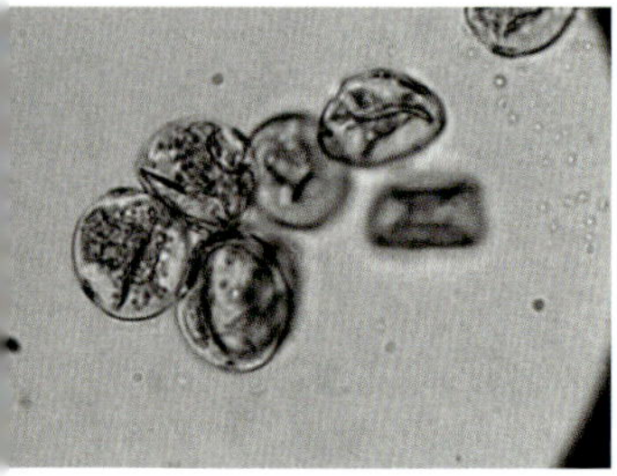

Es ist sehr hilfreich, wenn man reife Pollensäcke 1–2 Tage vor ihrer eigentlichen Öffnung erkennen kann. Ich denke dabei vor allem an sehr schwierige STS-Projekte, bei denen die weiblichen Pflanzen nur einzelne und mit wenig Pollen gefüllte Pollensäcke ausbilden. Von Hand zu sammeln kann zwar anstrengend sein, doch wenn man nur wenige Seeds braucht, ist es eine Möglichkeit, doch noch potenten Pollen zu ernten – zumindest besser als ein abgebrochenes und gescheitertes STS-Projekt, bei dem kein einziger Samen entstanden ist.

Wenn reguläre *Male*-Pflanzen auf dem Höhepunkt ihrer Blüte den meisten Pollen abgeben, brauchen die weiblichen noch zusätzliche 2–3 Wochen bis zum Höhepunkt ihrer Blütenproduktion. Wenn man viele Samen produzieren will, hat es sich daher als Vorteil erwiesen, wenn man alle weiblichen Pflanzen 10–14 Tage früher in die Blüte schickt. Der Grund für dieses Vorgehen liegt darin, dass sich dann beide Geschlechter gleichzeitig auf dem Höhepunkt der

Unten: Eingefärbter Pollen im Pollensack.

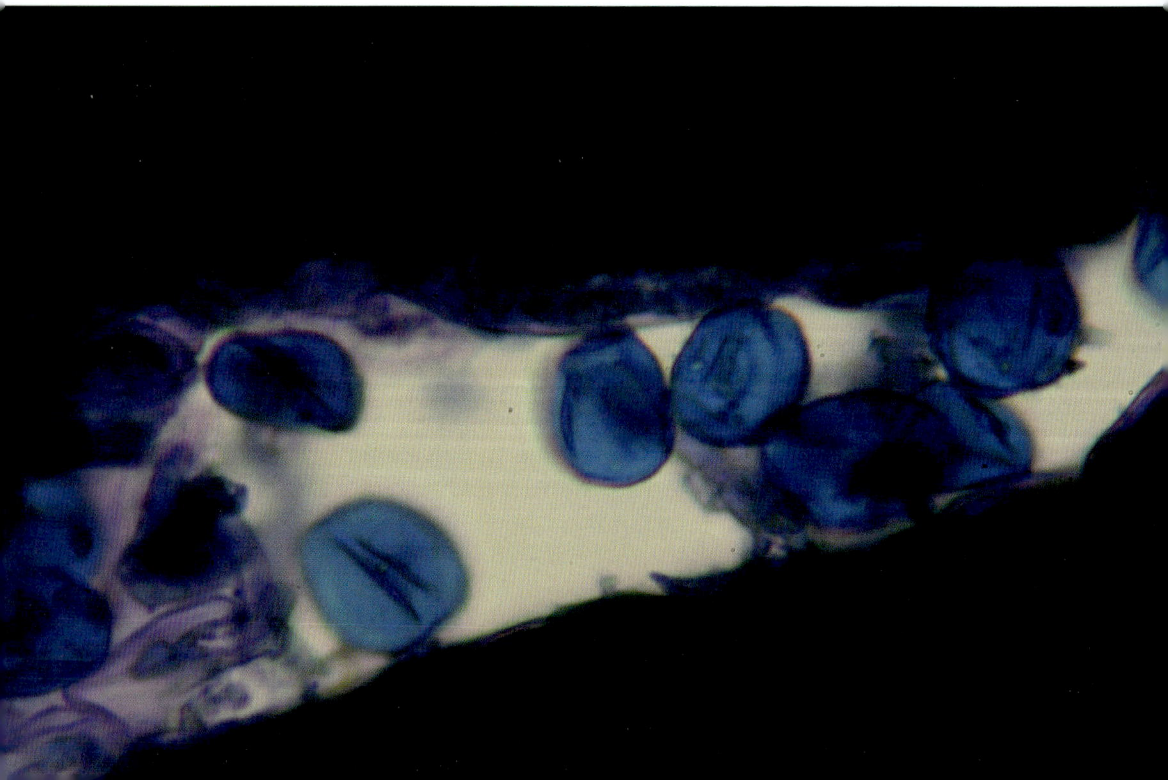

Blüte befinden. Die Männchen geben den meisten Pollen ab, und die Weibchen haben die größte Anzahl an befruchtungsfähigen Griffeln. Solange die Griffel eine schöne weiße Farbe haben und man die kleinen Härchen auf ihnen erkennen kann, kann man einen weiblichen Blütenkelch befruchten. Dafür reicht ein einziges Pollenkorn aus.

Wenn man als Grower Samen herstellen und seine eigene Sorte züchten will, muss man sich zuerst einmal fragen, welche und vor allem wie viele Samen man am Ende ernten will. Wenn man nur wenige Seeds für den nächsten Grow-Durchgang benötigt, reicht es aus, wenn man den männlichen Pollen mit einem einfachen Pinsel auf die weiblichen Blüten aufbringt. Viele Grower bestäuben auch nur einzelne Triebe, denn auch so ist es möglich, mehrere Hundert Samen zu ernten und trotzdem noch jede Menge samenfreies Gras zu erhalten.

Querschnitt durch den männlichen Pollensack.

Breeder produzieren Tausende von Samen und bestäuben somit auch mehrere komplette Pflanzen. Auch hier gibt es mehrere Methoden, die man anwenden kann. Viele lassen die männliche Pflanze im Grow-Raum stehen und blasen mit einem Ventilator den Pollenstaub auf die Blüten der weiblichen Hanfpflanzen. Dieser Vorgang kann über mehrere Tage hinweg durchgeführt werden. Andere sammeln den Pollen und tragen ihn mit einem Pinsel auf die Blüten auf. Diese Art des Bestäubens bedeutet einen erheblich größeren Zeitaufwand, allerdings kann man auf diese Weise die Blütenstände der Weibchen besser und vor allem gezielter bestäuben, wenn es sich nur um eine Teilbestäubung handelt. Die Pinselmethode setzt aber voraus, dass man den Pollen irgendwo aufgefangen hat. Doch wie stellt man das am besten und einfachsten an? Der Pollen soll ja auch so gelagert werden, dass er potent bleibt.

Eine Technik, die sich hierfür durchgesetzt hat und welche die meisten bis heute anwenden, ist die Tüten-Methode. Es gibt bei jedem Bäcker verschieden große Brottüten, die aus dünnem Papier bestehen. Diese können je nach Bedarf über die einzelnen Triebe der männlichen Pflanze gezogen werden. Es ist am besten, die großen Blätter und Sonnensegel

Eingefärbte Pollenkörner in 180-facher Vergrößerung.

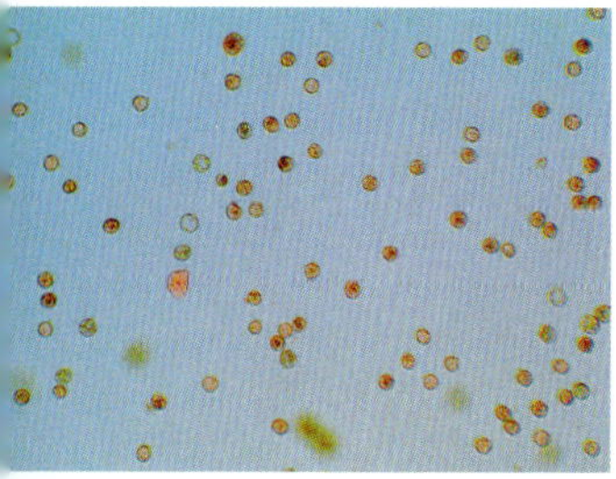

Pollenstaub strecken

Wenn man nur wenig Pollen sammeln kann, gibt es die Möglichkeit, ihn etwas zu strecken. Ein einziges Pollenkorn reicht aus, um einen weiblichen Blütenkelch mit seinen beiden Griffeln zu bestäuben. Das beste Streckmittel ist und bleibt Mehl, das man im Verhältnis 100:1 dazugeben kann: 100 Teile Mehl auf 1 Teil Pollenstaub. Ich empfehle aber eine maximale Dosierung von 20:1. Mit diesem Verhältnis bin ich bisher immer sehr gut gefahren.

Rechts: 800-fach vergrößerte Pollenkörner.

zu entfernen, um keine unnötige Transpirationsfeuchte in der Tüte aufzufangen – jede Art von Feuchtigkeit ist für den Pollen nämlich alles andere als vorteilhaft und kann innerhalb kürzester Zeit zur Sterilität führen.

Hat man die Tüte über den Trieb gezogen, kann sie im unteren Bereich mit einem kleinen Draht oder einem Gummi gut verschlossen werden. Es ist von Vorteil, wenn die besagten Tüten transparent sind oder zumindest über ein kleines Sichtfenster verfügen. Die Tüte belässt man nun für 1–3 Tage auf der Pflanze. Bevor man sie wieder abzieht, kann man nochmals kräftig am Trieb schütteln, damit auch wirklich so viel Pollen wie möglich aus den männlichen Blüten herausfällt und aufgefangen werden kann. Das verschlossene Ende der Tüte kann man nun öffnen; dabei ist es wichtig, die Pflanze leicht schräg zu halten, damit der aufgefangene Pollen nicht gleich wieder unten herausfällt. Die Tüte wird danach vom Trieb abgezogen. Der gesammelte Pollen kann nun auf einem großen Spiegel oder auf Alufolie ausgebreitet werden. Mit einer alten Bankkarte oder Ähnlichem kann man den Pollen vom restlichen Pflanzenmaterial und den leeren Pollensäcken trennen und vorsichtig in ein Gefäß füllen.

Ein weiblicher Griffel.

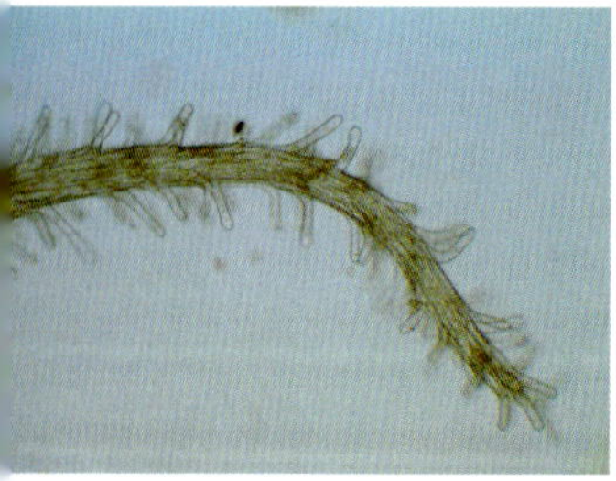

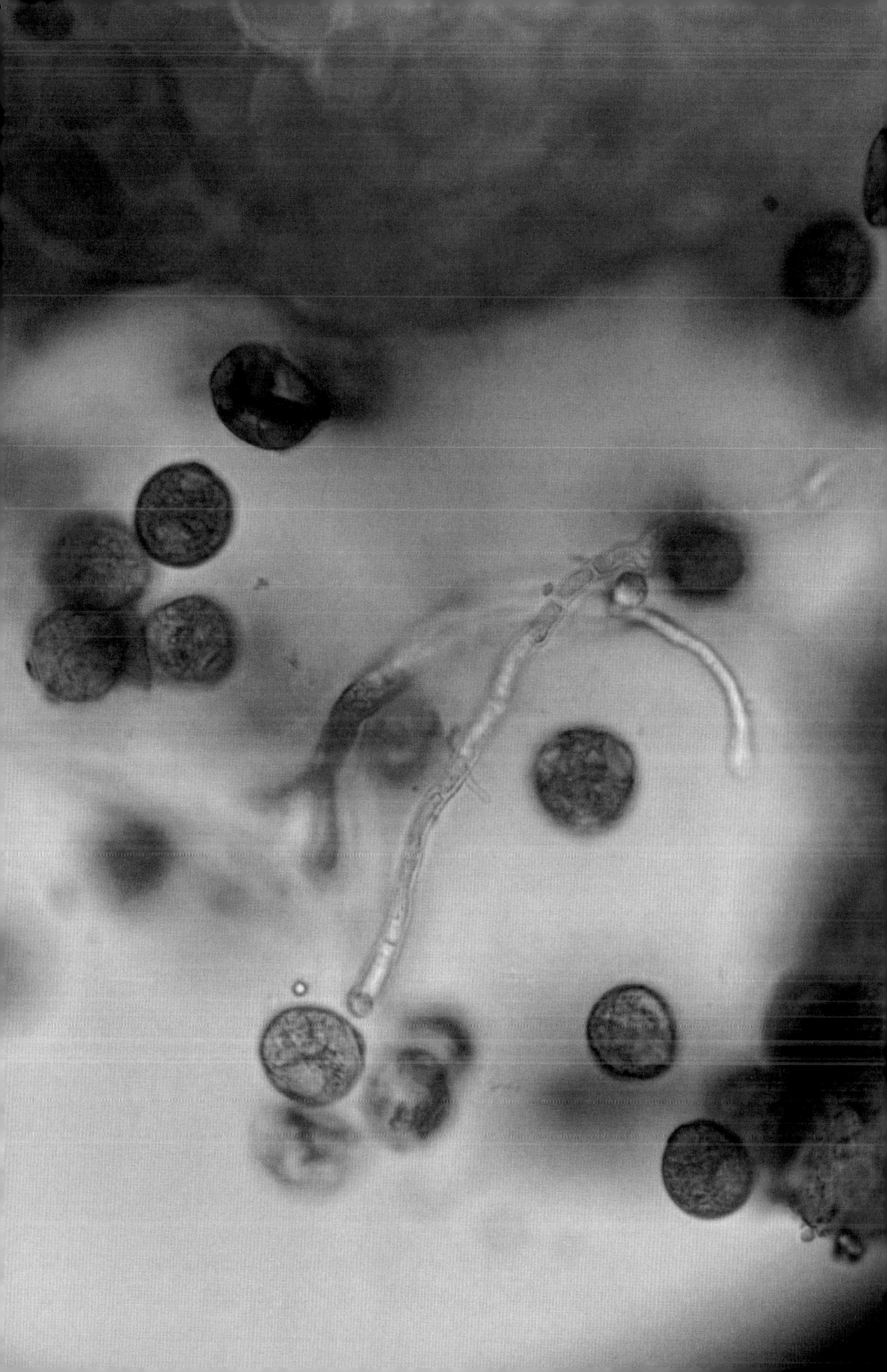

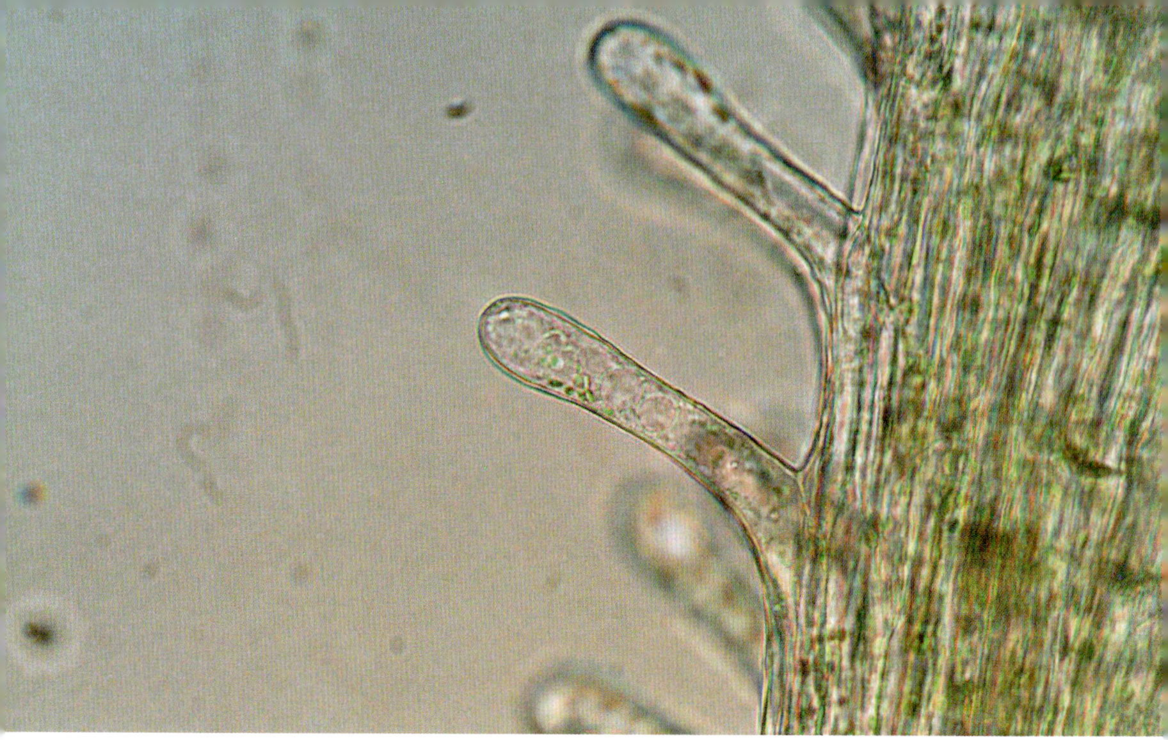

Oben: Vergrößerung der feinen Haare am Griffel.

Pollen richtig trocknen und lagern

Sehr wichtig ist nun, den Pollen zu trocknen. Die meisten benutzen dafür Silicatgel, das die Feuchtigkeit des Pollens sehr gut aufnimmt. Hat man kein Silicat, kann man auch auf Reis zurückgreifen, der ebenfalls viel Feuchtigkeit in sehr kurzer Zeit aufnehmen kann. Dazu legt man in das Gefäß, in dem sich der Pollen befindet, ein zweites, kleineres. Darauf legt man nun den Reis oder das Silicatgel. Nach 24–48 Stunden sollte die gesamte Feuchtigkeit aufgesaugt sein.

Jetzt kann der trockene Pollen im Kühlschrank gelagert werden. Die Haltbarkeit ist aber deutlich eingeschränkt. Pollenstaub, der aus einer männlichen Blüte fällt, ist im Growraum circa 4–6 Tage aktiv und kann weibliche Blüten bestäuben. Ist er im Kühlschrank möglichst dunkel gelagert, kann er auch nach 6–12 Wochen noch potent sein. Einige Grower berichten sogar von einer Lagerung im Kühlschrank bis zu sechs Monaten, wonach es trotzdem möglich war, weibliche Blütenstände zu bestäuben. Doch solche langen Zeiträume sind Ausnahmen. Das kann von Strain zu Strain unterschiedlich sein, da vor allem die Art und Weise der Trocknung einen sehr großen Einfluss auf die endgültige Haltbarkeit und die Potenz des Pollens hat.

Bestäubung mit der Tüten-Methode

Eine Möglichkeit, ganze Pflanzen komplett zu bestäuben, ist wiederum die Tüten-Methode. Dabei zieht man die mit Pollen gefüllte Bäckertüte über einen Trieb oder über die ganze weibliche Pflanze. Man muss dabei beachten, dass die Tüte, mit der man den Pollen bei der männlichen Pflanze auffängt, so groß ist, dass man sie entsprechend seinen Wünschen über die komplette weibliche Pflanze oder nur über einen einzelnen Trieb ziehen kann. Eine kleine Tüte kann mit Sicherheit nicht über eine große buschige weibliche Pflanze gezogen werden. Nun kann man die Pflanze oder die Triebe schütteln, um den in der Tüte befindlichen Pollenstaub aufzuwirbeln, damit er sich über die Blüten verteilen kann. Nach 1–2 Tagen kann man die Tüte wieder vorsichtig von der Pflanze entfernen. Die meisten Blütenkelche werden auf diese Weise bestäubt und bilden ein paar Tage später die ersten Samen aus.

Eine erfolgreiche Bestäubung kann man vor allem an den weiblichen Griffeln erkennen. Die weißen Stigmen werden nach 2–3 Tagen eine braune Farbe annehmen, sich leicht krümmen und deutlich an Länge und Stärke verlieren. Sie werden dann so ähnlich aussehen, als wären die Blüten völlig ausgereift. Wie mehrfach erwähnt, reicht ein einzelnes Pollenkorn aus, um einen Blütenkelch zu bestäuben. Fängt einer der beiden Griffel ein Pollenkorn auf, wird dieses an den feinen Haaren festkleben und innerhalb von ein paar wenigen Stunden keimen. Viele Grower glauben, dass der Pollen durch die Haare in das Innere des Blütenkelches transportiert wird. In Wirklichkeit wächst der Pollenschlauch vom aufgefangenen Pollen selbst bis in das Innere des Blütenkelchs, in dem sich das «Ovulum» mit den weiblichen Gameten befindet; das geschieht innerhalb eines Zeitraums von 35–50 Stunden und hat das Absterben der beiden Griffel zur Folge. Doch da, wo die Griffel sterben, entsteht gleichzeitig neues Leben. In jedem einzelnen bestäubten Blütenkelch wird sich in den kommenden 40–50 Tagen ein Samen entwickeln und schließlich ausreifen, so dass die nächste Generation von Hanfpflanzen entstehen kann.

Aufgefangener Pollen, bereit zum Bestäuben.

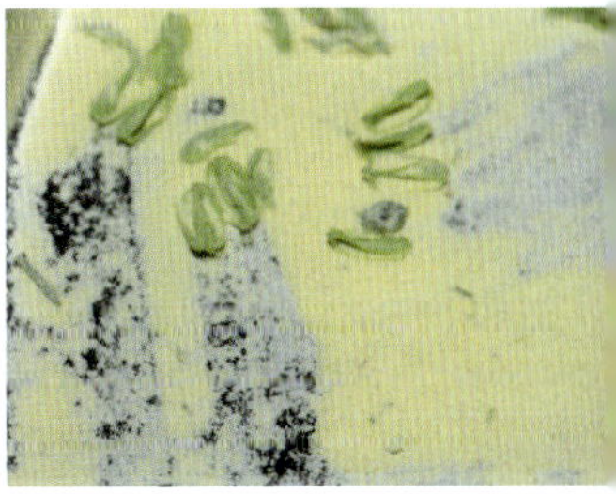

Kapitel 3

3.1 Evolution – die Grundlagen der Entwicklung

Rechts: Eine Afghani F1 – auch eine Indica, und doch unterscheidet sie sich stark von der türkischen Landrasse.

Zugegeben, das Thema Züchtung und Vererbung kann sehr kompliziert sein, aber das Wissen darüber ist dennoch eine Grundvoraussetzung für jeden Breeder. Immerhin sollte man verstehen können, woran man gerade arbeitet und wie man das gesetzte Zuchtziel am besten erreichen kann. Es bringt nichts, alle vorhandenen Sorten untereinander zu kreuzen und auf einen zufälligen Treffer zu hoffen. Die Hanfzucht ist genauso aufwendig und erfordert genau so viel Wissen wie die Zucht von Orchideen, Hunden oder gar Pferden. Ein Grundwissen muss also vorhanden sein, bevor man mit seinem eigenen Projekt beginnt.

Bevor wir nun tiefer in den Bereich Vererbung eintauchen, will ich euch noch kurz ein paar grundlegende Prinzipien mitgeben. Jeder einzelne Breeder trägt eine Verantwortung dem Kunden und auch dem gesamten Hanf-Genpool gegenüber. Man sollte heute versuchen, so viele alte und seltene Sorten zu erhalten, wie es nur geht, denn auch die kommenden Grower sollen in 10 oder 15 Jahren noch erstklassige Sorten anbauen können. Bei der Zucht verschiedener Hanfsorten geht es nicht nur um die Produktion neuer und schnell hergestellter F1-Hybride, sondern um viel mehr. Es geht um das Fixieren von Eigenschaften und Merkmalen, um das Akklimatisieren in einem bestimmten Klima und um die Weiterentwicklung von Hanf an sich. Diese Vorgänge brauchen viel Geduld, Zeit und noch mehr Platz, aber man sollte sich eine positive Einstellung den Pflanzen gegenüber bewahren und an die Zukunft des Genpools denken.

OG-Kush-LL-Inbreedline mit rötlichen Blättern am Ende der Blütephase.

Man muss sich auch bewusst sein, dass man ohne selbst festgelegtes Zuchtziel keinen Erfolg haben wird – zumindest nicht in der vorgegebenen Zeit. Es geht darum, sich Ziele zu setzen und auf diese immer weiter hinzuarbeiten, auch wenn es einmal Rückschläge gibt. Jeder Züchter muss sich am Anfang eines jeden Projekts fragen, was er eigentlich

Zuchtziel und Sortenwahl

Eine weibliche Ghana-Sativa-Blüte, die teilweise bestäubt wurde.

Eine wilde Landrasse aus der Türkei, die sich über viele Generationen entwickelt hat.

züchten will. Geht es um eine Indoor- oder um eine Outdoor-Sorte, um Indica oder Sativa? Soll der Turn ins Fruchtige gehen oder hat man lieber ein haschiges Aroma; soll der Turn drückend oder doch eher Sativa-dominant sein? Das sind nur ein paar der Fragen, die man für sich selbst beantworten muss und welche die Sortenwahl beeinflussen. Aus zwei würzigen Strains kann man keine Pflanze mit einem süßen Aroma züchten, und aus einer Kreuzung zwischen zwei Indicas kann man kein reines Sativa-Up-High erwarten. Es kommt auch darauf an, welche Genetiken einem überhaupt zur Verfügung stehen; man kann schließlich nur mit dem arbeiten, was man regulär als Samen oder Mutterpflanzen sein Eigen nennen darf. Ich kann an dieser Stelle auch nur davon abraten, mit bereits feminisierten Pflanzen zu arbeiten. In Kapitel 8 werde ich genau auf die Gründe eingehen, warum man feminisierte Samen nur als Einwegprodukt sehen sollte.

Ein anderer wichtiger Punkt sind die Informationen, die man über eine Grundstock-Genetik haben sollte. Als Breeder muss man so viel wie möglich über seine Elternpflanzen wissen. Ist es wirklich eine Landrasse oder vielleicht doch ein als Landrasse verkaufter F1-Hybrid, der aus zwei ähnlichen Strains besteht? Es ist ein Fehler, nur die Angaben der Breeder zu berücksichtigen und diesen blind zu vertrauen.

Wie kommt man an passende Genetiken? Es gibt viele wirklich gute und glaubwürdige Samenbanken, die sehr gute Arbeit leisten und bei denen die Qualität auch heute noch im Vordergrund steht. Die meisten von ihnen sind private Breeder oder kleinere Kollektive, die aus mehreren einzelnen Züchtern bestehen. Man kann in diversen Foren Grow-Reports lesen und auf diesem Weg viele Informationen sammeln. Auch Vergleiche mit alten Grow-Berichten zur gleichen Genetik sind aufschlussreich. Treten über Jahre hinweg mehrheitlich große Veränderungen an den gezeigten Pflanzen auf, so kann man sicher sein, dass sich mindestens eine Elterngenetik verändert hat und die Genetik nicht mehr das ist, was einst in der Beschreibung stand. Man kann versuchen, mit *Clone-only*-Genetiken zu arbeiten, wobei diese in der Regel nur als *Female Part* verwendet werden können. Oft haben auch befreundete Grower noch den einen oder anderen Schatz in ihrer Samenbox, von dem sie sich unter Umständen trennen. Doch warum ist es so wichtig, dass man die genaue Herkunft kennt? Ganz einfach: Wenn man weiß, um welche Genetik es sich handelt, kann man viel besser und einfacher auf ein Ziel hinarbeiten. Ein Beispiel: Man weiß, dass positive Eigenschaften von Landrassen oder *Inbreedlines* sehr oft reinerbig/dominant sind und dementsprechend auch in der nächsten Generation zur Ausprägung kommen werden. Sollte man jetzt anstatt der reinen Landrassen einen F1-Hybriden haben, wird die nächste Generation ganz anders aussehen als im Fallle der Landrassen. Man wird die Resultate völlig anders interpretieren und auch zukünftige Generationen falsch einschätzen. Eine Vorhersage für eine solche Kreuzung oder kommende Generationen wäre somit unmöglich. Es ist darum wichtig, sein Saatgut aus einer seriösen Quelle zu beziehen, bei der man darauf vertrauen kann, das zu bekommen, was man bestellt. Wie jeder Hunde- oder Orchideenzüchter sollten auch

Unten: Eine ganz besondere Blütenform bei dieser Pflanze von Chrome Seeds.

Links: Der rote Phänotyp der OG-Kush-LL-Inbreedline, in der sechsten Blütenwoche.

die Breeder den Elternstammbaum ihres Saatguts genau kennen und sich dessen sicher sein.

Noch ein Tipp: Ich weiß aus Erfahrung und auch von anderen Züchtern, dass es schwer ist, sich nur auf ein oder zwei Projekte zu konzentrieren. Es gibt so viele gute Sorten, mit denen sich eine Weiterzucht lohnen würde, dass man schnell fünf, sechs oder sieben Projekte zur gleichen Zeit startet. Man wird schnell merken, dass der Platzbedarf entsprechend steigt und dass man vermehrt Kompromisse macht. Darum empfehle ich, sich wirklich nur auf wenige Projekte zu konzentrieren. Denn nur so ist ein genaues, detailliertes Arbeiten möglich, das sich schließlich in den erzielten Ergebnissen widerspiegelt.

Hanf-Genpool und Selektion

Im Folgenden wird unter anderem die Weiterentwicklung des Hanf-Genpools besprochen und damit die Frage, wie man bestimmte Sorten weiterentwickeln und verbessern kann.

Seit Jahrmillionen entwickeln sich Tier- und Pflanzenarten weiter, und auch der Mensch ist in den letzten 100 000 Jahren durch kleine Genveränderungen zu dem geworden, was er heute ist. Es geht um Evolution und Selektion, um zufällige und gewollte Änderungen im Genpool einer Population. Die Evolution beschreibt im Grunde die Veränderungen von Merkmalen und Eigenschaften über Generationen hinweg. Interessant für uns ist, auf welche Weise diese Veränderungen zustande kommen.

OG-Kush-LL: Die feminisierte Form von Alpine Seeds.

Jede Eigenschaft einer Pflanze wird durch einzelne Gene oder das Zusammenwirken von ganzen Gengruppen bestimmt. Diese genetischen Informationen werden bei einer Kreuzung zwischen zwei Pflanzen an die entstehende Generation weitergegeben. Kinder besitzen die äußeren Merkmale ihrer Eltern, und genauso verhält es sich auch beim Hanf und allen anderen Pflanzen. Eigenschaften werden vererbt und an nachfolgende Generationen weitergegeben –

*Der britische Naturforscher **Charles Darwin** (* 12. Februar 1809 in Shrewsbury, † 19. April 1882 in Downe) begründete nicht nur die Evolutionstheorie, sondern war auch ein Pionier der Botanik; er erkannte beispielsweise als erster, dass die Fremdbestäubung bei Pflanzen stärkere Nachkommen hervorbringt als die Selbstbestäubung.*

Generation für Generation. So ändern sich bei jedem weiteren Erbgang die genetischen Informationen und damit auch das Gen, das die Eigenschaft bestimmt.

In der Pflanzenwelt überleben oft nur die am besten angepassten Pflanzen. Nur sie können sich weiter fortpflanzen und so das Leben der eigenen Art sichern. Dieser Vorgang wird als **natürliche Selektion** bezeichnet. Auf diese Weise festigen sich bestimmte Merkmale, während andere ungünstige Eigenschaften verlorengehen. Dieses Prinzip kann man 1:1 auf die Hanfzucht übertragen. Die besten Pflanzen werden selektiert, miteinander gekreuzt und durch weitere Inzucht vermehrt. Nach und nach werden die Pflanzen immer homogener und zeigen immer mehr gleiche Eigenschaften. (Ich werde in Kapitel 4 nochmals genauer auf das Thema Inzucht eingehen, denn auch hier gibt es einige Dinge zu beachten, wenn man eine gleichbleibend hohe Qualität der Pflanzen erhalten will.)

Es geht uns hier darum, zu verstehen, wie sich eine Art oder eine Population weiterentwickeln kann – auch ohne das Zutun des Menschen. Der Schöpfer der Evolutionstheorie war Charles Darwin. Er stellte seine Arbeiten das erste Mal 1858 in London der Öffentlichkeit vor. Nur ein Jahr später erschien sein erstes Buch ***On The Origin of Species*** (***Über die Entstehung der Arten***), das gleich für einiges Aufsehen sorgte, anfangs jedoch eher belächelt wurde. Erst zu Anfang des 19. Jahrhunderts, als Gregor Mendel seine «Mendelschen Gesetze» veröffentlichte, wurde die Evolutionstheorie wieder intensiv diskutiert und zuletzt auch anerkannt. Im Jahr 1930 erschien ***The Genetical Theory of Natural Selection*** von Ronald A. Fisher, einem englischen Genetiker und Statistiker. Das von Fisher in Zusammenarbeit mit Charles Darwins Sohn, Leonard Darwin, verfasste Buch befasste sich mit der Evolution und der Weitergabe bestimmter Merkmale, basierend auf den mendelschen Regeln. Dieses Wissen wurde zur Grundlage der heutigen Botanik und der gesamten Vererbungslehre. Doch bleiben wir noch kurz bei den Vorgängen der Evolution.

Allelfrequenz und Gendrift

Wir wissen, dass die natürliche Selektion ein Prozess ist, der die Weiterentwicklung einer Spezies vorantreibt. Die Selektion passiert nicht zufällig und ergibt sich immer aus der Anpassungsfähigkeit des Genotypen an die Umwelt. So werden positive Merkmale an nachfolgende Generationen weitergegeben. Sehen wir uns den Vorgang etwas genauer an.

Wir wissen, dass Hanf eine diploide Pflanze ist und jeweils zwei fast identische Gensätze besitzt (siehe auch Kapitel 2). Wir nehmen als Beispiel die Eigenschaft «kurze Blütezeit» und kennzeichnen das Merkmal mit dem Buchstaben **b**. Da Hanf zwei Gensätze besitzt, bestimmen diese beiden Allele auch das gewählte Merkmal. Wir kennzeichnen eine Eigenschaft darum auch immer mit zwei Buchstaben, in unserem Fall **bb**. Jeden einzelnen Buchstaben bezeichnet man auch als **Allel**, beide Buchstaben als **Allelenpaar**. Eine an das Klima angepasste Blütezeit ist sehr wichtig und wird sich in einer Population aus vielen Hanfpflanzen immer weiter durchsetzen und entsprechend vererbt werden. Nach vielen Generationen werden die meisten Pflanzen also auch unser Allelenpaar **bb** besitzen. Die Häufigkeit, mit der diese Allele in einer Population auftreten, nennt man auch **Allelfrequenz**. Gibt es nun viele Pflanzen mit einer kurzen Blütezeit (**bb**), so ist die Allelfrequenz sehr hoch. Die Allelfrequenz des Merkmals «lange Blütezeit» geht dagegen immer mehr verloren.

Ein anderer Mechanismus, der kleine Veränderungen in den Eigenschaften und somit auch in den Genen auslösen kann, ist die sogenannte **Gendrift**. So bezeichnet man Änderungen von Allelfrequenzen von einer Generation zur nächsten. Das geschieht, weil die Allele einer Generation von Nachkommen statistisch gesehen eine Zufallsstichprobe der Allele der Elterngeneration darstellen und ihre Auswahl daher auch eher einem Zufallsfehler unterliegt. Selbst wenn eine geringe Selektion stattfindet, tendieren Allelfrequenzen dazu, im Verlauf der Zeit größer oder kleiner zu werden,

Gregor Mendel

(20. Juli 1822 in Heinzendorf, † 6. Januar 1884 in Brünn) gilt bis heute als Vater der Genetik. Berühmt sind seine Versuche mit Erbsen, die er 1865 das erste Mal der Öffentlichkeit präsentierte. Ein Jahr später erschien seine Publikation «Versuche über Pflanzen-Hybriden». Seine Forschungsarbeiten wurden erst nach seinem Tod angemessen gewürdigt.*

bis sie schließlich bei 0 oder 100 Prozent liegen. Schwankungen der Frequenz in aufeinanderfolgenden Generationen können daher durch reinen Zufall dazu führen, dass einzelne Allele aus einer Population verschwinden. Zwei getrennte Populationen mit anfänglich gleichen Eigenschaften können durch zufällige Schwankungen in zwei völlig unterschiedliche Populationen mit einem unterschiedlichen Satz von Allelen auseinanderdriften. Ob die natürliche Selektion oder die Gendrift einen größeren Einfluss auf eine Population hat, hängt mit der Größe und der Stärke der Selektion zusammen.

Eine Veränderung der Populationsgröße kann den Verlauf der Evolution sehr stark beeinflussen. Wenn eine wilde Landrasse aufgrund äußerer Einflüsse durch einen sogenannten «Flaschenhals» geht, also zeitweise bis auf wenige Pflanzen zusammenschrumpft, verliert sie damit auch einen großen Teil ihrer genetischen Vielfalt. Die Pflanzen werden dadurch gleichartiger und verlieren seltene Variationen; solche Flaschenhälse können durch Katastrophen oder starke Klimaschwankungen entstehen.

Unten: Die meistverkaufte Medizinalhanf-Sorte in den USA und in Kanada, die OG-Kush-LL-Inbreedline.

Mensch und Affe, genetisch betrachtet

Wie stark sich kleinste Änderungen der genetischen Informationen auch im äußeren Erscheinungsbild bemerkbar machen, sieht man zum Beispiel beim Vergleich der DNA des heutigen Menschen mit dem des Affen. Ein Unterschied von nur fünf Prozent ergibt ein ganz anderes Erscheinungsbild und dementsprechend auch ganz andere Eigenschaften.

Im Folgenden geht es vor allem um die mendelschen Regeln und deren Umsetzung und darum, wie sich Grower und vor allem Breeder sich diese zunutze machen können. Der in Österreich geborene Mönch und Priester Gregor Mendel untersuchte Variationen einer Pflanzenart und formulierte drei noch heute gültige Vererbungsregeln. Im Jahr 1860 wurden sie veröffentlicht und und schon bald wieder vergessen. Erst um 1900 wurden die «mendelschen Gesetze» von drei anerkannten Botanikern neu entdeckt und unabhängig voneinander bestätigt. Bis heute gelten die mendelschen Regeln als Grundlage der diploiden Vererbungslehre, auch wenn die Genetik seit dieser Zeit enorme Fortschritte gemacht hat und inzwischen bekannt ist, dass auch andere Faktoren den Prozess der Vererbung mitbestimmen.

Eine Kush-Version, die nicht mit der OG verwandt ist: die Victory Kush.

Obwohl man heute viel mehr über die Vorgänge bei der Fortpflanzung weiß, hat es Mendel am Beispiel von Erbsen geschafft, drei grundlegende Regeln zur Vererbung zu entwickeln, auf denen noch heute große Bereiche der Genetik basieren. Er formulierte Begriffe wie «rezessiv» oder «dominant» und erkannte, nach welchen Mustern bestimmte Kreuzungen abliefen. Das Verstehen dieser Regeln macht es uns Züchtern möglich, bestimmte Muster vorherzusehen und auf einfache Art zu bestimmen, wie welche Eigenschaften in kommenden Generationen vererbt werden. Die Grundvoraussetzung dafür ist, dass man seine Elternpflanze sehr gut kennt und im besten Fall schon verschiedene

Testkreuzungen gemacht und ausgewertet hat. Nur wer *Male* und *Female* einschätzen kann, wird auch spätere Generationen vorhersehen können und so das Zuchtziel schneller erreichen als andere Breeder.

3.2 Grundlagen der Vererbung

Die P1-Generation aller Alpine OG-Kush-Kreuzungen: Die selektierte Lemon Larry von Elite Genetics.

Jeder Homegrower kann mit etwas Wissen und Geduld seine eigenen Samen für den Heimanbau herstellen. Es muss nicht immer eine mehr als 100 Euro teure Sorte sein, die am Ende nicht einmal das erwartete Ergebnis einbringt. Es ist für jeden möglich, seine eigenen potenten Sorten zu erschaffen und sie weiter zu verfeinern, bis alle gewünschten Eigenschaften in diesem einen Strain zu finden sind.

Bevor man aber überhaupt ein Zuchtprojekt beginnt, ist es unerlässlich, sich mit dem Thema Vererbungslehre zu beschäftigen und sich ein gewisses Grundwissen anzueignen. Zudem ist es sehr hilfreich, sich Notizen über die Eltern und alle daraus entstandenen Pflanzen zu machen und die Vererbung der wichtigsten Merkmale wie Blüteninduktion, Ertrag, Harz und Aroma aufzuzeichnen. Das erleichtert bei späteren Rückkreuzungen oder bei Vergleichen zwischen zwei Linien die Arbeit ungemein, da man auf diese Weise Rückschlüsse über die Weitergabe einzelner Eigenschaften ziehen kann.

Dieser Aspekt des Cannabis-Anbaus ist komplex und zugegebenermaßen auch ein wenig trocken, aber er ermöglicht

Sicher ist sicher: Zuchtnotizen verschlüsseln

Natürlich stellen Notizen ein Risiko dar, da sie im Fall der Fälle vor Gericht gegen einen verwendet werden können. Ich empfehle deshalb, Verschlüsselungssoftware wie zum Beispiel *TrueCrypt* zu verwenden, um so ein möglichst hohes Maß an Sicherheit zu gewährleisten.

es, gewisse Voraussagen über die entstehenden Generationen zu treffen, und hilft somit ungemein beim Erreichen des Zuchtziels. Es wird nicht möglich sein, auf jedes einzelne Detail genau einzugehen, aber ich werde versuchen, die grundlegenden Kenntnisse über die mendelschen Regeln zu vermitteln. Im Folgenden geht es erst einmal ausschließlich um das Grundwissen und die Grundlagen der Züchtung. Was sind Gene oder Gameten überhaupt, und welche Rolle spielen sie in der Pflanze? Welche Bedeutung haben die Begriffe «homozygot» oder «mischerbig»?

Gene oder Gengruppen steuern jeden einzelnen Prozess in der Pflanze. Sie wirken sich auf das Aussehen, die Blütenproduktion oder die Cannabinoid-Synthese aus. Jede einzelne Eigenschaft wird durch Gene oder das Zusammenspiel von mehreren Gengruppen bestimmt. Die Erfahrung zeigt, dass einfache Eigenschaften wie die Blattform oder auch der vorgegebene Ertrag durch einzelne Gene bestimmt werden. Einige andere komplexere Merkmale wie die Resistenz gegen Krankheiten und Schädlinge oder die Cannabinoid-Synthese werden in der Regel durch ganze Gengruppen oder Genwechselwirkungen bestimmt.

Oben: Eine Pflanze mit mittelharten Indica/ Sativa-Blüten.

Ein Phänotyp aus der F2-Generation der Lemon Larry.

Oben: Eine Lemon Larry S1.

Jedes Blatt und jede Blüte einer Hanfpflanze besteht aus Millionen von Zellen. Alle sind im Grunde gleich aufgebaut, und doch haben sie unterschiedliche Aufgaben. Einige Zellen produzieren ein Sekret, das wir THC nennen, andere teilen sich und bilden auf diese Weise Wurzeln, neue Blätter oder einen dickeren Stamm. Eine Zelle kann man sich wie ein Ei vorstellen. Die Schale ist die Zellmembran, das Eigelb der Zellkern und das Eiweiß das Zellplasma. Für uns ist jetzt nur der **Zellkern** wichtig. In ihm befinden sich die **Chromosomen** in der groben Form eines X und eines Y. Hanfpflanzen besitzen in jedem Zellkern 20 Chromosomen. In jedem Chromosom befinden sich Hunderte von Genen, die einzelne Vorgänge in den Pflanzen regeln oder steuern. Alle Gene in einer Pflanzenzelle sind doppelt vorhanden; man spricht auch von zwei fast identischen Gensätzen oder kurz gesagt von einer **diploiden** (2n) Pflanze. Das bedeutet, dass man zwei Allele hat, die auf jede einzelne Eigenschaft von der Blattform bis zur Wurzelbildung einwirken.

Zellkern und Chromosomen

Wird nun eine weibliche Blüte mit dem Pollen einer männlichen Pflanze bestäubt, dann verschmelzen die Erbinformationen beider Eltern miteinander, und ein Samen entsteht. Die weibliche und auch die männliche Pflanze geben dabei einen kompletten Gensatz weiter. Somit wird aus 1n+1n wieder 2n, eine diploide Cannabispflanze, die Gene oder besondere Merkmale von beiden Elternpflanzen in sich trägt. Man könnte theoretisch sagen, dass 50 Prozent der Merkmale von der Mutter und 50 Prozent der Eigenschaften vom Vater stammen und somit beide gleich viel zur neuen Folgegeneration von Pflanzen beisteuern. Man nennt diese erste Generation bei einer Kreuzung von zwei verschiedenen Sorten auch **F1** oder **F1-Hybrid**. Bei einer Kreuzung zwischen zwei Pflanzen der gleichen Sorte bezeichnet man diese erste Inzuchtgeneration als **F2**.

F1 oder F1-Hybrid
F2-Generation

Die Theorie, dass 50 Prozent der Erbinformationen jedes einzelnen Elternteils weitergegeben werden, kann man in der Praxis nicht immer anwenden. Es kommt hierbei vor allen Dingen auf die Genetik an, mit der man arbeitet. Es kann durchaus passieren, dass die Pflanzen einer F-, also einer Filialgeneration, mehr der P1-Male- oder der P1-*Female*-Pflanze ähneln. Im Gegensatz dazu können die Pflanzen aber auch eine Mischung aus beiden Elternteilen sein und die besten Merkmale von Vater und Mutter in sich vereinen. Die mendelschen Regeln, die wir nachher noch genauer behandeln, können uns sagen, welche Vererbungsmuster bei einer Kreuzung zwischen zwei Pflanzen ablaufen und inwieweit dies Auswirkungen auf die entstehende Generation hat.

Dominante und rezessive Gene

Als Züchter versucht man, die gewünschten Gene, die für Aroma, Harzbesatz oder Ertrag verantwortlich sind, auf einer neuen Pflanze zu fixieren, damit diese auch in der nächsten Generation erneut zur Ausbildung kommen. Doch wer entscheidet, welches Gen zur Ausbildung kommt? Wir unterscheiden zwischen **dominanten Genen**, die immer mit einem großen Buchstaben bezeichnet werden, und **rezessiven Genen**, die mit einem kleinen Buchstaben gekennzeichnet werden. Die dominanten Gene werden die rezessiven immer überdecken. Das heißt, wenn die Eigenschaft «süßes Aroma» dominant ist und die Eigenschaft

Eine F1-Pflanze aus einer Kreuzung zwischen einer reinen Indica und einer reinen Sativa.

«würziger Geruch» rezessiv, wird das süße Aroma in dieser ersten Generation (F1) das würzige Aroma überdecken. Die Pflanzen werden alle ein feines, süßes Aroma verströmen.

Links: Ein Phänotyp 1 der Victory Kush.

Viele positive Eigenschaften sind zum Beispiel bei Landrassen oder Inzuchtlinien dominant, trotzdem sollte man nicht vergessen, dass sich möglicherweise auch sehr gute und wichtige Merkmale rezessiv verhalten können und vielleicht von schlechteren dominanten Eigenschaften überdeckt werden.

Reinerbige und mischerbige Gene

Wir wissen nun, was rezessiv und was dominant ist und wie man diese Gene in Formeln kennzeichnet. Nun haben wir weiter oben festgestellt, dass Cannabis diploid ist, also zwei Genvariationen oder Allele für jede Eigenschaft besitzt. Dies müssen wir auch in unserer Schreibweise mit einbeziehen. Ein dominantes Genpaar wird also mit **AA** oder **BB** bezeichnet, wobei der Buchstabe immer einer Eigenschaft zugeordnet und frei wählbar ist. Ein rezessives Genpaar wird somit als **aa** oder **bb** beschriftet.

F1-Generation der Kreuzung aus Ghana-Sativa und Türkei-Landrasse.

Nun kommen die Begriffe **reinerbig** (homozygot) und **mischerbig** (heterozygot) ins Spiel. Als reinerbig bezeichnen wir eine Eigenschaft, die beide Elternteile besitzen und die auch in der nächsten, durch Inzucht entstandenen Generation bei allen Pflanzen zur Ausbildung kommt. In unserer Schreibweise bezeichnen wir «reinerbig» mit zwei gleichen Buchstaben, in diesem Fall als **hh**. Wäre diese Eigenschaft noch dominant-reinerbig, müssten wir zwei große Buchstaben wählen, z.B **HH**. Vor allem reine Landrassen oder sogenannte Inzuchtlinien besitzen viele reinerbige Merkmale und sind daher besser zur Zuchtung geeignet als viele der heutigen Multihybride. Diese besitzen unterschiedliche Gene, die mischerbig sind und sich schon in der ersten Generation aufspalten können. Dadurch können sehr viele Phänotypen entstehen, die sich von ihren Eigenschaften her völlig unterscheiden können und alles andere als homozygot sind. Gute Beispiele für instabile Genetiken sind *Jack Herer* oder *Jack Flash*. Bei diesen 3-und 4-Wege-Hybriden gibt es schon in der ersten Generation (F1) extrem viele Phänotypen mit unterschiedlichen Merkmalen. Man kennzeichnet diese mischerbigen Gene mit zwei verschiedenen Buchstaben, wobei der große für die dominante Eigenschaft steht und der kleine für das rezessive Gen. Somit muss man mischerbige Merkmale mit **Hh** oder **Bb** bezeichnen.

Eine wilde Sativa aus Ghana.

Kreuzt man dagegen Landrassen oder Inzuchtlinien miteinander, wird man durch die meist reinerbigen Gene viel weniger verschiedene Variationen bei einer Folgegeneration erhalten. Mehr Pflanzen werden das gewünschte Merkmal besitzen und dieses auch wieder an die nächsten Generationen weitergeben. Nun ist es nicht immer einfach zu sagen, welche Eigenschaften sich bei einer Pflanze dominant und welche sich rezessiv verhalten. Um eine genaue Aussage zu treffen, muss man eine Rückkreuzung der F1 auf ein Elternteil vornehmen. Die daraus resultierende Generation wird ein bestimmtes Phänotypen-Verhältnis besitzen. Aufgrund dieses Verhältnisses kann man nun sagen, welche Eigenschaft bei einer Pflanze dominant oder rezessiv ist. Mit diesem Wissen kann man die passenden Elternteile viel besser als Kreuzungspartner einsetzen.

Kluge Züchter werden sich die von Mendel entwickelte Vererbungslehre zunutze machen, um Kreuzungen auf eine gewisse Weise vorhersagen zu können. Viele Zuchtexperimente an Tausenden von Pflanzen machten Mendel auf immer wiederkehrende Zahlenverhältnisse bei den Phänotypen aufmerksam. Er stellte Regeln und Gesetze auf, die es möglich machten, genaue Vererbungsmuster bei einer Züchtung festzustellen. Man sollte aber beachten, dass diese Zahlenverhältnisse aus Ergebnissen von tausenden Pflanzen errechnet wurden. Bei zehn oder zwanzig Cannabispflanzen können sie natürlich ganz anders ausfallen. Die mendelschen Regeln beruhen zudem auf Mathematik; die Natur lässt sich aber in den seltensten Fällen genau berechnen. Trotzdem sollte man als Züchter die mendelschen Regeln beherrschen.

Eine etwas andere Blütenform beim schnellwüchsigeren Phänotypen der Victory Kush.

3.3 Die drei mendelschen Regeln

Wir wissen nun, welche Bedeutung dominante oder reinerbige Gene für eine Züchtung haben, doch eine Frage drängt sich uns auf: Kann man gewisse Regeln aufstellen, mit denen man Erbgänge theoretisch voraussagen könnte? Die Frage lässt sich schnell und einfach mit «Ja» beantworten. Vererbungen laufen immer nach bestimmten Mustern ab, die man mathematisch in einem sogenannten **Punnett-Quadrat** berechnen und auswerten kann.

H	H	
Hh	Hh	h
Hh	Hh	h

Das Punnett-Quadrat veranschaulicht die erste mendelsche Regel: Es gibt vier gleiche Genotypen.

Das Punnett-Quadrat

Ein Punnett-Quadrat ist ein einfaches Hilfsmittel, das vor allem im Bereich der Vererbung angewandt wird. Jede der zwei Spalten steht für ein männliches Allel oder für eine bestimmte Eigenschaft, der ein beliebiger Buchstabe zugewiesen wird. Es gibt zwei Spalten, da Cannabis diploid ist und entsprechend zwei haploide Keimzellen besitzt. In die beiden darunterliegenden Zeilen wird nun ein anderer Buchstabe für das gleiche Merkmal der weiblichen Pflanze eingefügt. Durch die Kombination der männlichen und weiblichen Allele kann man die verschiedenen Genotypen der Folgegeneration ziemlich genau vorhersagen.

Doch hier kommt auch gleich ein großes «Aber» ins Spiel. Die Natur lässt sich natürlich nicht bis ins Kleinste berechnen, dafür spielen zu viele unbekannte Faktoren in einen Erbgang mit hinein. Auch die Anzahl der Pflanzen spielt eine große Rolle. Gerade bei einer begrenzten Anzahl an Cannabispflanzen können die Zahlenverhältnisse vom tatsächlichen Ergebnis deutlich abweichen, da die Vererbungsgesetze auf Ergebnissen aus Experimenten mit über tausend Pflanzen beruhen. Trotzdem bilden die drei mendelschen Regeln bis heute die Grundlagen jeder Zucht.

Mendelsche Regel 1

Mendelsche Regel 1: Die Uniformitätsregel

Die Uniformitätsregel besagt, dass die Nachkommen von homozygoten (reinerbigen) Individuen untereinander immer gleich sind. Das Wort «reinerbig» bezieht sich dabei immer nur auf eine Eigenschaft; andere Merkmale an den gleichen Pflanzen können auch mischerbig sein.

Was können wir aus dieser ersten Regel ableiten? Hier ein kleines Beispiel: Wir haben eine sehr potente und mit Harz besetzte männliche Pflanze und eine weniger potente und harzärmere weibliche Pflanze. Da beide Eigenschaften bei den Eltern reinerbig sind, tritt die erste Regel in Kraft. Wir erinnern uns: Reinerbig heißt, dass beide Buchstaben im Punnett-Quadrat gleich geschrieben werden.

Wir bezeichnen unser harziges Männchen mit **HH**, was für «viel Harz» steht. Das Weibchen hat weit weniger Trichome, wir bezeichnen sie darum mit **hh**. Kreuzen wir beide Pflanzen, erhalten wir vier gleiche Genotypen **Hh**. Da der große Buchstabe ein dominantes Gen beschreibt, wird dieses in der F1 zur Ausprägung kommen und das rezessive Gen **h** überdecken. Unsere Pflanzen sind somit alle gleich bzw. uniform. Diesen Erbgang nennen wir auch einen **dominant-rezessiven** Erbgang.

Nehmen wir an, die Eigenschaft «viel Harz» ist bei unserem *Male* ebenso rezessiv wie beim Weibchen. Wir kennzeichnen dieses Merkmal nun auch mit zwei kleinen Buchstaben. Der Übersicht halber nennen wir unser rezessives Genpaar **vv**. Ausgeschrieben würde es jetzt so aussehen: **hh** x **vv**. Wir kreuzen wieder mit unserer *Female*, die auch ein doppelt rezessives Genpaar besitzt, das jedoch für das Merkmal «wenig Harz» steht. Was passiert jetzt, wenn es kein dominantes Gen mehr gibt? Setzt sich die Eigenschaft «viel Harz» oder «wenig Harz» durch? Weder noch. Das Ergebnis wird eine Mischung beider Eltern sein, eine F1, die einen mittleren Harzbesatz aufweist. Alle Pflanzen besitzen

Mendelsche Regel 2

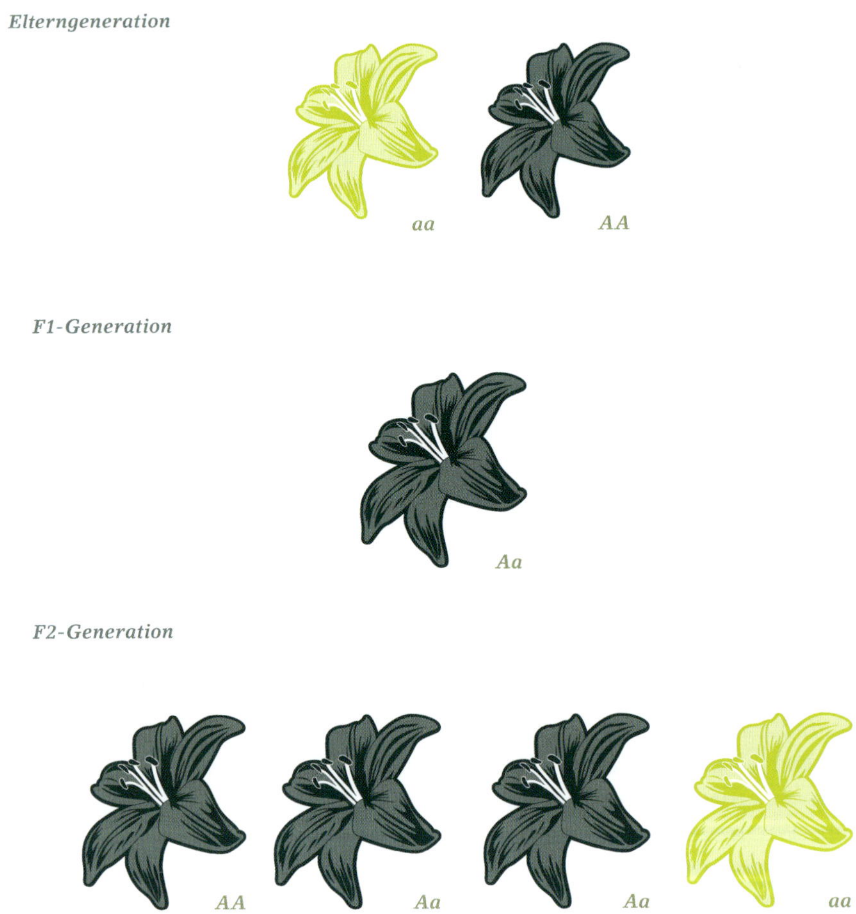

dieses eine Merkmal und sind somit auch vom Genotyp her gleich. Man nennt diesen Erbgang **intermediär**.

Die Ergebnisse aus den Eigenschaften sind bei beiden Beispielen verschieden. Einmal haben wir «viel Harz» und einmal einen «durchschnittlichen» Harzbesatz in der F1-Generation. Doch es fällt auf, dass alle Pflanzen gleich waren, es gab nie zwei unterschiedliche Genotypen – immer nur den gleichen, der bei allen Pflanzen auftrat. Auf diesem Muster der gleichen Genotypen baut die erste mendelsche Regel auf.

Mendelsche Regel 2: Die Spaltungsregel

Die zweite Regel besagt, dass die Nachkommen einer heterozygoten oder mischerbigen Kreuzung nicht mehr uniform sind. Sie spalten sich in einem bestimmten Zahlenverhältnis auf.

Auch hier ist die Ableitung zur praktischen Anwendung recht einfach. Ein paar Seiten vorher haben wir gelernt, dass man mischerbige oder auch heterozygote Pflanzen mit einem großen Buchstaben für das dominante und einem kleinen für das rezessive Gen bezeichnet.

Gehen wir wieder von unseren zuerst beschriebenen Elternpflanzen aus: einem guten Männchen mit enorm viel Harz und einer schlechten weiblichen Pflanze, die nur sehr wenig Harz produziert. Da beide mischerbig sind, bezeichnen wir die Eigenschaften «viel Harz» beim *Male* mit **Hh** und bei der weiblichen Pflanze, die nur wenig Harz besitzt, mit **Vv**. Legen wir unsere Buchstaben über ein Punnett-Quadrat, erhalten wir folgende mögliche Genotypen: **VH**; **Hv**; **Vh**; **vh**. Wir sehen drei Genotypen im Zahlenverhältnis 1:2:1 – eine Pflanze mit weniger Harz, eine, die viel Harz produziert, und es wird auch Pflanzen geben, die einen mittleren Harzbesatz aufweisen. Diesen Erbgang bezeichnet man erneut als dominant-rezessiv.

Oben: Eine Seitenblüte der Victory Kush.

Gehen wir auch bei der zweiten mendelschen Regel den intermediären Erbgang durch. Hier wissen wir, dass die Genpaare beider Elternpflanzen entweder dominant oder rezessiv sind. Erinnern wir uns kurz an die erste mendelsche Regel. Beim intermediären Erbgang haben wir in der F1 eine Mischform beider Elternteile erhalten. In unserem Beispiel hatte die F1-Generation einen mittleren Harzbesatz. Wir erzeugen nun eine F2, kreuzen also zwei F1-Pflanzen der gleichen Sorte miteinander. Da wir der Übersicht halber mit zwei verschiedenen Buchstaben arbeiten, steht **vh** für einen durchschnittlichen Harzbesatz bei beiden Pflanzen. Wir würden diese Kreuzung nun so ausschreiben: **vh** x **vh**. Das Ergebnis wären wieder drei Genotypen im Verhältnis 1:2:1, wobei eine Pflanze «viel Harz» besitzt, eine andere aber nur wenige Drüsenköpfe zeigt. Die letzten zwei Pflanzen zeigen dagegen wieder einen «durchschnittlichen Harzteppich». Es kommen also wieder Merkmale aus der Elterngeneration zum Vorschein.

Diese zweite Regel bezieht sich also auf die Spaltung der Gene in der F2. In dieser Generation kommen vermehrt die rezessiven Gene zur Ausprägung. Es wird immer eine größere Variation unter den Phänotypen geben als in der ersten Generation. Aber auch beim Züchten mit Hybriden kann man diese Regel zum Teil anwenden, da Hybride immer mischerbig, sprich heterozygot sind. Nur kommen hier eben nicht die rezessiven Gene zum Vorschein, sondern die dominanten, da wir bei einer Kreuzung zwischen zwei verschiedenen Hybriden erst einmal wieder eine F1-Generation erhalten. Erst durch die Kreuzung zwischen zwei Pflanzen der gleichen Sorte erhalten wir eine F2-Generation.

Mendelsche Regel 3: Unabhängigkeitsregel – Kombinierbarkeit der Gene

Diese dritte Regel bezieht sich auf die freie Kombinierbarkeit der Gene. Mehrere Eigenschaften können unabhängig voneinander vererbt werden. Als Ergebnis erhält man ein bestimmtes Zahlenverhältnis von Genotypen.

Hier geht es um die Kombination von zwei verschiedenen Eigenschaften. Nehmen wir als Beispiel wieder unseren harzigen *Male* und die harzlose weibliche Pflanze.

Die männliche Pflanze verfügt dazu noch über die Eigenschaft, früh auszureifen, die *Female*-Pflanze dagegen reift erst sehr spät heran. «Viel Harz» bezeichnen wir als **HH**, eine frühe Reife mit **rr**. Das spärliche Harz der weiblichen Pflanze als **hh** und die spät reifende Eigenschaft als **RR**. Ausgeschrieben würde es dann so aussehen: **HHrr** x **hhRR**.

Jetzt schreiben wir es um, mischen die Buchstaben eines Elternteils und ordnen sie etwas anders an. Jetzt sieht unsere Kreuzung so aus: **HrHr** x **RhRh**.

In der F1-Generation erhalten wir nun folgende Genotypen: **RrHh**; **RrHh**; **RrHh**; **RrHh**.

Das heißt, alle Pflanzen haben einen gemeinsamen Genotyp und sind uniform. Wir kennen das aus der ersten mendelschen Regel. Da H und R dominante Gene sind, werden alle Pflanzen viel Harz (**H**) haben und spät ausreifen (**R**).

F1-Generation aus Ghana Sativa und einer Türkei Landrasse.

Mendelsche Regel 3

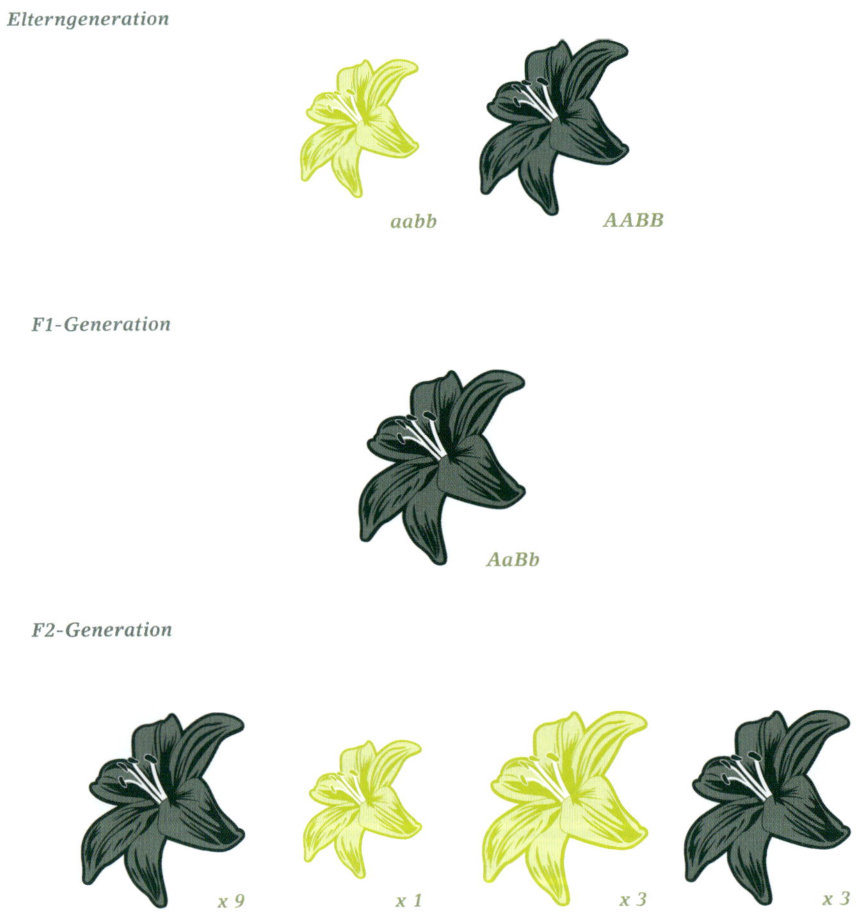

Jetzt nehmen wir diese F1 und züchten durch Inzucht eine F2-Generation.

Da in dieser F2-Generation die rezessiven Merkmale sichtbar werden, wird das Verhältnis aller möglicher Genotypen, die aus der F1 resultieren, bei 9:1:3:3 liegen. Schaut bei dieser Regel nicht so sehr auf das Zahlenverhältnis; vielmehr geht es darum, dass verschiedene Merkmale unabhängig voneinander weitergegeben werden. Wir würden somit spät reifende/harzige und spät reifende/weniger harzige Pflanzen finden, genauso aber auch früh reifende/harzige oder früh reifende/weniger harzige. Von dieser Regel ausgenommen sind Eigenschaften, die von mehreren Genen beeinflusst werden. Das Zusammenspiel zweier verschiedener Gene bringt somit eine ganz neue Eigenschaft hervor, die nicht mehr von nur einem Gen bestimmt wird.

Durchatmen! Mir ist bewusst, dass man beim ersten Lesen der mendelschen Regeln nur wenig versteht. Darum: Nehmt euch Zeit und geht jede einzelne Regel langsam durch, lest sie mehrmals und ihr werdet die von Mendel aufgestellten Regeln verstehen und an euren Pflanzen anwenden können. Wie man sieht, lassen sich sehr viele theoretische Aussagen über eine mögliche Tochtergeneration machen, vorausgesetzt, man kennt die Eltern genau. Es gibt Möglichkeiten, sehr viel über eine Sorte herauszufinden und bestimmte Vererbungsmuster für sich zu nutzen.

Wir kennen nun alle mendelschen Regeln, wir wissen zudem, wie man man ein Punnett-Quadrat liest und wie man Voraussagen über den Genotyp machen kann. Jetzt geht es um die Wahl der Eltern und um die Frage, mit welchen Sorten man eigentlich züchtet und wie man seine Keeper-Pflanzen findet, mit denen man züchtet. In den mendelschen Regeln 1 und 2 finden wir die Antwort. Wir brauchen reinerbige Genetiken, um gleiche und uniforme Pflanzen in einer F1-Generation zu erhalten. Landrassen oder Inbreedlines sind dafür bestens geeignet. Eine Kreuzung mit Hybriden könnte sich dagegen schon in der F1 aufspalten und mehrere Genotypen und somit auch zwangsläufig viele Phänotypen hervorbringen. Ein stabiler Hybrid wie die C99 ist trotzdem

Rechts: Beginnende Blüte bei einer Male-Pflanze.

noch besser zur Zucht geeignet als ein 4-5-Wege-Hybrid, wie die ***Jack Herer*** einer ist.

Das Allerwichtigste bei einer Zucht ist die Selektion. Hier muss man den Platz nutzen, der einem zur Verfügung steht. Es ist selbstverständlich, dass man unter hundert Pflanzen bessere Phänotypen findet als unter fünf oder zehn Pflanzen. Dabei muss nicht nur die ***Female*** die gewünschten Eigenschaften besitzen, sondern auch der ***Male*** muss von möglichst hoher Qualität sein. Jede Pflanze gibt einen Gensatz, also eine Kopie aller Eigenschaften, an die nächste Generation weiter, einen Gensatz vom ***Male*** und einen von der ***Female***. Aus **1n + 1n** wird wieder **2n** – eine diploide Pflanze.

Kapitel 4

4.1 Grundlagen der Selektion

Rechts: Geplatzte Pollensäcke an einer männlichen Blüte.

Dieser erste Abschnitt des vierten Kapitels erläutert die Grundlagen der Selektion; er soll helfen, zu verstehen, warum große Selektionen immer ein besseres Ergebnis zeigen und inwieweit wir dies auf Hanf übertragen können. Im letzten Kapitel haben wir im Abschnitt zur Evolution schon viel gelernt. Wir wissen jetzt, dass nur die am besten angepassten Pflanzen überleben und wie sich eine Art ständig weiterentwickeln kann. Wir wollen das Ganze nun noch vertiefen und ein wenig mehr über die natürliche Selektion in Erfahrung bringen.

Warum müssen wir überhaupt selektieren? Man könnte doch jede ***Male***- und jede ***Female***- Pflanze miteinander kreuzen und vielleicht auch auf diesem Wege gute Nachkommen erhalten. Warum ist eine möglichst starke Selektion dann so wichtig? Ich werde dies am Beispiel einer wilden Landrasse etwas verdeutlichen.

Ein Lebanese-Male auf dem Höhepunkt der Blüte, dahinter eine weibliche Pflanze.

Gründe für die Überproduktion von Nachkommen

Wie jede andere Art produziert auch Hanf viel mehr Nachkommen, als zum eigentlichen Überleben nötig sind. Es findet eine **Überproduktion** an Samen statt. Wer einmal eine vollständig bestäubte weibliche Hanfpflanze gesehen hat, weiß, welch enorme Menge an Samen sie produzieren und ausbilden kann. Tausende Seeds an einer einzelnen Pflanze sollten doch ausreichend sein, um die ganze Population für das kommende Jahr zu erhalten – vor allem, da es ja nicht nur diese eine weibliche Pflanze gibt, sondern noch viele andere, welche die gleiche Menge an Samen produzieren können. Das natürliche Ziel dieser Überproduktion ist es, eine möglichst große genetische Vielfalt unter den Pflanzen zu erreichen und somit Nachkommen zu schaffen, die unterschiedliche Eigenschaften und Merkmale besitzen. Dies

ist nötig, um sich an ein bestimmtes Klima anzupassen und um auftretende Negativfaktoren zu überstehen, wie z.B eine Dürre oder einen starken Sturm.Würden alle Pflanzen einer Population gleiche Eigenschaften zeigen, könnten sie durch Klimaschwankungen oder durch starke Veränderungen in ihrer Umgebung zugrunde gehen oder ganz und gar aussterben. Darum muss es verschiedene Pflanzen geben, die solche Veränderungen durch genetische Variationen abfangen können.

Ein Beispiel: Würden alle Pflanzen unserer Landrassenpopulation ein flach ausgebildetes Wurzelsystem besitzen, so würden alle nach dem ersten großen Sturm ausgerissen werden. Es gäbe keine Nachkommen, die das Überleben dieser Population für das kommende Jahr sichern. Das gleiche gilt für Wassermangel, der durch Dürre ausgelöst werden kann; würden alle Pflanzen gleich viel Wasser benötigen, wäre die Population bedroht, da möglicherweise keine der Pflanzen überleben würde. Es muss also möglichst unterschiedliche Pflanzen mit ganz verschiedenen Eigenschaften geben, damit man sichergehen kann, dass es jedes Jahr erneut Nachkommen gibt.

Männliche Blütenstände, die noch ungefähr eine Woche brauchen, bis sie ihren Pollen abgeben werden.

Ein weiterer Grund für die Überproduktion an Samen ist der, dass nur die wenigsten Seeds überleben werden. Viele von ihnen sind unreif und werden im neuen Jahr nicht keimen. Andere werden von Vögeln oder kleinen Tieren gefressen, um auf diesem Wege an neue Orte zu gelangen und dort neue Populationen der gleichen Art zu schaffen. Sehr viele Samen werden durch Frost Schäden erleiden oder durch zu hohe Temperaturen austrocknen. Es ist auch möglich, dass die Keimlinge, die im neuen Jahr aufgehen, von Tieren gefressen werden oder aufgrund von ungünstigen Bedingungen eingehen. Die Gründe für die «natürliche Auslese» und die Überproduktion an Saatgut sind also vielfältig; daher muss jede Population, egal ob Pflanzen oder Tiere, mehr Nachkommen erzeugen, als tatsächlich gebraucht werden.

Stabilisierende, transformierende und divergierende Selektion

Wir unterscheiden heute verschiedene Arten der natürlichen Selektion. Der Begriff **stabilisierende Selektion** beschreibt einen Optimierungsprozess, bei dem sich unsere Landrasse immer weiter an ein bestimmtes Klima anpasst. Jedes Jahr werden sich nur diejenigen Pflanzen vermehren können, die am besten an die herrschenden Umweltbedingungen angepasst sind. Ihre Nachkommen werden ähnliche Eigenschaften wie ihre Eltern zeigen und somit noch besser an dieses Klima angepasst sein. Jedes Jahr werden die Pflanzen auf diese Weise weiter optimiert, um eine immer größer werdende Population zu erreichen. Dies geht gut, solange sich in ihrer Umwelt nichts Gravierendes verändert.

Die Staubgefässe sind noch geschloßen, die Kelchblätter schon geöffnet: Die Pollenausschüttung steht kurz bevor.

Eine **transformierende Selektion** umschreibt dabei eine plötzliche Klimaveränderung und somit zwangsläufig auch eine größere natürliche Auslese. Ein Beispiel. Die meisten Pflanzen unserer oben erwähnten Landrasse sind an warme Sommer, wenig Niederschlag und an trockene Nächte angepasst. Wenn es nun durch Klimaveränderungen zu mehr Niederschlag und kälteren Temperaturen kommt, sind die meisten Pflanzen dieser Population nicht mehr optimal angepasst. Es kommt nun zu einer genetischen Veränderung der Pflanzen in der Population, da sich jetzt nur noch die Pflanzen vermehren können, welche sich besser an die kalten Temperaturen und den erhöhten Niederschlag anzupassen vermögen. Die Pflanzen, welche in den Jahren davor optimal an das warme Klima gewöhnt waren, gehen ein und können ihre Eigenschaften und Merkmale nicht mehr weitergeben. Das Ergebnis ist eine drastische Reduktion des bisherigen Pflanzenbestandes; sogar ein Verlust der ganzen Population kann durchaus eintreten.

Die dritte Art der natürlichen Selektion ist die **divergierende Selektion**. Wir nehmen auch hier wieder unsere Landrasse als Beispiel und teilen sie in vier Phänotypen auf.

Phänotyp 1 besitzt eine frühe Blüte und ist sehr schimmelresistent. *Phänotyp 2* besitzt auch eine frühe und schnelle Blüte, ist aber bei zu viel Feuchtigkeit sehr anfällig für Schimmel. *Phänotyp 3* besitzt eine lange Blütephase, ist aber bei feuchtem Wetter ähnlich anfällig für Schimmel wie Phänotyp 2. *Phänotyp 4* braucht lange zum Ausreifen, verträgt aber auch feuchte und kalte Temperaturen sehr gut, ohne Schimmel in den Blüten anzusetzen. Alle vier Phänotypen befinden sich auf einer großen Fläche. Die eine Seite des Feldes liegt etwas weiter im Tal, wo die Sommer länger, wärmer und auch trockener sind und es erst im späten Herbst Niederschläge gibt. Die andere Seite des Feldes befindet sich an einem steilen Berghang, wo aufgrund der größeren Höhe ein kaltes und auch feuchtes Klima herrscht. Auch die Sommer sind hier oben viel kürzer als auf der Talseite.

Was passiert nun mit unseren vier verschiedenen Pflanzen, die völlig willkürlich auf beiden Seiten des Feldes wachsen? Die Phänotypen 3 und 4 haben eine lange Blüte und werden auf dem höher gelegenen Hang kaum ausreifen und sich dementsprechend auch kaum vermehren können. Anders ist es bei den Phänotypen 1 und 2, die eine schnelle Blütephase haben und dadurch auch pünktlich reife Samen aus den Blütenkelchen entlassen. Phänotyp 2 reift zwar schnell heran, hat aber aufgrund der hohen Schimmelanfälligkeit eine Eigenschaft, die nicht unbedingt geeignet ist, um sich in diesem kalten und feuchten Klima zu behaupten.

Thai-Landrasse eines ehemaligen Schweizer Züchters.

Der einzige Pflanzentyp, der mit diesen harten Bedingungen umgehen und sich vermehren kann, ist Phänotyp 1, der schnell blühende Typ mit einer hohen Schimmelresistenz. Mit jeder weiteren Generation wird dieser Pflanzentyp seine optimal an das Klima angepassten Eigenschaften weitergeben, bis die ganzen Pflanzen auf dieser Seite des Feldes die gleichen oder zumindest ähnliche Eigenschaften besitzen. Alle anderen Phänotypen werden an dieser Stelle des Feldes ausgemerzt und könnten sich bei diesen extremen Bedingungen nicht halten, geschweige denn weitere Generationen produzieren.

Oben: Der weiße Phänotyp der Nepali von Blue Hemp Seeds.

Im Tal sind die Sommer dagegen länger, wärmer und auch etwas trockener. Dort haben die meisten der vier Phänotypen eine Chance, sich weiter untereinander zu vermehren und Samen für das kommende Jahr zu produzieren. Es werden durch zufällige Bestäubungen unter diesen vier Pflanzentypen Mischungen entstehen, die eine mittlere Blütezeit und eine gute Schimmelresistenz aufweisen werden. Nach vielen weiteren Generationen sind aus der ursprünglichen Landrasse zwei eigenständige Sorten entstanden, die im Vergleich zueinander völlig andere Merkmale zeigen. Die Pflanzen auf dem Berg sind mit einer sehr kurzen Blüte und einer hohen Schimmelresistenz hervorragend angepasst. Die Pflanzen im Tal zeigen dagegen eine Mischung aus allen vier anfänglichen Phänotypen.

Diese Entwicklung zweier verschiedener Landrassen aus einer früheren Urform bezeichnet man wie erwähnt als divergierende Selektion; als gutes Beispiel hierfür kann man *Blue Hemp Seeds Nepali* nennen. Die ersten Samen, die in Nepal gesammelt und dann in der Schweiz gegrowt wurden, zeigten zwei völlig unterschiedliche Pflanzentypen, die nur wenige Gemeinsamkeiten hatten. Auch hier gab es den von

Oben: Der Mutterraum bei Alpine Seeds.

mir genannten Tal-Phänotyp und einen Berg-Phänotyp, die sich in der Blütezeit, der äußeren Wuchsstruktur und auch durch die Farbe der Blütenstände unterschieden. Durch weitere Selektion in der Schweiz und durch Bestäubungen glichen sich diese untereinander immer weiter an. Doch auch heute noch kann man die beiden Grund-Phänotypen deutlich erkennen.

Die Evolution geht grundsätzlich in zwei Schritten voran: Zuerst gibt es Rekombinationen und Mutationen, die zu vielen genetischen Variationen einer Art führen. Im zweiten Schritt geben Umweltbedingungen eine bestimmte Richtung in der Entwicklung vor. Dies ist das Grundprinzip der Evolution und der natürlichen Selektion.

4.2 Selektion von Hanfpflanzen

Wir wissen nun, wie die Selektion einer Pflanzenpopulation in der Natur aussieht. Doch was kann man aus diesem Wissen lernen und für das beginnende Zuchtprojekt mitnehmen? Nach welchen Eigenschaften stellt man sich eigentlich seinen eigenen Grundstock zusammen, und wie kann man geeignete Elternteile schnell erkennen? Wir werden uns in diesem Abschnitt ausführlich mit der Selektion von *Male*- und *Female*-Pflanzen beschäftigen.

Bevor die praktische Arbeit beginnt, muss sich jeder Züchter erst einmal darüber im klaren sein, was das Ziel seines Projekts ist. Geht es darum, eine stabile und homogene Sorte zu entwickeln, oder will man einen einfachen F1-Hybriden für die kommende Saison züchten? Ist diese Wunschsorte für den Indoor- oder den Outdoor-Bereich gedacht? Indica oder Sativa? Süß oder würzig? Es ist sehr wichtig, eine genaue Vorstellung der neuen Genetik zu haben. Man braucht ein Ziel, auf das man langsam hinarbeitet, auch wenn es ab und an Rückschläge geben sollte – und diese wird es über kurz oder lang geben.

Projektziel und Wunschsorte

Zuchtziel und Auswahl der Elternpflanzen

Mit der Wahl der richtigen Elterngenetik steht und fällt eine Kreuzung. Es wird schwer werden, aus zwei kleinen Indica-Sorten eine hochwüchsige Pflanze zu züchten. Genauso verhält es sich mit zwei Elternpflanzen, die eine niedrige Potenz besitzen; mit ihnen wird es sehr schwer werden, eine hochpotente Sorte zu kreieren. Aus einer Kreuzung zwischen zwei würzigen Sorten darf man sich auch keine Nachkommen erwarten, die ein fruchtiges und süßes Aroma haben. Nach diesen Gesichtspunkten wählt man seine Elternpflanzen aus dem eigenen Grundstock aus.

Ich erhalte sehr oft E-Mails von Growern, die eigene Zuchtprojekte starten wollen und sich nun fragen, wie eine Kreuzung der Sorte X mit dem Strain Y aussehen könnte. Solche Fragen sind leider nicht zu beantworten, da man erst einmal die selektierten Pflanzen kennen muss. Welche Eigenschaften besitzen sie, wie werden diese vererbt und sind überhaupt gute Pflanzen dabei? Oft werden Elternpflanzen in erster Linie nach dem Namen, den ein Strain besitzt, ausgesucht. Es ist aber sinnlos, nach dem Namen einer Sorte zu gehen. Eine *Skunk1* muss nicht unbedingt auch eine *Skunk1* sein, eine *Original Haze* muss auch nicht unbedingt eine Verwandtschaft mit der alten *Haze* haben.

Weibliche Hanfpflanzen in der Wachstumsphase, bevor sie ihre Blüten ausbilden.

Verführerische Sortennamen

Man muss sich bewusst sein, dass Sortennamen sehr oft nicht die tatsächliche Genetik widerspiegeln, aus denen ein Strain wirklich besteht. Wenn man eine Genetik mit dem Namen «Purple Cherry» hat, muss das nicht heißen, dass die geernteten Blüten wirklich nach Kirsche schmecken und sich rötlich verfärben. Und auch ein Strain mit dem Namen «Power LSD Bomb» muss nicht zwangsläufig extrem stark und psychedelisch wirken.

Es ist also ratsam, nicht gleich mit dem erstbesten Strain zu kreuzen, bei dem einem der Name gefällt und man daher hofft, dass er auch passende Eigenschaften besitzt. Wie bereits erwähnt, ist es für einen Züchter sehr wichtig zu wissen, aus welcher Grundgenetik oder aus welchen Sorten seine Elternpflanzen bestehen. Die Zucht mit Multihybriden ist ein großes Stück aufwändiger, wenn man eine möglichst stabile Sorte herstellen will, zumal Vorhersagen über kommende Filialgenerationen bei diesen Hybriden fast unmöglich sind.

Auch ein kleiner Testgrow ist hilfreich für die Selektion.

Bevor man ein Projekt beginnt, setzt man sich immer ein Ziel, das den eigenen Wünschen entspricht. Dann kann man anfangen, viele Informationen über Geruch, Aroma und alle anderen wichtigen Eigenschaften in Grow-Foren, diversen Archiven oder Strain-Datenbanken zu sammeln und zu recherchieren. Danach kann man sich drei bis vier in Frage kommende Sorten aussuchen und diese anschließend selektieren. Je nach Platzverhältnissen kann man sich auch auf fünf oder sechs Genetiken festlegen. Man sollte sich aber auch hier bewusst sein, dass weniger sehr oft mehr ist und man lieber aus einer größeren Anzahl an Pflanzen gute Eltern selektiert. Wir wissen ja nun, wie groß die genetische Vielfalt einer Sorte sein kann. Doch wie selektiert man richtig, auf welche Dinge muss man achten und wie viele Pflanzen muss man selektieren, um gute Eltern zu finden?

Entscheidend ist die Fläche, auf der wir unsere Selektion beginnen wollen. Es ist nur natürlich, dass man unter Hunderten von Pflanzen bessere Eltern mit einem günstigeren Genotyp finden kann als unter zehn oder zwanzig. Jede Sorte weist eine gewisse genetische Variabilität auf und somit verschiedene Geno- und Phänotypen. Deren Anzahl wird bei Multihybriden natürlich viel größer sein als bei relativ stabilen Sorten wie Inbreedlines oder stabilisierten Landrassen. Das muss man bedenken. Es ist daher sinnvoll, bei einem 4–5-Wege-Hybrid mehr Pflanzen anzusetzen und zu selektieren als bei einer stabilen Inbreedline, die in der Regel weit weniger Variationen aufweist. Doch nicht jeder Homegrower hat ganze Felder zur Verfügung, um seine *Keeper Plants* zu selektieren. Wer nur wenig Platz hat, sollte immer so viele Samen wie möglich zur Keimung bringen und dann rigoros die schwächsten Pflanzen entfernen. Keimlinge brauchen nur sehr wenig Platz. Es lassen sich problemlos einige hundert Sämlinge auf kleinster Fläche unterbringen. Es wird zwar später nicht leicht fallen, scheinbar vitale Pflanzen zu entsorgen – doch wenn andere noch kräftiger

Oben: In diesem Grow-Raum gibt es Platz für viele hundert Pflanzen.

Selektion der Keeper Plants

und vitaler sind, lässt es sich nicht umgehen, die weniger guten zu entfernen.

Selektion im Grow-Raum.

Doch nach welchen Merkmalen wählen wir die noch sehr kleinen Keimlinge aus? Ein paar Eigenschaften, auf die wir achten müssen, kennen wir jetzt schon. Kräftige, schnell wachsende und vitale Pflanzen bleiben. Sämlinge, die spargeln, sehr langsam wachsen oder schon sehr früh schwächeln, werden aussortiert. Sollten bei einigen Sämlingen schon sehr früh Blattmutationen auftreten, werden auch diese aus dem Grow entfernt, auch wenn solche Mutationen sehr oft wieder herauswachsen. Mutanten neigen dazu, ihre genetischen Fehler unter Umständen wieder zu vererben. Somit ist die Wahrscheinlichkeit hoch, dass diese Mutation wieder in einer der nächsten Generationen auftritt; wir werden uns später noch ausführlich mit Mutationen beschäftigen.

So bald wie möglich sollten wir von allen Pflanzen Stecklinge schneiden. Erst mit ihnen werden wir weiter züchten. Wir müssen ja schließlich sehen, wie sich jede Pflanze am Ende der Blütephase verhält, wie das Aroma und die Potenz des Endprodukts ist und wie lange die weibliche Pflanze blüht. Es ist daher wichtig, sich zu jeder einzelnen Pflanze detaillierte Stichworte zu notieren. So kann man später Vergleiche ziehen und eine Elterngenetik viel besser beurteilen. Allerdings sei einmal mehr gesagt, dass Aufzeichnungen über Eigenschaften und Merkmale von Pflanzen als Beweise gegen einen verwendet werden können. Growt man in einem Land, in dem der Anbau von Cannabis verboten ist, sollte man diese Stichworte möglichst verschlüsseln (siehe auch Seite 88) und sicher aufbewahren.

Selektion nach den gewünschten Eigenschaften

Die Eigenschaften, nach denen man jetzt selektieren kann, werden immer vom Grower bestimmt. Es gibt Hunderte von Merkmalen, nach denen wir die möglichen Elternteile auswählen können. Es ist somit unumgänglich, hier klare Prioritäten zu setzen. Je mehr Eigenschaften man wählt, umso schwerer und länger wird der Weg zum Ziel sein.

Merkmale wie Harzbesatz, Potenz, Aroma, Geruch, Blütezeit, Geschmack oder Wuchsverhalten sind nur einige Beispiele, nach denen wir die Eltern selektieren können. Theoretisch könnten wir auch Pflanzen mit ausschließlich roten Blüten auswählen, um zu versuchen, diese Eigenschaft auch auf die nächste Generation zu übertragen. Andere Selektionseigenschaften bei den weiblichen Pflanzen können Nodienabstände sein, die Wuchsform, Resistenz gegen Schädlinge oder Schimmel, das Wurzelwachstum und vieles mehr.

Auch die Selektion nach der **Verzweigung** kann für viele Züchter sehr wichtig sein. Eine Sorte X, die nur sehr wenige Seitentriebe entwickelt, wird nie so gut für die *Sea-of-Green*-Anbaumethode geeignet sein wie ein Strain, der viele Triebe ausbildet. Aber hier ist der Grower gefragt; er entscheidet am Ende, nach welchen Merkmalen eine Selektion durchgeführt wird und welche Eigenschaften seine Wunschgenetik haben soll. Darum ist es sehr wichtig, dass man immer diejenigen Pflanzen selektiert, die den eigenen Wünschen am nächsten kommen. Priorität haben

Unten: Indooranlage in einer Scheune in den Niederlanden.

allerdings immer Merkmale wie Harzbesatz und Potenz, da diese am wichtigsten für jede Sorte sind. Was nützt uns eine neue F1-Generation, die zwar rötliche Blüten, ein starkes Wachstum und die gewünschte Wuchsform besitzt, wenn dafür der Harzbesatz, das Aroma oder gar die Potenz nur durchschnittlich sind?

Optimale Selektion der männlichen Pflanzen

Bei den weiblichen Pflanzen kann man die positiven Eigenschaften schnell erkennen. Man sieht sofort, wie der Harzbesatz auf den weiblichen Blütenständen ausgebildet wird, man riecht das Aroma der Blüten und man erkennt die Potenz der Pflanze, wenn man die getrockneten Buds konsumiert. Doch was ist mit den männlichen Pflanzen? Wie können wir aus ihnen den besten und potentesten *Male* selektieren? Wir wissen, dass ein guter *Male* extrem wichtig für eine Kreuzung ist, da er seine Eigenschaften genauso weitergibt wie eine *Female*-Pflanze. Aus der Kreuzung einer sehr potenten *Female* mit einer weniger potenten männlichen Pflanze kann keine superpotente F1 entstehen. Viele

Unten: Selektion im Grow-Raum.

vergessen das und meinen, der *Male*-Part spiele eine eher untergeordnete Rolle. Dem ist jedoch nicht so; ich würde sogar soweit gehen zu sagen, dass der *Male* der wichtigste Teil einer guten und hochwertigen Kreuzung ist.

Bei einer männlichen Hanfpflanze könnte man zum Beispiel auch nach dem Wachstum gehen. Hochwüchsige Pflanzen sind aber nicht unbedingt zu empfehlen. Eine **kompakte Wuchsform** ähnlich der weiblichen Pflanze hat hier klare Vorteile. Ähnliche Elternpflanzen besitzen mit hoher Wahrscheinlichkeit auch ähnliche genetische Informationen, somit wird es bei dieser Eigenschaft auch weniger Variationen geben. Ein Beispiel: Wir kreuzen eine kompakte, eher kleine *Female*-Pflanze mit einem sehr hoch gewachsenen *Male*. Die Wahrscheinlichkeit ist nun groß, dass die Folgegeneration wieder aus hohen, niedrig wachsenden und aus mittelgroßen Pflanzen besteht. Das wären schon wieder drei verschiedene Phänotypen, die uns die weitere Arbeit erschweren könnten. Dagegen erhält man aus einem Cross zwischen zwei ähnlich gewachsenen Elternteilen auch wieder nur diesen einen Phänotyp. Natürlich kann auch aus diesem Cross eine Generation entstehen, die in der Wuchsform unterschiedlich ist, aber die Wahrscheinlichkeit, dass dies geschehen wird, ist bei weitem geringer.

Weibliche Pflanzen in der Mitte der Blütephase.

DJ Short schrieb einmal, dass *Male*-Pflanzen, die sehr schnell in die Blütephase wechseln, oft einen Hang zum Zwittern haben und diesen auch weitervererben. Dies wird man sicherlich nicht auf alle Sorten übertragen können, aber trotzdem wäre die Blüteninduktion auch eine Eigenschaft, nach der wir einen *Male* aussuchen könnten. Im Outdoor-Bereich ist eine frühe Blüteninduktion sehr wichtig, damit die Pflanzen auch pünktlich ausreifen können. Im Indoor-Anbau oder bei der Zucht unter künstlichem Licht ist eine frühe Blüte nur bedingt wichtig. Ich denke, es gibt hier ganz andere Eigenschaften, auf die man mehr Wert legen sollte. Es wird kaum möglich sein, die Blütephase so weit zu verkürzen, dass Genetiken schon nach 40 Tagen ausgereift sind. Die Pflanzen benötigen diese Zeit, um überhaupt eine gewisse Blütenmasse ausbilden zu können. Im

Blüteninduktion als Selektionskriterium

Outdoor-Bereich ist der Blütebeginn dagegen sehr wichtig und ausschlaggebend; wir werden später noch genauer auf eine Selektion unter natürlichen Bedingungen eingehen.

Aroma und Potenz

Doch wie sieht es mit dem Harzbesatz, der Potenz und dem Geruch aus? Wie kann man diese Merkmale bei männlichen Pflanzen bestimmen? Das **Aroma** erkennt man am besten, wenn man mit Daumen und Zeigefinger im oberen Drittel des Stammes reibt. Das hört sich im ersten Moment etwas seltsam an. Man muss aber wissen, dass in dem weichen und biegsamen Stammabschnitt schon erste Geruchsverbindungen gebildet werden oder schon vorhanden sind. Hier kann man einen ungefähren Eindruck vom Geruch und der Potenz einer *Male*-Pflanze bekommen. Man weiß heute auch, dass der Geruch einer Pflanze in einer direkten Verbindung zu ihrer Potenz steht. Ein *Male* mit einem sehr starken Aroma wird mit großer Wahrscheinlichkeit auch eine gute Potenz besitzen.

Zahl der Trichome

Auch männliche Pflanzen besitzen Trichome, und auch bei ihnen gilt das Motto «Je mehr – desto besser». Zwar sind deutlich weniger Trichome zu sehen, aber sie sind vorhanden und können mit einer guten Lupe oder einem Makroobjektiv sichtbar gemacht werden. Manchmal hat man das Glück, eine *Male*-Pflanze zu selektieren, bei der der **Harzbesatz** extrem stark ausgeprägt ist; oft befinden sich dann auf den Blättern und Blüten viele Trichome. Hat man einen solchen «Heiligen Gral» gefunden, ist es sehr wichtig, diesen zu sichern und früh genug Stecklinge zu schneiden. Trotzdem sollte man darauf achten, dass dieser *Male* keine weiblichen Geschlechtsmerkmale ausbildet (was durchaus der Fall sein kann).

Makro-Aufnahme: Diese Harzdrüsen sind schon fast ausgereift.

Die Erfahrung vieler Breeder zeigt, dass *Male*-Pflanzen sehr oft ihr Aroma vererben, die Tiefe des Geruchs aber hauptsächlich von der weiblichen Pflanze bestimmt wird. Auch bei der Potenz sagt man den männlichen Pflanzen einen großen Anteil in der ersten Folgegeneration nach. Daher empfinde ich die Wahl des Mannes als besonders wichtig, gleichzeitig aber auch als viel schwieriger, da man positive Merkmale nur sehr schwer erkennen kann. Andere

Eigenschaften einer *Male*-Pflanze kann man dagegen einfach übertragen. Eine große Menge an Pollensäcken steht zum Beispiel für einen hohen Ertrag, und aus der Dichte der Blütenstände kann man auf die Struktur der Buds schließen. Auch der Höhepunkt der Blüte ist bei den männlichen Pflanzen sehr wichtig; er gibt einen gewissen Eindruck von der Blütezeit. In der Regel öffnen sich die meisten Pollensäcke in der dritten bis sechsten Blütewoche, je nachdem, ob es sich um eine Indica oder eine Sativa handelt.

Rötliche Blüten bei einem X-Dog-Male.

Ein weiterer wichtiger Punkt bei der Selektion von *Male*-Pflanzen ist die **kurze Lebensdauer**. Es ist fast unmöglich, eine männliche Pflanze über Jahre hinweg zu halten oder wie eine weibliche Mutterpflanze zu behandeln. Sobald die Blüte begonnen hat, ist es fast nicht mehr machbar, männliche Hanfpflanzen wieder in die Wachstumsphase zu schicken. Meistens blühen sie einfach weiter und sterben nach dem Entlassen des Pollens ab. Es ist daher immer wichtig, möglichst oft Stecklinge einer *Male*-Pflanze im Wachstum zu schneiden, um diese weiter zu erhalten oder mit ihr andere weibliche Pflanzen zu bestäuben. Ich empfehle oft, eine Beleuchtung von 20/4 Stunden- oder 24-Stunden-Licht zu übernehmen, damit sie nicht nach einer langen Wachstumsphase von allein in die Blütephase wechseln.

F2- und F3-Generation

Wir haben nun die beiden Pflanzen selektiert, deren Merkmale mit unseren Wünschen am besten übereinstimmen. Nun können wir mit unseren Stecklingen, die wir in der Wachstumsphase geschnitten haben, weiterarbeiten. Kreuzen wir jetzt unsere beiden Pflanzen, entsteht eine neue Generation, die Merkmale von beiden Eltern in sich vereint. Würden wir zwei verschiedene Sorten kreuzen, wäre die Folgegeneration ein F1-Hybrid. Wenn wir dagegen zwei Pflanzen einer identischen Sorte durch Inzucht kreuzen, wäre dies die zweite Generation oder einfach ausgedrückt, eine F2.

Um das ganze Potenzial einer Genetik zu verstehen, ist die F2-Generation sehr wichtig. Sie bietet die Möglichkeit, aus

vielen Phäno- und Genotypen zu wählen. Da diese Generation sehr oft den Grundeltern ähnelt und neue, sogar bessere Pflanzen hervorbringen kann, ist sie sehr interessant für jeden Züchter. Oft entscheidet sich hier, in welche Richtung die weitere Arbeit geht. Es ist sinnvoll, ab der F2-Generation mit mehreren Zuchtlinien zu arbeiten, um in späteren Generationen die Genetik wieder aufzufrischen und die ursprüngliche Vitalität wieder herzustellen. Natürlich können auch Pflanzen mit sehr schlechten Eigenschaften entstehen. Diese kann man nun wieder aus der zweiten Selektion entfernen und die besten zwei Pflanzen der F2 wieder durch Inzucht vermehren.

Links: Eine Outdoor Pflanze Anfang September.

Arbeit mit mehreren Zuchtlinien

Danach haben wir eine F3, die schon ein ganzes Stück stabiler und homogener ist als die F2-Generation, aus der wir die beiden Eltern selektiert haben. So können wir unsere neue entstandene Sorte soweit stabilisieren, dass bei fast allen Pflanzen nur noch die von uns gewünschten Eigenschaften zur Ausprägung kommen; Stabilisierung und Akklimatisation werden wir später noch ausführlicher behandeln.

4.3 Selektion von Outdoor-Pflanzen

Die Selektion von Elternpflanzen für ein Outdoor-Projekt ist gänzlich anders beschaffen als die Selektion für einen zukünftigen Indoor-Strain. Die Bedingungen, unter denen Pflanzen in einem natürlichen Umfeld wachsen und blühen, sind nicht mit dem Anbau unter Kunstlicht zu vergleichen. Dazu zwei Beispiele: Die alte Schweizer Outdoor-Sorte ***Erdbeer*** (engl. ***Strawberry***) wächst im Indoor-Bereich nur sehr langsam und verfügt nicht über das Potenzial, das sie unter natürlichen Bedingungen zeigt. Auch die ***Lebanese*** von Blue Hemp Seeds kommt unter freiem Himmel viel besser zurecht als unter einer künstlichen Lichtquelle. Diese Genetiken sind seit Jahren an das hiesige Klima angepasst

Die legendäre Erdbeerli aus der Schweiz.

Eine männliche Pflanze im ehemaligen Garten von Blue Hemp Seeds...

...und die dazugehörige weibliche Pflanze.

Rechts: Ein Marokko-Male im Treibhaus.

und zeigen auch nur unter diesen Bedingungen ihr ganzes Potenzial.

Unterschiede zwischen Indoor- und Outdoor-Anbau
Diese Unterschiede sind gewaltig und nicht zu unterschätzen. Unter freiem Himmel ist die Reduktion der Photoperiode einem ganz bestimmten Muster unterworfen. Im Indoor-Bereich dagegen lässt man die Pflanzen unter 18 Stunden Licht wachsen und leitet bei 12 Stunden Licht die Blüte ein. Die Temperatur unter Kunstlicht ist 365 Tage im Jahr relativ konstant, die Luftfeuchtigkeit kann man regeln und stabil halten. Es gibt immer genügend Wasser und eine optimale Nährstoffversorgung. Alle Bedingungen kann man steuern und stetig im Optimum halten.

Wenn man hingegen einen Outdoor-Strain herstellen will, muss man auch outdoor selektieren. Pflanzen, die unter der Sonne angebaut werden, können ganz anders aussehen als die gleichen Pflanzen, wenn sie unter künstlichem Licht wachsen. Eine Pflanze, die indoor perfekt zu sein scheint, muss draußen noch lange nicht perfekt sein. Genauso ist es auch mit Pflanzen, die outdoor hervorragende Ergebnisse bringen; diese zeigen bei einem Grow unter Natriumdampflampen & Co. noch lange nicht eine ähnlich gute Leistung. Man muss sich dessen bewusst sein und seine Ziele, Wünsche und Möglichkeiten in die Selektion mit einfließen lassen.

Nach Möglichkeit selektiert man seine Elternpflanzen immer unter den Bedingungen, unter denen sie später auch angebaut werden sollen. Was bringt es uns, wenn die Selektion in Spanien stattfindet, wo der Sommer viel länger und deutlich milder ist als in Deutschland oder Österreich? Growt man diese Sorten in unserem nordeuropäischen Klima, so werden die Pflanzen auch kaum oder nur sehr spät ausreifen. Darum ist die Selektion unter den richtigen Bedingungen so extrem wichtig – andernfalls wird man keine optimalen Outdoor-Sorten herstellen können.

Blüteninduktion, Schimmelanfälligkeit und Schädlingsresistenz

Die Selektion der Elternpflanzen richtet sich grundsätzlich nach den wichtigen Eigenschaften wie die Potenz der Sorte, dem Aroma und dem Harzbesatz. Doch bei Outdoor-Pflanzen kommen noch andere wichtige Selektionsfaktoren hinzu.

Zeitpunkt der Blüteninduktion

Einer der wichtigsten Punkte ist die **frühe Blüteninduktion**, also die Zeit, in der die Pflanze von der Wachstumsphase in die Blüte wechselt. Gerade beim heutigen Klima mit den schlechten Sommern und den häufigeren Niederschlägen ist es wichtig, dass eine Pflanze pünktlich ausreift. An der eigentlichen Reifezeit kann man nicht sehr viel arbeiten, da jede Genetik diesen Zeitraum braucht, um eine gewisse Menge an Blüten auszubilden. Es ist somit kaum möglich, eine noch kürzere Blütephase zu erreichen, als wir sie ohnehin jetzt schon bei vielen Sorten finden. Viel wichtiger ist die Zeitspanne, innerhalb der eine bestimmte Sorte in die Blütephase wechselt.

Schimmelresistente Afghani-Grundsorten

Ein zweiter, ebenso wichtiger Faktor ist die **Schimmelresistenz**. Outdoor-Strains sollten bei feuchtem und kaltem Wetter immer eine möglichst geringe Schimmelanfälligkeit besitzen. Afghani-Grundsorten sind hier immer zu empfehlen. Sie bilden zwar kompakte Blütenstände aus, aber sie haben auch eine hohe Resistenz gegen Schimmel. Dazu kommen eine relativ kurze Blütezeit, ein guter Harzbesatz und eine gute Potenz. Das Wurzelsystem der afghanischen Genetiken ist sehr stark und besteht aus einer langen Hauptwurzel und vielen starken Seitenwurzeln, die tief in den Boden eindringen und der Pflanze so den nötigen Halt geben. Auch dieses Merkmal ist für Outdoor-Sorten sehr wichtig, da es in der Natur starke Stürme oder Auswaschungen durch Regen geben kann, die wiederum die Standhaftigkeit der Pflanzen beeinträchtigen können.

Die Blüte der von Alpine Seeds selektierten Sweet Tooth3.

Im Outdoor-Bereich gibt es sehr viele Faktoren, die eine Zucht oder eine Selektion mitbestimmen. Auch die **Resistenz gegen Schädlinge, Pilze und Bakterien** ist von großer Bedeutung und sollte in jeder Outdoor-Selektion mit einbezogen werden. Die Resistenz gegen solche Einflüsse ist in jeder Pflanze genetisch vorbestimmt. Diese komplexen Eigenschaften werden in der Regel von mehreren Genen beziehungsweise von Gen-Wechselwirkungen bestimmt oder gesteuert. Auch Merkmale wie das Aroma, die Cannabinoid-Synthese oder die Robustheit gegenüber äußeren Einflüssen kann man in diesem Bereich ansiedeln. Einfache Eigenschaften wie die Blattform, der Ertrag oder der Harzbesatz werden dagegen nur von einzelnen genetischen Informationen vorgegeben, gleichzeitig aber auch von den Grow-Bedingungen mitbestimmt.

Ein Sweet-Tooth3-Clone.

In den kommenden Kapiteln werde ich noch einiges über die richtige Auslese von Elternpflanzen sagen und dabei die Vererbung von verschiedenen Eigenschaften und Merkmalen mit einbeziehen.

Kapitel 5

5.1 Grundlagen zur DNA

Rechts: Die White Russian überzeugt durch hohe Qualität, sehr viel Harz und eine starke Potenz.

Bevor wir uns weiter mit der Vererbungslehre beschäftigen, müssen wir erst einmal verstehen, wie eine Hanfpflanze überhaupt funktioniert, wie Eigenschaften und Merkmale durch die DNA bestimmt werden und wie so winzige Moleküle es schaffen, das Erscheinungsbild einer Pflanze zu verändern und lebenswichtige Prozesse in ihrem Stoffwechsel aufrechtzuerhalten.

Im letzten Jahrhundert haben Botaniker und Wissenschaftler Gesetzmäßigkeiten bei der Vererbung von Eigenschaften und Merkmalen definiert. Man weiß seit Jahrzehnten, was ein Genotyp oder ein Phänotyp ist. Man kannte schon lange Begriffe wie dominant, rezessiv oder intermediär. Und man weiß auch bereits seit 1903, dass Chromosomen die Träger der Erbinformationen sind. Den Begriff «Gene» prägte der dänische Genetiker Wilhelm Johannsen 1908, vor über einem Jahrhundert.

Der entscheidende Durchbruch gelang jedoch erst den beiden Biochemikern James Watson und Francis Crick. Sie schafften es im Jahr 1953, erstmals die **Molekularstruktur der DNA** zu entschlüsseln. Diese Entdeckung war der Grundstein für die heutige Genetik. Der Wissenszuwachs in diesem Bereich war so enorm groß, dass sich ganze Nachbargebiete wie die Zellbiologie, die Entwicklungs- und Evolutionsbiologie oder die Molekulargenetik entwickelten. Man konnte nun erstmals erklären und beweisen, wie genetische Informationen vererbt werden, welche Zellprozesse dabei eine wichtige Rolle spielen und wie ein Organismus überhaupt funktioniert.

Das Fachgebiet wirkt im ersten Moment sehr kompliziert. Doch das entsprechende Wissen kann enorm hilfreich sein, um das gewünschte Zuchtziel zu erreichen. Ich will euch langsam an das Thema heranführen und dabei jeden Bereich der Genetik so einfach wie möglich erklären. Ich werde nicht bis ins kleinste Detail gehen, aber wir werden

dennoch tief ins Gebiet der Molekulargenetik eintauchen. Dies wird uns helfen, Vorgänge innerhalb der Pflanze besser zu verstehen. Gleichzeitig können wir aus diesem Wissen einen Nutzen ziehen, um eigene Zuchtprojekte zu optimieren. Diese Grundlagen sind wichtig, damit ihr verstehen könnt, wie Hanf sein Geschlecht festlegt, wie Zwitter überhaupt entstehen und vererbt werden und warum bei manchen Pflanzen Mutationen auftreten können. All diese recht komplexen Themenbereiche werden wir im zweiten Teil des Buches ausführlich behandeln.

Der Zellkern als Träger des Genoms

Wie erwähnt werden alle Eigenschaften einer Hanfpflanze von den genetischen Informationen, den **Genen**, vorbestimmt. Jedes noch so kleine Merkmal ist in der **DNA** (von engl. *deoxyribonucleic acid*, Desoxyribonukleinsäure) vorgegeben. Egal ob es sich hierbei um optisch sichtbare Eigenschaften wie die Blattform, die Wuchsstruktur oder den Ertrag handelt, alles ist in einem bestimmten Rahmen festgelegt. Aber auch die für uns nicht sichtbaren Merkmale wie die Schimmelresistenz, das Verhältnis der Cannabinoide zueinander oder die natürliche Abwehrkraft gegen Schädlinge und Krankheiten werden von den Genen reguliert. Die Summe aller genetischen Informationen, die sich im Zellkern eines Organismus befinden, fasst man unter dem Begriff **Genom** zusammen. Doch was sind Gene überhaupt? Warum können sie Pflanzen und andere Lebewesen derart stark beeinflussen und diese enorme Menge an verschiedenen Variationen hervorbringen? Damit wir die Frage beantworten können, müssen wir zurück an den Anfang.

Die gesamte Hanfpflanze, ob Blätter, Wurzeln, Stamm oder Blüten, besteht aus Millionen von Zellen, die völlig verschiedene Funktionen übernehmen. Man unterscheidet zwischen zwei Zelltypen, die in allen bekannten Lebewesen und Organismen vorkommen, sich aber in ihrer Struktur und im Aufbau stark voneinander unterscheiden. Menschen, Tiere und auch Pflanzen bestehen aus sogenannten **Eukaryontenzellen**. Dieser Zelltyp wird von einer äußeren

Eukaryontenzelle

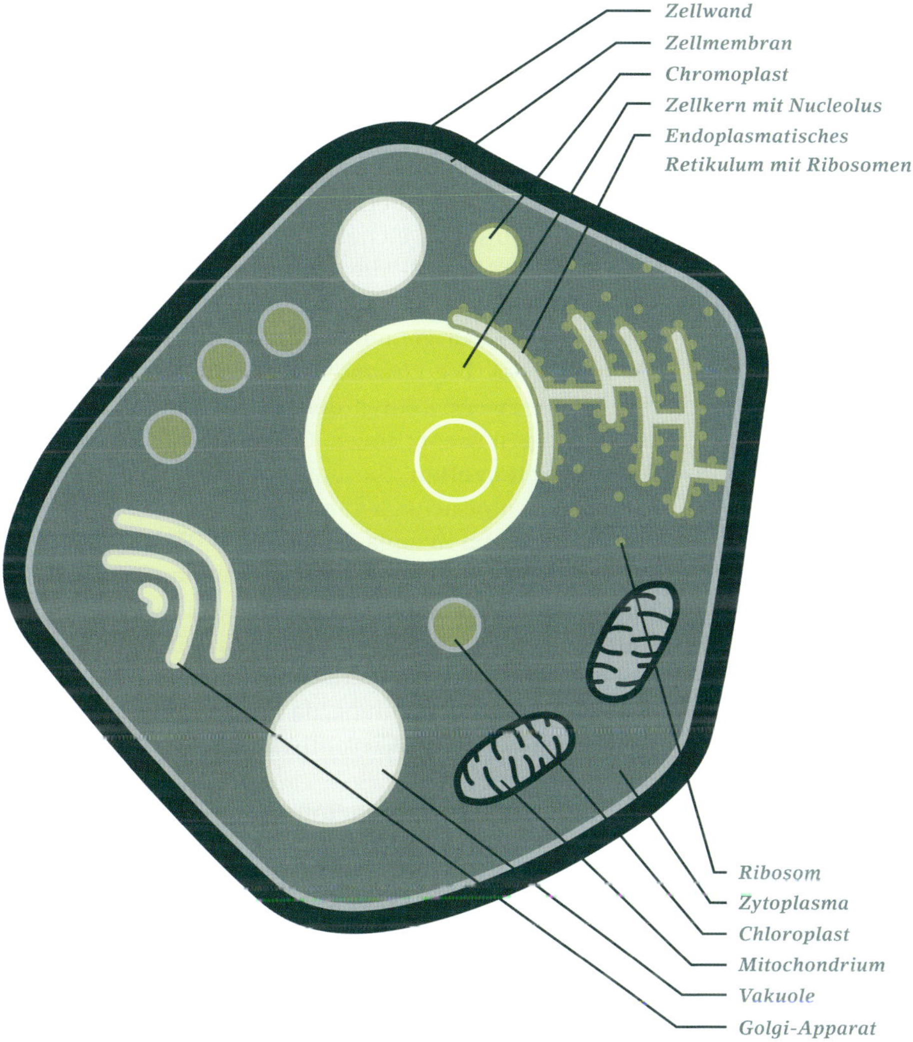

Hülle, der Zellmembran, umgeben. Im Inneren befindet sich der Zellkern, in dem die genetischen Informationen in Form der Chromosomen gespeichert sind. Der Kern wird durch die sogenannte Kernmembran abgetrennt. Der Bereich zwischen Kernmembran und der äußeren Zellmembran nennt sich **Zytoplasma**. Hier laufen verschiedene sehr wichtige Zellprozesse ab. Auch die sogenannten **Organellen** befinden sich in diesem Bereich der Zelle. Als Organellen bezeichnet man Funktionseinheiten, die bestimmte Arbeiten innerhalb der Zelle übernehmen. Das können bei Pflanzen Chloroplasten sein, welche die Photosynthese in der Pflanze betreiben. Aber auch die Chromoplasten, die Ribosomen sowie der Zellkern an sich können als Organellen bezeichnet werden. Eukaryonten besitzen zudem immer mehrere Chromosomen. Die gesamte Zelle kann hundertmal größer sein als der zweite Zelltyp, den wir bei vielen Einzellern wie den Blaualgen wiederfinden. Gemeint sind die sogenannten **Prokaryontenzellen**. Sie unterscheiden sich von den Eukaryonten hauptsächlich durch das Fehlen des Zellkerns und ihre somit frei im Zytoplasma liegende DNA. Die Replikation und die Transkription des DNA-Strangs laufen dagegen sehr ähnlich ab und unterscheiden sich nur in wenigen Punkten voneinander. Prokaryonten besitzen auch keine Ribosomen und nur sehr wenige andere Organellen. Für uns ist nur der erste Zelltyp von Bedeutung, da Hanfpflanzen – genauso wie Menschen – zu den eukaryontischen Lebewesen zählen.

Aufbau der Zelle

Prokaryonten

Doppelhelix, Basenpaarungen und Nukleotidsequenz

Alle genetischen Informationen zu den Merkmalen und Eigenschaften einer Hanfpflanze liegen auf der im Zellkern vorhandenen DNA. Würden wir mit einem Mikroskop einen Zellkern betrachten, so könnten wir mehrere lange und in sich gewundene Fäden erkennen, die DNA. Würden wir diesen Ausschnitt nun weiter vergrößern, könnten wir sehen, dass die DNA wie eine nach rechts gewundene Wendeltreppe aufgebaut ist. Wissenschaftler sprechen hier auch von einer **Doppelhelix**. Die beiden Hauptstränge werden durch

Aufbau der DNA

DNA-Doppelhelix

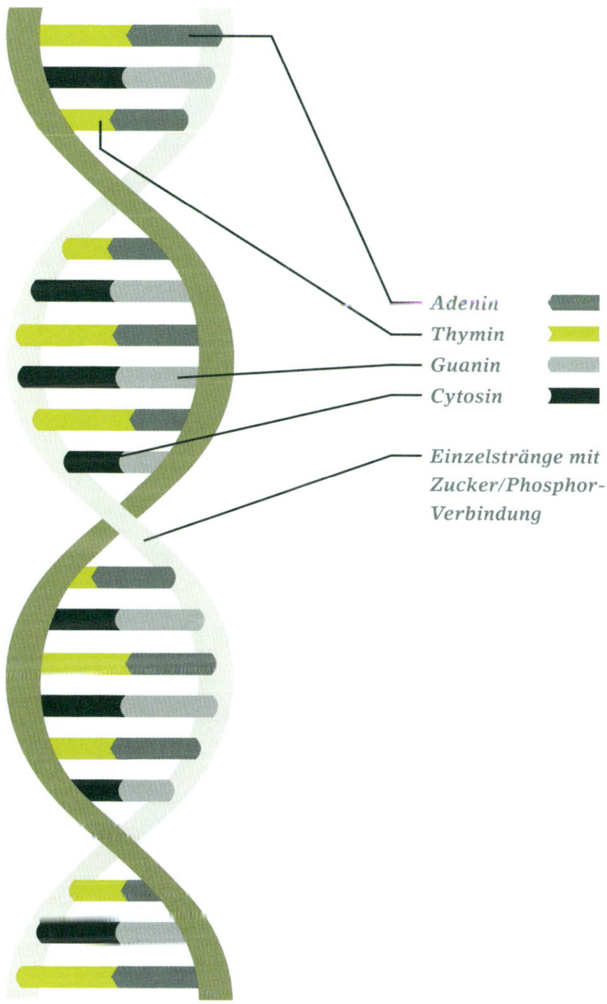

sogenannte **Nukleotide** miteinander verbunden. Nukleotide bestehen aus einem Zuckermolekül – der Desoxyribose –, einem Phosphorsäurerest und einer organischen Base. Es gibt nur vier solcher Basen, **Adenin** (**A**), **Guanin** (**G**), **Cytosin** (**C**) und **Thymin** (**T**). Nimmt man unser Beispiel der Wendeltreppe, dann wäre die DNA das Abbild der gesamten Treppe. Die Treppenstufen wären die beiden organischen Basen, die Nukleotide entsprechen den Halterungen der Stufen am Geländer. Eine Treppenstufe besteht somit immer aus zwei miteinander verbundenen organischen Basen, man spricht von **komplementären Paarungen**. Diese vier Basen können nicht beliebig zusammengesetzt werden, es ist immer nur eine bestimmte Kombination möglich. Adenin kann sich nur mit Thymin paaren (**A–T**), Guanin sich nur mit Cytosin verbinden (**G–C**). Andere Basenpaarungen als **A–G** oder **G–T** sind nicht möglich. Diese Paarungen sind durch Wasserstoffbrücken miteinander verbunden. Für den Halt der Basen an beiden DNA-Hauptsträngen sorgt das sogenannte «Zucker-Phosphor-Rückgrat».

Links: Die White Russian ist nach wie vor höchst beliebt bei Growern.

Mögliche Basenpaarungen

Jede DNA ist in Aufbau und Struktur identisch. Die DNA einer Maus oder einer Fliege sieht äußerlich genauso aus wie die DNA einer Hanfpflanze oder eines Menschen. Doch wenn sie vom Aufbau her immer gleich ist, wie entstehen dann all die unterschiedlichen und einzigartigen Lebewesen, die heute unsere Erde bevölkern? Die Antwort findet sich in den Basenpaarungen selbst.. Die Variation in der Abfolge der Paarungen macht diese großen Unterschiede aus. Man bezeichnet diese Abfolge auch als **Nukleotidsequenz**. Ein Gen ist ein bestimmter Abschnitt des DNA-Strangs, der aus 100, 1000 oder 10 000 Basenpaarungen bestehen kann. Man kann sich nun die Summe an möglichen Variationen der Basensequenz vorstellen – und genau dort liegen die Unterschiede aller Lebewesen. Jede Hanfpflanze hat nun viele Hunderte von Genen, die alle auf bestimmten Bereichen der DNA liegen.

Diese Pflanzen sind bereit für die Bestäubung.

Wir wissen, dass ein Gen aus Tausenden von Basenpaarungen bestehen kann, Tausenden Verbindungen von **A–T**, **G–C**, **G–C**, **A–T**, **T–A**… **C–G**, **A–T**. Doch wie können diese

Verbindungen das Aussehen einer Pflanze beeinflussen? Jedes Gen – oder besser gesagt, die bestimmte Abfolge der Paarungen – ist einfach ausgedrückt ein Code, der das Rezept zur Produktion eines bestimmten Proteins enthält. Dieser Code sagt nicht nur, welches Protein gebildet werden soll, er enthält auch die Informationen darüber, wann es gebraucht wird. Das gebildete Protein ist sozusagen das Signal für die Bildung von Blüten, Blättern, Harz, Griffeln, Pollensäcken oder Wurzeln. Wir werden später noch genauer auf den Prozess der Proteinsynthese zurückkommen.

Zurück zu den Grundlagen: Wir wissen, dass die DNA alle Gene eines Individuums enthält und dass sie in Form mehrerer dünner, stark in sich gedrehter Fäden vorliegt. (Würden wir alle DNA-Stränge im Zellkern entspiralisieren, dann würde die Gesamt-DNA des Menschen im haploiden Zustand eine ungefähre Länge von über hundert Zentimetern erreichen!)

Damit eine Pflanze wachsen kann und sich Blätter und Wurzeln bilden können, müssen auch die Zellen

Unten: Querschnitt durch den Stamm einer Cannabispflanze; man kann die unterschiedlichen Zelltypen gut erkennen.

dementsprechend größer werden. Hat eine Zelle eine bestimmte Größe erreicht, teilt sie sich in zwei kleinere Tochterzellen, die dann wieder ihre Aufgabe im Organismus erfüllen und erneut zur Teilungsgröße heranwachsen. Aus den beiden Tochterzellen werden wieder 4 neue Zellen entstehen, aus den 4 Zellen teilen sich 8 Zellen, aus den 8 werden 16.

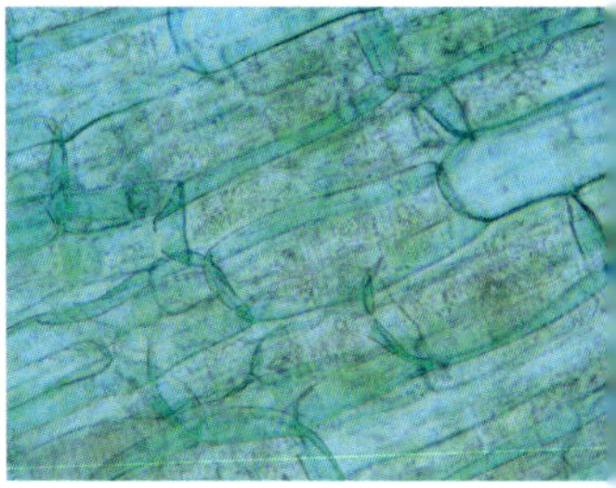

Zellen der äußeren Schicht am Stamm.

Eine neue Tochterzelle muss die gesamten genetischen Informationen des Individuums in sich tragen, um zu «wissen», welche Funktion sie im Organismus übernehmen soll. Das heißt, das gesamte Genom im Zellkern muss verdoppelt werden, damit auch die Tochterzelle die gleichen Informationen in sich trägt wie die Mutterzelle. Damit die Zellteilung und die Verteilung der Erbinformationen einfach und schnell ablaufen können, hat sich die Natur etwas Besonderes ausgedacht. Das gesamte Genom einer Hanfpflanze liegt auf spezialisierten Einheiten, den **Chromosomen**.

Jedes Chromosom besteht aus einem stark eingedrehten und spiralisierten DNA-Strang, auf dem sich hunderte von Genen befinden können. Hanf besitzt 20 Chromosomen und ist diploid (**2n**). Diploid heißt, dass es zwei fast identische Gensätze gibt. Also muss es auch zwei gleiche (homologe) Chromosomen geben, auf denen sich identische Gene befinden. Ein Gen, das für eine Eigenschaft steht und auf einem Chromosom liegt, nennt man auch **Allel** (vgl. Kap. 4). Und jedes Chromosom hat ein gleiches oder homologes Gegenstück, auf dem sich identische Gene befinden. Man nennt diese beiden Gene auf zwei homologen Chromosomen auch **Allelenpaar**.

In den ersten Kapiteln haben wir Allelenpaare oder Eigenschaften immer mit zwei Buchstaben bezeichnet, zum Beispiel **Aa** oder **bb**. Nehmen wir als Beispiel ein homologes Chromosomenpaar mit den beiden Autosomen A1 und A2. Nun haben wir ein Gen, das für eine bestimmte Eigenschaft steht. Da jedes Gen immer doppelt vorhanden ist, muss es dementsprechend auch immer zwei Allele für diese Eigenschaft geben. Diese beiden Allele liegen jeweils auf einem Chromosom; in unserem Fall liegt ein Allel auf dem Chromosom A1 und das andere liegt auf A2. Hanf besitzt 10 homologe Chromosomenpaare, also 20 einzelne Chromosomen. Unter diesen 10 Paaren hat ein Paar eine besondere Auswirkung auf das Geschlecht der Hanfpflanze. Man nennt dieses spezielle Chromosomenpaar, das aus einem X und einem Y-Chromosom besteht, auch **Geschlechtschromosom** oder **Heterosom**. Die anderen neun Paare sind die sogenannten **Autosomen**. Mit den Heterosomen und der Geschlechtsfestlegung bei Hanfpflanzen werden wir uns in einem der nächsten Kapitel genauer beschäftigen.

Die Gene für das Wachstum der Keimblätter sind nur so lange aktiv, bis die neuen Blätter hervorkommen.

Fassen wir nochmals kurz zusammen: Hanfpflanzen besitzen 20 einzelne Chromosomen, wobei jedes Chromosom ein homologes, also gleiches Gegenstück besitzt. Diese zehn Chromosomenpaare befinden sich in jedem Zellkern einer Pflanze und bestehen aus durchgehenden DNA-Strängen, die ähnlich wie eine Wendeltreppe aufgebaut sind. Auf der DNA liegen nun wiederum mehrere hundert bis tausend Gene, die jedes für sich aus vielen tausend Paarungen der Basen Adenin, Thymin, Guanin und Cytosin bestehen können. Die Abfolge dieser Paarungen ist im Grunde ein Rezept für ein bestimmtes Protein, das die Zelle produziert und das bestimmte Funktionen innerhalb der Pflanze erfüllt. Auch hier will ich zum besseren Verständnis der verschiedenen Funktionen der Zellen ein kurzes Beispiel geben. Je nachdem, wo sich Zellen befinden, haben sie völlig unterschiedliche Aufgaben in der Pflanze, es werden also auch völlig verschiedene Gene für diese Arbeiten gebraucht.

In den Wurzelzellen ist die Teilungsrate am höchsten.

Da in jeder einzelnen Zelle der gesamte Bauplan vorhanden ist, kann auch jede Zelle auf die nötigen Basensequenzen zugreifen. Eine Blattzelle muss also ganz andere Proteine produzieren als eine Zelle aus der Wurzelspitze. An jeder Stelle der Pflanze werden verschiedene Gene eingescannt, um verschiedene Proteine herzustellen, denn erst diese Proteine sind die Signale, um verschiedene Phytohormone herzustellen, Photosynthese zu betreiben, Blüten zu bilden oder Harz abzusondern. Ein Keimblatt wird zum Beispiel nur einmal im gesamten Lebensabschnitt einer Hanfpflanze

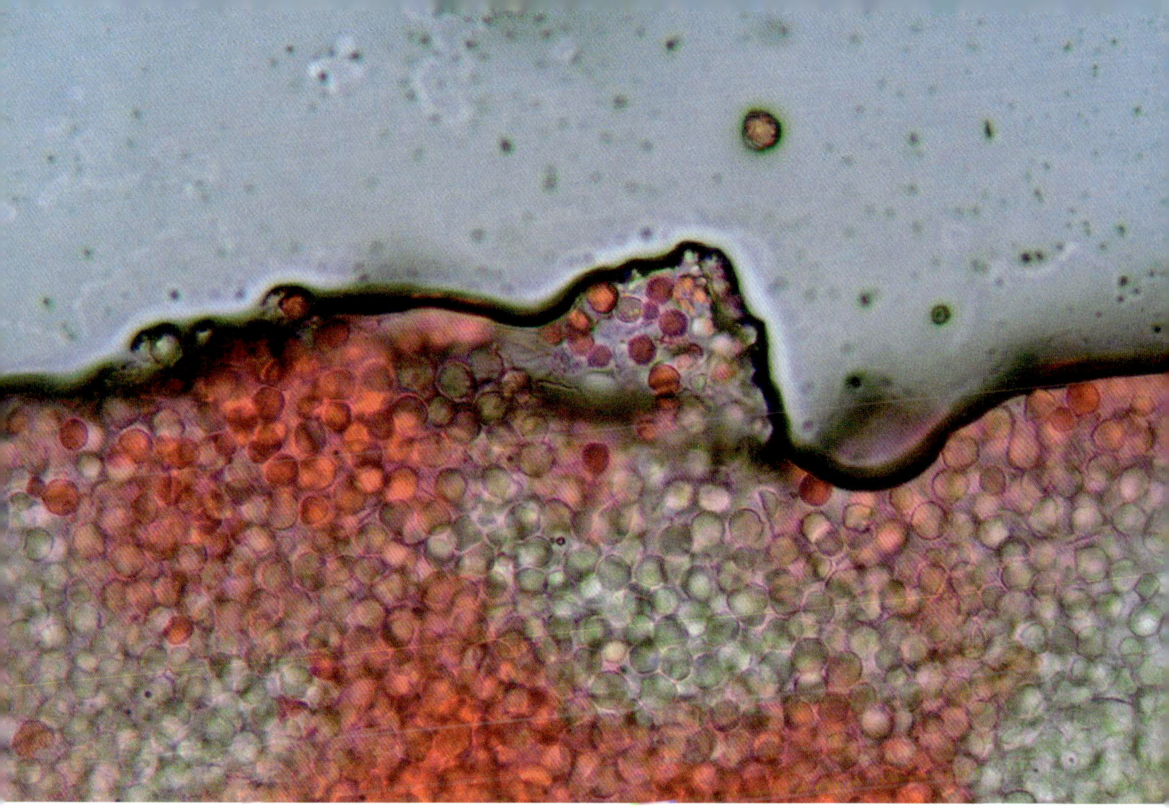

gebildet. Somit sind die Gene, die für die Bildung verantwortlich sind, auch nur einmal zu Beginn der Keimung und nur für eine bestimmte Zeit aktiv. Die ganze Hanfpflanze ist ein sehr komplexer Organismus, bei dem ein Zahnrad in das nächste greift und bei dem schon kleine Manipulationen große Auswirkungen haben können.

Oben: Mit Eosin eingefärbte Zellen der Wurzelspitze. Hier läuft die Zellteilung besonders schnell ab.

5.2 Zellteilung: Mitose

Zunächst wollen wir klären, wie Chromosomen aufgebaut sind und aus welchen Einheiten sie bestehen. Ich habe im ersten Teil dieses Kapitels von der DNS gesprochen, die stark eingedreht ist und sich auf den Chromosomen befindet. Doch es gibt noch weitere wichtige Funktionseinheiten, die vor allem bei der Zellteilung und der Bildung von Genen bzw. Eigenschaften eine führende Rolle spielen.

Wir wissen, dass sich in jeder Zelle einer Hanfpflanze zehn Chromosomenpaare befinden, die den gesamten Bauplan des Organismus in sich tragen. Da es immer Paare von

Diploidie

zwei gleichen oder homologen Chromosomen gibt, sprechen wir auch von **Diploidie** oder einem doppelt vorhandenen Gensatz. Das heißt nichts anderes, als dass ein Gen für eine bestimmte Eigenschaft auf jedem Chromosom des Paares vorhanden ist; zwei Gene sind es deshalb, weil *Male* und *Female* immer einen haploiden Gensatz in die Nachfolgegeneration einbringen. Um den Aufbau der Chromosomen richtig verstehen zu können, müssen wir jedoch erst einmal auf ihre Struktur und ihre Aufgaben im Zellkern zu sprechen kommen.

Eingefärbte Zelle mit Zellorgan in 800-facher Vergrößerung. Vergrösserung.

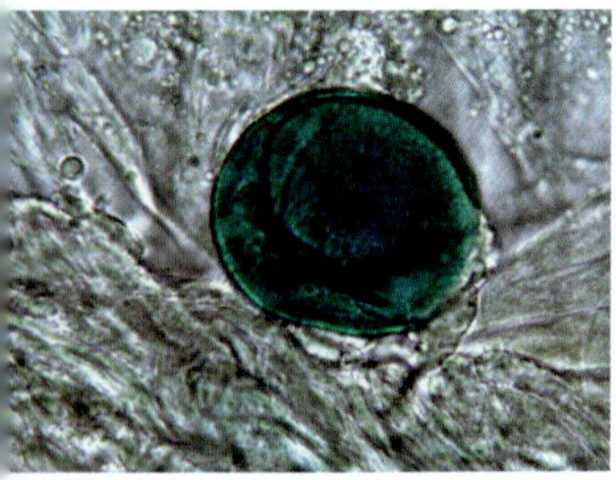

Verdoppelung der DNA-Stränge

Jede Zelle durchläuft einen bestimmten und vorgegebenen Ablauf von Ereignissen, in dem sie ihre Aufgabe erfüllt, wächst und sich später durch Zellteilung verdoppelt. Man nennt diesen, sich ständig wiederholenden Ablauf auch den **Zellzyklus**. Dieser Zyklus ist in verschiedene Phasen unterteilt. In der **Interphase** erfüllt die Zelle ihre vorgegebene Aufgabe im Pflanzenstoffwechsel und wächst dabei bis auf eine bestimmte Größe heran. In dieser Phase des Zellzyklus sind die Chromosomen unter dem Mikroskop nicht sichtbar, die DNA liegt in Form von langen und dünnen Fäden im Zellkern vor. Man spricht zu diesem Zeitpunkt auch nicht direkt von Chromosomen, sondern von **Chromatin**, einem Komplex aus DNA und verschiedenen Proteinen.

Bevor sich eine Zelle teilen kann, muss sich der einzelne DNA-Strang eines jeden Chromosoms verdoppeln. Würde man ein Chromosom zu diesem Zeitpunkt sichtbar machen, dann hätte es die Form eines langen Fadens, das heißt, es besitzt nur einen einzelnen DNA-Strang. Dieser einzelne Strang muss nun kopiert und verdoppelt werden, damit die entstehende Tochterzelle die gleichen genetischen Informationen enthält wie ihre Mutterzelle. Die Verdoppelung geschieht in der sogenannten **Synthese** oder **S-Phase** der Interphase. Die Abschnitte vor und nach der S-Phase werden auch als *Gap* oder als *G1* und *G2* bezeichnet. Nach der G2-Phase haben sich die DNA-Stränge verdoppelt, die Chromosomen sind zu diesem Zeitpunkt aber immer noch

Verdoppelung des DNA-Stranges in der S-Phase

entspiralisiert und liegen als **Chromatin** vor. Erst zu Beginn der nächsten Phase im Zellzyklus kondensiert das Chromatin, die DNA wird verpackt und die Chromosomen werden sichtbar. Man nennt diesen Abschnitt auch **Mitosephase**.

Das Packen der beiden DNA-Stränge ist eine unglaubliche Leistung der Natur. Die gesamte DNA einer Hanfpflanze hat einen Durchmesser von zwei Nanometern und wäre im entspiralisierten Zustand ungefähr 50 bis 70 Zentimeter lang. In der Natur werden die einzelnen DNA-Stränge der Chromosomen in einem Verhältnis von bis zu 1:10 000 verpackt und in einer vom Menschen noch nicht ganz verstandenen Weise zusammengefaltet.

Man muss sich vorstellen, dass die DNA eines einzelnen menschlichen Chromosoms eine Länge von ungefähr vier bis fünf Zentimetern hat und einen Durchmesser von zwei Nanometern aufweist. Dieser DNA-Strang muss nun so verdichtet, gefaltet und verpackt werden, dass aus der ehemals vier Zentimeter langen Doppelhelix ein Chromosom mit einer Größe von drei bis vier Mikrometern entsteht. Dies

Unten: Der Stamm eines Keimlings (Querschnitt). Man erkennt sehr gut den Aufbau und die verschiedenen Zellen.

entspricht dann dem oben genannten Packungsgrad von 1:10 000. Diese starke Verdichtung wird durch das Wickeln der DNA um sogenannte **Histone** erreicht. Man kann sich das Ergebnis dieses Vorgangs wie eine Perlenkette vorstellen. Nur sind die Perlen nicht auf die Kette gefädelt, sondern mit einer bestimmten Anzahl an Windungen umwickelt. Danach wird die gesamte Kette mit ihren darauf befindlichen Perlen nochmals so in sich gedreht, dass eine stark verdichtete Einheit entsteht. Die Perlen sind in unserem Fall Histone, die Kette an sich ist die DNA-Doppelhelix. Histone sind im Grunde nichts anderes als positiv geladene Proteine, welche die negativ geladene DNA anziehen und auf diese Weise festhalten.

Verdichtung der DNA

Genau genommen wickelt sich die DNA nicht um die Histone selbst, sondern um die nächstgrößere Einheit, die **Nukleosomen**. Als Nukleosom bezeichnet man einen Komplex aus vier doppelt vorhandenen Histonen, H2A, H2B, H3 und H4. Diese vier Histonenpaare ergeben ein Nukleo-som, um das sich die DNA 1,62 Mal wickelt. Diese fest vorgegebene Wicklung entspricht circa 148 Basenpaarungen. Wir werden später noch genauer auf dieses Thema eingehen und dann auch die Frage klären, warum die Verpackung der DNA so wichtig ist und welchen Einfluss sie auf die **Genexpression** hat, also auf die Ausbildung eines Gens oder einer Eigenschaft.

Nukleosomen

Struktur der Chromosomen

Bevor wir aber nun zur Zellteilung, der Mitose, kommen, will ich nochmals kurz auf den Aufbau der Chromosomen eingehen. Wir wissen, dass sich die Chromosomen in jeder Zelle einer Pflanze befinden und dass sie meist in Form von langen, dünnen Fäden vorliegen. Erst wenn die Zelle ihre DNA verdoppelt hat und zu einer bestimmten Größe gewachsen ist, wird die DNA in der Mitosephase spiralisiert und verdichtet. Erst jetzt sind Chromosomen für uns in einer X-ähnlichen Form sichtbar. Es gibt heute verschiedene Möglichkeiten, Chromosomen in der Mitosephase besser sichtbar zu machen. Man spricht

Sichtbarkeit der Chromosomen

X-Chromosom

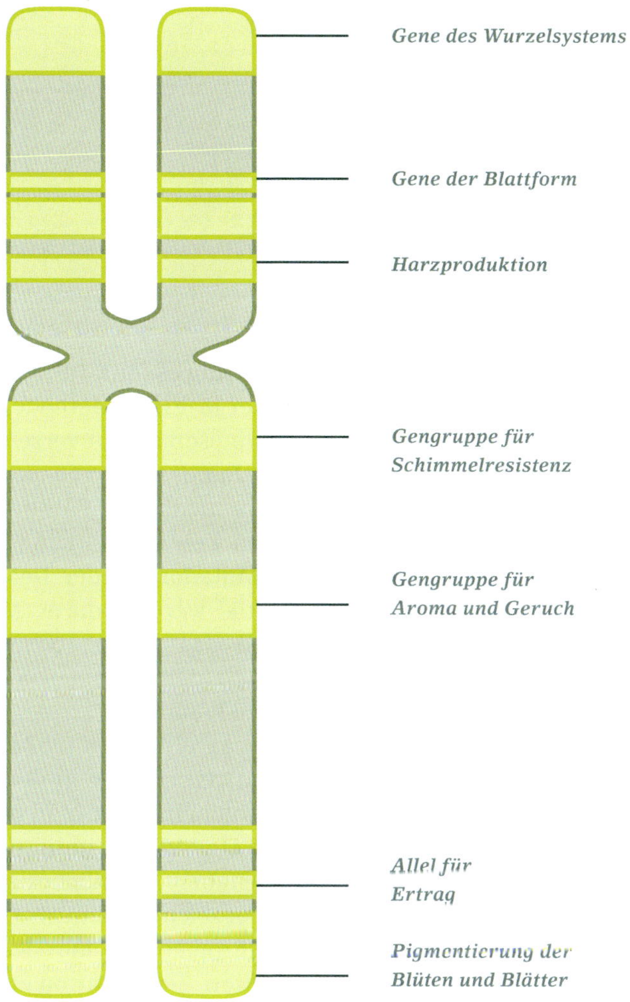
Gene des Wurzelsystems
Gene der Blattform
Harzproduktion
Gengruppe für Schimmelresistenz
Gengruppe für Aroma und Geruch
Allel für Ertrag
Pigmentierung der Blüten und Blätter

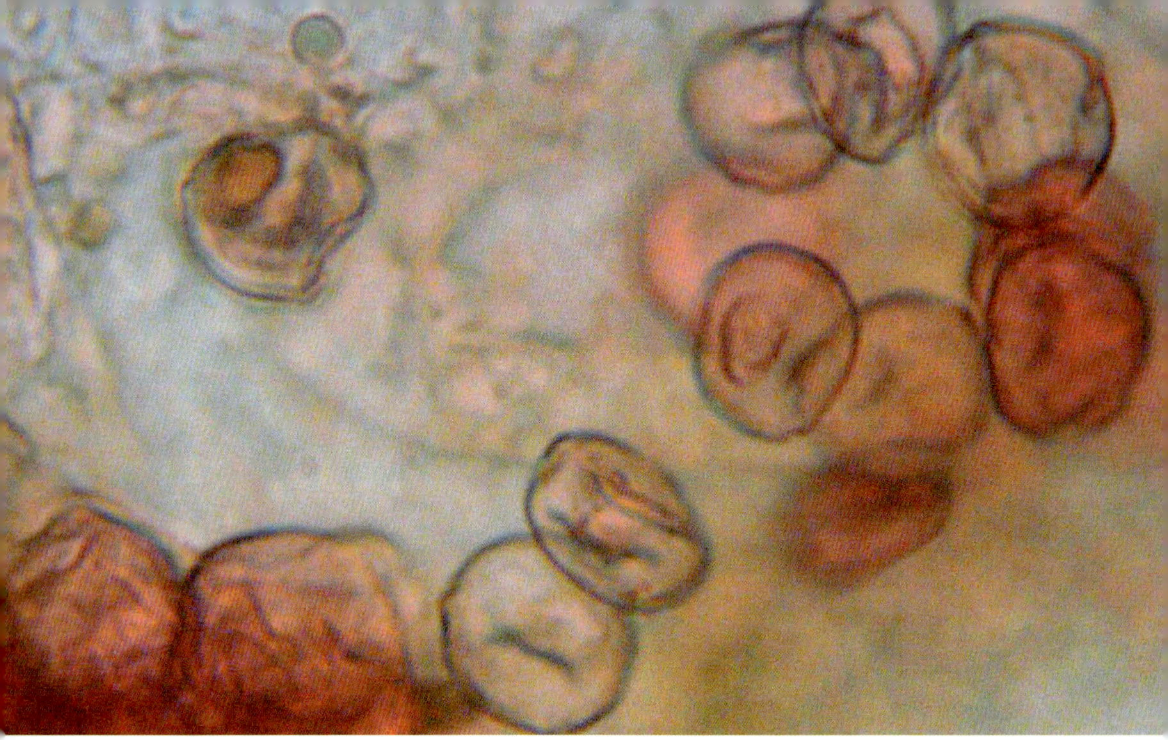

Oben: Männlicher Pollen während der Mitose; teilweise kann man die Chromatiden erkennen.

dabei auch von einer **Fluoreszenz-in-situ-Hybridisierung**, (abgekürzt: FISH- oder M-FISH-Methode).

Dabei werden Chromosomen mit verschiedenen Farbstoffen wie *Quinacrin (Q-Banden)* oder *Giemsa (G-Banden)* versetzt. Durch die unterschiedlichen Färbungen und durch die Lage des sogenannten Zentromers kann man die Chromosomen ordnen und Mutationen oder Deletionen erkennen. In der Humangenetik werden diese Methoden genutzt, um Krankheiten wie das Down- oder Turner-Syndrom, die durch Änderungen der Chromosomenzahl entstehen, frühzeitig erkennen zu können.

Alle Chromosomenpaare, die sich im Zellkern einer Hanfpflanze befinden, sind verschieden groß und unterscheiden sich teilweise deutlich voneinander. Man zeigt Chromosomen auch häufig in Form eines *X*, da sie in der Metaphase der Mitose ein dem Buchstaben X ähnliches Aussehen besitzen. Die beiden Schenkel bezeichnet man als **Chromatiden** oder auch als Schwesterchromatiden, die sich im Mittelpunkt, dem **Zentromer**, treffen. Das Zentromer liegt nie ganz in der Mitte und kann sich je nach Chromosom im oberen oder im unteren Bereich befinden. So entstehen unterschiedlich

Zentromer

lange Chromatiden, wobei der kürzere Arm auch als **p-Arm** und der längere als **q-Arm** bezeichnet wird.

Telomer

Der Anfang und das Ende eines Chromatiden werden auch **Telomer** genannt. Das Telomer ist eine ganz bestimmte Abfolge von Basenpaarungen und Sequenzen, die in einigen Fällen viele tausend Male wiederholt werden. Diese **Repeat-Sequenz** besteht beim Menschen aus den Paarungen TTAGGG, bei Hanf und vielen anderen höheren Pflanzen finden wir dagegen die Abfolge TTTAGGG. Diese bestimmte Sequenz ist wichtig, um das Ende der Chromosomen zu markieren. Andernfalls könnte die Zelle von einem Bruch in der DNA ausgehen; dies würde dann bei der Verdoppelung zu fehlerhaften Basenpaarungen und somit zu Mutationen führen. Zudem gibt das Telomer mit seiner noch nicht völlig geklärten Sekundärstruktur dem Chromosom die Stabilität, die es benötigt.

Phasen der Mitose

Wir unterscheiden heute zwischen zwei Arten der Zellteilung, der **Mitose** und der **Meiose**. Beide Mechanismen sorgen dafür, dass eine geregelte Weitergabe der Erbinformationen innerhalb des Individuums stattfindet, auch wenn sich beide Arten der Zellteilung sehr stark voneinander unterscheiden. Das Ziel der Mitose ist es, das Genom einer Zelle so auf zwei neue Tochterzellen zu verteilen, dass in beiden Zellen die gesamten genetischen Informationen des Individuums enthalten sind. Auf diese Weise entstehen ständig neue Zellen, die den gesamten Bauplan der Pflanze enthalten. Die Meiose, mit der wir uns etwas später befassen werden, hat dagegen die Reduktion des diploiden Chromosomensatzes auf einen haploiden Chromosomensatz zum Ziel.

Zellen in der äußeren Schicht des Stammes.

Die Mitose wird in verschiedene Phasen unterteilt; der Ablauf an sich ist aber ein kontinuierlicher Prozess. Der gesamte Prozess der Mitose läuft bei menschlichen Zellen in ungefähr einer Stunde ab, die Interphase dauert dagegen bis zu 24 Stunden. Ich will die verschiedenen Phasen kurz erläutern und dabei mit der Interphase beginnen. Sie beschreibt den Zeitraum zwischen der letzten und der nächsten Kernteilung und nimmt durchschnittlich über 90 Prozent der Zeitdauer des gesamten Zellzyklus in Anspruch.

Interphase

G1-Phase
S-Phase
G2-Phase

Die Interphase kann man in drei Abschnitte unterteilen. In der **G1-Phase** wächst die Zelle heran, und es kommt zur Bildung der Organellen. Außerdem erfüllt die Zelle in diesem Abschnitt eine ihrer wichtigsten Funktionen; es kommt zur Protein- und RNA-Synthese. Nach der G1-Phase folgt die **S-Phase**, in der die DNA verdoppelt wird und zwei identische Chromatiden entstehen. Erst nach der Verdoppelung beginnt der letzte der drei Interphasen-Abschnitte. In der **G2-Phase** ist die Zelle längst nicht so aktiv wie in der G1-Phase, trotzdem erfüllt sie auch in diesem Abschnitt ihre Aufgabe im Organismus. Zusätzlich wird innerhalb der Zelle überprüft, ob die Replikation des DNA-Stranges in der Synthese oder S-Phase fehlerfrei abgelaufen ist. Erst dann kann die Zellteilung und die eigentliche Mitose beginnen.

Prophase

Die erste Phase der Mitose ist die **Prophase**. Das Erbmaterial in Form der Chromosomen beginnt sich zu ordnen. Dabei werden die beiden in der S-Phase entstandenen Schwesternchromatiden weiter verdichtet und gefaltet, damit sie sich später leichter in der Zelle verschieben und anordnen lassen. In der Prophase kann man nun langsam die beiden Schwesternchromatiden im Mikroskop erkennen. Diese liegen nah beieinander und sind an einer bestimmten Stelle, dem Zentromer, miteinander verbunden. Am Ende dieser Phase bildet sich der Spindelapparat, der später an den Chromosomen andocken wird.

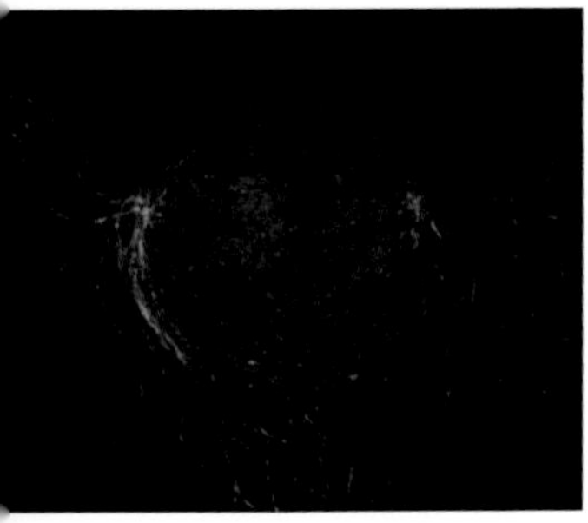

Prophase der Mitose: Die Chromosomen kondensieren langsam, bis sie sichtbar werden.

Metaphase

In der **Metaphase** bricht die Kernmembran des Zellkerns zusammen, das Kernplasma vermischt sich mit dem Zytoplasma. Auch der Spindelapparat wird sichtbar. Seine beiden

Mitose

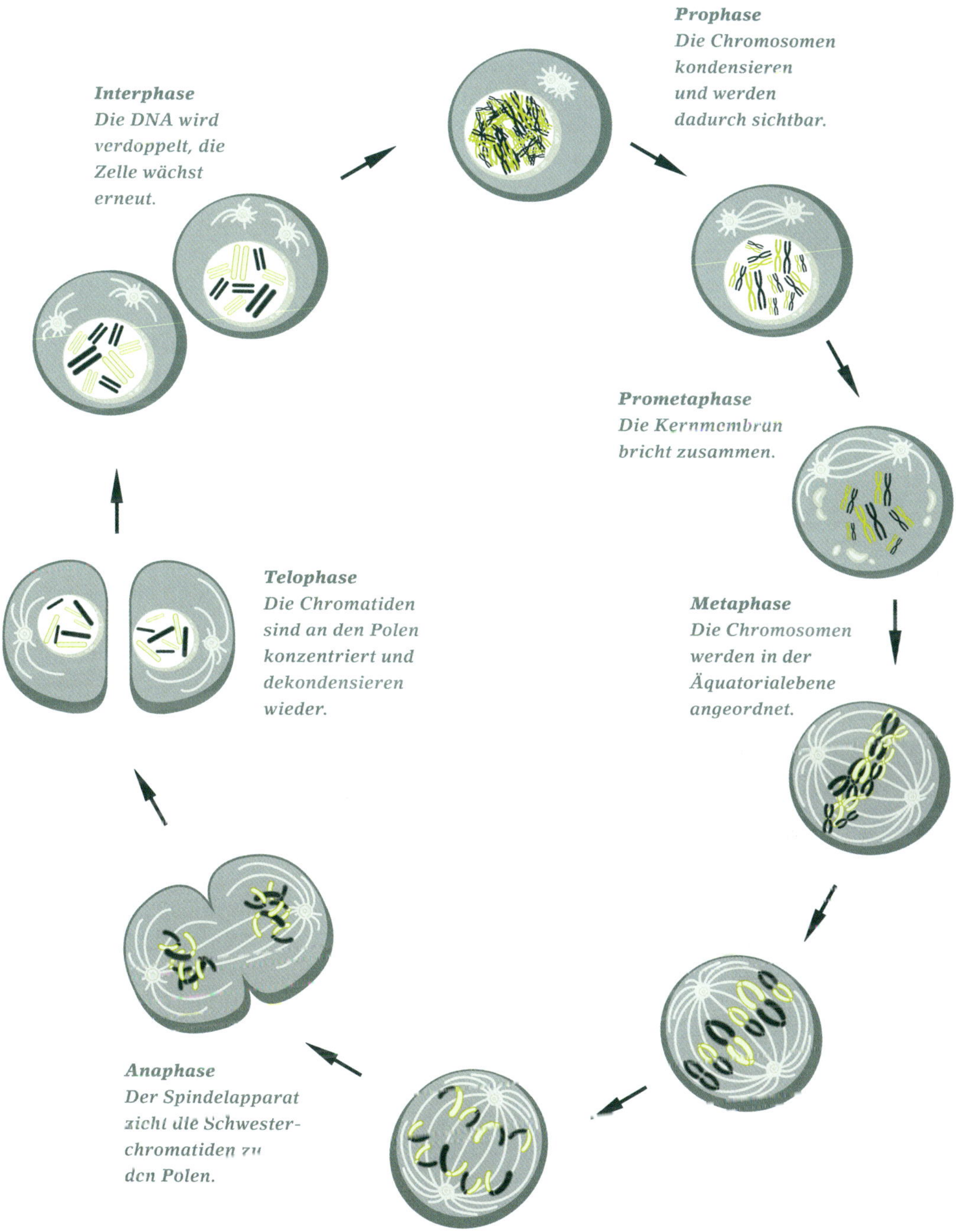
Prophase
Die Chromosomen kondensieren und werden dadurch sichtbar.
Prometaphase
Die Kernmembran bricht zusammen.
Metaphase
Die Chromosomen werden in der Äquatorialebene angeordnet.
Anaphase
Der Spindelapparat zieht die Schwester-chromatiden zu den Polen.
Telophase
Die Chromatiden sind an den Polen konzentriert und dekondensieren wieder.
Interphase
Die DNA wird verdoppelt, die Zelle wächst erneut.

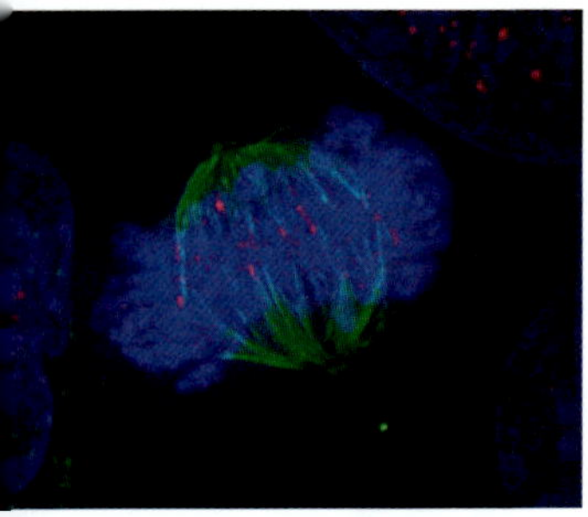

Anaphase der Mitose: Die Schwesternchromatiden werden zu den Polen gezogen.

Pole wandern langsam an den äußeren Rand der Zelle, bis sie sich gegenüberliegen. Die verdichteten Chromosomen besitzen nun eine X-ähnliche Form und wandern langsam zur Äquatorialebene, wo sie sich geordnet aufbauen. Aus den beiden Polen des Spindelapparates wachsen nun die Spindelfasern, die aus dem Protein **Tubulin** bestehen. Diese Fasern nennt man darum auch **Microtubuli**.

Es gibt drei verschiedene Arten von Spindelfasern. Die ***astralen Mikrotubuli*** positionieren die Spindel in der Zelle, die sogenannten ***polaren Mikrotubuli*** können von den Spindelpolen bis weit über die Äquatorialebene reichen und einander überlappen. Den dritten Typ nennt man *Kinetochormikotubuli*. Diese Spindelfasern docken an den **Kinetochoren** an, einem Proteinkomplex, der sich an den Zentromeren der Chromosomen befindet, und verbindet die Chromosomen auf diese Weise mit dem Spindelapparat.

Anaphase

In dem sehr schnell laufenden Prozess der **Anaphase** wird die quere Verbindung der beiden Schwesternchromatiden am Zentromer aufgelöst. Die beiden Chromatiden sind nun nicht mehr miteinander verbunden und werden zu den gegenüberliegenden Seiten gezogen, mit den Kinetochoren und dem Zentromer voran. Jetzt liegen zwei komplette Gensätze mit allen genetischen Informationen auf beiden Seiten der Zelle. Die in der S-Phase verdoppelte DNA wurde wieder von ihrem Original-Gegenstück getrennt und lagert sich auf der gegenüberliegenden Seite an.

Noch eine Momentaufnahme aus der Anaphase der Mitose.

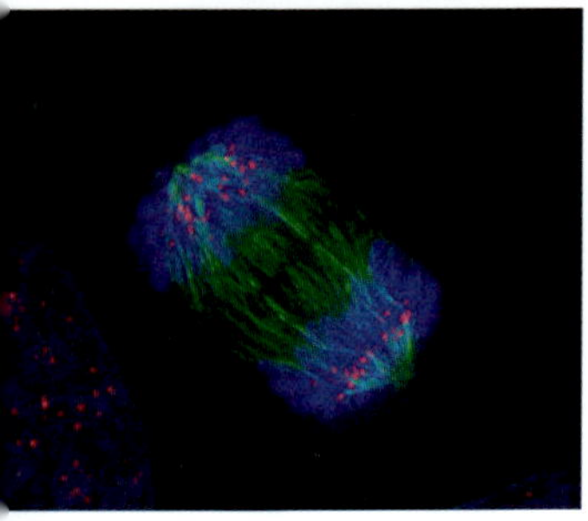

Telophase

In der nächsten Phase, der **Telophase**, bildet sich aus Fragmenten der alten Kernmembran eine neue Kernhülle, die Zelle beginnt sich zu teilen, und es entstehen zwei Tochterzellen, die beide identische genetische Informationen enthalten. Die verdichteten Chromatiden entspiralisieren sich weiter und liegen nun erneut in Form langer und dünner Fäden vor. Der Spindelapparat wird abgebaut und löst sich auf. Die neuen Zellen gehen nun wieder in die Interphase

Ein Chromosom in der Metaphase

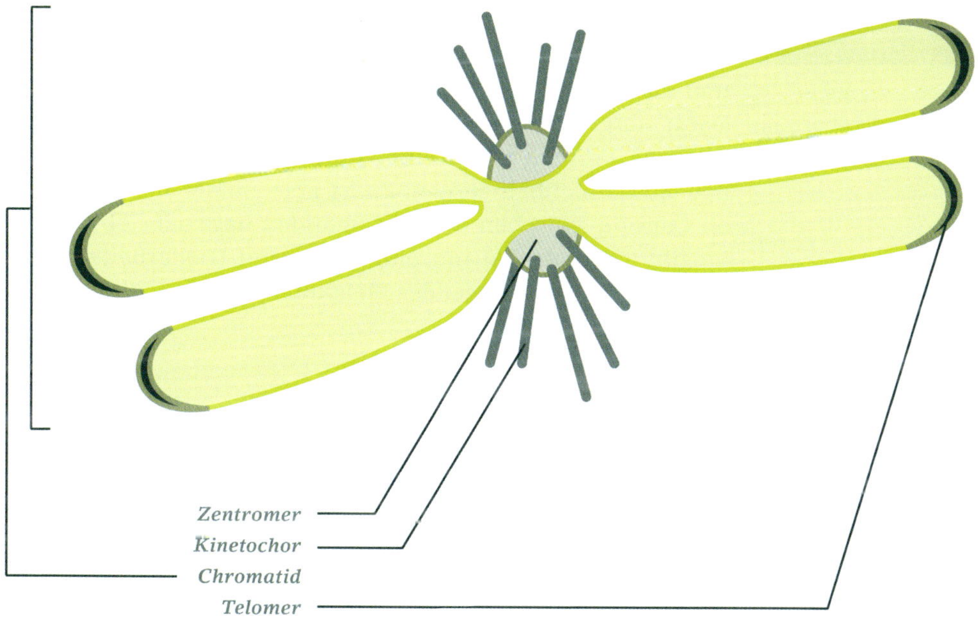

und wachsen in der G1-Phase weiter, bis sie wieder eine bestimmte Größe erreicht haben, bei der sie wieder in die Zellteilung übergehen. Der Zellzyklus ist abgeschlossen und beginnt sofort wieder von neuem.

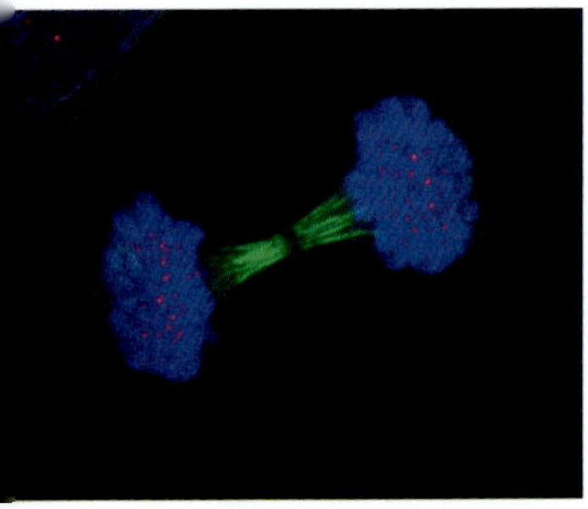

Telophase der Mitose: Die Chromatiden sind an den Polen konzentriert und dekondensieren wieder.

Noch zu erwähnen wäre der Zusammenhalt der in der S-Phase verdoppelten DNA in Form der zwei Schwesterchromatiden, die je nach Mitosephase direkt miteinander verbunden sind und sich nur im Zentromer treffen. In der G2-Phase und auch in der Prophase liegen die beiden Chromatiden sehr eng zusammen und sind auf noch nicht ganz verstandene Weise miteinander verbunden. Damit die Verteilung der Erbinformationen reibungslos funktioniert, müssen die beiden Chromatiden immer zusammenbleiben und dürfen sich am Zentromer nicht voneinander trennen. Dafür sorgt ein Proteinkomplex, das ***Cohesin***. Es besteht aus vier Proteinen, die eine Art Gitter bilden und so für den Zusammenhalt sorgen. Es ist aber immer noch unklar, ob Cohesin zwischen den Chromatiden liegt oder ob es sie umgibt – und das ist nur eine der vielen Unklarheiten auf dem noch jungen Gebiet der Molekulargenetik.

5.3 Zellteilung: Meiose

Im vorhergehenden Abschnitt habe ich den Zellteilungsmechanismus der Mitose erklärt. Wir wissen nun, wie eine Hanfpflanze wächst, auf welche Weise sich die Zellen teilen und welche genetischen Informationen sie danach besitzen. Wir wissen, dass Hanf diploid ist und dass ***Male*** und ***Female*** zwei identische Gensätze besitzen. Wenn man nun eine weibliche Pflanze mit einer männlichen kreuzt, dann müssten die Pflanzen der nachkommenden Generation einen ***tetraploiden*** Gensatz haben, da wir ja zwei diploide Organismen zusammenbringen und 2 + 2 immer noch gleich 4 ist.

Wie ist es also möglich, dass eine Nachfolgegeneration von Pflanzen auch wieder einen diploiden Chromosomensatz besitzt, wenn beide Elternpflanzen für sich schon diploid sind und zwei Gensätze besitzen? Ich habe schon zu Beginn erläutert, dass eine *Male*- und eine *Female*-Pflanze immer nur einen haploiden Gensatz (**1n**) in eine neue Generation hineinbringen und so aus **1n + 1n** wieder **2n** wird. Es muss also einen Mechanismus geben, der eine Reduktion des diploiden Gensatzes (**2n**) auf einen haploiden (**1n**) bewirkt.

Dieser Mechanismus ist die **Meiose**, eine Art der Zellteilung, die in zwei Schritten funktioniert. Die Meiose wird, wie die Mitose auch, in verschiedene Phasen unterteilt. In der G1-Phase der Interphase liegt die DNA erneut in Form langer und dünner Fäden vor und erfüllt über die Proteinsynthese ihre Aufgabe in der Pflanze. Nach der G1-Phase folgt die Synthese oder auch S-Phase. Wie in der Mitose wird der einzelne DNA-Strang der Zelle wieder kopiert und verdoppelt, es entstehen zwei identische Chromatiden. Der nächste Abschnitt ist die G2-Phase, in der die Zelle wieder ihre Aufgabe erfüllt und zu einer gewissen Größe heranwächst.

Bis zu diesem Zeitpunkt läuft der Zellzyklus bei der Mitose und der Meiose völlig identisch ab. Doch das sind die einzigen Gemeinsamkeiten der beiden Zellteilungsmechanismen, die nun in völlig unterschiedlicher Weise ablaufen. Wie wir bereits wissen, besteht der Sinn der Mitose darin, dass alle neu gebildeten Zellen auch alle genetischen Informationen des gesamten Organismus in sich tragen und somit völlig identisch sind. Bei der Meiose geht es nun darum, das gesamte Genom auf vier haploide Tochterzellen zu verteilen, von denen jede für sich verschiedene genetische Informationen enthält. Alle vier Tochterzellen können also immer unterschiedlich sein.

Ein Querschnitt durch den weiblichen Blütenkelch. Man kann das Ovulum erkennen.

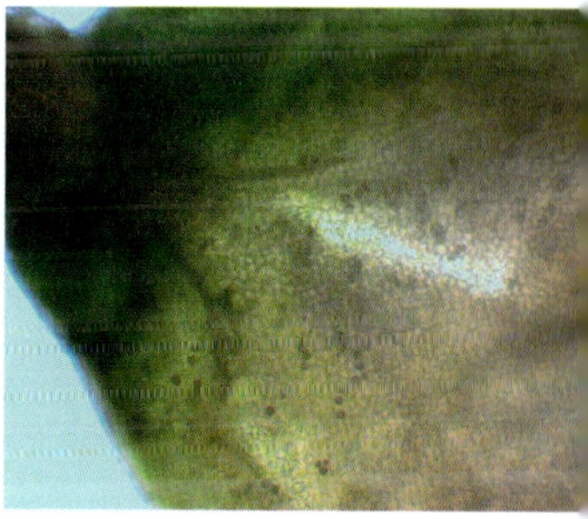

Der Vorteil dieses Vorgangs ist die Erhaltung der genetischen Vielfalt und die Chance auf eine schneller laufende Evolution, da die Zahl an möglichen Kombinationen von Ei- und Samenzelle um ein Vielfaches erhöht wird, wenn alle vier entstandenen haploiden Zellen genetisch verschieden sind. Diese vier Zellen entstehen durch die Rekombination unterschiedlicher Allele der homologen Chromosomen von *Male*- und *Female*-Pflanze. Diese Rekombinationen im ersten Schritt der Meiose nennt man auch **interchromosomale**

interchromosomale/ intrachromosomale Rekombination

Meiose 1

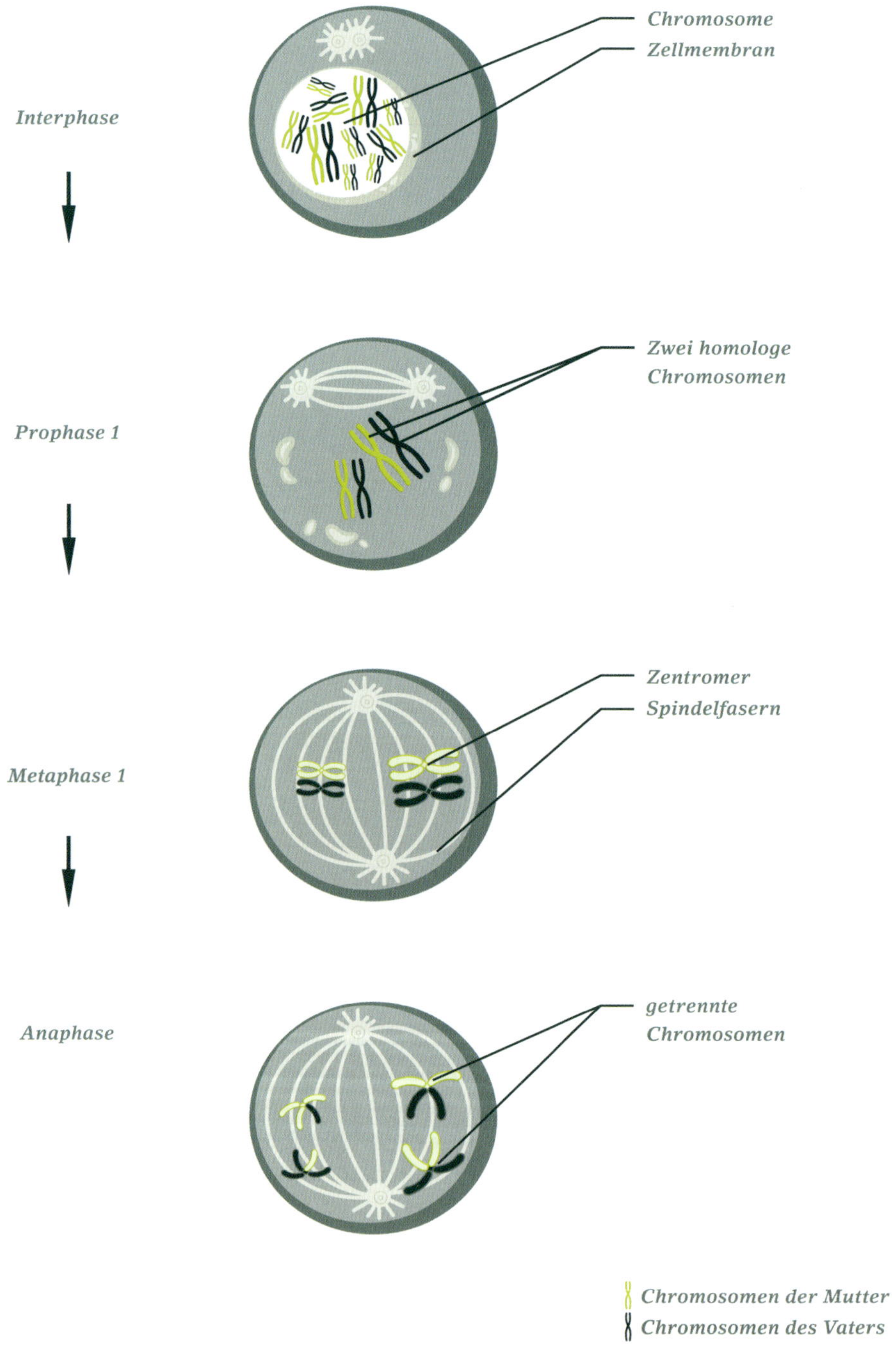
Interphase
Chromosome
Zellmembran
Prophase 1
Zwei homologe Chromosomen
Metaphase 1
Zentromer
Spindelfasern
Anaphase
getrennte Chromosomen
Chromosomen der Mutter
Chromosomen des Vaters

Rekombination. Ein anderer Mechanismus, der dafür sorgt, dass die vier haploiden Tochterzellen genetisch verschieden sind, ist die **intrachromosomale Rekombination**.

Wir kommen später noch einmal auf die genetischen Konsequenzen beider Mechanismen zurück und werden uns auch nochmals genauer mit dem Crossing-over beschäftigen. Für den Moment bleiben wir erst einmal beim Ablauf der Meiose.

Prämeiotische Phase

Vor der eigentlichen Zellteilung durchläuft eine Zelle erst die Interphase mit der G1-, G2- und der Synthese-Phase. Man spricht im Fall der Meiose auch von der **prämeiotischen Phase**. Die gesamte Zellteilung der Meiose wird in zwei Abschnitte unterteilt, in **Meiose 1** und **Meiose 2**. Am Ende der G2-Phase tritt die Zelle wieder in die aus der Mitose bekannte Prophase 1 ein.

Meiose 1

Die erste Abschnitt der Meiose ist viel komplexer als in der Mitose und wird daher wiederum in einzelne Abschnitte unterteilt. Die beiden Schwesterchromatiden, die immer noch die Form von zwei langen Fäden haben, verdichten sich zusehends und werden in der gesamten Prophase 1 kompakter. In einer Unterphase, dem **Leptotän**, entstehen entlang der Chromosomen Bereiche, die an manchen Stellen verdickt sind und als **Chromomeren** bezeichnet werden. Nun passiert etwas Entscheidendes. Im Stadium des **Zygotäns** paaren sich die beiden homologen Chromosomen. Man bezeichnet diesen noch nicht völlig aufgeklärten Vorgang als **Homologenpaarung** oder **Synapsis**. Man kann sich die Paarung so vorstellen, dass sich die beiden Chromosomen, beginnend am Telomer, aneinanderlegen und diesen Vorgang nach oben fortführen. Die gepaarten homologen Chromosomen werden in der nächsten Unterphase sichtbar, dem **Pachytän**.Typisch für dieses Stadium sind die deutlich verkürzten und verdichteten Chromosomen und die jetzt sichtbar gewordenen Chromomeren, also die kleinen Verdickungen, die sich in unregelmäßigen Abständen auf den beiden Homologen befinden.

Leptotän

Zygotän

Synapsis (Homologenpaarung)

Pachytän

Meiose 2

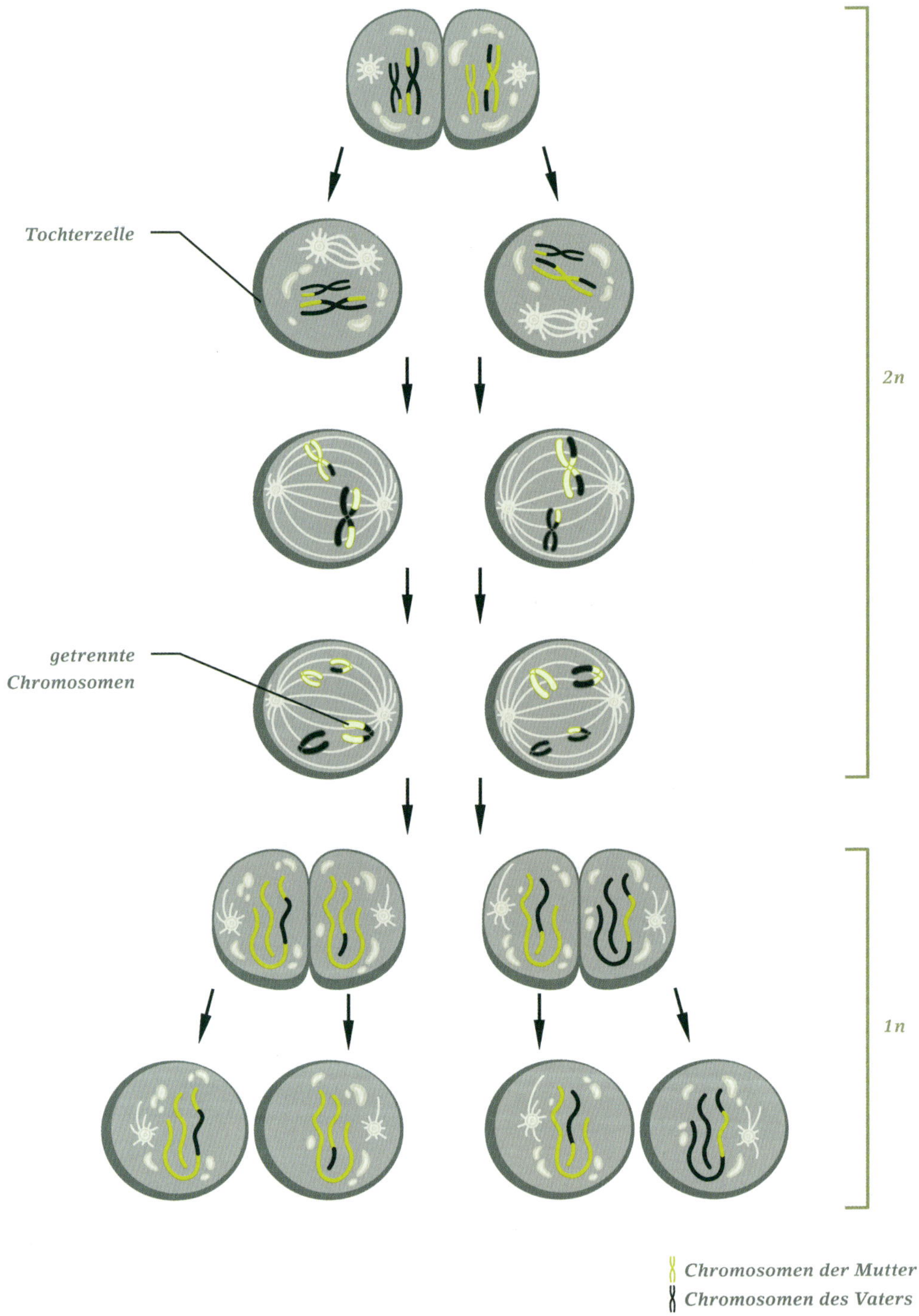
Tochterzelle
getrennte Chromosomen
2n
1n
Chromosomen der Mutter
Chromosomen des Vaters

Im nächsten Schritt der Meiose 1, dem **Diplotän**, kann man die Anzahl der Paarungen erkennen. Was vorher nur als fadenförmige Struktur sichtbar war, ist nun als Chromatid, oder genauer gesagt als Schwesterchromatid, erkennbar. Die Chromosomen werden nun teilweise wieder entspiralisiert. Die oben beschriebene Einheit aus gepaarten Chromosomen wird in der Genetik auch als **Tetrade** oder **Bivalent** bezeichnet. Tetraden sind nichts anderes als die Verteilungseinheiten der Meiose, auf die wir später nochmal zu sprechen kommen.

Diplotän

In der letzten Phase der Prophase, der **Diakinese**, werden die Chromosomen auf ihre minimale Länge verkürzt. Die Kernhülle löst sich auf, und die Tetraden der Chromosomen ordnen sich entlang der Äquatorialebene an. Diese Anordnung geschieht völlig zufällig und hat, wie wir später noch lesen werden, einen großen Einfluss auf die Rekombination der genetischen Informationen. Dieser Vorgang gehört schon zur Metaphase 1, die wir von der Mitose her kennen. Der große Unterschied liegt aber darin, dass die Zentromere nicht geteilt werden, da sich nur ein Kinetochor an beiden Zentromeren einer Tetrade befindet. In der **Anaphase** trennen sich die homologen Zentromere und wandern mit je zwei der vier Chromatiden der Tetrade zu den gegenüberliegenden Spindelpolen. Die beiden Chromatiden können sich nun frei bewegen. Die beiden Zellkerne enthalten nun jeweils einen haploiden Chromosomensatz, wobei jedes Chromosom aus zwei Chromatiden einer Tetrade besteht. Dies ist auch der Grund dafür, dass die erste meiotische Teilung auch als **Reduktionsteilung** bezeichnet wird, während die Meiose 2 als **Äquationsteilung** bekannt ist.

Diakinese

Anaphase

Meiose 2

Nun beginnt die zweite meiotische Teilung, die Meiose 2. Die beiden entstandenen Zellen ordnen sich erneut entlang der Äquatorialebene des Spindelapparates an. Wie in der Mitose wird an beiden Zentromeren je ein Kinetochor ausgebildet, deren Spindelfasern zu den gegenüberliegenden Polen gerichtet sind. Diese Phase wird auch als ***Metaphase 2*** bezeichnet. In der nun folgenden *Anaphase 2* werden die beiden Chromatiden jedes Chromosoms in entgegengesetzte Richtung gezogen oder transportiert. In der *Telophase 2* werden wieder Kernhüllen gebildet. Das Resultat sind vier haploide Zellen. Die Meiose 2 läuft ähnlich ab wie die Mitose, der große Unterschied zwischen den beiden ist aber das Ergebnis. In der Mitose hat jede Zelle eine identische genetische Information, während in der Meiose die vier haploiden Zellen unterschiedliche Informationen enthalten.

Zugegeben, der Zellteilungsmechanismus der Meiose klingt beim ersten Lesen kaum verständlich. Wenn man sich aber die Grafiken ansieht und Schritt für Schritt vorgeht, kann man den sehr komplexen Vorgang der Zellteilung nachvollziehen.

Ich gehe nun noch kurz auf die sogenannte **Nondisjunction** ein, die auch bei Hanfpflanzen häufiger auftritt, als man denkt. Dieser Begriff umschreibt einen Meiosefehler, der in der Meiose 1 und auch in der Meiose 2 vorkommen kann. Dieser Fehler ist nicht unbedingt die Regel, aber er kann jederzeit bei *Male* und *Female* auftreten. (Auch beim Menschen kann es Meiosefehler geben; mit steigendem Alter der Mütter steigt auch die Anzahl der am Down-Syndrom erkrankten Kinder.)

Erdbeerli x Deep Chunk von Alpine Seeds.

Auswirkungen der Nondisjunction

Bei der Nondisjunction trennen sich die homologen Chromosomen während der Meiose 1 nicht wie geplant. Auch in der Meiose 2 kann dies vorkommen, allerdings sprechen wir dann von einer Nichttrennung der Schwesternchromatiden. Die Auswirkungen können schwerwiegend sein: Werden Chromosomen während der Meiose 1 nicht geteilt, dann besitzen die sonst haploiden Keimzellen nicht nur einen Gensatz, sondern zwei oder drei. Das Resultat können unter anderem *X0-Male*-Pflanzen sein, die kein männliches Y-Chromosom besitzen und damit auch keine Gene enthalten, die für die Ausbildung der männlichen Eigenschaften verantwortlich sind. Diese *X0*-Männchen sind zwar lebensfähig, aber unfruchtbar. Es ist auch möglich, dass *XXX-Female*-Pflanzen entstehen, die **letal** sind, also nicht lebensfähig. Auch letale *Y0*- sowie vitale *XXY*-Female-Pflanzen

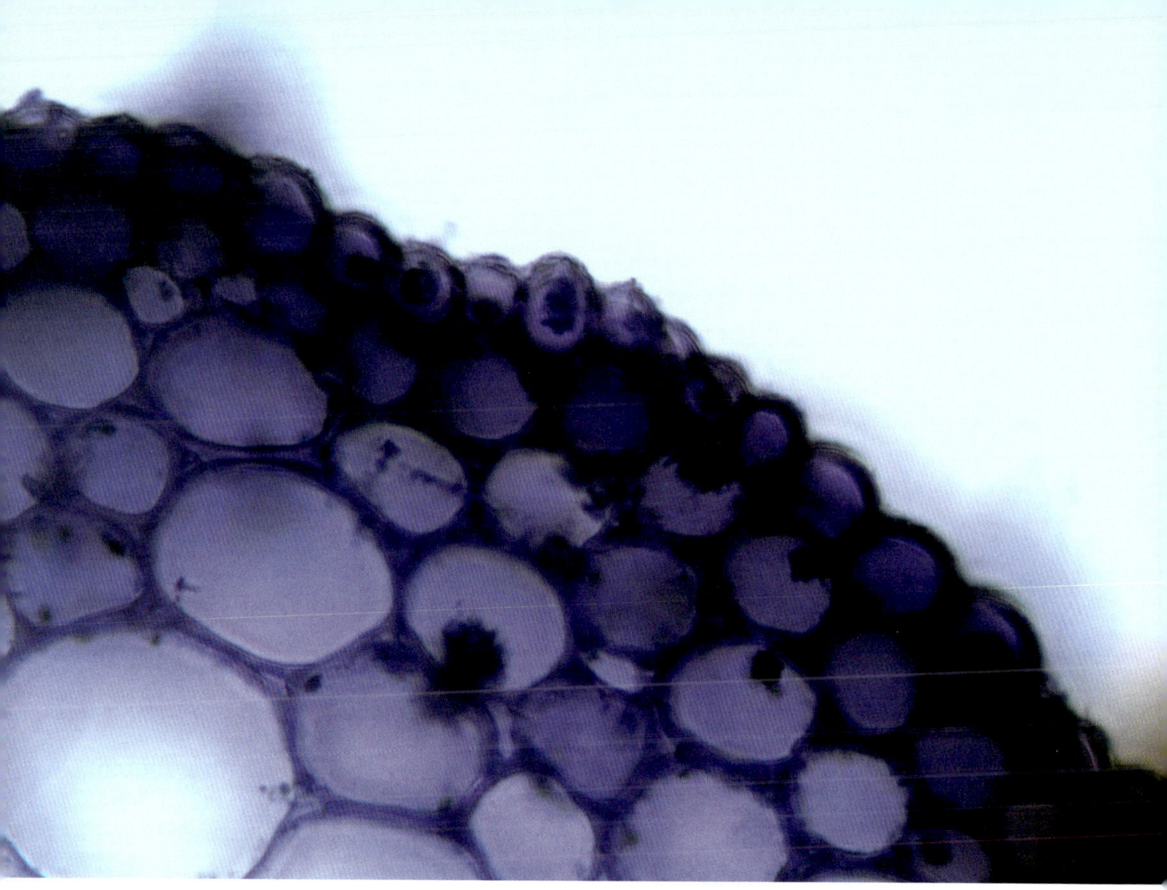

können aus diesem Meiosefehler hervorgehen. Man nennt diesen Genotyp auch **aneuploid**, da sie gegenüber dem **euploiden** 2n-Typ ein Chromosom zu viel oder eines zu wenig haben.

Man unterscheidet zwar noch zwischen primärer und sekundärer Nondisjunction, doch so weit wollen wir an dieser Stelle nicht gehen. Für uns ist nur wichtig zu wissen, dass es durchaus zu Fehlern bei der Meiose und auch zu Fehlern bei der Mitose kommen kann, wobei die Nondisjunction in der Mitose eher seltener vorkommt. Der Grund für das Entstehen dieser Fehler ist nicht bekannt. Beim Hanf und anderen Pflanzen spielen aber die Phytohormone und Signalstoffe eine große Rolle, da sie die Meiose regulieren und steuern. Aus diesem Grund kann es nach dem Einsatz von STS-Lösung zu einem Fehler in der Zellteilung kommen, denn Feminisieren bedeutet eigentlich nichts anderes, als die pflanzeneigenen Hormone zu beeinflussen. So können auch Zwitter das Resultat eines aneuploiden Gensatzes sein, wobei dies nur eine Möglichkeit von vielen ist.

Oben: Die äußere Schicht des Stammes. Man erkennt verschiedene Organellen, der Aufbau des Stammes wird nachvollziehbar.

5.4 Rekombination durch Crossing-over

Die **Rekombination** ist neben der Mutation der wichtigste Faktor, um die genetische Vielfalt einer Population zu erhalten und um deren Entwicklung und Anpassung weiter voranzutreiben. Als Rekombination bezeichnet man allgemein das Austauschen oder die Neuanordnung von genetischem Material oder Allelen, in unserem Fall zwischen zwei homologen Chromosomen.

Erhaltung der genetischen Vielfalt durch Rekombination

Ein Beispiel: Wir haben eine hochwachsende Sativa-Dame mit sehr luftigen Blütenständen und einen sehr kleinen, kompakten Indica-*Male*, der sehr harte Buds produziert. Nun kreuzen wir beide Pflanzen und erhalten in der ersten Generation verschiedene Phänotypen. Zwei Pflanzen wachsen sehr Indica-betont, bilden aber typische Sativa-Blüten aus. Die restlichen zwei F1-Nachkommen haben die gleiche kompakte Wuchsform wie die ersten beiden Pflanzen, besitzen aber auch auch die festen Blütenstände ihres Indica-Vaters. An diesem einfachen Beispiel kann man sehen, wie die Eigenschaften der beiden Elternteile kombiniert und neu verteilt werden. Diese Verteilung und Neuanordnung nennt man Rekombination.

In der Genetik gibt es den Begriff des **Crossing-over**. Er beschreibt einen Prozess, der die Rekombination von Eigenschaften und Merkmalen überhaupt erst möglich macht. Damit wir das Crossing-over besser verstehen können, gehen wir zurück zur Meiose und betrachten noch einmal die erste meiotische Teilung. Wie wir wissen, ist das Stadium der Prophase 1 noch einmal in verschiedene kleine Phasen unterteilt. Wir wissen auch, dass vor dem Beginn der Zellteilung die Chromosomen in Form langer und dünner Fäden vorliegen. In der S-Phase der Interphase wird die DNA eines Chromosoms verdoppelt, es entstehen zwei fast identische Schwesterchromatiden.

Weiter oben haben wir zudem festgestellt, dass Hanf diploid ist und zwei Gensätze besitzt. In jeder Zelle gibt es also immer zwei homologe Chromosomen mit fast identischen Genen, ein Chromosom vom Vater und eines von der Mutter.

Crossing-over

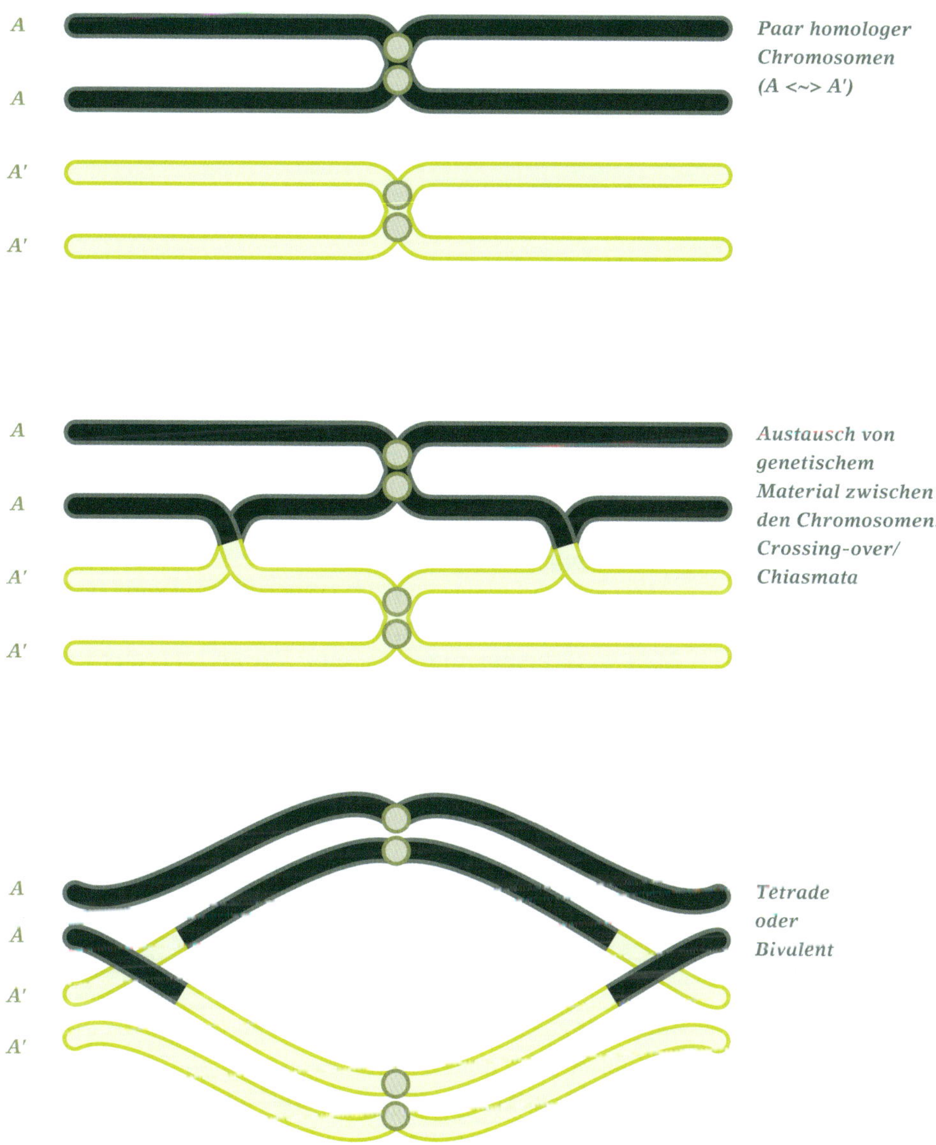

Oben: Gesammelter Pollen.

In der Prophase 1 enthält ein Zellkern also immer ein Paar aus zwei homologen Chromosomen, die je für sich aus zwei Schwesterchromatiden bestehen. Im Zygotän paaren sich diese zwei homologen Chromosomen und kommen an einigen Stellen sehr nahe zusammen.

Synaptischer Komplex und Chromosomenpaarung

Die Art und Weise, wie die beiden Homologen sich paaren und automatisch anordnen, ist heute noch nicht ganz geklärt. Man weiß bisher nur, dass eine Verbindung aus Proteinen, der **synaptische Komplex**, einen sehr großen Einfluss auf die Chromosomenpaarung hat und eine exakte und genaue Paarung erst garantiert. Er bildet sich an den Telomeren aus und verläuft ähnlich wie ein Reißverschluss in Richtung Zentromer. Wenn sich die beiden Chromosomen aneinanderlegen und paaren, entsteht eine Form, die man auch als **Tetrade** oder **Bivalent** (zwei Chromosomen) beschreibt. Bei der Paarung kommt es dann zu Überkreuzungen der Chromatiden und zum Crossing-over. Wenn sich Teile der Chromatiden überschneiden, entstehen physikalische Brüche, und es folgt ein Austausch von genetischen Informationen zwischen den homologen Chromosomen, also von Eigenschaften und Merkmalen der *Male*- und *Female*-Pflanzen.

Es kommt zur Rekombination und zur Neuanordnung von Allelen. Im Meiose-Stadium des Diplotän werden diese Brüche und Überkreuzungen sichtbar; solche Stellen, die man im Lichtmikroskop sehen kann, werden als **Chiasma** bezeichnet. Das Wort bedeutet im Griechischen soviel wie «Kreuzen» und beschreibt im Falle der Chromosomen die sichtbaren Überkreuzungsstellen der Chromatiden. Ein Crossing-over kann an mehreren Stellen der Chromatiden vorliegen; im Regelfall gibt es aber mindestens eine Überkreuzung und einen Austausch der genetischen Informationen pro Tetrade.

Kreuzungsstellen der Chromatiden (Chiasma)

Intrachromosomale und interchromosomale Rekombination

Nun gibt es zwei Möglichkeiten der Neuanordnung und der Rekombination innerhalb der Meiose. Wenn es eine Überkreuzung zweier Nicht-Schwesterchromatiden gibt und es zum Austausch von Chromosomenstücken kommt, spricht man von einer **intrachromosomalen Rekombination**. Im vorhergehenden Abschnitt habe ich diesen Prozess beschrieben. Das Wichtige ist hierbei, dass der Austausch der Allele immer innerhalb der homologen Chromosomen passiert. Die **interchromosomale Rekombination** beschreibt dagegen die zufällige Anordnung der Chromosomensätze in der Metaphase 1 der Meiose.

Auch hier will ich zum besseren Verständnis nochmal zusammenfassen: Die Meiose beginnt, die homologen Chromosomen ordnen sich an und kommen sehr nahe beieinander zu liegen. Bei der Paarung können sich Nicht-Schwesternchromatiden überkreuzen, es kommt zum Austausch von Allelen und somit zum Crossing-over. In einer späteren Phase der Prophase 1, dem Diplotän, werden die Überkreuzungsstellen (Chiasma) im Mikroskop sichtbar. Die Form der beiden homologen Chromosomen kann man nun als Bivalent oder als Tetrade bezeichnen. Nun beginnt die Metaphase 1 und damit die zufällige Anordnung der Tetraden entlang der Äquatorialebene. Da dies rein zufällig geschieht, kann es eine Durchmischung männlicher und weiblicher

Sea-of-Green-Anbau eines F1-Hybriden.

Meiose und Rekombination

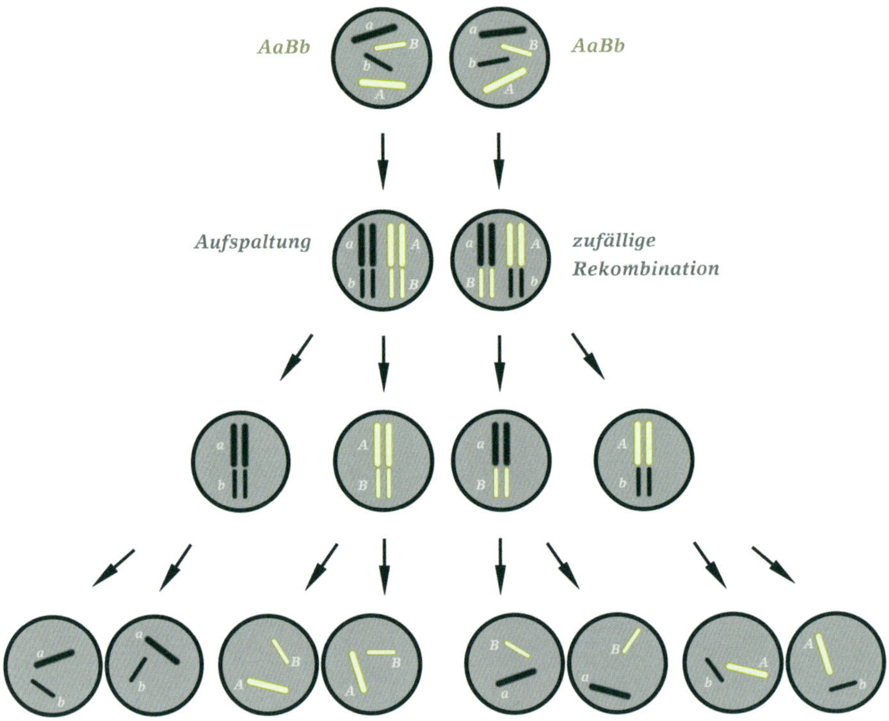

	ab	AB	aB	Ab ♀
♂ ab	aabb	AaBb	aaBb	Aabb
AB	AaBb	AABB	AaBB	AABb
aB	aaBb	AaBB	aaBB	AaBb
Ab	Aabb	AABb	AaBb	AAbb

Zentromere geben. Es ist aber auch möglich, dass alle weiblichen Zentromere in eine Zelle übertragen werden, genauso wie es auch bei allen männlichen Zentromeren der Fall sein kann.

Der Mechanismus der intrachromosomalen und interchromosomalen Rekombination erlaubt unglaublich viele mögliche Variationen und Rekombinationsmöglichkeiten, die man heute sogar berechnen kann. Dafür wird der haploide Chromosomensatz potenziert. Hanf hat einen haploiden Satz von $n=10$; daraus ergeben sich $2^{10}=1024$ verschiedene Möglichkeiten, Spermien oder Einzellen zu bilden. Beim Menschen mit seinem Gensatz von $n=23$ wären es schon 8,4 Millionen Möglichkeiten, allein schon durch die interchromosomale Rekombination. Nehmen wir noch die intrachromosomale Rekombination mit mindestens einem Crossing-over zwischen den Chromatiden von Mutter und Vater dazu, dann würden die möglichen Variationen ins Unermessliche ansteigen. Beim Menschen kommen wir so auf 246 oder 70 Billionen unterschiedliche Eizellen und Spermien. Beim Hanf wären das dann 410 oder 220, also über 1,1 Millionen Variationen – eine ganze Menge, wenn man nur von einem einzigen Crossing-over ausgeht. Die Zellteilung der Meiose ist deshalb so wichtig, weil sie eine solch hohe Anzahl an Rekombinationsmöglichkeiten zwischen den mütterlichen und väterlichen Informationen zulässt.

5.5 Stammbaumanalyse und Chromosomentheorie in der Vererbung

In diesem letzten Abschnitt des fünften Kapitels komme ich noch einmal kurz auf die mendelschen Regeln zu sprechen und erkläre ein paar grundlegende Begriffe. Es geht auch um die Frage, ob die mendelschen Regeln immer anwendbar sind oder ob es Vererbungsmuster gibt, die man nicht 1:1 übertragen kann. Weiter oben habe ich die drei mendelschen Regeln erläutert und auch die Auswertung mit dem Punnett-Quadrat gezeigt. Dabei haben wir verschiedenen

Eigenschaften unterschiedliche Buchstaben zugeordnet. Dominante Merkmale schreibt man groß, rezessive Eigenschaften und Gene werden dagegen immer mit einem kleinen Buchstaben versehen.

Nomenklaturregeln

Jetzt müssen wir noch einen Schritt weitergehen und uns mit den festgelegten **Nomenklaturregeln** beschäftigen. Diese Regeln sind fest definiert und geben an, wie man Eigenschaften, Merkmale und Gene richtig bezeichnet. Die Genbezeichnungen werden meist nach den Eigenschaften ausgesucht. Das Merkmal «rote Blüten» könnte man demnach am besten mit den Buchstaben **rb** bezeichnen, gelbe Blütenstände würde man dann mit **gb** abkürzen. Sind mehrere Mutationen eines Gens bekannt, so werden diese durch hochgestellte Kombinationen von Buchstaben und Zahlen gekennzeichnet. Hochgestellte Buchstaben können aber auch einen bestimmten Phänotyp näher beschreiben, zum Beispiel **Ev**, das für «viel Ertrag» stehen kann. Es gibt noch viele andere festgelegte Schreibweisen in der Genetik. Wenn wir Mutationen auf homologen Chromosomen beschreiben wollen, werden diese durch einen Schrägstrich

Unten: Makroaufnahme einer Afghani-Blüte. Einige Drüsenköpfe sind durch Berührungen zerstört.

getrennt, wobei man immer mit dem mütterlichen Allel beginnt und mit dem männlichen aufhört. Ein Beispiel wäre **rb^{ev} w/f g**. Und Mutationen oder Allele auf nicht homologen Chromosomen werden nicht durch einen Schrägstrich, sondern durch ein Semikolon abgetrennt. Für uns sind diese Schreibweisen weniger wichtig, es kann aber nicht schaden, wenn man sie deuten und Genkartierungen lesen und verstehen kann.

Nahaufnahme eines frischen Samens mit schöner Marmorierung.

Konduktoren und X-chromosomale Vererbung

Auch beim nächsten Thema ist die richtige Schreibweise sehr wichtig. Es geht um die Frage, ob die mendelschen Regeln immer gelten und auf jede Art von Kreuzung übertragen werden können. Ein Beispiel: Wir haben eine männliche Pflanze, die ausschließlich rote Blütenstände ausbildet. Der weibliche Elternteil produziert dagegen nur grüne, also normal aussehende Blüten. Wir gehen in diesem Beispiel davon aus, dass das Merkmal «grüne Blütenstände» dominant ist und das Merkmal «rote Blütenstände» rezessiv. Die erste Nachfolgegeneration zeigt das zu erwartende Ergebnis: Alle Pflanzen der F1 produzieren grüne Blüten, da diese Eigenschaft dominant ist und sich gegen das rezessive Merkmal «rote Blütenstände» durchsetzt.

Nun schauen wir uns die reziproke Kreuzung an, tauschen also Mutter- und Vaterpflanze. Nun hat der *Male* die dominante Eigenschaft der grünen Blüten übernommen, während die *Female*-Pflanze das Merkmal der roten Blütenstände besitzt. Nach Mendel sollte die F1-Generation auch wieder uniform sein und ausschließlich grüne Blüten produzieren, so wie bei unserer ersten Kreuzung. Tatsächlich zeigen nun 50 Prozent der *Male*-Pflanzen in der F1 rote Blütenstände.

Was ist nun passiert? Was hat sich bei der zweiten Kreuzung verändert? Es ist im Grunde ganz einfach. Wenn wir Kreuzungen in einem Punnett-Quadrat durchspielen, dann gehen wir immer davon aus, dass die Eigenschaften auf den Autosomen liegen, also auf den geschlechtsunabhängigen Chromosomen. Doch es gibt Merkmale oder Mutationen, die

Oben: Makroaufnahme einer Afghani-Blüte mit auffällig langen Trichomen.

nur auf den Heterosomen – also auf den Geschlechtschromosomen – lokalisiert sind.

Wir wissen, dass ***Female***-Pflanzen immer XX-Chromosomen besitzen. ***Male***-Pflanzen haben dagegen XY-Heterosomen, wobei auf dem Y-Chromosom neben dem **Nucleolus-Organisator** nur sehr wenige Merkmale vorliegen, die ausschließlich für rein männliche Eigenschaften verantwortlich sind. Man spricht auch von **männlichen Fertilitätsfaktoren**. Das sind z.B. die Pollenbildung und die Pollenreifung. Wir wissen auch, dass ***Male***-Pflanzen bei der Meiose zwei verschiedene haploide Pollentypen produzieren, Keimzellen mit einem X- und Keimzellen mit einem Y-Heterosom. Weibliche Pflanzen haben XX-Heterosomen und können daher nur einen Typ Eizellen bilden, den X-Typ.

Männliche Fertilitätsfaktoren

Was geschieht nun bei unserer zweiten Beispielkreuzung? Die mutierte und rezessive Eigenschaft der roten Blütenstände liegt in diesem Beispiel nur auf einem weiblichen

X-Chromosom. Auf dem männlichen X-Chromosom liegt dagegen nur das dominante Merkmal «grüne Blüten». Das männliche Y-Chromosom ist zwar auch homolog zum X-Heterosom, aber da auf dem Y-Heterosom nur Fertilitätsmerkmale liegen, kann das Merkmal «grüne Blüten» nicht dort verankert sein. Diese Eigenschaft beziehungsweise das Gen, das dieses Merkmal bestimmt, befindet sich also nur auf dem männlichen X-Heterosom. Bei der Bestäubung hat die ***Female***-Pflanze ihre beiden X-Chromosomen in die neue Kreuzung eingebracht. Wie gesagt produziert ein ***Male*** zwei Pollentypen. Er gibt daher das X-Chromosom zufällig weiter, aber auch das Y-Chromosom, auf dem kein Merkmal zur Blütenfarbe liegt. Die nachfolgenden XY-Male-Pflanzen besitzen also nur das Allel der weiblichen Elternpflanze, und zwar die rezessive Eigenschaft «rote Blüten», wie wir am Anfang gesagt haben,

Nun zeigt sich auch, warum nur 50 Prozent der F1-***Male***-Pflanzen rote Pollensäcke bilden und warum alle weiblichen Pflanzen und die anderen 50 Prozent der männlichen Pflanzen grüne Blütenstände ausbilden. Weshalb aber bildet keine der weiblichen Pflanzen rote Blütenstände aus, wenn sie doch auch das Allel «rote Blüten» besitzen? Die Erklärung lautet: Diese weiblichen XX-Pflanzen haben ein X-Heterosom vom Vater und eines von der Mutter vererbt bekommen. In diesem Beispiel war das Merkmal «grüne Blüten» dominant und setzt sich somit gegen das rezessive Merkmal «rote Blüten» durch. Trotzdem ist das Allel «rote Blüten» noch im weiblichen Genom vorhanden, es kommt allerdings in dieser Generation nicht zur Ausprägung.

Die Bestimmung des Erntezeitpunkts ist anhand der Farbe der Drüsenköpfe möglich.

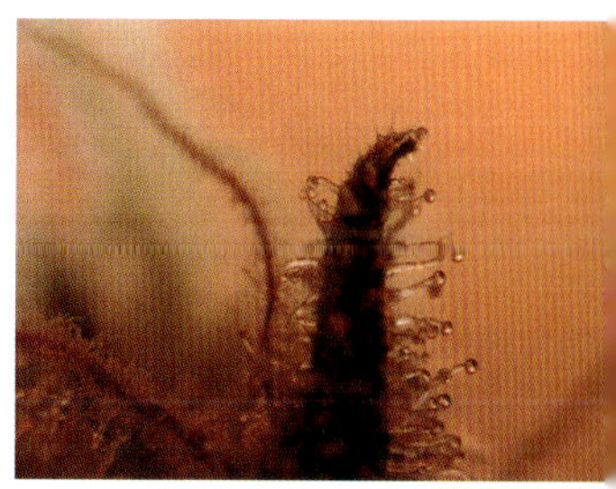

Konduktoren

Diese weiblichen Hanfpflanzen nennt man auch **Konduktoren**. Sie sind die Überträger einer Eigenschaft, ohne dass diese zur Ausprägung kommt. Bei männlichen Pflanzen kommt das Merkmal immer zur Ausprägung, da sie nur ein X-Chromosom haben und auf dem Y-Chromosom nur männliche geschlechtsverantwortliche Gene vorliegen. Einen solchen Erbgang nennt man auch **X-chromosomale Vererbung**. Auf dem X-Chromosom liegende Merkmale werden somit immer geschlechtsgebunden vererbt.

Inaktivierung des X-Chromosoms (Dosiskompensation)

X-chromosomale Vererbung

Spielen wir ein weiteres Beispiel durch: Wir wollen wieder zwei Hanfpflanzen miteinander kreuzen. Diesmal bezeichnen wir die Heterosomen in der richtigen Schreibweise mit gestellten Buchstaben. Wir haben eine männliche Pflanze, bei der auf dem X-Chromosom eine Mutation vorliegt, die zur Ausprägung von Zwittern führen kann. Diese Mutation ist rezessiv. In der richtigen Schreibweise würde dies nun so aussehen: **Y/X^m** – das kleine **m** steht für die genannte Mutation. Das weibliche Gegenstück besitzt keine solche Mutation, wir benutzen aber trotzdem einen Buchstaben, um eine bessere Übersicht zu haben. Wir entscheiden uns für das hochgestellte **n** für «normal». Ausgeschrieben wäre dies dann **X^n/X^n**. Nun kreuzen wir beide Pflanzen und schauen uns die F1 genau an. Ich empfehle an dieser Stelle, solche Vererbungsgänge immer in einem Punnett-Quadrat durchzuspielen, da man so leichter den Überblick behält.

Das Resultat der Kreuzung aus den beiden Elternteilen würde dann so aussehen: **X^n/X^m**; **X^n/X^m**; **X^n/Y**; **X^n/Y**. Wir erhalten also zwei männliche F1-Pflanzen, die keine Mutation auf ihrem X-Chromosom haben. Die beiden weiblichen Pflanzen besitzen die Mutation, welche Zwitter hervorbringen kann, doch sie besitzen auch ein zweites X-Chromosom, das diese Mutation nicht zeigt. Diese beiden *Female*-Pflanzen sind also Konduktoren für dieses mutierte Merkmal. Doch warum kommt die Mutation nicht in der F1 zum Ausbruch?

Bonus-Seeds fertig verpackt für den Versand.

Auch hier liegt die Antwort auf der Hand. Das betroffene X-Chromosom der weiblichen Pflanze wird ausgeschaltet bzw. inaktiviert. Auch beim Menschen ist dies der Fall. Schon im Mutterleib wird bei einem weiblichen Fötus ein X-Chromosom inaktiviert. Der Grund dafür ist ein Gleichgewicht zwischen den Genprodukten von *Male* und *Female*. Männer besitzen nur ein X-Chromosom, während Frauen zwei davon haben. Wären beide weiblichen X-Heterosomen aktiv, so würde das Genprodukt der Frauen das des Mannes übertreffen. Um ein Gleichgewicht zu erhalten, wird ein X-Chromosom der Frauen ausgeschaltet, aber es wird

weitervererbt und kann in einer kommenden Generation wieder aktiviert werden. Mann nennt diese Inaktivierung des X-Chromosoms auch **Dosiskompensation**; wir werden später noch einmal auf dieses Thema zurückkommen.

Oben: Diese Molokai-Frost hat outdoor sehr viele Samen gebildet. Doch ohne Treibhaus wäre eine solche Reife nicht möglich.

Die verschiedenen Erbgänge

Fassen wir diesen Abschnitt nochmals zusammen und stellen wir ein paar Regeln auf, die uns bei der Analyse von Stammbäumen helfen und es möglich machen, kommende Generationen vorherzusagen. Wenn man einen Stammbaum analysiert, ist es wichtig, dass man mindestens drei bis vier Generationen auswerten kann. Je mehr Informationen man zur Verfügung hat, um so genauer lässt sich ein Erbgang erklären und nachvollziehen.

Es gibt grundsätzlich vier Möglichkeiten. Die erste ist der **heterosomal-rezessive** Erbgang, bei dem die rezessive Eigenschaft auf den Geschlechtschromosomen liegt. Beim **heterosomal-dominanten** Erbgang liegt dagegen ein dominantes Merkmal auf den Heterosomen. Das Gleiche gilt bei

Eine Blüte der Kreuzung Erdbeer x Deep Chunk.

den Autosomen, hier gibt es den **autosomal-rezessiven** und den **autosomal-dominanten** Erbgang, bei dem das Merkmal oder die Mutation auf den Autosomen liegt, also auf den geschlechtsunabhängigen Chromosomen. Daraus ergeben sich folgende Punkte, die eine Analyse möglich machen:

- Tauchen Merkmale in einer Filialgeneration auf, die bei beiden Elternpflanzen nicht vorhanden waren, handelt es sich um ein rezessiv weitergegebenes Merkmal.

- Geben weibliche Hanfpflanzen eine Eigenschaft, die sie selbst nicht aufweisen, nur an ihre männlichen Nachkommen weiter, handelt es sich wahrscheinlich um einen heterosomal-rezessiven Erbgang. Auch ein autosomal-rezessiver Erbgang wäre theoretisch möglich. Um in diesem Fall eine genaue Aussage treffen zu können, muss man weitere Generationen des Stammbaums analysieren.

- Eine weibliche Pflanze kann nur bei einer autosomal-rezessiven Vererbung von einer Mutation betroffen sein, wenn die Vater- und auch die Mutterpflanze davon betroffen waren.

- Bei einem heterosomal-rezessiven Erbgang kann eine normale *Male*-Pflanze auch nur gesunde weibliche Nachkommen produzieren, da sie immer ihr gesundes X-Chromosom an diese weitergibt.

- Beim heterosomal-rezessiven Erbgang kann eine weibliche Pflanze der Nachkommen nur eine Mutation in sich tragen, wenn die männliche Elternpflanze davon betroffen ist und die weibliche Elternpflanze dieses mutierte Merkmal ebenfalls besitzt oder diese Mutation zumindest als Konduktorin überträgt.

- Beim heterosomal-rezessiven Erbgang ist ein männlicher Nachkomme immer dann betroffen, wenn auch beim weiblichen Elternteil dieses Merkmal zur Ausprägung kam.

- Eine dominante Mutation ist sehr selten, kommt aber zu 50 Prozent zur Ausprägung, wenn mindestens ein Elternpart der Vorfahren davon betroffen war. Beim Menschen wären das die Großeltern.

- Bei einem heterosomal-dominanten Erbgang sind alle weiblichen Nachkommen betroffen, wenn auch der männliche Elternteil davon betroffen war, auch wenn die Mutter gesund ist.

- Eine Mutation wird bei einem heterosomal-dominanten Erbgang nicht an Söhne weitergegeben, wenn der Vater von der Mutation betroffen, die Mutterpflanze aber gesund war.

Ich gebe zu, dass diese Punkte, ebenso wie das gesamte fünfte Kapitel, schwer zu verstehen sind und ein mehrfaches Lesen erfordern. Aber wer ein wirkliches Interesse an der Pflanzenzucht hat, kann mit diesen Informationen seine Pflanzen viel besser einschätzen und damit viel Zeit beim Breeden und Züchten einsparen.

Solche Kenntnisse über Vererbungsmuster erlauben es, einen Stammbaum lesen und ein bestimmtes Merkmal über Generationen hinweg verfolgen zu können. In der Humangenetik wird die Auswertung von Stammbäumen vor allem bei erblich bedingten Krankheiten wie der Rot-Grün-Schwäche oder dem Turner-Syndrom herangezogen. Man kann das Modell aber für jede beliebige Eigenschaft verwenden. Die Voraussetzung ist, dass man alle vorangegangenen Generationen kennt und weiß, ob das zu beobachtende Merkmal zur Ausprägung kam oder nicht.

Eine weibliche Molokai-Frost. Das Ausreifen der Samen ist noch nicht abgeschlossen.

Kapitel 6

6.1 Replikation der DNA, Transkription und Translation

Rechts: Ein F1-Hybrid aus Indica- und Sativa-Elternpflanzen.

Bevor wir über Mutationen sprechen, müssen wir uns die DNA noch einmal genauer anschauen. Die Grundlagen zur DNA kennen wir ja schon aus früheren Kapiteln. Wir wissen, dass die diploide Hanfpflanze 20 Chromosomen besitzt – neun Autosomenpaare und ein Paar Heterosomen oder Geschlechtschromosomen, welche für die Geschlechtsausprägung verantwortlich sind.

Genomgröße

Das gesamte Genom hat im haploiden Zustand eine ungefähre Größe von 830 Megabasenpaaren (Mbp). Welche Menge an Informationen das ist, wird deutlich, wenn wir die Genomgröße von Hanf in Megabyte umrechnen. Auf einer Festplatte würden diese Informationen ca. 198 MB beanspruchen. Diese 8,3 x 108 Basenpaarungen enthalten alle Informationen, die zum Aufbau einer Hanfpflanze und für ihren Fortbestand nötig sind; alle Informationen müssen zudem bei jeder Zellteilung an die Tochterzellen weitergegeben werden. Das heißt, dass eine identische Kopie der DNA hergestellt werden muss. Dieser Vorgang wird als **Replikation** bezeichnet. An ihr sind mindestens fünf Polymerasen oder Enzyme beteiligt. Zwei sind für die Replikation direkt verantwortlich, zwei andere initiieren Reparaturprozesse, während die letzte Polymerase die mitochondriale DNA repliziert.

Ein Schulexperiment mit potenten Cannabispflanzen: die Extraktion von Hanf-DNA.

Die mitochondriale DNA macht nur einen kleinen Teil der gesamten Kern-DNA aus, doch auch sie ist sehr wichtig. Bei Hanf befindet sich neben der DNA in den Mitochondrien auch DNA in den Chloroplasten. Sie besteht meist aus vielen kleinen Sequenzen und ist vor allem für Prozesse in den Organellen einer Zelle verantwortlich. Sie enthält Gene, die zellinterne Abläufe steuern und regulieren.

Replikation

Um aus einem DNA-Doppelstrang zwei einzelne Doppelstränge zu machen, braucht man zwei DNA-Einzelstränge. Hierzu müssen die über Wasserstoffbrücken verbundenen Basenpaare getrennt werden. Für die Trennung sorgt ein Enzym, die sogenannte *Helikase*. Sie läuft wie eine Nähmaschine auf dem DNA-Doppelstrang entlang und beginnt sich bei bestimmten Startsequenzen durch die Wasserstoffbrücken zu fressen und die Basen zu trennen.

Trennung der Basenpaare durch die Helikase

Aus dem Doppelstrang sind nun zwei Einzelstränge entstanden, die jeweils als Matrize (Vorlage) für zwei neue DNA-Doppelstränge dienen. An der Replikationsgabel beginnen **RNA-Polymerasen**, sogenannte *Primasen*, mit der Synthese von Nukleotiden. Diese formen aus einer kleinen Anzahl ein RNA-Oligonukleotid, das als RNA-Primer dient. Nun verlängert die DNA-Polymerase den Primer durch Anfügen neuer Nukleotide an seinem 3'-Ende. Die Abfolge der eingefügten Nukleotide ist vom Matrizenstrang vorgegeben, da er die Reihenfolge an Basen vorgibt. Wenn ein kleiner Abschnitt der Matrize die Sequenz **AATGA** hat, dann müssen die eingefügten Nukleotide eine Sequenz von **TTACT** haben, da Adenin sich nur mit Thymin paart und Guanin nur mit Cytosin eine Verbindung eingeht. Da die DNA-Polymerase nur von 5'- in 3'- Richtung polymerisiert, wächst auch nur einer der beiden Stränge zu einem Doppelstrang heran.

Nukleotid-Synthese durch RNA-Polymerasen

Nun haben wir wieder diesen einen Doppelstrang, der als *Leading Strand* bezeichnet wird. Beim *Lagging Strand*, dem zweiten Folgestrang, müssen die fehlenden Nukleotide noch eingebaut werden – er wird nun ebenfalls in kurzen Abschnitten synthetisiert. Es wird immer wieder ein Primer angefügt, der dann erneut durch die DNA-Polymerase verlängert wird. Nachdem der RNA-Primer entfernt und die entstandenen Lücken gefüllt wurden, werden die einzelnen Fragmente durch Phosphorverbindungen katalysiert und durch die **Ligase**, ein spezielles Enzym, verbunden.

Replikation

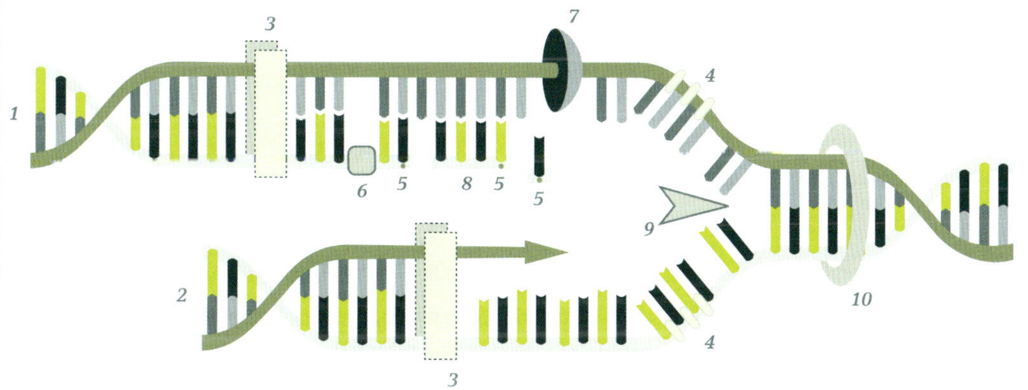

1 *Folgestrang*
2 *Leitstrang*
3 *DNA-Polymerase*
4 *Einzelstrang bildende Proteine*
5 *RNA Primer*
6 *DNA-Ligase*
7 *DNA-Primase*
8 *Okazaki-Fragment*
9 *Helikase*
10 *Topoisomerase*

Von Hefe bis Hanf:

Die Replikation einer Doppelhelix läuft an mehreren verschiedenen Stellen ab. Im menschlichen Genom gibt es auf allen Chromosomen über 10 000 Replikationsstartpunkte, bei der Hefe und ihren 17 Chromosomen finden sich gerade einmal 400 Startpunkte. Die Replikationsgeschwindigkeit liegt beim Menschen bei rund 100 Nukleotiden pro Sekunde. Bei höheren Pflanzen und Hanf sollen pro Sekunde ungefähr 30–50 Nukleotide verdoppelt werden können.

Jetzt ist auch der zweite Einzelstrang mit passenden Nukleotiden bestückt, so dass auch er wieder zu einem Doppelstrang wird. In der Zelle befinden sich nun zwei Doppelstränge, von denen einer durch die Zellteilung der Mitose an die Tochterzelle weitergegeben wird. Der zweite Strang bleibt in der Mutterzelle und wird bei der nächsten Zellteilung erneut repliziert, genauso wie die neue Doppelhelix der entstandenen Tochterzelle.

Sobald aus dem gesamten Doppelstrang zwei Doppelstränge geworden sind, ist die Replikation abgeschlossen und die Zelle geht in den nächsten Lebensabschnitt über. Dies ist der grobe Ablauf der Replikation, die in der S-Phase des Zellzyklus stattfindet. Gleichzeitig ist sie aber auch eine der größten Fehlerquellen und somit auch eine Ursache für Mutationen.

Transkription

Wir müssen beim Thema Mutationen auch verstehen können, wie aus einzelnen Basenpaarungen und Nukleotidsequenzen Aminosäuren und Proteine entstehen, denn im schlimmsten Fall kann eine falsche Basenpaarung dazu führen, dass falsche Aminosäuren und fehlerhafte Proteine entstehen und so pflanzeneigene Funktionen nicht richtig ablaufen.

Transkription

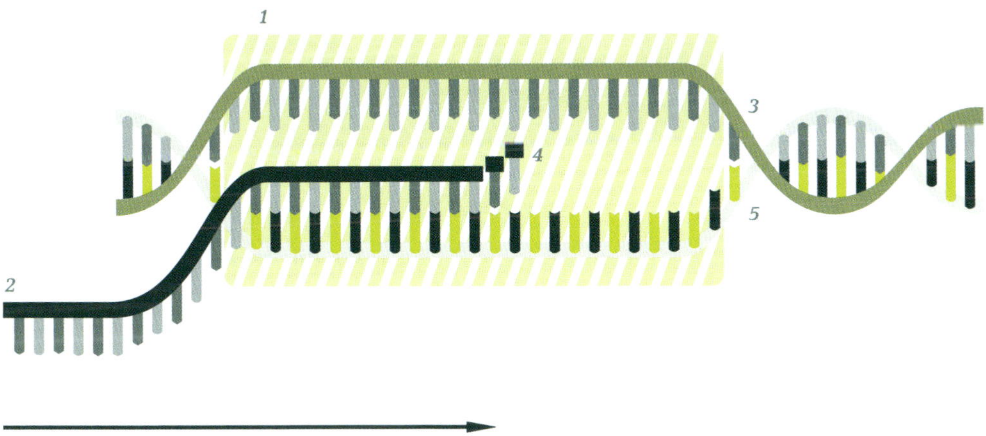

Richtung der Transkription

1 RNA-Polymerase
2 mRNA
3 Ursprungsstrang
4 RNA-Nukleotide
5 codogener Strang

Adenin
Thymin
Guanin
Cytosin

Oben: Eine unveröffentlichte Swiss-ICE-Kreuzung.

Die Abfolge der vier Basen oder die **Nukleotidsequenz** wird in einzelne Aminosäuren übersetzt, die dann wiederum zu Proteinen zusammengebaut werden. Ein Gen besitzt den Schlüssel oder den Code zur Bildung eines bestimmten Proteins, und dieses Protein erfüllt wiederum als Hormon, Signal- oder Botenstoff verschiedene Aufgaben innerhalb der Pflanze. Doch es wird nie originale DNA für das Einlesen des Rezepts oder für das sogenannte «Umschreiben» verwendet. Vorher wird immer eine Kopie angefertigt, die dann als Vorlage verwendet wird. Diese Messenger-DNA oder mRNA ist eine Kopie eines DNA-Abschnitts, also eines Gens.

Transkription durch die RNA-Polymerase

Der Prozess des Umschreibens wird auch **Transkription** genannt. Man kann sich das so vorstellen, dass ein Enzym, die RNA-Polymerase, an der DNA entlangfährt und am Anfang des Gens oder dem Beginn der richtigen Sequenz den DNA-Strang glättet und die Basenverbindungen an dieser Stelle auftrennt. Den Anfang eines Gens markieren Wiederholungen einer kurzen Basensequenz, die auch als **Promotoren** bezeichnet werden. Der Promotor besitzt meist eine Länge von 20 bis 200 Basenpaaren. Er liegt entweder vor der zu transkribierenden Region oder innerhalb dieses Abschnittes. Das ist je nach Art und Spezies verschieden. Das Ende eines Genes markieren erneut ein paar sich wiederholende Sequenzen – hier stoppt die Trennung der Basenpaare wieder.

Nach dieser Trennung haben wir nun zwei Einzelstränge, die mit jeweils einer Base an ihrem Nukleotid ausgestattet sind. Ein Strang wird nun als Vorlage benutzt. An ihm binden sich sogenannte **RNA-Nukleotide**, die im Polymerase-Enzym schon vorhanden sind und dort synthetisiert wurden. RNA-Nukleotide sind Basen-Zucker-Verbindungen, die als Vorlage dienen und sich nun nach einem «Versuchsprinzip» an den originalen DNA-Einzelstrang heften. Auch hier können nur bestimmte Basen zusammenpassen, und so ergibt sich wieder eine vorgegebene Reihenfolge der Basenpaarungen. So entsteht eine Kopie des Einzelstranges, der sich nun wieder mit seinem zuvor getrennten zweiten Einzelstrang an der richtigen Stelle verbindet. Das alles geschieht in der RNA-Polymerase, dem für die Transkription verantwortlichen Enzym.

RNA-Nukleotide

Verkürzung der Telomere bei der Replikation

Ein Problem bei der Replikation sind die Enden der Chromosomen, also die Telomere. Bei jedem weiteren Replikationsvorgang würden sich die Telomere immer weiter verkürzen, was mit dem Verlust von genetischen Informationen einhergehen würde. Man vermutet, dass aus diesem Grund die Chromosomen-Enden häufig mit unzähligen Sequenzwiederholungen bestückt sind, um so den Verlust von Informationen bei der Verkürzung der Chromosomen aufzuhalten. Die Chromosomenverkürzung hat auch deshalb einen so großen Einfluss auf die Lebensdauer einer Zelle, weil ab einem bestimmten Verlust an Informationen die Zelle die Teilung einstellt und sich nicht weiter vermehrt.

Wiederholen wir das Gesagte noch einmal kurz. Der DNA-Hauptstrang wird getrennt und es wird eine Kopie aus RNA-Nukleotiden geschaffen, bevor sich der DNA-Hauptstrang wieder an der Stelle verbindet, an der er vorher getrennt worden ist. Man könnte auch sagen, dass ein Negativ eines DNA-Abschnitts erstellt wurde. Doch es gibt ein paar Unterschiede zwischen dem DNA-Hauptstrang und dem entstandenen Negativ, der **mRNA**. Anstatt der Desoxyribose wurde ein anderer Zucker eingebaut, die Ribose. Der zweite Unterschied ist die Base *Thymin*, die in der mRNA durch *Uracil* ersetzt wurde.

Translation

Messenger-DNA (Botensequenz)

Die fertige Messenger-DNA, auch **Botensequenz** genannt, wird nun aus dem Zellkern ins Zellplasma geschleust und hier in einzelne Aminosäuren übersetzt. Dieser Vorgang nennt sich zusammengefasst **Translation**. Immer drei Basen werden in eine Aminosäure übersetzt; man nennt diese drei Basen auch **Codon** oder **Basentriplett**. Um das Codon richtig zu entschlüsseln, die Basensequenz zu erkennen und sie in eine jeweilige Aminosäure zu übersetzen, bedarf es eines Adapters, der **Transfer-RNA**, kurz **tRNA**. Diese besitzt an einer Seite drei Basen, die man als **Anti-Codon** bezeichnet. Weitere tRNA-Adapter legen sich nun über den kopierten DNA-Abschnitt und produzieren pro Codon eine bestimmte Aminosäure. Der Code zur richtigen Aminosäure befindet sich in der Abfolge der Basen in jedem einzelnen Codon. So ist das Rezept für die Bildung der Aminosäure *Methionin* im Codon als **AUG** versteckt. Ein tRNA-Adapter mit den drei Basen **UAC** kann nun andocken. Dieser passt, da Adenin (A) nur mit Uracil (U) eine Verbindung eingehen kann und Guanin (G) nur mit Cytosin (C).

Entschlüsselung des Codons: Die t-RNA als Adapter

Vergleichen kann man diesen Vorgang auch mit einem Schlüssel, der ins richtige Schloss passt und auf diese Weise eine bestimmte Tür öffnet. Durch Ribosomen werden nun die Bindungen der einzelnen Aminosäuren möglich; die tRNA wird ins Zellplasma entlassen. Das Ribosom rückt nun um drei Basen oder ein Codon weiter und entlässt die

Translation

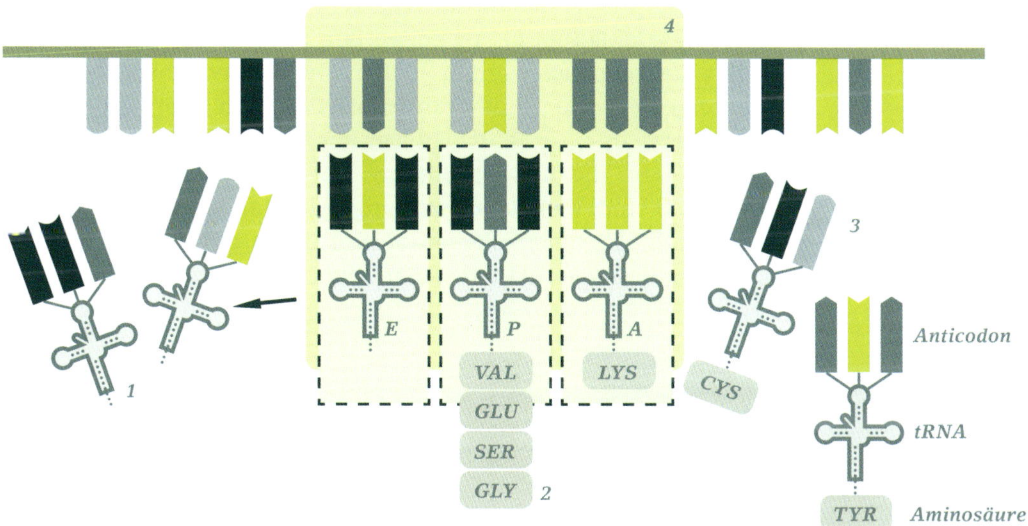

1 «freie tRNA» kann Aminossäuren aufnehmen
2 wachsende Polypeptidkette
3 beladene tRNA
4 Ribosom

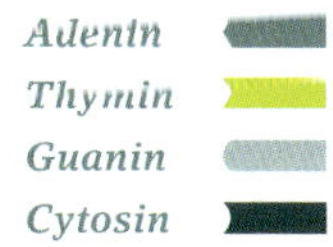

Aminosäure. Dies geschieht so lange, bis eine bestimmte Stoppsequenz erreicht ist und aus einzelnen Aminosäuren ganze Proteine entstehen. Diese Proteine können Baustoffe der Pflanzen sein, Phytohormone, welche die Blüte und Reifezeit regulieren, oder Botenstoffe, die für eine Nahrungsaufnahme in den Wurzeln verantwortlich sind.

Jede einzelne Funktion, jeder noch so kleine Prozess wird so reguliert und gesteuert. In Wurzelzellen werden natürlich ganz andere Proteine synthetisiert als in den Blattzellen, genauso wie in Zellen der weiblichen Blüten ganz andere Prozesse ablaufen als in Zellen der Triebe oder des Stammes. Und genauso werden in allen unterschiedlichen Zellen unterschiedliche Gene transkribiert und in Aminosäuren übersetzt. In einer Blattzelle werden zum Beispiel nie Gene eingelesen, die für die Bildung von Wurzelzellen verantwortlich sind. Vielleicht wird nun auch klar, warum in allen unterschiedlichen Zelltypen einer Pflanze alle genetischen Informationen enthalten sein müssen.

Unten: Wurzelzellen mit gut sichtbarem Zellkern in 800-facher Vergrößerung.

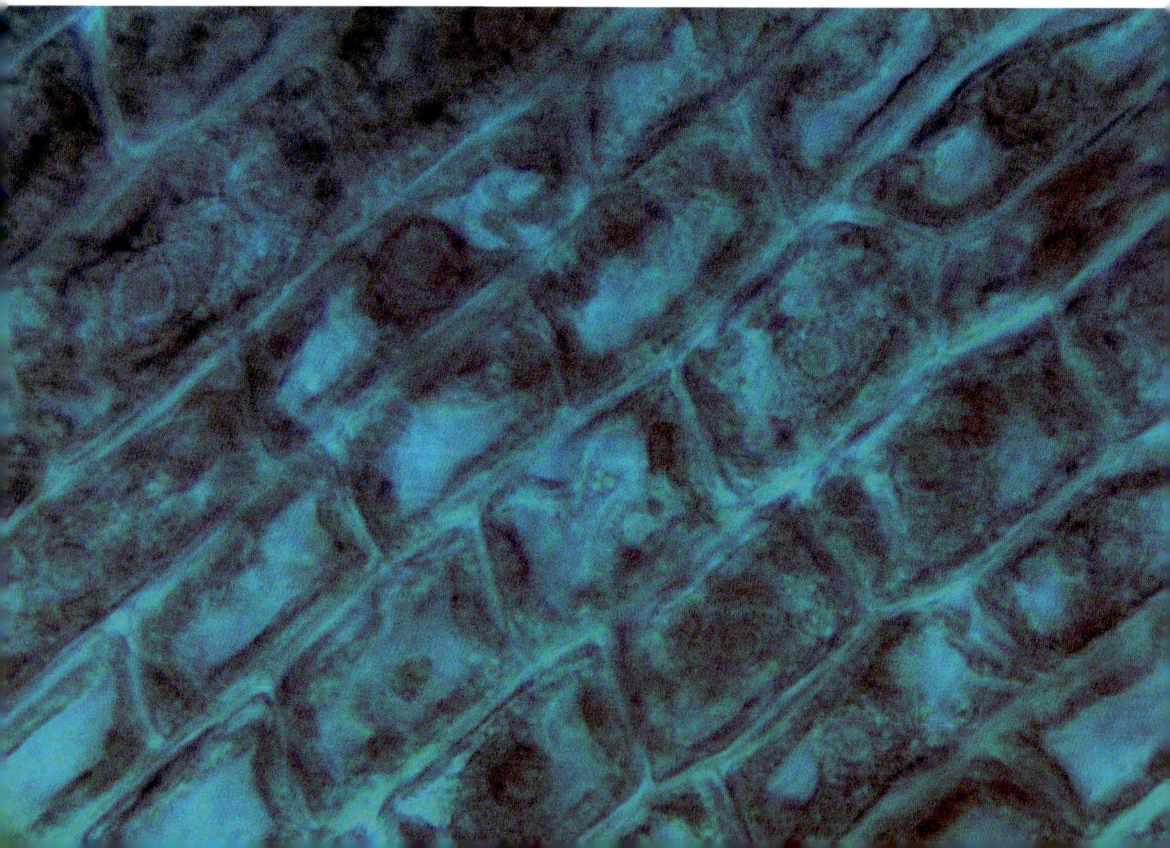

Es gibt sehr viele verschiedene Aminosäuren. Man unterscheidet heute zwischen polaren und unpolaren, zwischen positiv und negativ geladenen Aminosäuren und hydrophoben Aminosäuren. Zwei Aminosäuren werden durch ein **Peptid** verbunden, kommt eine weitere Verbindung dazu, spricht man von einem **Dipeptid**. Eine Verbindung aus vier Aminosäuren und drei Peptiden nennt sich **Tripeptid**. Die Reihe setzt sich fort bis hin zu **Oligo-** und **Polypeptiden**, bei denen bis zu zehn Aminosäurebindungen vorhanden sind. Ganze Proteine setzen sich in der Regel aus über 100 Aminosäuren zusammen. Und auch die so wichtigen Enzyme sind im Grunde Proteine, die aus bestimmten Aminosäuren bestehen. Aminosäuren sind die wichtigsten Bausteine des Lebens, ohne die keine Pflanze, kein Mensch und kein Tier je existieren könnte – jedenfalls nicht so, wie wir das Leben heute kennen.

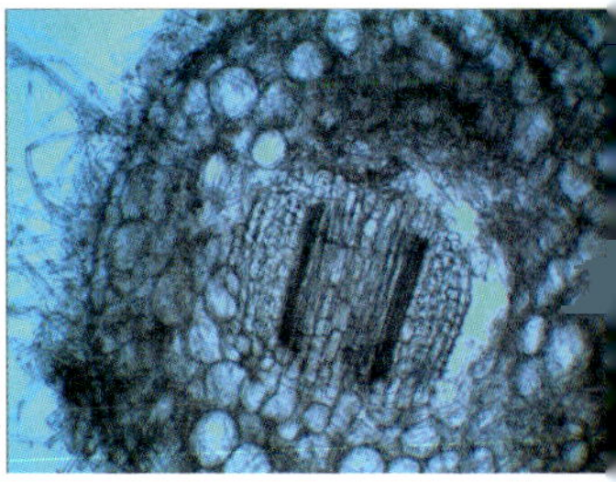

Querschnitt durch die Hauptwurzel eines Keimlings, 800-fach vergrössert.

Die Replikation, die Transkription und die Translation sind drei grundlegende Prozesse, ohne die weder die Zellteilung noch die Proteinbiosynthese ablaufen würden. Es ist für uns sehr wichtig zu verstehen, welchen Einfluss Basensequenzen auf die Aminosäuren und auf die Bildung von Proteinen haben, denn nur so kann man auch verstehen, warum einzelne Mutationen der Basensequenz solch enorme Fehlbildungen an Pflanzen auslösen oder im schlimmsten Fall zum Tod der Pflanze führen können. Die Ursachen und Gründe für Mutationen werde ich auf den nächsten Seiten ausführlich erklären.

6.2 Mutationen: Die Grundlagen

Dieser Themenbereich ist zwar recht komplex, aber ohne Mutationen gäbe es keine Evolution, und ohne Evolution gäbe es keinerlei Weiterentwicklung von Tieren, Pflanzen und auch nicht von uns Menschen. Um das Thema Mutationen zu erklären, werde ich mehrheitlich Beispiele aus der Allgemein- oder der Humangenetik heranziehen müssen, da es nur wenige wissenschaftliche Fakten über Mutationen

DNA-Mutationen

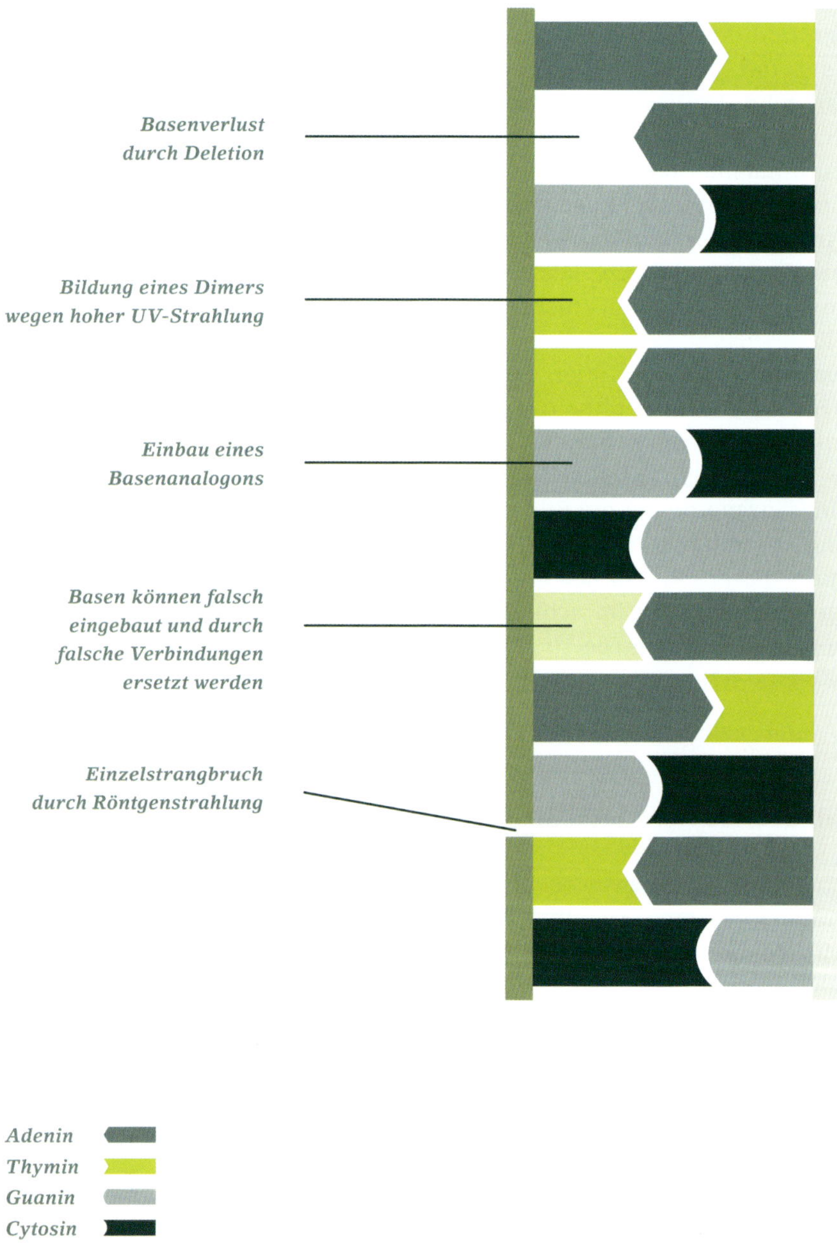

an Hanfpflanzen gibt. Die grundlegenden Ursachen und die Auswirkungen sind aber gleich und können zum großen Teil auf Hanf übertragen werden.

Wir wissen ja schon, dass sich die Strukturen und die Funktionsweise der DNA von Mäusen, Menschen oder Pflanzen kaum bis gar nicht unterscheiden; somit sind natürlich auch Mutationen oder die DNA-Reparatur bis auf kleinste Unterschiede auf Hanf übertragbar. Zuerst wollen wir aber ein paar grundlegende Fragen klären: Was sind Mutationen eigentlich? Durch welche Faktoren werden sie ausgelöst und inwieweit haben sie Auswirkungen auf den sichtbaren Phänotyp?

Änderungen der Nukleotidsequenz

Wir haben im ersten Teil des Buchs die DNA einer Hanfpflanze ausführlich erläutert. Wir wissen, dass jedes Gen aus einer bestimmten Abfolge organischer Basen besteht, welche das Rezept zur Bildung eines bestimmten Proteins vorgeben. Mutationen sind im Grunde nichts anderes als geringfügige Änderungen der Nukleotidsequenz, also Änderungen in Reihenfolge von komplementären Basenpaarungen von Adenin, Thymin, Guanin und Cytosin.

Hierzu ein kurzes Beispiel: Die Eigenschaft zur Bildung eines pflanzeneigenen Hormons wird durch ein bestimmtes Gen vorgegeben. Dieses Gen besteht wiederum aus vielen hundert bis tausend komplementären Basenpaarungen, die nur einen kleinen Abschnitt auf einem Chromosom ausmachen. Ein kleiner Teil dieser Paarungen lautet nun zum Beispiel **G–C**; **A–T**; **C–G**; **A–T**. Nun gibt es in diesem kurzen Abschnitt an Position vier eine Mutation, genauer gesagt eine Punktmutation. Eine organische Base wird durch eine andere ersetzt, die neue Reihenfolge lautet nun **G–C**; **A–T**; **C–G**; **A–G**. Anstatt der richtigen Paarung **A–T** entsteht nun eine Paarung **A–G**. Nur durch den Tausch einer einzigen Base oder eines einzelnen Nukleotids kann es also im schlimmsten Fall zu Veränderungen im gesamten Organismus oder sogar zum Tod einer Pflanze kommen.

Stille oder stumme Mutation

Im besten Fall hat eine solche Mutation keine negativen Effekte. Solche Mutationen nennt man **stille** oder **stumme Mutation**. Es ist aber auch möglich, dass eine neue Base zu den bereits vorhandenen hinzukommt bzw. eingefügt wird oder dass längere Sequenzen und bestimmte Chromosomenabschnitte verdoppelt werden. Möglich ist auch, dass ganze Chromosomenabschnitte an anderen Stellen von homologen Chromosomen eingefügt werden oder dass diese Abschnitte ganz verlorengehen.

Punkt- oder Rastermutationen

Doch es müssen nicht immer ganze Sequenzen sein. Auch einzelne Basen können verdoppelt werden, sich verändern oder nicht korrekte Paarungen mit anderen Basen oder nahe verwandten Stoffen eingehen. Die Mutationen, bei denen sich nur eine einzelne Base verändert, nennt man auch **Punktmutationen**. Doch wie entstehen solche Punkt- oder Rastermutationen, und wie kann eine Pflanze diese Fehler wieder ausgleichen und reparieren?

Die wohl größte Fehlerquelle ist die Replikation selbst. Im letzten Kapitel haben wir die Zellteilung der Mitose und den gesamten Zellzyklus, den jede einzelne Zelle durchläuft, besprochen. In der Synthese oder der S-Phase wird das gesamte Genom repliziert und verdoppelt, damit sich in der späteren Tochterzelle das gleiche Genom befindet wie in der Mutterzelle. Beim eigentlichen Replikationsvorgang kann es nun aufgrund verschiedenster Faktoren zu **Fehlpaarungen** kommen. Somit muss es auch Systeme geben, die solche Fehler erkennen und reparieren können.

Mutation eines einzelnen Blattes bei einer Blueberry.

DNA-Reparatur, Mutationsursachen und Vererbung

Die Hanfpflanze hat – wie jeder andere Organismus – in vielen Jahrhunderten der Evolution Reparatursysteme entwickelt, die solche fehlerhaften Paarungen aufspüren und reparieren können. Jede Zelle besitzt Enzyme, welche die Anzahl an Fehlpaarungen minimieren sollen. Diese Enzyme funktionieren grundsätzlich auf zwei verschiedene Arten. Einige wirken **präreplikativ** und suchen die DNA nach Nukleotiden ab, die ungewöhnliche Strukturen aufweisen.

Diese werden dann vor der eigentlichen Replikation ersetzt. Die andere Art der DNA-Reparatur durch Enzyme nennt man **postreplikativ**. Wie der Name schon sagt, prüfen Enzyme die verdoppelte DNA auf Fehler und korrigieren diese nach der eigentlichen Replikation. Doch diese Reparaturprozesse sind nicht fehlerfrei; es kann dabei ebenfalls zu Fehlpaarungen kommen, vor allem dann, wenn eine ungewöhnliche Base wie Uracil entfernt wird und es eine Fehlpaarung von zwei DNA-typischen Nukleotiden gibt. Dann muss sich das Reparaturenzym mit einer 50-Prozent-Fehlerwahrscheinlichkeit entscheiden, welches Nukleotid neu eingesetzt werden soll.

Oben: Ein F1-Hybrid aus zwei reinen Afghani-Landrassen mit dichten Blütenständen und einem dunklen, haschigen Aroma.

Ein weiterer Mechanismus, der Mutationen auslösen kann, ist ein **fehlerhaftes Crossing-over** in der Meiose. Das gleiche gilt für die **Nondisjunction**, also das Nichttrennen von Chromosomen während der Zellteilung, der Meiose 1 oder der Meiose 2. Die Folge sind **Trisomien** oder **Monosomien**. Diese Art der Mutation betrifft nicht die Gene direkt, sondern

fehlerhaftes Crossing-over

die Chromosomen, auf denen alle Gene liegen. Ein Beispiel aus der Humanmedizin ist das Down-Syndrom, das durch das dreifache Vorhandensein des Chromosoms 21 ausgelöst wird. Solche Mutationen, die ganze Chromosomen betreffen, nennt man auch **Chromosomenmutationen**.

Links: Eine Mostly Sativa mit dichten und kompakten Blütenständen.

Mutationen: mögliche Ursachen

Auch Substanzen wie ***Colchicin, Bromdesoxyuridin, Benzol, Kaliumchromat*** und viele andere Stoffe können eine Mutationsursache darstellen. Und neben den chemischen Mutagenen gibt es auch physikalische Faktoren, die Mutationen auslösen. Strahlung kann das Erbgut von Pflanzen und Menschen auf Dauer verändern und schädigen. Hierzu gehören die elektromagnetische Strahlung, UV, Röntgen oder radioaktive Strahlung, doch auch die Temperatur hat einen großen Einfluss auf das Erbgut. Im Laufe dieses Kapitels werden wir auf die einzelnen Mutagene noch näher eingehen und erklären, auf welche Weise sie wirken und wie sie das Erbgut schädigen.

Wie sieht es mit der Vererbung von Mutationen aus? Wann werden Eigenschaften wie deformierte Blätter, krankhafte und kleinwüchsige Pflanzen oder Chromosomenmutationen auf kommende Generationen übertragen? Man unterscheidet zwischen zwei Mutationsarten. Entstehen Mutationen in den Keimzellen, also in den Vorläufern der Eizelle oder des Pollens, so können diese an nachfolgende Generationen weitergegeben werden. Eine solche Mutation wird auch als **Keimbahnmutation** bezeichnet.

Getrocknete Blüte eines Chemdog-Clones.

Sind «Körperzellen» von einer Mutation betroffen, so spricht man von einer **somatischen Mutation**. In diesem Fall hat die Mutation nur Auswirkungen auf die betroffene Pflanze. Ob sich negative Folgen für die Folgegenerationen, hängt von verschiedenen Faktoren ab, die im nächsten Abschnitt näher erläutert werden.

6.3 Spontane Mutationen und ihre Ursachen

In allen Organismen und auch in Hanfpflanzen kommt es ständig zu Mutationen, die durch viele verschiedene Faktoren ausgelöst werden können. Die Bandbreite dieser Mutationsfaktoren ist sehr groß und reicht von den erwähnten Umgebungseinflüssen wie kosmischer Strahlung, Temperatur, Radioaktivität und Höhenstrahlung bis hin zu den reaktiven Produkten des Zellstoffwechsels. Jedes einzelne Gen kann unterschiedlich schnell mutieren, man nennt diese Häufigkeit auch **spontane Mutationsrate**. Durch den Einsatz von mutagenen Stoffen kann diese Mutationsrate stark erhöht werden.

Häufigkeit von Mutationen

Damit wir verstehen können, wie oft es zu spontanen Mutationen kommen kann, will ich als Beispiel die Mutationsrate von Säugern heranziehen, denn diese kann man wie die Mutationsrate von Hanfpflanzen oder *Escherichia-coli*-Bakterien mathematisch berechnen.

In einer Zelle, in der alle Reparatursysteme funktionieren, gibt es pro Zellgeneration ungefähr einen Nukleotid-Austausch pro 109 Basenpaare. Im menschlichen Genom mit einer Größe von rund 3 x 109 Basenpaaren bedeutet das durchschnittlich drei Nukleotid-Austauschvorgänge pro Zellteilung. Da der Zellzyklus beim Menschen circa 20 Stunden dauert, kann es theoretisch zu ungefähr drei spontanen Mutationen pro Tag kommen. Weil aber nicht jeder Austausch zu einer Änderung im Protein führt, ergibt sich auch nicht aus jeder Mutation ein veränderter Phänotyp. Wie erwähnt ist die Mutationshäufigkeit auch nicht für jedes Gen gleich. Untersuchungen bei Maispflanzen haben bis zu 500-fache Unterschiede in der Mutationshäufigkeit verschiedener Gene aufgezeigt: So findet man Mutationen im Gen ***Shrunken***, das zu geschrumpften Körnern führt, mit einer Häufigkeit von 1: 104 Gameten. Mutationen im Gen ***R***, die zum Verlust des Pigmentes Anthocyan führen, findet man dagegen mit einer Häufigkeit von 5: 104 Gameten.

Die Schweizer ICE zu Beginn der Blütephase.

Spontan auftretende Mutationen können also eine unterschiedliche Häufigkeit zeigen und haben verschiedene Ursachen. Die erste Ursache ist die chemische Veränderung der DNA. Die zweite Ursache sind, wie schon oft erwähnt, die Fehler, die bei der Replikation auftreten und vorkommen können. Die dritte Ursache ist die Insertion von mobilen genetischen Elementen, sogenannten **transponierbaren Elementen** (**Transposons**). Unter Transposons versteht man bestimmte DNA-Abschnitte, die ihre Position im Genom verändern können und die oftmals einzelne Gene oder Gengruppen enthalten. Die Herkunft dieser transponierbaren Elemente ist noch nicht ganz gekärt. Man geht aber davon aus, dass Transposons nach ihrer Entstehung durch den horizontalen Gentransfer immer weiter verbreitet wurden. Diese Elemente zählt man zu der Gruppe der eigennützigen DNA-Parasiten, da sie im Grunde eine ähnliche Struktur wie Viren besitzen und vielleicht sogar Vorgänger der heute bekannten Viren sind.

Unten: Dieselbe Swiss-ICE-Blüte drei Wochen später.

Rechts: Eine Zwitterpflanze aus Nachkommen einer männlichen und einer weiblichen hermaphroditischen Pflanze.

Basenaustausch

Spontane Veränderungen beruhen zum einen auf der Tatsache, dass die Struktur der Basen nicht unbedingt als stabil gilt und es gelegentlich zu Umlagerungen kommt, bei der die Basen andere Eigenschaften annehmen. Man spricht hier von **Basenaustausch**. Ich werde dieses Thema nur kurz ansprechen, da es wirklich sehr weit in die Molekulargenetik hineinreicht und für Grower, die nie mit dem Thema in Kontakt gekommen sind, sehr schwer zu verstehen ist. Doch vorher wiederhole ich kurz die grundlegenden Punkte zur DNA, da alle weiteren Informationen auf diesen Fakten beruhen. Wir wissen nun, dass jedes Gen aus vielen hunderten bis tausenden Basenpaarungen besteht, die das Rezept zur Bildung eines bestimmten Proteins in sich tragen. Ändern sich die komplementären Basen, so kann sich auch das Rezept zur Bildung eines Proteins verändern; diese Informationen müssen wir uns immer vor Augen halten, wenn wir das Thema Mutationen und Basenmutationen erläutern.

Isomerie und tautomere Formen

Alle Basenpaare sind über Wasserstoffbrücken und Zuckermoleküle miteinander verbunden. Dieser unterschiedliche Verbund aus Molekülen und Atomen wird in der Chemie im weitesten Sinne auch als **Isomerie** bezeichnet. Wenn Atome oder Atomgruppen durch Wanderung schnell ineinander übergehen, um ein chemisches Gleichgewicht zu erreichen, dann nennt man diese besondere Form der Isomere auch **tautomere Formen**.

Eine Blueberry, die im Laufe des Grows verschiedene Blattmutationen gezeigt hat.

Die häufigste Form der **Tautomerie** ist die **Keto-/Enol-Tautomerie**. Normalerweise liegen die Basen der DNA in der Keto-Form vor, nur sehr selten kommt es zur Ausbildung der **Enol-Form**. Dies kann bei der Replikation zur Ausbildung von Fehlpaarungen führen. Dabei wird ein falsches *Purin* bzw. *Pyrimidin* eingebaut. Daraus resultiert zum Beispiel eine falsche Cytosin-Adenin-Verbindung statt einer richtigen Paarung von Cytosin mit Guanin. In der nächsten Replikationsrunde entstehen aus dieser falschen Cytosin-Adenin-Paarung zwei Basenverbindungen, nämlich Adenin-Thymin und Guanin-Cytosin. Eine solche Fehlpaarung kann, wenn sie im offenen Leseraster stattfindet,

Mutationen, Deletion, Duplikation...

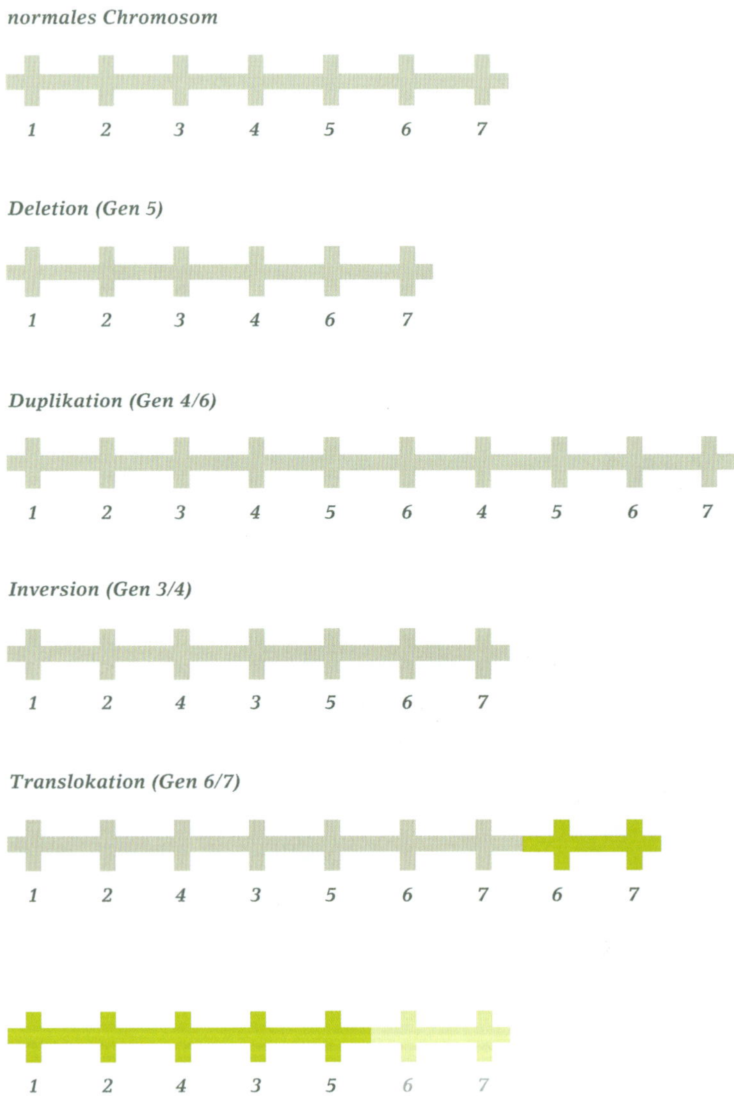

zu einer Veränderung der Aminosäuresequenz führen, was wiederum zu einer Veränderung in der Proteinfunktion führen kann und Auswirkungen auf den Phänotyp einer Pflanze hat.

Mutationen mit und ohne Folgen für den Organismus

Wenn die Veränderung in der dritten Position eines Tripletts stattfindet, kann dies unter Umständen auch folgenlos für das Protein sein. Man spricht in einem solchen Fall von einer **stillen Mutation**, die keinerlei Auswirkungen auf die Pflanze oder den Organismus hat, da trotz der veränderten Base die richtige Aminosäure gebildet wird. Eine **neutrale Mutation** hat in der Regel auch keine Folgen für den Organismus, und trotzdem kommt es durch eine **Transition** zur Veränderung des Codons und zum Einbau einer anderen Aminosäure. Ist die neue Aminosäure chemisch mit der alten verwandt, so kommt es zu keinerlei oder nur zu sehr geringfügigen Veränderungen. Wird eine Aminosäure aber gegen eine nicht verwandte Aminosäure ausgetauscht – zum Beispiel eine basische gegen eine saure –, so kommt es zu Veränderungen oder zum Verlust der Proteinfunktion und somit auch zu starken Veränderungen im Phänotyp. Man spricht dann von einer sogenannten **Missense Mutation** (Fehlsinn-Mutation). Manchmal wird auch durch eine Basenmutation ein sogenanntes **Stoppcodon** gebildet, das dann zum Abbruch der eigentlichen Translation führt. In diesem Fall ist das zu bildende Protein funktionslos, da es nur zu einer verkürzten Proteinsynthese kommt. Diese Mutation wird dann als **«Nonsense»-Mutation** bezeichnet (von engl. *nonsense* = Unsinn).

Replikationsfehler

Wird während des Replikationsprozesses selbst ein Fehler gemacht, kann dies zur **Deletion** führen, der Entfernung einzelner oder mehrerer Basen, oder zur **Duplikation**, der Verdoppelung einzelner oder mehrerer Basen. Vor allem in Abschnitten, in denen sich die Sequenz sehr oft wiederholt, passieren solche Replikationsfehler. Sich oft wiederholende Abschnitte werden auch als **repetitive Sequenzen** bezeichnet. Diese finden sich in der sogenannten **Satelliten-DNA**, die sich an den Zentromeren und teilweise an den Telomer-Abschnitten befindet. Die kleinste Klasse der

Satelliten-DNA, die Mikrosatelliten, können über 1000 Wiederholungen einer Sequenz von 2–100 Basenpaaren enthalten. Eine Deletion oder eine Duplikation von Basen führt auf Proteinebene sehr oft zu einer Veränderung der Aminosäuresequenz und zum Verlust des jeweiligen Proteins und somit natürlich auch zu Auswirkungen im Organismus selbst. Viele Krankheiten wie ***Chorea Huntington***, ***Myotone Dystrophie*** (Muskelschwäche) oder das ***Fragile-X-Syndrom*** sind mit derartigen Mutationen assoziiert, die durch Addition von Trinukleotiden entstehen.

Chemische Veränderungen der DNA

Basenverlust durch Hydrolyse

Eine weitere Ursache für spontane Mutationen kann die Veränderung der DNA durch chemische Einflüsse sein. Die häufigste spontan auftretende Veränderung ist die **Depurinierung**, die zum Verlust der Basen Guanin und Adenin führt. Dies passiert oft durch die Hydrolyse, also durch die Spaltung der biochemischen Verbindung durch die Reaktion mit Wasser, genauer gesagt durch das Lösen der Desoxyribose und der Base, wobei das Zucker-Phosphat-Rückgrat nicht betroffen ist. Diese entstehende Stelle wird auch als **apurinische Stelle** bezeichnet. Dieser Fehler kann während der nächsten Replikationsrunde im Zellzyklus auch wieder repariert werden; geschieht dies nicht, wird die Replikation sofort abgebrochen, da die komplementären Basen nicht erkannt werden können. In der Regel führt dies zum Tod einer Zelle. In seltenen Fällen überspringt die Polymerase, also das Replikationsenzym, diese apurinische Stelle, so dass eine Deletion entsteht; oder es wird eine falsche Base eingebaut, was unter normalen Bedingungen zum Verlust von 10 000 Purinen pro Zellgeneration führt und somit eine immense Schädigung des Organismus nach sich zieht.

Apurinische Stelle

Deaminierung von Basen

Starker und vitaler Steckling.

Eine weitere chemische Veränderung der DNA ist die **Deaminierung von vorhandenen Basen**. Dabei wird unter anderem die organische Base Cytosin so verändert, dass Uracil entsteht. Auch Thymin unterliegt einer Veränderung und wird zu 5-Methylcytosin. Die Ursache dieser chemischen Veränderung der beiden Basen liegt an den

Nitrat- oder Nitrit-Ionen, die bei Stoffwechselprozessen entstehen. Aus dem Cytosin-Guanin-Basenpaar wird im Grunde eine Thymin-Adenin-Paarung, die natürlich wieder eine Veränderung in der Nukleotidsequenz darstellt.

Oben: Aus den Blättern und Trieben einer Hanfpflanze extrahierte DNA.

Auch die **oxidative Zerstörung von Basen** kann zu einer chemischen Veränderung der DNA führen. Verursacher sind zum Beispiel hochreaktive Sauerstoffradikale, Wasserstoffperoxid oder Hydroxylradikale. Diese Radikale entstehen in jeder Zelle aufgrund des aeroben Stoffwechsels und werden normalerweise durch sehr effektive Mechanismen bekämpft. Trotzdem lösen solche Radikale immer wieder Beschädigungen der DNA aus, etwa durch Oxidation von Thymin zu Thymidinglykol, was später zum Abbruch der Replikation an dieser Stelle führt. Aber auch andere Basen können von Oxidation betroffen sein. So kann zum Beispiel Guanin zu *8-Oxo-7-Hydrodesoxyguanosin* werden. Dieser Stoff ermöglicht häufig die Fehlpaarung mit Thymidin, was schließlich zur Transition eines Guanin-Cytosin-Basenpaars zu einem Adenin-Thymin-Paar führt.

Beschädigungen der DNA durch Radikale

Oben: Ein Male-Keeper mit einer gut sichtbaren Harzschicht auf den Blättern.

6.4 Mutagene und ihre Auswirkungen

Wir haben im letzten Abschnitt die spontanen Mutationen, ihre Ursachen und die Auswirkungen erläutert. Nun wollen wir die induzierten Mutationen besprechen. Unter normalen Bedingungen ist die Häufigkeit der DNA-Veränderungen nur sehr gering, da jede Zelle über verschiedene und gut arbeitende Reparatursysteme verfügt.

Die Mutationsrate kann aber durch den Einsatz von Agenzien oder sogenannten **Mutagenen** sehr stark erhöht werden. Es gibt heute unzählige mutagene Stoffe, die auf verschiedenste Arten Mutationen auslösen können. Es gibt etliche physikalische Agenzien wie Strahlung und ebenso viele chemische Verbindungen, die Veränderungen im Genom auslösen. Jeden einzelnen Stoff aufzuzählen, würde unseren Rahmen sprengen, aber ich will an dieser Stelle die wichtigsten Mutagene und deren Wirkungsweise ansprechen.

Alle mutagenen Stoffe wirken im Grunde auf drei verschiedene Arten. Einige wirken als Basenanaloga und werden als Substrate für die Synthese von neuer DNA an der Replikationsgabel verwendet. Andere reagieren direkt mit der DNA und verursachen auf diese Weise Strukturveränderungen, die zu einer fehlerhaften Kopie des Matrizenstranges führen. Bei der nächsten Replikation wird dieser Fehler dann übernommen. Mutagene Stoffe können aber auch indirekt auf die DNA einwirken, indem sie nicht die DNA-Struktur selbst beeinflussen, sondern die Zelle dazu bringen, chemische Verbindungen wie Peroxide zu produzieren, die dann eine direkte mutagene Auswirkung haben.

Wirkungsweise mutagener Stoffe

Physikalische Faktoren

Ionisierende Strahlung kann auf verschiedene Arten wirken. In den meisten Fällen erzeugt sie hochreaktive Radikale wie Peroxide und vor allem Hydroxyl- und Sauerstoffradikale, welche dann zu oxidativer Zerstörung der Basen führen kann. Die Mutationsrate steht in einem Verhältnis zur Stärke und Intensität der ionisierenden Strahlung, die erstmals 1927 von Hermann Joseph Müller nachgewiesen wurde. Er fand in verschiedenen Experimenten heraus, dass die Mutationsrate, also die Häufigkeit von auftretenden Mutationen, linear mit der Intensität und Stärke der Strahlung zunimmt. Aber auch die Bestrahlungsdauer selbst hat einen sehr großen Einfluss auf die Mutationen, die in einem Organismus entstehen. Wird die Intensität der ionisierenden Strahlung erhöht, kann es auch zu Einzel- oder Doppelstrangbrüchen der DNA kommen.

Mutationsrate und Strahlung

Doppelstrangbrüche haben viel stärkere Auswirkungen auf ein Individuum als Punktmutationen oder **Einzelstrangbrüche (ESB)**, die durch ionisierende Strahlung ausgelöst werden können. Punktmutationen oder ESB können von den Reparatursystemen der Zelle repariert werden, so dass es keine Auswirkungen auf den Organismus gibt und somit auch keine Mutationen entstehen. Bei **Doppelstrangbrüchen (DSB)** ist die kovalente Verbindung der DNA auf beiden Strängen unterbrochen; es gibt somit keinen intakten

Roter Phänotyp eines STS-Males.

Ein roter Pflanzentyp in voller Blüte und mit einer Menge Harz.

Strang mehr, der als Matrize für die Reparatur dienen könnnte. Darüber hinaus befinden sich an den Enden der Brüche sehr oft Basenschäden oder sogenannte Überhänge. Die beiden gebrochenen Stücke können falsch zusammengesetzt werden, was wiederum zu einer starken Veränderung im Genom führen kann. Doch auch für diesen Fall hat die Natur ein wirksames Reparatursystem entwickelt, das wir etwas später besprechen werden.

Auch **ultraviolette Strahlung** (UV) kann bei einer bestimmten Wellenlänge mutagen wirken und somit Mutationen auslösen. Bei einer Wellenlänge von circa 250 Nanometern kann es zu einer Verschmelzung der Thymin-Nukleotide kommen, was wiederum zu einer Beule in einem der beiden DNA-Strängen und zu einer Deletionsmutation führen kann. Neben den beiden genannten Strahlungsarten können, wie erwähnt, auch die **Röntgenstrahlung** und die **elektromagnetische Strahlung** Mutationen auslösen.

Chemische Mutagene

Alkylierende Agenzien sind chemische Verbindungen, die Alkylreste übertragen und Punktmutationen auslösen können. Der bekannteste Vertreter dieser Stoffgruppe ist wohl das Senfgas, das im ersten und zweiten Weltkrieg als Kampfmittel eingesetzt wurde. Doch nicht alle Verbindungen der alkylierenden Agenzien (AA) haben eine solch traurige Berühmtheit erlangt. Das Mittel Mitomycin C wird seit einigen Jahren erfolgreich in der Chemotherapie und im Kampf gegen Krebs eingesetzt.

Das Spektrum der alkylierenden Agenzien ist sehr groß und umfasst unterschiedlichste Stoffe, die eine Wirkung auf die DNA und hier vor allem auf die einzelnen Basen haben. Zu den bekanntesten Mutagenen dieser Gruppe zählen *Ethylmethansulfonat*, *Ethylnitroharnstoff* und *Dimethylnitrosamin*. Sie fügen an einzelne Nukleotide eine Alkylgruppe an, wodurch sich deren Eigenschaften verändern können. Einzelne Basen gehen nun mit völlig anderen Basen Verbindungen ein. So wird zum Beispiel aus einer ursprünglichen Guanin-Cytosin-Verbindung eine Adenin-Thymin-Paarung, also eine Punktmutation. Eine weitere Auswirkung der alkylierenden Stoffe ist das Einbringen von Quervernetzungen zwischen den beiden DNA-Strängen. Durch solche Veränderungen kann es zum Stopp bei der nächsten Replikation kommen und der Tod der Zelle kann eintreten.

Veränderung der Nukleotide durch alkylierende Agenzien

Eine andere Art von mutagenen Stoffen sind die sogenannten **Basenanaloga**. So bezeichnet man chemische Verbindungen, die den vier organischen Basen Thymin, Guanin, Cytosin und Adenin sehr ähnlich sind und somit anstelle des richtigen Nukleotids eingebaut werden können. Der Unterschied liegt bei den Paarungseigenschaften.

Im Fall des bekanntesten Mutagens dieser Gruppe, des *Bromdesoxiuridins* (*BrdU*), liegt der Unterschied in einem Bromatom, das sich anstelle der Methylgruppe auf der C5-Position befindet. Daraus ergibt sich eine leichte Verschiebung der Elektronen und eine ionisierte Form entsteht. Diese führt zum Austausch der richtigen Adenin-Thymin-Paarung

Makroaufnahme einer Jack-The-Ripper-Blüte.

durch eine Guanin-Cytosin-Verbindung. Es entsteht wieder eine Veränderung in der eigentlichen Nukleotidsequenz und zuletzt auch bei der Herstellung der benötigten Aminosäure.

Eine weitere chemische Gruppe sind die **interkalierenden Agenzien**. Das sind flache Moleküle, die keine einzelne Base verändern, sondern ein ganzes Basenpaar vortäuschen können. Sie schieben sich zwischen die komplementären Paarungen eines DNA-Stranges und erhöhen auf diese Weise den Abstand der einzelnen Verbindungen. Der bekannteste mutagene Stoff dieser Gruppe ist wohl *Ethidiumbromid*, das gleichzeitig bei der Erstellung von DNA-Bandenmustern eingesetzt wird, da es in Verbindung mit UV-Licht fluoresziert.

Zu den chemischen Mutagenen gehören auch die **desaminierenden Agenzien**, zu denen verschiedene Säuren wie die *Salpetersäure* gezählt werden. Beim Einsatz dieser Stoffe kommt es zur spontanen **Desaminierung**, also zum Entfernen einer ganzen Aminogruppe, was sich bei der nächsten Replikationsrunde in Punktmutationen äußern kann.

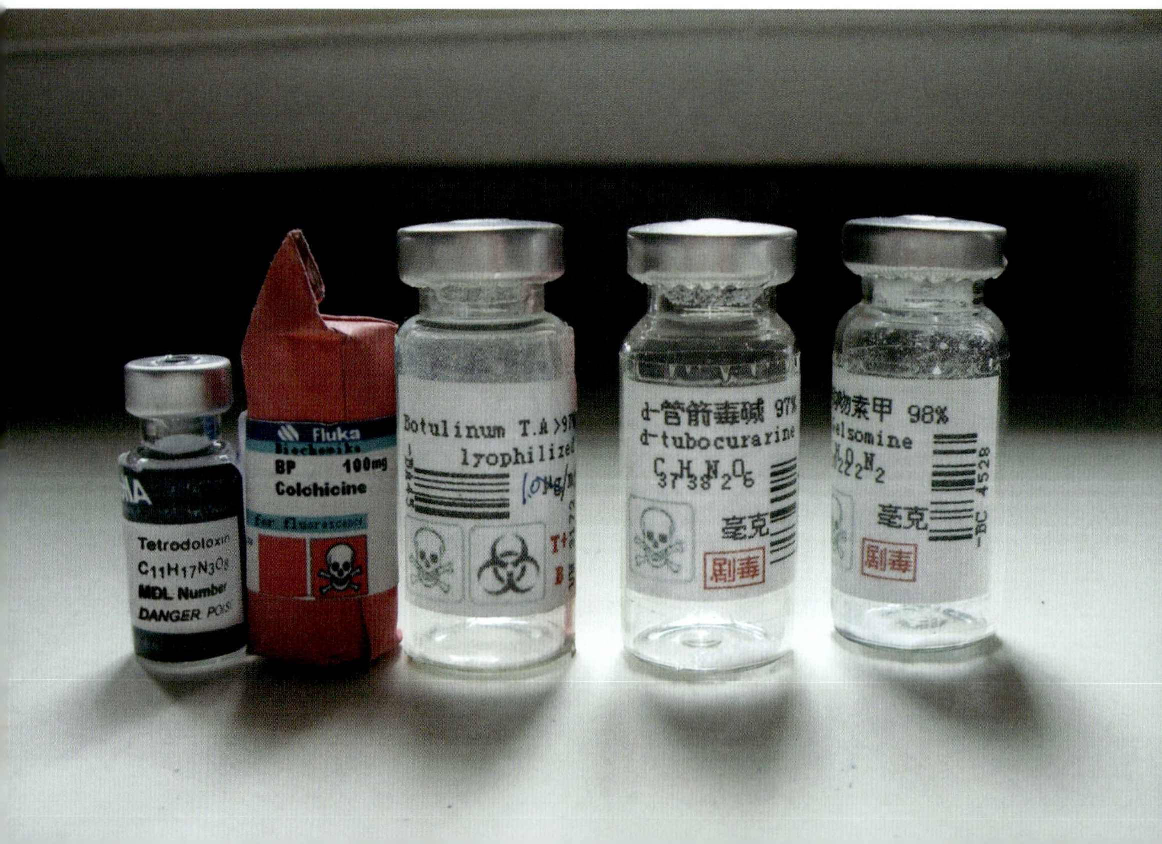

Unten: Colchicin und andere Alkaloide sind nur unter strengen Auflagen erhältlich.

Mutagene in der Hanfzucht

Bei der Hanfzucht hat man seit eh und je nur sehr wenig mit mutagenen Stoffen gearbeitet; der bekannteste Begriff im Zusammenhang mit Hanf und Mutationen ist wohl *Colchicin*, das Gift der Herbstzeitlosen, einer Pflanze, die zur Familie der *Colchicaceae* gehört. Dieses toxische Alkaloid verursacht Chromosomenmutationen, die wir schon in einem früheren Kapitel kurz besprochen haben. Es gibt verschiedene Arten von Chromosomenmutationen, die jedoch in 90 Prozent der Fälle regelmäßig zu Chromosomenbrüchen führen. Weshalb solche Brüche entstehen, ist unklar. Man vermutet, dass oxidativer Stress diesen Vorgang beschleunigt, ja sogar auslösen kann. Wir haben ja weiter oben auch die ionisierende Strahlung behandelt und wissen, dass auch sie zu Doppel- oder Einzelstrangbrüchen führen kann.

Weibliche Blüte (X-Dog-Phänotyp von Alpine Seeds) mit reichem Harzbesatz.

Vereinfacht ausgedrückt könnte man sagen, dass bei unserem X- oder dem männlichen Y-Chromosom bestimmte Stücke oder Abschnitte fehlen. Diese Abschnitte können aber auch verdoppelt, in einer anderen Reihenfolge wieder zusammengebaut oder an ganz anderer Stelle eingefügt werden. Wir kennen die Begriffe Duplikation, Deletion, Inversion oder Translokation auch schon aus einem früheren Abschnitt, in dem es um spontane Mutationen ging. Wir wissen, dass Hanfpflanzen neben den Autosomen zwei Geschlechtschromosomen besitzen, und wir wissen auch, dass Hanf diploid ist und sich zwei ganze Gensätze in seinem Zellkern befinden. Durch einen Meiosefehler wie der **Nondisjunction** kann es zu **Aneuploiden** kommen. Das sind Pflanzen, die neben ihren normalen Gensatz über einzelne, zusätzliche Chromosomen verfügen oder bei denen diese Chromosomen im Genom fehlen. Dagegen verfügen **polyploide** Pflanzen über zusätzliche Chromosomensätze. Solche drei- oder vierfachen Chromosomensätze kann man durch die Anwendung von Colchicin induzieren. Man muss hier aber realistisch bleiben: Versuche mit diesem Mutagen haben zwar die Entstehung polyploider Pflanzen ausgelöst, allerdings war das Ergebnis ernüchternd, da von 1000 Pflanzen im Schnitt nur 3–5 polyploid sind. Eine

Aneuploidie und Polyploidie

Rechts: Die Swiss NLx kam vor vielen Jahren aus den Niederlanden in die Schweiz.

sehr große Anzahl an Pflanzen wird eingehen oder starke Mutationen und Deformierungen zeigen. Ich kann nur davon abraten, solche Experimente zu machen, da sie erstens sehr gefährlich und zweitens nicht wirklich produktiv sind. Trotzdem will ich euch kurz erklären, wie Colchicin wirkt und was es in der Pflanze auslöst. Dieses organische Alkaloid verhindert die Ausbildung der Teilungsspindel bei der Meiose. Die Zellteilung funktioniert nicht mehr richtig und in der Folge verdoppeln sich die Chromosomensätze. Der polyploide Zustand ist aber nicht vererbbar und damit für eine Hanfzucht völlig ungeeignet. Eine Kreuzung zwischen einer polyploiden Pflanze und einer diploiden ergibt wieder nur diploide Hanfpflanzen, da die Zellteilung wieder ohne Fehler funktioniert.

Der Grund dafür, dass polyploide Pflanzen stärker sind, mehr Wasser brauchen und größere Blüten entwickeln, liegt in der Größe der Zellen, des Zytoplasmas und des Zellkerns an sich. Es entsteht eine verbesserte sogenannte **Kern-Plasma-Reaktion**, die eine gesteigerte Performance der Pflanzen zum Ergebnis hat. Aneuploide Pflanzen sind heute nur noch in der Landwirtschaft interessant. Keines der Experimente mit polyploidem Hanf führte in der Vergangenheit zu positiven Entwicklungen oder brachte irgendeinen Nutzen für Grower und Züchter.

Cäsiumbromid, ein starkes Mutagen.

Mutationen bei Hanfpflanzen

Doch welche Schlüsse lassen sich nun aus all diesen Informationen ziehen und was kann man auf die Hanfpflanze übertragen? Entstehen Mutationen im Laufe eines Grows, weil wir die Pflanzen einer hohen UV-Strahlung ausgesetzt oder weil wir unbeabsichtigt ein anderes Mutagen verabreicht haben? Wohl kaum. Ein Grund für solche spontan auftretenden und wieder verschwindenden Mutationen ist **oxidativer Stress**, der die Ausschüttung von hochreaktiven Radikalen beschleunigt, Basenveränderungen auslösen kann und somit auch zu einer Schädigung in der Nukleotidsequenz führt. Jede Pflanzenzelle produziert bei verschiedenen Prozessen toxische Radikale, die durch

ein ausgeklügeltes Reparatursystem neutralisiert werden. Man spricht hier auch von einem **antioxidativen Abwehrsystem**, das aus enzymatischen und nicht-enzymatischen Komponenten besteht. Dieses System kann ein bestimmtes Maß an Gegenwehr gewährleisten. Wenn nun aber durch Hitze, Kälteschocks, Trockenheit oder andere Stressfaktoren mehr Radikale gebildet werden, ist das Abwehrsystem in manchen Situationen überlastet, es kommt zu Sequenzänderungen, Brüchen und vielleicht sogar zur Ausbildung von Mutationen. Ich meine, dass die meisten Mutationen, die wir an unseren Lieblingspflanzen feststellen, nur durch oxidativen Stress ausgelöst werden. Dieser Stress entsteht oft als Resultat von falschen Umgebungseinflüssen oder in unserem Fall durch nicht optimale Growbedingungen. Die größten Einflüsse auf Hanfpflanzen, ihr Wachstum und viele interne Zellprozesse haben jedoch nach wie vor das Licht, die Temperatur, das Angebot an Nährstoffen und auch die Stabilität dieser Faktoren im Gesamten.

Überlastung des pflanzeneigenen Abwehrsystems durch oxidativen Stress

Unten: Eine selektierte Sweet Tooth3 aus einem Spice-of-Life Seed Batch.

Es gibt sehr viele verschiedene Möglichkeiten, wie sich Mutationen zeigen können. Einige Pflanzen entwickeln in einem frühen Lebensabschnitt deformierte Triebe, oder sie zeigen Blütenansätze auf normalen Blättern. Mutationen können aber auch die Farbe der Blüten mitbestimmen. Es kann zum Beispiel Fehlpaarungen in einer Sequenz geben, welche für die richtige Pigmentierung verantwortlich ist, so dass bestimmte Farbstoffe nicht produziert und gebildet werden. Ein anderes Beispiel wäre eine zu starke UV-Strahlung. Diese könnte verschiedene Basenpaarungen so schädigen, dass es zu Fehlern bei der Proteinbiosynthese kommt. Solche Mutationen würden dann zuerst auf den Blättern der Pflanze sichtbar, da sie das Licht absorbieren. Die entstehenden Mutationen reichen von deformierten Blättern bis hin zu unauffälligen Schattierungen oder nekrotischen Stellen. Es ist ohne genaue genetische Laboruntersuchungen nicht möglich zu sagen, ob ein verdrehtes Blatt oder ein deformierter Stamm das Resultat einer Mutation ist oder ob Krankheiten, Viren oder eine mangelnde Nährstoffversorgung der Grund dafür sind. Trotzdem glaube ich, dass sehr viele Probleme, die man im Laufe eines Grows zu sehen bekommt, aufgrund eines beschädigten Genoms entstehen.

Diese Stecklinge sind gesund und bereit für den Outdoor-Grow.

Mögliche Zuchtprobleme aufgrund von Schäden im Genom

Vor allem für Züchter von neuen Sorten ist es besonders wichtig, nur gesunde und vitale Pflanzen für Kreuzungen zu verwenden. Da Mutationen mit einer Wahrscheinlichkeit von 98 Prozent negative Auswirkungen haben, ist die Möglichkeit sehr groß, dass bei durchschnittlichen Elternpflanzen geschädigte genetische Informationen vorliegen können. Eine Kreuzung aus zwei Pflanzen, die in ihrem Genom Schäden haben oder eine genetische Instabilität besitzen, wird mit einer höheren Wahrscheinlichkeit auch solche vorbelasteten Nachkommen produzieren. Es geschieht auch sehr oft, dass zwei Pflanzen für ein bestimmtes gemeinsames Gen eine Mutation besitzen, die keine Auswirkungen nach sich zieht. Kreuzt man jedoch diese beiden Pflanzen miteinander, dann kann die gemeinsame Mutation durchaus zur Ausprägung kommen. Auch aus diesem Grund ist es unerlässlich, zukünftige Elternpflanzen gut zu kennen sowie die eine oder andere Testkreuzung mit ähnlichen Genetiken zu machen und die Folgegeneration auszuwerten. Erst dann kreuzt man die beiden gewünschten Pflanzen miteinander.

6.5 Reparatursysteme der Hanfpflanze

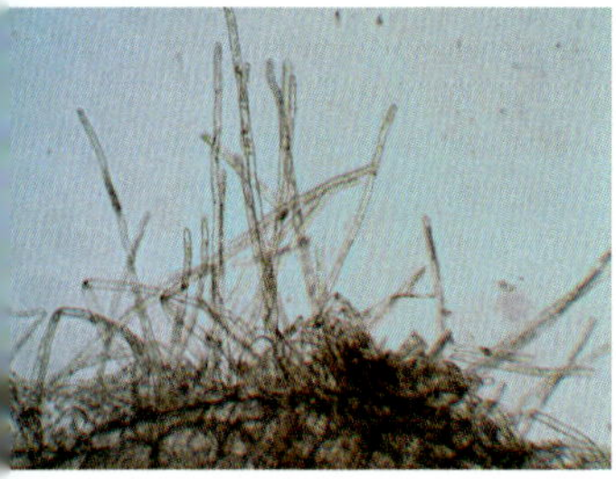

Die feinen Wurzelhaare, die der Nährstoffaufnahme dienen.

Wenn wir davon ausgehen, dass im Genom der Hanfpflanze täglich viele hunderte schädliche Ereignisse stattfinden und dazu noch tausende von Fehlern bei der Replikation auftreten, dann ist es unabdingbar, dass eine Pflanze mehrere hocheffiziente und essenzielle Reparatursysteme besitzen muss. Ohne diese Systeme wäre es nicht möglich, dass Hanfpflanzen auch nur über mehrere Stunden funktionsfähig bleiben, wenn ein wichtiges Gen Schaden nimmt oder funktionslos wird. Würde es keine Reparatursysteme geben, dann würden Pflanzenzellen schon nach wenigen Replikationsrunden Fehlfunktionen zeigen und sich nicht weiter teilen, was zwangsläufig zum Tod der Pflanze führt.

Wenn wir die Reparatursysteme von höheren Pflanzen mit denen von Säugern oder mit denen des Menschen vergleichen, fällt es auf, dass Pflanzen sehr viel effizientere und wirkungsvollere Reparatursysteme besitzen. Doch welchen Grund hat das? Menschen können bei zu starker UV-Strahlung, bei Radioaktivität oder anderen mutationsauslösenden Faktoren das Weite suchen und diesen Bedingungen ausweichen. Pflanzen können dies natürlich nicht, da sie eine **sessile Lebensweise** aufweisen und bei zu starker UV-Strahlung oder bei sehr hohen Temperaturen nicht einfach ihren Standort wechseln können. Sie müssen immer mit den äußeren Bedingungen klarkommen, egal, welche Bedingungen herrschen. Da verwundert es nicht, wenn Menschen schon bei einer Strahlendosis von 5 Gray an Gammastrahlung sterben, Pflanzen aber sogar bis zu 100 Gray überleben können.

Auch der Stoffwechsel von Hanf ist um ein Vielfaches schneller als der von Hund und Katze. Beispielsweise kann Hanf alle Vitamine, außer Vitamin B12, selbst synthetisieren;

die Pflanzen besitzen über 40 000 Gene im Kerngenom und dazu DNA an drei verschiedenen Zellorten. Tiere können dagegen keine Vitamine synthetisieren, sie besitzen nur ungefähr 25 000 Gene im Kerngenom und verfügen in einer Zelle an nur zwei Orten über DNA. Das Gleiche gilt bei den Reparatursystemen: Von den **RecQ-Helikasen**, die sehr wichtig für die Genomstabilität sind, besitzen Tiere nur fünf; Hanf und andere höhere Pflanzen verfügen über bis zu acht RecQ-Helikasen, haben also ein effizienteres Reparatursystem.

Photoreaktivierung und Exzisionsreparatur

Man unterscheidet heute verschiedene Reparatursysteme, die man beim Menschen wie bei den Pflanzen nachgewiesen hat. Nur ein System ist im Laufe der Evolution dem Menschen verloren gegangen, doch Pflanzen besitzen es immer noch und können durch UV-Strahlung ausgelöste Schäden direkt reparieren. Man spricht auch von einer **Photoreaktivierung**. Dieser lichtabhängige Prozess gehört zu den **direkten Reparatursystemen**, welche die fehlerhafte Stelle in der DNA ohne eine neue Replikationsrunde und ohne eine Neusynthese reparieren können.

Der Outdoor-Bud einer Perun von Darwin Seeds.

Wenn UV-Licht von einer Pflanze absorbiert wird, können nebeneinanderliegende Thymin-Basen zu einem **Dimer** verschmelzen. Ein Dimer entsteht, wenn sich zwei verwandte Moleküle zu einem neuen, größeren Molekül in einer zyklischen oder azyklischen Form verbinden oder miteinander verschmelzen. Das Thymin-Dimer wird nun durch ein spezielles **Photolyase-Enzym** wieder in ein Thymin-Monomer – eine Einfachverbindung – gespalten. Die Verschmelzung der beiden Thymin-Basen wird auf diese Weise rückgängig gemacht und der Schaden behoben. Um die Spaltung durchzuführen, wird jedoch Licht mit einer Wellenlänge von 300–500 Nanometern benötigt, da dieses Spektrum das DNA-Photolyase-Enzym stimuliert und die Reparatur erst möglich macht.

Eine zweite Art der direkten Reparatur ist die **Exzisionsreparatur**. Sie behebt mutagene Schäden im DNA-Strang,

Rechts: Die meisten Griffel dieser Blüte sind braun, nur wenige noch weiß – ein Zeichen für die bevorstehende Reife.

die zum Beispiel durch Sauerstoff-Radikale entstanden sind. Dieses Reparatursystem arbeitet in drei Schritten. Sogenannte **UVR-Proteine** fahren im ersten Schritt an der DNA entlang und erkennen schadhafte und verzerrte Stellen. Sie lösen die Wasserstoffverbindungen der Basenpaare und schneiden die mutierte Base heraus. Ein weiteres UVR-Protein entfernt den fehlerhaften Strang, bevor die DNA-Polymerase die entstandene Lücke mit passenden komplementären Basen füllt. Als letzten Schritt verbindet die DNA-Ligase die eingesetzten neuen Basen mit dem vorliegenden DNA-Strang.

Einzelstrangbrüche können durch DNA-Ligasen direkt und ohne neue Replikationsrunde repariert werden, allerdings kommt es darauf an, ob auch die Ränder der Bruchstellen beschädigt sind. Bei Doppelstrangbrüchen ist die Reparatur schon viel schwieriger, weil hier zwei getrennte Fragmente entstehen, die wieder richtig zusammengesetzt werden müssen. Zuerst werden die beiden Ränder der Bruchstellen von Proteinen geschützt, damit sie nicht abgebaut werden und sich die Chromosomen nicht verkürzen.

Homologe Rekombination und nicht-homologe Verknüpfung

Möglichkeiten der Reparatur von Doppelstrangbrüchen

Es gibt zwei Möglichkeiten, Doppelstrangbrüche zu beheben. Die erste Möglichkeit ist die **homologe Rekombination (HR)**, die sich auf die späte S-Phase oder die G2-Phase des Zellzyklus beschränkt und an diesen beiden Zeitpunkten einsetzt. Der zweite Reparaturmechanismus ist die **nicht-homologe Verknüpfung**, die man auch als **NHEJ** (von engl. ***N****on-**h**omologous **e**nd **j**oining*) bezeichnet.

NHEJ ist ein relativ einfacher und schnell ablaufender Prozess. An die Bruchenden heften sich sogenannte KU-Proteine, die eine gegenseitige Affinität zeigen und sich dadurch zwangsläufig anziehen. Auf diese Weise werden die beiden Enden wieder zusammengezogen. Verschiedene DNA-Ligase-Enzyme verknüpfen nun die beiden Enden und schaffen es so, wieder einen zusammenhängenden DNA-Strang zu hinterlassen. Dabei kann es aber passieren, dass trotzdem

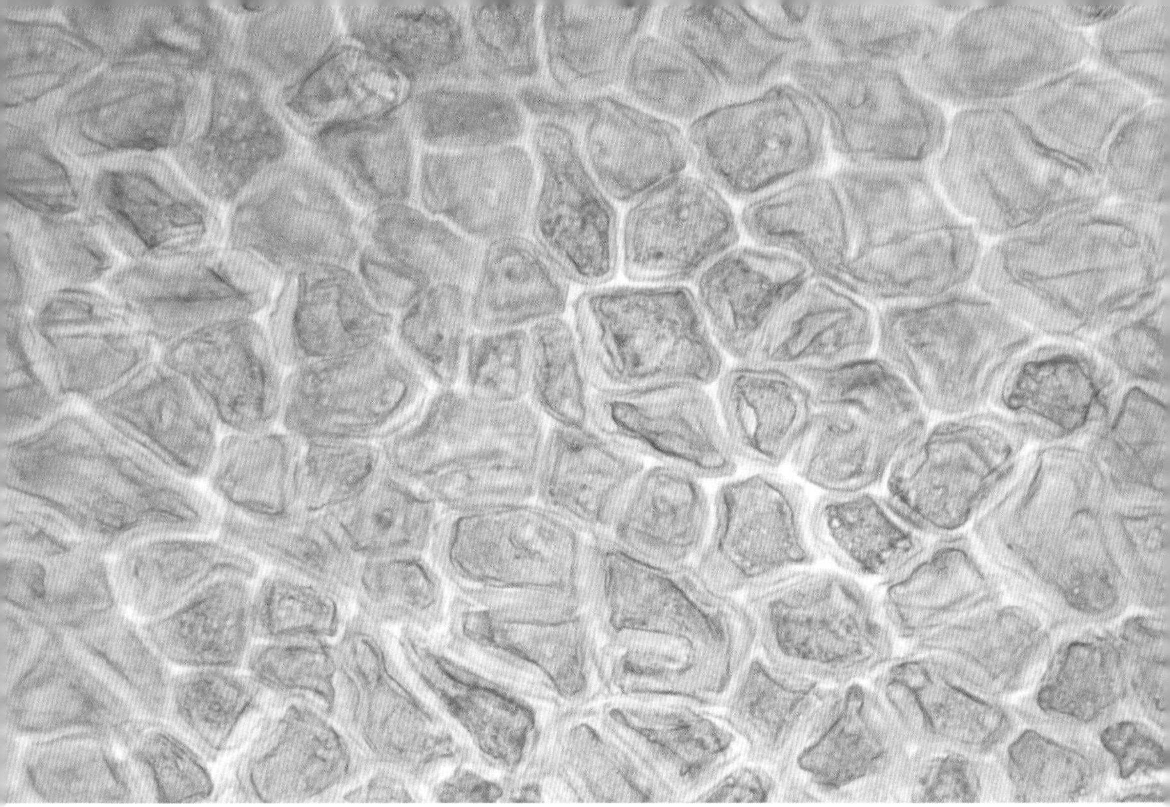

Oben:Die äußere Hülle eines Samens in 800-facher Vergrößerung.

einige Nukleotide verlorengehen, was wiederum einen Einfluss auf den Organismus haben kann. Das NHEJ-System kann, anders als die HR-Reparatur, im gesamten Zellzyklus zur Anwendung kommen.

Die HR ist dagegen etwas komplizierter, aber auch viel präziser, da die Reparatur mit den homologen Sequenzen des Schwesterchromatiden abgeglichen wird. Das Schwesterchromatid entsteht ja während der S-Phase des Zellzyklus, und aus diesem Grund kann die HR-Reparatur auch nur in der späten S-Phase oder der G2-Phase ablaufen. Wir kennen die HR schon aus einem früheren Kapitel, in dem es um das Crossing-over und die Rekombination von Allelen und Merkmalen ging. Allerdings geschieht das Crossing-over in der Meiose, also in der Phase der Zellteilung. Die DNA-Reparatur durch homologe Rekombination geschieht wie gesagt in einer früheren Phase des Zellzyklus bzw. in der postreplikativen Phase.

Diese **postreplikative Reparatur** setzt ein, wenn in DNA-Tochtermolekülen Brüche gefunden werden, die während der Replikation entstanden sind. Das kann zum

Beispiel der Fall sein, wenn ein Replikationsapparat versucht, eine Kopie von einem beschädigten Bereich des DNA-Strangs anzufertigen. Trifft die DNA-Polymerase auf einen solchen Bereich, kann sie ihn nicht kopieren und springt zum nächsten unbeschädigten Bereich, bei dem der Replikationsprozess wieder weitergeht. Das Resultat ist eine Lücke, da der beschädigte Abschnitt nicht kopiert werden konnte. Eine Möglichkeit, diese Lücke zu füllen, ist die Rekombination. Dabei wird der entsprechende DNA-Abschnitt vom ursprünglichen Polynukleotid übertragen, das in der zweiten Tochter-Doppelhelix enthalten ist. Anders formuliert: Das unbeschädigte Tochter-Polynukleotid wird als Matrize verwendet, um die entstandene Lücke im beschädigten DNA-Abschnitt zu füllen.

Postreplikative Reparatur mittels Rekombination

Mismatch-System

Ein anderes Reparatursystem der Hanfpflanze ist das sogenannte **Mismatch-System**. Wenn durch den spontanen Verlust einer Aminogruppe der Base Cytosin aus dem G–C-Basenpaar ein neues, aber falsches G–T-Paar entsteht, spricht man von Fehlpaarungen. Das Mismatch-System erkennt und repariert solche falschen Basenpaare, allerdings ist dies nur kurz nach der eigentlichen Replikation möglich. Darum gehört auch dieses Reparatursystem zu den postreplikativen Reparaturmechanismen und nicht zu den direkten Reparatursystemen. An diesem Reparaturprozess sind ebenfalls viele Enzyme beteiligt. Sie fahren den DNA-Strang ab und erkennen, welche Base die beschädigte ist, trennen sie heraus und fügen eine neue passende Base ein. So wird aus dem falschen Guanin-Thymin-Paar wieder die richtige Guanin-Cytosin-Basenpaarung.

Es gibt noch einige andere Reparatursysteme bei Pflanzen. Allerdings sind die oben genannten die wichtigsten und auch die effektivsten. Es ist wirklich erstaunlich, wie auf molekularer Ebene so präzise gearbeitet werden kann. Darum ist es auch nicht erstaunlich, dass schon kleine Eingriffe in diese gut laufende Mechanik Schäden und negative Auswirkungen nach sich ziehen können.

Kapitel 7

7.1. Phytohormone: Die Grundlagen

Rechts: Eine kleine Blüte am unteren Ende des Stammes.

In den letzten Abschnitten haben wir gesehen, wie eine Hanfpflanze aus einer bestimmten Basensequenz Aminosäuren und schließlich auch **Proteine** bildet. Im Folgenden betrachten wir die Bedeutung der entstandenen Proteine für die gesamte Pflanze und ihre verschiedenen Lebensphasen.

Funktionen der Proteine

Proteine sind Bausteine einer jeden Zelle. Diese Makromoleküle, die umgangssprachlich auch als Eiweiße bezeichnet werden, machen den größten Teil des Trockengewichtes einer Zelle aus. Sie geben einer Zelle nicht nur Gestalt und Struktur, sie führen auch nahezu alle Funktionen aus. Proteine können Transportmittel für kleinere Moleküle oder Ionen sein; darüber hinaus können sie die DNA binden, um Gene an- oder abzuschalten. Es gibt Speicherproteine, Enzyme, Strukturproteine – letztere geben Zellen und Gewebe eine mechanische Stütze –, oder Rezeptorproteine, die Signale erkennen können und diese an die Zelle weiterleiten. Es ist schier unglaublich, welche Fülle an Aufgaben diese Moleküle in einer Pflanze übernehmen können. Ihre Funktionen beruhen auf ihrer dreidimensionalen Struktur, die sich seit Millionen von Jahren verfeinert hat. Es gibt enorm viele verschiedene Strukturen, die durch eine nicht kovalente Wechselwirkung zwischen unterschiedlichen Teilen des Proteins stabilisiert werden. Alle Proteine bestehen aus nur 20 verschiedenen Aminosäuren, die jedoch in unterschiedlichster Reihenfolge und Anzahl vorhanden sind, so dass die einzelnen Proteine ganz verschiedene Funktionen erfüllen.

Bei diesen Mutterpflanzen zeigen sich Nährstoffmangel und Verbrennungen.

Die lineare Reihenfolge der durch Peptide verbundenen Aminosäuren bestimmt die **Primärstruktur**, die wiederum die räumliche Anordnung von Aminosäureresten kontrolliert, welche in der linearen Sequenz nahe beieinander liegen. Aus diesen Verbindungen entstehen die wichtigen **Sekundärstrukturen,** wie zum Beispiel die *Alpha-Helix* oder das *Beta-Faltblatt*. Die Protein-Eigenschaften entstehen letztlich aber durch eine dritte Struktur, welche durch verschiedene

Wechselwirkungen, Interaktionen und bekannte Disulfid-Brücken ausgebildet wird. Diese Verbindung wird auch **Tertiärstruktur** genannt. Einige Polypeptidketten können zusätzlich noch untereinander interagieren und funktionelle Proteinkomplexe wie die uns bekannte *RNA-Polymerase* bilden. Diese vierte Variation ist die sogenannte **Quartärstruktur**. All diese dreidimensionalen Formen bestimmen am Ende die Eigenschaften, die Funktion und die Aufgaben der verschiedenen Proteine.

Auch wenn die bekanntesten Vertreter der Proteine nicht im direkten Zusammenhang mit Hanf stehen, so kennt doch jeder Proteine wie ***Insulin***, ***Kollagen***, ***Keratin***, ***Myosin*** oder das bekannte ***Adrenalin***. Uns geht es jetzt aber vor allem um die Proteingruppe der **Phytohormone**, die man auch als **Signalstoffe** oder **Botenstoffe** bezeichnet. Phytohormone finden bei Growern heute nur sehr wenig Beachtung, obwohl sie eine Vielzahl von sehr wichtigen und essenziellen Aufgaben innerhalb einer Hanfpflanze erfüllen und von äußerst großer Bedeutung für die gesamte Pflanzenphysiologie

Unten: Hier waren Raupen am Werk – das Blatt zeigt deutliche Fraßspuren.

sind. Im Laufe dieses Kapitels werde ich die verschiedenen Hormone genauer betrachten und erklären, wie sie in der Pflanze transportiert werden und welche Auswirkungen sie auf die Prozesse innerhalb der Zelle und der Pflanze haben. Jetzt geht es aber erst einmal darum, ein paar grundlegende Fragen zu beantworten: Was genau sind Phytohormone und wie können Grower sie nutzen, um Pflanzen bei einem Schädlingsbefall oder bei Krankheiten noch besser zu unterstützen? Ich erläutere zunächst einmal die Grundlagen, da wir später noch tiefer in die Materie der Signal- und Botenstoffe eintauchen werden. Nicht alles wird einfach zu verstehen sein, aber das erworbene Wissen kann bei zukünftigen Grow-Durchgängen und auch beim allgemeinen Pflanzenverständnis helfen.

Ein Gast mit Silberblick im Outdoor-Garten.

Wie wir bereits wissen, bestimmen hauptsächlich Gene oder Gengruppen die Eigenschaften einer Hanfpflanze. Vom Ertrag bis zum Harzbesatz, von der Potenz bis zur Wuchs- und Blattform – alles wird durch Gene vorbestimmt und festgelegt. Wofür braucht es denn jetzt noch zusätzlich Hormone? Die Frage lässt sich schnell und einfach beantworten. Phytohormone kann man grob mit dem zentralen Nervensystem des Menschen vergleichen, auch wenn das menschliche Nervensystem viel genauer, feiner und komplexer ist. Botenstoffe regeln das Wachstum von Blättern und Wurzeln, sie regulieren sämtliche physiologischen Aktivitäten in einer Pflanze, sie steuern Differenzierungsschritte und unterschiedliche Stoffumsatzraten, und sie ermöglichen eine gewisse Kommunikation zwischen den Pflanzenzellen; beispielsweise erhalten Stecklinge via Botenstoffe das Signal zur Wurzelbildung, wenn man sie von der Mutterpflanze trennt. Wenn eine Hanfpflanze von Schädlingen befallen ist oder wenn Krankheiten ihr zusetzen, dann werden Signale in Form von Botenstoffen gebildet, die verschiedene Schutzmaßnahmen auslösen. Alle diese Funktionen werden von Signalstoffen und Hormonen gesteuert; jeder einzelne Prozess in der Hanfpflanze würde ohne Phytohormone nicht stattfinden. Diese kleinsten Moleküle steuern und koordinieren also die Entwicklung einer jeden Pflanze.

Verteilung der Botenstoffe in der Pflanze

Pflanzliche Hormone sind organische Verbindungen, die biochemisch wirken und von der Pflanze selbst in sehr kleinen, aber hoch wirksamen Mengen produziert werden. Sie gehören zu der Oberklasse der **sekundären Pflanzeninhaltsstoffe**, in die auch *Terpene* und rund 30 000 andere pflanzeneigene Stoffe fallen. Das Informationssystem der Phytohormone arbeitet bei weitem nicht so effektiv wie der Blutkreislauf beim Menschen; trotzdem müssen auch Botenstoffe schnell und effizient innerhalb der gesamten Pflanze transportiert werden. Es gibt mehrere Möglichkeiten, wie Hormone in der Pflanze verteilt werden können. Zum einen hängt es vom Aggregatszustand des Stoffes ab; Ethylen zum Beispiel ist ein Gas, das nicht via Xylem oder über das Leitbündel transportiert werden kann, aber es muss trotzdem einen Weg geben, wie Zellen Ethylen weiterleiten können. Zum andern werden Wachstumsregulatoren werden von Zelle zu Zelle übertragen, während wieder andere den **interzellulären Gasraum** zwischen den Zellen nutzen. Der Transportweg hat zudem einen großen Einfluss auf die Geschwindigkeit der Übertragung und somit auch auf die Aufgaben, die diese Signalstoffe erfüllen. Einige Auswirkungen treten unmittelbar nach der Zugabe der Botenstoffe auf, während andere Signalstoffe erst nach Stunden oder gar Tagen eine Wirkung zeigen.

Diese Spinne scheint das Hanfblatt zu mögen.

Mit diesem Wissen hat man bereits vor vielen Jahren versucht, Rückschlüsse auf die Wirkungsweise zu ziehen und den Transport der Signalstoffe innerhalb der Pflanze zu erklären. Heute weiß man sehr viel mehr über die Botenstoffe und ihre Verteilung. Dank hoch entwickelter Trenn- und Nachweisverfahren wie der Gaschromatographie (HPLC), der Massenspektroskopie oder der Autoradiographie kann man Wirkung, Konzentration und Effekte beschreiben und untersuchen. Doch auch mit der heutigen Technik ist es nicht möglich, alle Fragen rund um Signal- und Botenstoffe restlos zu beantworten. Man weiß zum Beispiel nur sehr wenig über die Aktivität innerhalb der Pflanze und kann bisher nur vermuten, ob bestimmte Stoffe in den Zellen gespeichert werden können und damit auch ständig aktiv bleiben oder

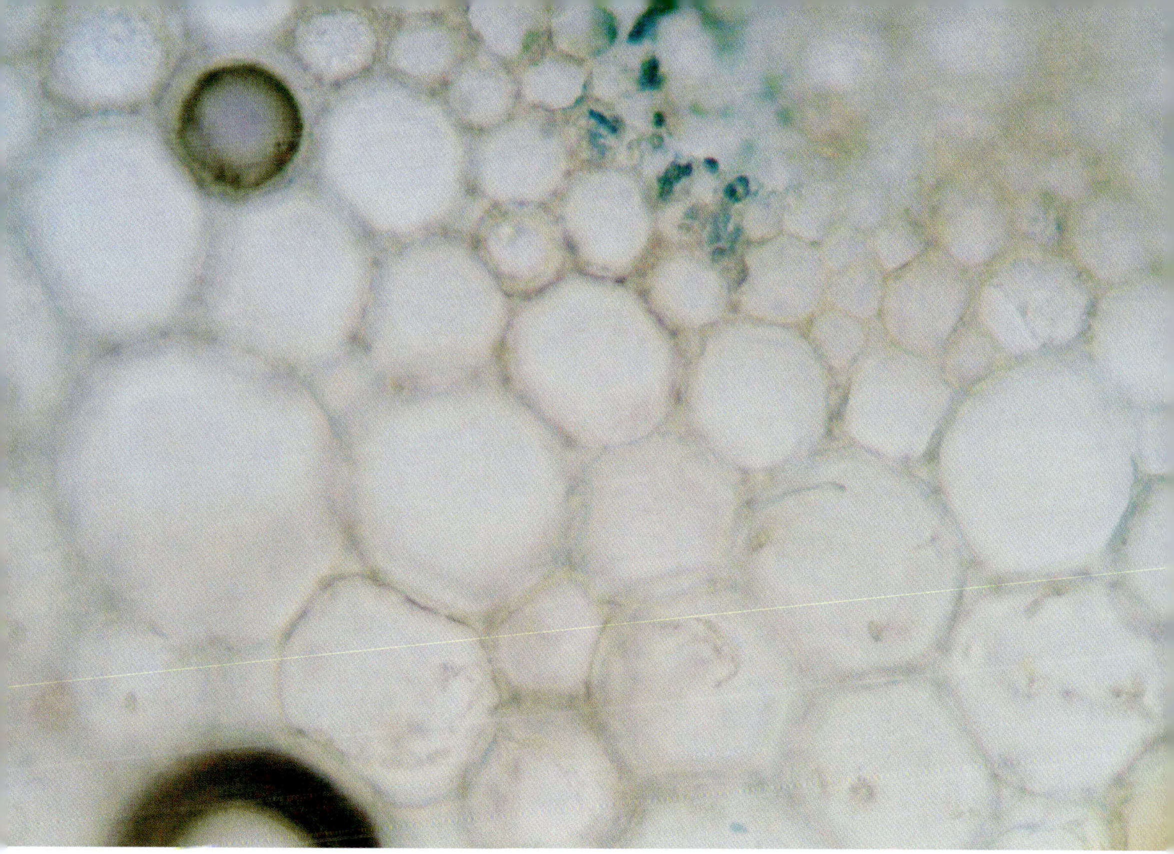

ob jedes Phytohormon inaktive Vorstufen besitzt, die dann später an den richtigen Stellen aktiviert werden. Auch die Wechselwirkung mit anderen Stoffen ist noch nicht völlig aufgeklärt, selbst wenn man heute schon sehr viel über das komplexe Zusammenspiel aller pflanzeneigenen Signalstoffe weiß.

Oben: Ein Querschnitt durch das Phloem in 800-facher Vergrößerung.

Man kennt zum Beispiel den Einfluss von Calcium-Ionen auf die Wirkungsweise der Phytohormone. Man weiß, dass Hormone eine Art Vermittler zwischen äußeren Bedingungen wie Licht, Temperatur oder Wellenlänge und den Reaktionen der Pflanzen sind. Das beste Beispiel dafür ist der **Phototropismus**. Jeder kennt den Effekt, wenn sich eine Pflanze dem Licht zuwendet und einen Teil ihres Stammes zum Licht biegt. Dieser Effekt wird durch die Gruppe der **Auxine** ausgelöst. Würde man den Transport von Auxinen in der Pflanze mit einem Glimmerplättchen, einer Art Steckscheibe, unterbrechen, dann würde dieser Effekt nicht auftreten, und die Pflanze würde weiter vom Licht unabhängig nach oben wachsen. Es ist ebenfalls bekannt, dass Phytohormone

Hormone als Vermittler

einen sehr großen Einfluss auf die Genexpression, die Translation und auf die DNA-Replikation haben, aber auch diese Vorgänge lassen sich noch nicht vollständig erklären. Es wird bereits hier deutlich, wie komplex die Abläufe in einer Pflanze sind und wie exakt jeder einzelne Prozess innerhalb einer Zelle abgestimmt ist. Jeder Eingriff in die Hormonsynthese – wie zum Beispiel das Feminisieren – hat immer auch Auswirkungen auf die gesamte Pflanze und auf die Ausbildung von verschiedenen Phäno- und Genotypen.

Links: Eine befruchtete Glo-F1-Blüte mit einigen Samen.

Botaniker und Molekularbiologen haben herausgefunden, dass man auch **synthetisch hergestellte Hormone** einsetzen kann, um die Pflanze zu steuern oder um die Hormonsynthese zu beeinflussen. Sehr bekannt ist eines der gefährlichsten, weil toxischen Mittel, das synthetisch hergestellte ***Dioxin***. Es gibt beispielsweise auch Unkrautvernichtungsmittel, welche die Auxinsynthese enorm steigern. Unkraut und andere unerwünschte Pflanzen wachsen sich praktisch tot, da sie unaufhörlich nach oben schießen, keinen Halt mehr finden und irgendwann umfallen und zugrunde gehen. Eine andere Art der Beeinflussung ist das **Feminisieren** von Cannabis. Durch die Gabe von Silberionen (Ag+) blockieren wir die Ethylensynthese und geben der weiblichen Pflanze das Signal, männliche Blütenstände auszubilden. Die meisten Breeder arbeiten noch immer mit Silbernitrat und Natriumthiosulfat, dabei gibt es einen anderen Stoff, der viel besser und vor allem viel spezifischer auf die Ethylensynthese einwirkt; auf diesen werde ich in Kapitel 8 eingehen.. Trotzdem hat eine solche Behandlung immer Auswirkungen auf die Pflanze, und auch wenn man äußerlich keine Nachteile erkennen kann, heißt das nicht, dass es keine gibt.

Beeinflussung des Hormonhaushalts mit künstlichen Mitteln

Ich werde im nächsten Kapitel auf die Geschlechtsfestlegung von Hanfpflanzen eingehen und dabei auch auf die Themen weibliches Saatgut und Feminisierung von Pflanzen zu sprechen kommen. Für den Moment bleiben wir noch bei den Botenstoffen. Die heute bekannten Signalstoffe werden in sechs verschiedene Molekülklassen eingeteilt: *Auxine, Cytokinine, Gibberelline, Abscisinsäure, Jasmonate* und *Ethylen*. Weit verbreitet ist die Annahme, dass zum Beispiel Auxin oder Gibberellin einzelne Phytohormone sind. Das ist natürlich nicht der Fall. Mit den Begriffen «Auxine» und «Gibberelline» sind Gruppen von Hormonen gemeint. Die Klasse der Gibberelline besteht zum Beispiel aus über 100 Gibberellinarten, die sich chemisch nur sehr wenig unterscheiden, aber in ihrer Wirkung ganz unterschiedlich sein können. Die verschiedenen Hormonklassen unterscheiden sich natürlich auch durch ihre Wirkung, ihre spezifischen Transportwege innerhalb der Pflanze und auch ein wenig durch die Größe ihrer Moleküle. Warum das so wichtig ist, erfahren wir im nächsten Abschnitt.

Gibberellinarten

7.2 Auxin, Cytokinine, Abscisinsäure und Jasmonate

Nun wollen wir drei einzelne Hormon- oder Molekülklassen genauer untersuchen und die Wirkungsweise sowie die Weitergabe innerhalb der Pflanze erläutern. Ihr werdet sehen, wie wichtig diese Botenstoffe sind und dass wir sie auch für unsere Zwecke nutzen können.

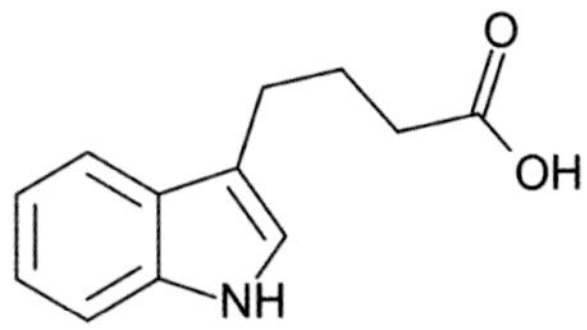

Auxine

Auxine

Fangen wir bei einem der wichtigsten Phytohormone an: **Auxine** übernehmen in der Hanfpflanze sehr viele Aufgaben, sie regeln und steuern diverse Prozesse und sind darum unverzichtbar für jede Art von grünen Pflanzen und auch für einige Pilzarten. Die Molekülklasse der Auxine beschreibt eine Gruppe von verschiedenen Phytohormonen, die alle eine sehr ähnliche chemische Struktur haben und in etwa gleich wirken. Zur Gruppe der Auxine gehören natürliche, aber auch synthetisch hergestellte Stoffe. Das bekannteste natürliche Auxin ist *Indol-3-Essigsäure*, abgekürzt IES, ein Tryptophan-Derivat. Zwei andere Vertreter der Auxine sind *Methyl-4-chlorindol-3-acetat* und *Indolacetylaspartat*. Diese Stoffe unterscheiden sich von IES zwar in ihrer chemischen Struktur, in ihrer Wirkungsweise dagegen kaum. Uns geht es

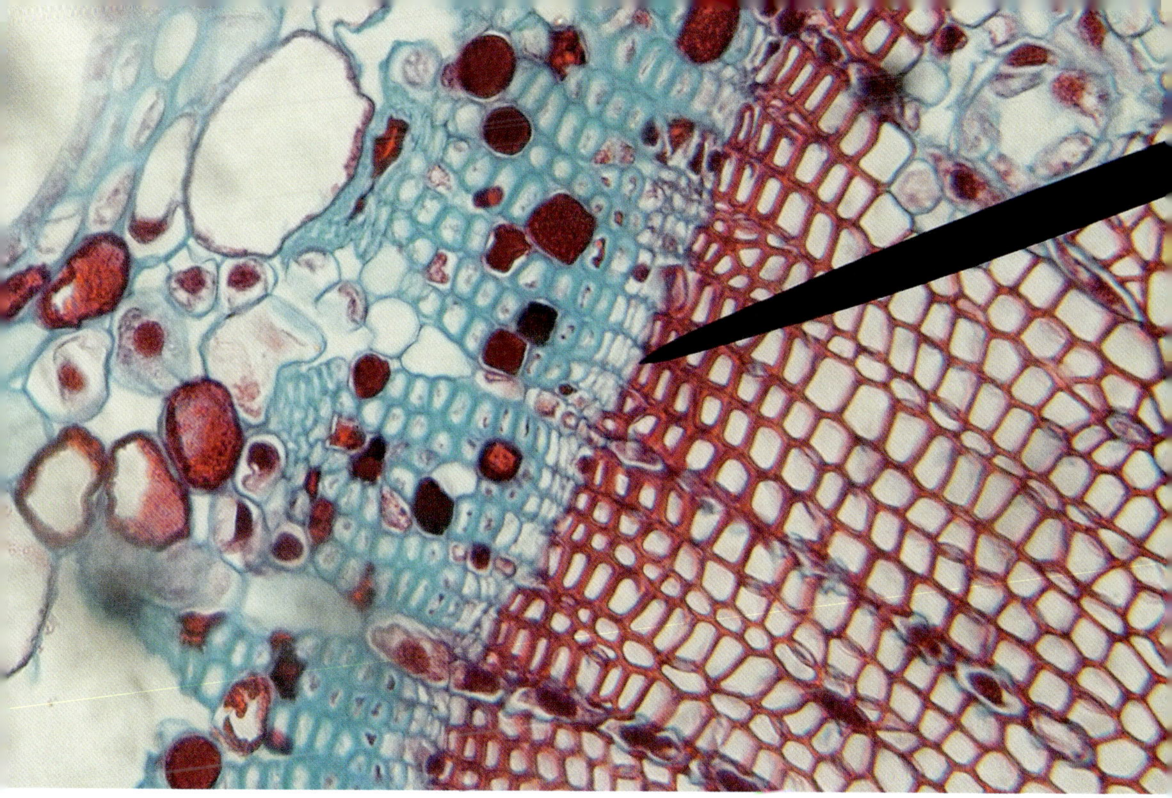

hier vorrangig um IES, da sie das wichtigste Auxin in einer Pflanze ist.

Oben: Blick durch das Mikroskop. Der Bereich des Phloems ist im Querschnitt blau eingefärbt.

Generell werden Auxine an verschiedenen Stellen gebildet – in den Wurzeln, an jungen Trieben oder auch im Spross. Die aktive Form von IES wird jedoch nur im oberen Teil der Hanfpflanze gebildet; an anderen Stellen entstehen inaktive Vorstufen verschiedener Auxine. Man findet sie auch oftmals glykosyliert oder mit anderen Proteinen gebunden. Die Konzentration liegt durchschnittlich bei 106 bis 108 Mol/L. Der Transport von IES erfolgt **polar**. Das heißt, die Bildung erfolgt oben und verläuft über Transportwege nach unten gerichtet. Wie gelangen aber die Auxine nach unten, wenn der Pflanzensaft über das Xylem doch nach oben fließt? Auxine sind die einzigen Phytohormone, die ausschließlich von oben nach unten gerichtet transportiert werden können. Alle anderen Signal- und Botenstoffe werden immer von unten nach oben geleitet.

Polarer Transport bei Auxinen

Es gibt mehrere, leicht unterschiedliche Transportwege. IES kann von Zelle zu Zelle transportiert werden, sie ist in diesem Fall an Proteine gebunden und wird durch die

Zellmembran geschleust bzw. diffundiert. Die Transportgeschwindigkeit liegt bei 1 cm/h; die Geschwindigkeit des IES-Transports lässt sich durch diverse Experimente und hochtechnisierte Nachweisverfahren messen. Auxine können aber auch durch das **Phloem** transportiert werden, vor allem dann, wenn sie lange Wege in der Pflanze zurücklegen müssen. Das Phloem ist grob gesagt ein Leitbündel, durch welches Zucker, verschiedene Proteine und Aminosäuren in der Pflanze verteilt werden. Der Transport von verschiedenen Botenstoffen läuft im Phloem größtenteils von unten nach oben. Doch es gibt spezialisierte Zellen, die auch einen polaren Transport vom oberen Teil der Pflanze zum unteren zulassen.

Das Phloem als Transportweg für Botenstoffe

Das beste Beispiel für einen Phloem-Transport ist der Zucker. Die Pflanze gewinnt bekanntlich durch Photosynthese Energie zum Wachstum oder zur Blütenbildung. Große Sonnensegel haben eine viel größere Fläche als kleine Blütenblätter und können somit viel mehr Energie gewinnen. Doch diese Energie in Form von Zucker wird nun auch in den unteren Blüten gebraucht, damit diese wachsen können. Auch hier leitet das Phloem die Zuckerverbindungen vom Ort der Photosynthese, zum Beispiel vom oberen Teil der Pflanze, der mehr im Licht steht als der untere, zu den Bereichen, wo die Energie gebraucht wird, beispielsweise zu den unteren Blüten.

Genetisch bedingte Verfärbungen an den Trieben der Glo F1.

Den gleichen Transportweg nutzt nun auch IES, um vom oberen Teil der Pflanze zu den Wurzeln zu gelangen. Auch hier war es möglich, eine Geschwindigkeit zu messen. Innerhalb einer Stunde legen Auxine eine Strecke von 20–30 Zentimetern zurück. Für eine Pflanze ist das außerordentlich schnell, auch wenn dieser Transport sauerstoffabhängig ist; ist nur wenig O_2 und somit auch nur wenig Energie vorhanden, wird der Transport nur sehr langsam vor sich gehen. Es kommt zudem darauf an, welches Auxin transportiert wird; IES wird zum Beispiel schneller durch das Phloem geleitet als *2,4-Dichlorphenoxyessigsäure*. Der Transport von Auxinen kann allerdings durch Inhibitoren blockiert werden. Inhibitoren sind Hemmstoffe, die in der Chemie, der Botanik oder in der Medizin angewendet werden. Die bekanntesten sind wohl die **Antioxidantien** in unseren Lebensmitteln.

Auxine haben sehr viele spezifische Aufgaben. Man bezeichnet sie unter anderem auch als Streckungssubstanz. In geringen Konzentrationen fördern sie das Streckungswachstum von Sprossspitzen, Sprossachsen und Wurzeln. Ist die Auxin-Konzentration sehr hoch, wird das Wachstum nicht etwa weiter verbessert, es wird gehemmt und zum Stillstand gebracht. Der Grund ist **Ethylen**, ein weiteres Phytohormon, das in einer zu hohen Konzentration das Wachstum der ganzen Pflanze hemmt. Durch einen zu hohen Auxin-Level wird gleichzeitig mehr Ethylen produziert, welches dann das Wachstum hemmt und sogar zum Stillstand bringt.

Einfluss des Auxin-Levels auf die Ethylenproduktion

Auxine kontrollieren und regeln den Blattfall an einer Pflanze, sie fördern das Wachstum junger Triebe und Wurzeln, sie steigern die Zellteilung des Kambiums und stimulieren auf diese Weise das Dickenwachstum des Stammes. Zusätzlich wird die Plastizität der Zellmembran verändert, was einen besseren **Protonenefflux** zum Ergebnis hat. Auxin hat einen Einfluss auf die Transkriptionsrate oder einfach gesagt auf eine gesteigerte Zellteilungsrate, es steuert die Aktivität von vielen Enzymen und sorgt so für kraftvolle und vitale Pflanzen.

Ein äußerst ungewöhnlicher Phänotyp der Black Widow.

Nach neusten Erkenntnissen besitzt dieser Botenstoff auch die Fähigkeit, genetische Schalter zu betätigen, vor allem dann, wenn es um die Bildung und Differenzierung von Embryo-Zellen geht. Auxin aktiviert bei einer ausreichenden Konzentration ein Gen, das dafür sorgt, dass sich ein neuer Samen korrekt entwickelt, die Zellen sich also richtig differenzieren. Ist der Auxin-Level zu niedrig, beginnen sich Hemmstoffe zu bilden, die einer richtigen Entwicklung des neuen Keimlings im Samen entgegenwirken können. Auch die Blütenbildung wird zum Teil durch Auxine gesteuert und koordiniert, aber diese Funktion ist nicht primär und kann wie einige andere Prozesse vernachlässigt werden.

Man sieht, an wie vielen Aktivitäten Auxine beteiligt sind und welch großen Nutzen sie haben. Doch wie kann sich ein Grower dieses Wissen zunutze machen? Diese Informationen

Auxin-Konzentration und Wurzelwachstum

zeigen zunächst einmal, dass viel nicht immer viel bringt und dass eine sehr hohe Auxin-Konzentration sogar negative Auswirkungen haben kann. Jeder, der schon einmal Stecklinge geschnitten hat, kennt ***Indol-Buttersäure***, einen synthetisch hergestellten Stoff, der in vielen Produkten wie Clonex und anderen Stecklings- und Wurzelstimulatoren enthalten ist. Indol-Buttersäure ist Indol-3-Essigsäure sehr ähnlich und hat im Grunde genommen die gleiche Wirkung. Schneidet man jetzt Stecklinge, dann reicht schon eine kleine Menge an Clonex, um den Steckling beim Wurzeln zu unterstützen. Zu viel IES kann jedoch das Wurzelwachstum sogar hemmen und hinauszögern. Man könnte die Pflanze zum Beispiel auch einnebeln, um damit das Wachstum zu stimulieren, aber auch hier ist der Grat zwischen positiver und negativer Wirkung, zwischen Erfolg und Scheitern sehr schmal. Es gibt synthetisch hergestellte Auxine, die man auch als Stärkungsmittel verwenden könnte. Die Liste mit weiteren Möglichkeiten ist lang. Wer wirklich ein wenig mit Auxinen experimentieren will, der sollte sich vorher

Unten: Ein zwei Wochen alter Steckling beginnt wieder mit dem Wachstum.

ausführlich damit beschäftigen und mit minimalen Dosierungen beginnen.

Jasmonate

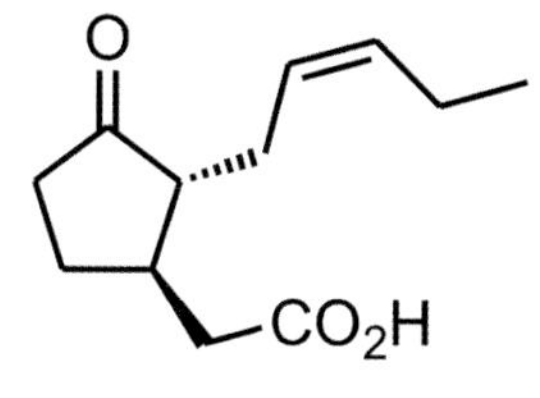

Jasmonate

Diese Gruppe der Botenstoffe wurde erst vor wenigen Jahren nachgewiesen und untersucht. Der Name **Jasmonate** leitet sich von Jasmin ab, der Pflanzenart, in der dieser Signalstoff zuerst entdeckt wurde. Jasmonate können wie alle anderen Botenstoffe eine hemmende und eine aktivierende Wirkung haben. Sie sind vor allem an pflanzeneigenen Abwehrmechanismen beteiligt, aber auch die Regulation der gesamten Pflanzenentwicklung wird durch sie mitbestimmt. Darüber hinaus steuern und regulieren sie die Transkription verschiedener RNS-Klassen und senken die Bildung der essenziellen «Housekeeping-Proteine», welche grundlegende Funktionen in der Zelle, der DNA, der RNA und in anderen Zellprozessen übernehmen. Auch die Keimung von Hanfsamen kann durch Jasmonate beeinflusst werden; man findet Spuren dieses Hormons im Endosperm, der Nährstoffhülle der Samen.

Jasmonat-Synthese und Cycloheximid

Die wichtigste und für uns interessanteste Funktion ist aber die Reaktion bzw. das Entgegenwirken bei Krankheiten und Pilzbefall. Man kann die Jasmonat-Synthese durch die Gabe von ***Cycloheximid*** beeinflussen und damit auch seine Wirkungsweise und seine Funktionen hemmen oder aktivieren. Der Schlüssel hierbei ist die genaue Dosierung.

Viele Pflanzenhilfsmittel zur Stärkung und zur Stimulation der Abwehrkräfte enthalten synthetisch hergestellte Stoffe, die dem Cycloheximid vom chemischen Aufbau her sehr ähnlich sind und auch entsprechend wirken.

Cytokinine

Die nächste Gruppe der Botenstoffe sind die **Cytokinine**. Diese Gruppe wurde 1956 entdeckt und enthält über 40 Molekülstrukturen, die verschiedene Funktionen in einer Pflanze steuern und regulieren. Cytokinine sind Adenin-Derivate, die in unterschiedlichen Formen vorkommen und als äußerst aktiv gelten. Man findet sie als freie Basen,

Nukleoside oder auch als Nukleotide. Die bekanntesten Phytohormone aus der Klasse der Cytokinine sind ***Zeatin***, ***Kinetin*** und ***Dihydrozeatin***. Die Wirkung dieser Signalstoffe ist breit gefächert.

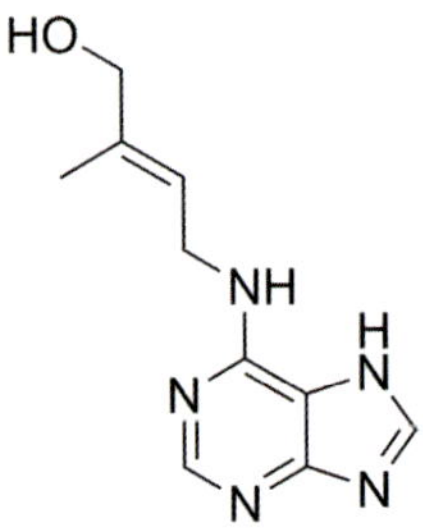

Kinetin

Wirkungsweise der Cytokinine

Cytokinine sind ausgesprochen aktiv und beeinflussen die Zellteilung. Zum Vergleich: Auxine steuern die Streckung der Zellen und damit auch die Streckung der gesamten Pflanze, wie zum Beispiel in den ersten drei Blütewochen oder beim Wachstum des Keimlings. Kinetin und andere Cytokinine beeinflussen nicht die Zellstreckung an sich, sie greifen direkt in die Mitose ein und stimulieren die Teilungsaktivität. Hierbei ist vor allem das richtige Auxin-Cytokinin-Verhältnis wichtig, da die Teilungs- und die Streckungsrate der Zellen in einem bestimmten Verhältnis stehen müssen.

Cytokinine können die **Seneszenz** von Cannabispflanzen hinauszögern oder einfacher ausgedrückt, sie können den Alterungsprozess von pflanzlichen Zellen verlangsamen und dem Welken entgegenwirken. Cytokinine können die Auxin-Synthese steigern, sie fördern die Knospen- und Blütenbildung und helfen sogar bei der Keimung von Samen. Ähnlich wie Jasmonate findet man Cytokinine auch im Endosperm, in der Nährstoffhülle des Samens. Die Boten- und Signalstoffe der Cytokiningruppe sind in der Pflanze an Proteine oder Aminosäuren gebunden, sie können aber auch wie Auxine glykosyliert vorliegen. Auf diese Weise werden sie auch in der Pflanze transportiert. Eine andere, sehr wichtige Aufgabe dieser Phytohormone ist die Steuerung der DNS-Replikationsrate, der Protein- und der RNS-Synthese. Dies ist der Grund, warum Cytokinine die **Zellteilungsrate** sehr stark beeinflussen und steigern können. Eine schnellere Zellteilung hat natürlich auch ein schnelleres Wachstum und eine gesteigerte Performance der gesamten Pflanze zum Ergebnis. Heute ist es möglich, über 100 synthetische Cytokinin-Derivate künstlich herzustellen. Verwendung finden sie vor allem in Pflanzenstärkungsmitteln, die in der Landwirtschaft und beim kommerziellen Obst- und Gemüseanbau eingesetzt werden.

Nach 14 Tagen im NFT-System zeigen diese Pflanzen ein stark gesteigertes Wachstum.

Wer die Wirkung der Cytokinine an seinen eigenen Pflanzen erleben möchte, kann auf einen kleinen Trick zurückgreifen. Dieses Experiment funktioniert sehr gut auf sterilen Medien wie Steinwolle, Kokos, Mapito oder Blähton. Man weicht das Medium für 24–36 Stunden in **Kokosmilch** ein, setzt seine Stecklinge oder Keimlinge ins System und wartet ab, was passiert. Man wird sehr schnell merken, dass die Pflanzen innerhalb von nur wenigen Tagen ein enorm gesteigertes Wachstum zeigen und sehr schnell größer werden. Ihr werdet Euch jetzt sicherlich fragen, warum Kokosmilch für ein solch schnelles Wachstum sorgt. Kokosmilch ist eine natürliche Quelle für viele Cytokinine; das wichtigste Hormon, das man in der Kokosmilch findet, ist ***Kinetin* (*6-Furfurylaminopurin*)**. Kinetin ist in der Pflanze sehr aktiv und besitzt eine große Wirksamkeit. Es ist erstaunlich, mit welcher Effizienz und Geschwindigkeit die Pflanzen wachsen, und dies nur durch die Zugabe eines natürlichen Phytohormons.

Blattlausbefall ist eines der größten Probleme beim Outdoor-Anbau.

Cytokinine werden in kleinen Mengen hauptsächlich in den Wurzeln, aber auch in jungen Trieben oder sogar in den Blüten produziert. Der Transport dieses Signalstoffes findet nur über das Xylem statt, also über die gleiche Bahn, in der auch der Wassertransport in der Pflanze abläuft. Dementsprechend hoch ist die Geschwindigkeit, mit der die Pflanze den Botenstoff verteilen kann. Cytokinine wirken nicht nur alleine, sie können auch mit anderen Botenstoffen wie Auxin oder Gibberilinen eine Bindung eingehen und andere Funktionen in der Pflanze steuern. Hier kommt es vor allem auf das Verhältnis der Hormone zueinander an: Kinetin und IES (Indol-3-Essigsäure/Auxine) im richtigen Verhältnis bewirken, dass gewisse Differenzierungsschritte schneller ablaufen; Differenzierung heißt, dass Gene und Proteine entscheiden, welche Funktion eine Pflanzenzelle in der Pflanze übernehmen soll. Es gibt einige Zellen, die undifferenziert sind und keine vorgegebene Funktion haben, die sie ausführen müssen. Diese Zellen können durch weitere Teilung die Funktion eines Triebes oder eines Blatt

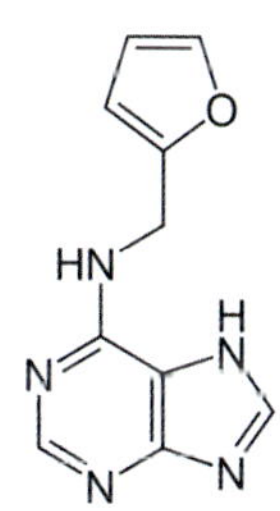

Zeatin

übernehmen, genauso gut aber auch die Funktion einer Wurzelzelle. Ein richtiges Verhältnis von Kinetin und IES unterstützt diesen Prozess der **Zelldifferenzierung**.

Cytokinine sind neben Auxin, Ethylen und Gibberellinen die wichtigsten Phytohormone und für Grower äußerst interessant. Jeder Grower sollte sich über die Bedeutung und über die Wirkungsweise der verschiedenen Hormone im Klaren sein. Das Verstehen der Vorgänge, welche die Phytohormone auslösen, hilft uns, die Wirkungsweise von Pflanzenstärkungsmitteln oder Stimulatoren zu verstehen, gegebenenfalls die Performance und die Bedingungen bei einem Grow zu optimieren und die Pflanze im Kampf gegen Pilze und andere Krankheiten zu unterstützen.

Abscisinsäure

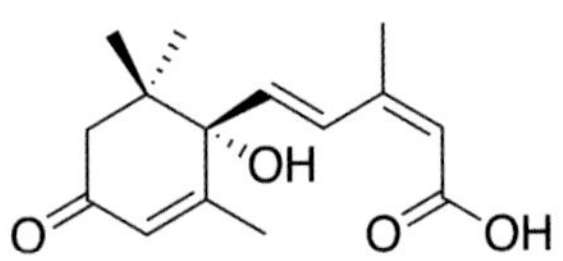

Abscisinsäure

Abscisinsäure (ältere Bezeichnung: *Dormin*) ist ein pflanzeneigenes Hormon, das eine eher hemmende Wirkung besitzt. Es ist in der gesamten Pflanzenwelt weit verbreitet und gehört zur chemischen Klasse der **monocyclischen Sesquiterpene**. Im Vergleich zu den anderen Phytohormonen ist Abscisinsäure ein Einzelstoff und keine Stoffgruppe wie die Auxine oder die Gibberelline. Abscisinsäure wird auch mit **ABA** abgekürzt (von engl. *abscisic acid*). Auch wenn in den meisten Pflanzenarten Abscisinsäure nachgewiesen wurde, so findet sich gerade in den Langtag- und Kurztagpflanzen ein sehr hoher Level des Hormons. Cannabis ist bekanntlich eine Kurztagpflanze und besitzt einen hohen ABA-Gehalt, was darauf schließen lässt, dass Abscisinsäure sehr wichtige Funktionen in der Pflanze übernimmt. Und tatsächlich reguliert der Stoff einige Prozesse, die vor allem in Stresssituationen das Überleben einer Pflanze sichern.

Rechts: Die Triebe dieser Pflanze zeigen eine genetisch bedingte rötlich Verfärbung.

ABA kontrolliert im weitesten Sinne die Transpiration; dies ist gerade bei Hitze- oder Trockenstress von großer Bedeutung. Dabei induziert das Hormon die Schließung der **Stomata**, damit die Verdunstung von Wasser reduziert wird. Zusätzlich kann die Photosynthese auf ein Minimum heruntergefahren werden, was einem zusätzlichen Wasserverlust entgegenwirkt. Bei niedrigen Temperaturen verlangsamt

Oben: Nach einem Lampenwechsel weisen diese Blätter deutliche Verbrennungen auf.

Abscisinsäure die Bildung von Blättern und Trieben und reduziert die Zellteilung im Kambium, wodurch das Dickenwachstum der Triebe und des Stammes stark eingeschränkt wird. Doch auch im Samen selbst übernimmt ABA eine wichtige Funktion bei der Bildung von Speicherproteinen. In einer späten Phase der Samenbildung wird viel Abscisinsäure in der Pflanze produziert und in den Samen eingelagert. Dadurch wird die Samenruhe gewährleistet, die Keimung wird sozusagen gehemmt. Erst wenn der Samen Feuchtigkeit verloren hat und der Gibberellin-Level ansteigt, kann die Samenruhe unterbrochen werden; das Saatgut kann keimen und eine neue Generation von Pflanzen hervorbringen.

Die Stoffgruppe der Gibberelline wirkt gegenüber der Abscisinsäure antagonistisch. Gibberelline können die Wirkung von ABA neutralisieren. Hier kommt es aber auf das Verhältnis zwischen Gibberellinen und ABA an. Erst ab einem bestimmten Niveau können Gibberelline die Wirkung von ABA aufheben. Abscisinsäure wird über zwei verschiedene Transportwege in der Pflanze verteilt. Der primäre

Verteilungsweg läuft über das Phloem, von den Blättern zur Wurzel. Der zweite, entgegengesetzte Transportweg, bei dem deutlich weniger ABA transportiert wird, ist über das Xylem, von der Wurzel zu den Sprossspitzen. Der Verteilungsweg in der Pflanze gibt uns einen Einblick in die Biosynthese und die Bildung von Abscisinsäure, die vor allem in den Blättern abläuft.

Das Signal zur Bildung von Abscisinsäure kommt in der Regel vom **Turgor**. Als Turgor bezeichnet man auch den Druck, den der Zellsaft auf die Zellwand ausübt. Man kann das an einem ganz einfachen Beispiel erklären: Gießt man eine Pflanze über mehrere Tage nicht ausreichend, so wird sie früher oder später die Blätter hängen lassen, da der Pflanze einfach das nötige Wasser fehlt. Der Zelldruck ist dabei entsprechend niedrig. Gibt man der Pflanze wieder Wasser, so wird sie sich nach ein paar Minuten erholen und beginnen, ihre Blätter erneut aufzurichten. Der Zelldruck steigt und gibt so das Signal, die ABA-Produktion einzustellen. Es ist jetzt auch verständlich, warum das Signal zur Bildung von ABA vom inneren Zelldruck abhängig ist. Fällt dieser, so wird mehr ABA produziert, die Stomata schließen sich, die Transpiration wird verlangsamt und der Wasserverbrauch sinkt. Auf diese Weise reguliert die Abscisinsäure den Wasserhaushalt und sichert das Überleben bei Trockenheit oder extremem Hitzestress.

ABA-Produktion und Wasserhaushalt

7.3 Gibberelline

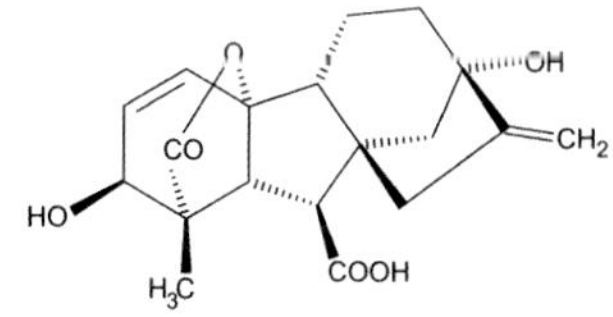

Gibberellinsäure

In den letzten beiden Abschnitten habe ich die Grundlagen zu den Signal- und Botenstoffen etwas näher erläutert und zudem die Funktion und Wirkungsweise der ersten drei Hormongruppen genauer besprochen sowie deren Verteilung innerhalb der Pflanze erklärt. Nun werden wir auf ein weiteres Phytohormon näher eingehen, das bereits erwähnt wurde und den Growern bekannt sein dürfte. Es handelt sich um die große Stoffgruppe der **Gibberelline**.

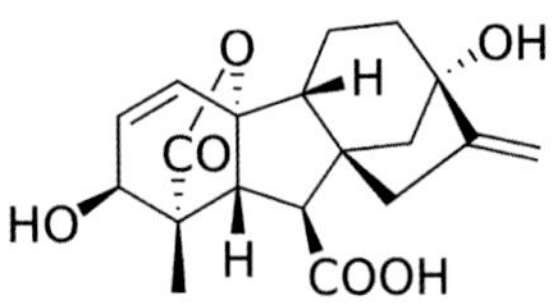

Gibberellinsäure (GA_3)

Gibberelline – zumindest ihre bekannteste Abwandlung, die ***Gibberellinsäure*** – werden vielen Growern ein Begriff sein, doch die Informationen die man in Foren liest, sind relativ rar und entsprechen nicht immer der Wahrheit. Bekannt wurden Gibberelline (GA) durch Experimente, in denen Züchter und Grower versuchten, rein weibliche Pflanzen zum Ausbilden männlicher Blütenstände zu zwingen, um auf diese Weise feminisierte Samen herzustellen. Ich werde etwas später nochmals auf diese Versuche eingehen und auch erklären, warum Gibberelline zur Herstellung feminisierter Samen nicht geeignet sind und weshalb es heute viel bessere und einfachere Möglichkeiten gibt.

Entdeckung der Gibberelline

Gibberelline gehören zur Gruppe der **Diterpene** und wurden 1926 vom japanischen Wissenschaftler Eiichi Kurosawa eher zufällig entdeckt und beschrieben. Mehrere Reissämlinge, die zu Forschungszwecken angebaut wurden, zeigten völlig überraschend einen spindelförmigen und stark beschleunigten Wuchs. Nach einigen Untersuchungen konnte er auf den Blättern der Reispflanzen einen Pilz (***Gibberella fujikuroi***) lokalisieren, der als Nebenprodukt einen Stoff ausschied, der für diesen starken Wuchs verantwortlich war. 1936 war es erneut ein japanischer Wissenschaftler, Teijiro Yabuta, der diese Substanz ein weiteres Mal nachweisen und schließlich isolieren konnte.

Die Entdeckung blieb lange unbeachtet; erst in den 60er Jahren gewann sie durch die deutsche Firma Merck und die Wissenschaftler C. A. West und B. O. Phinney die Aufmerksamkeit von Botanikern und Pflanzenpathologen. Man stellte fest, dass Gibberelline in höheren Pflanzen viel mehr verbreitet waren als bis dahin angenommen. Heute kennt man über 130 verschiedene Gibberelline, die sich in ihrer chemischen Struktur voneinander kaum unterscheiden, dafür aber in der Wirkungsweise völlig verschieden sind. Man bezeichnet die einzelnen Gibberelline mit G_1, G_2, G_3 usw. bis G_{100}, G_{101}. Die meisten der GA, die man heute in Pflanzen findet, sind inaktiv. Nur einzelne Botenstoffe der Gibberellin-Gruppe sind aktiv und steuern verschiedene Prozesse im gesamten Stoffwechsel. Die am häufigsten anzutreffende aktive Form ist GA_1, das jedoch innerhalb der Pflanze nicht die größte Wirkung besitzt. Das aktivste Gibberellin ist auch gleichzeitig das bekannteste: GA_3 oder Gibberellinsäure, das Hormon mit der größten Wirkung auf die Hanfpflanze.

Diterpene oder GA bestehen aus vier **Isopreneinheiten**, die durch ein **4-Ring-System** verbunden sind. Man unterscheidet Gibberelline mit 19 C-Atomen und Gibberelline mit 20 C-Atomen, bei denen das zusätzliche Atom in einer Seitenkette angeordnet ist. Die höchste Gibberellin-Konzentration findet man im oberen Bereich der Hanfpflanzen, in den jungen Blättern, dem Achsengewebe und in den heranreifenden Samen. Die GA-Konzentration nimmt ab, je näher wir den Wurzeln kommen. Doch auch an diesen Stellen sind Gibberelline vorhanden; vor allem in den jungen Wurzelspitzen kann man eine gewisse Menge nachweisen. Die Vermutung liegt also nahe, dass diese Hormongruppe über das Xylem und Phloem weitergegeben und somit sprossaufwärts transportiert wird, allerdings werden oft auch nur GA-Vorstufen durch die Pflanze geleitet.

Gibberellin-Konzentration in Hanfpflanzen

Eine Umwandlung in aktive GA kann an dem Ort passieren, an dem die höchsten Konzentrationen gemessen werden. Doch es muss noch einen weiteren Transportweg geben, da Gibberelline vor allem auch für die Nährstoffproduktion im keimenden Samen verantwortlich sind. Wir wissen ja nun, dass Signalstoffe auch von Zelle zu Zelle weitergegeben werden; man spricht hier auch von einem **symplastischen Transport**, ähnlich dem von Ethylen und anderen Hormongruppen. In einem Samen passiert nun Folgendes: Das erste Blattpaar eines Keimlings, die **Kotyledonen**, synthetisieren Gibberelline und entlassen sie in das Endosperm, das Nährstoffdepot eines Samens oder Keimlings. Die GA diffundieren nun durch die **Aleuronschicht** und aktivieren auf diese Weise die Genexpression, wodurch wiederum *Amylasen* und *Hydrolasen* gebildet werden. Als Amylasen bezeichnet man Enzyme, die Stärke in Glucose und andere Einfachzucker umwandeln können; diese Einfachzucker sind die Nährstoffe einer jeden Pflanze und in unserem Fall die des Keimlings oder Sämlings.

Hormone steuern auch die Keimung der Samen.

Viele Wissenschaftler und Botaniker untersuchen die **Biosynthese der Gibberelline**. Man kann aber bis heute noch nicht umfassend erklären, wie sie in der Pflanze entstehen, ob es Umwandlungen von inaktiven GA zur aktiven Form gibt oder inwieweit Vorstufen hierbei eine Rolle spielen. Man weiß heute jedoch, dass die Temperatur und auch die Photoperiode zwei sehr wichtige Faktoren bei der Gibberellin-Bildung sind. Eine Kältebehandlung erhöht die GA-Konzentration in der Pflanze genauso, wie eine lange Tageslänge die Oxidase der mRNA steigert oder, einfach gesagt, die Transkription beschleunigt. Es ist heute auch bekannt, dass es ein **Zusammenspiel von Auxinen und Gibberellinen** gibt. Ein normaler Auxin-Level ist nötig, um einen normalen Level an GA_1 zu erreichen. Ist zu wenig Auxin vorhanden, so wird die Synthese von GA_1 und damit auch das Wachstum der Pflanze gehemmt. Man sieht hier, wie komplex das Zusammenspiel der verschiedenen Phytohormone ist und wie bereits geringfügige Änderungen zu Problemen beim Hanfanbau führen können. Doch hier liegt gleichzeitig der Vorteil. Weiß man über diese Vorgänge Bescheid, kann man durch Experimente versuchen, den Anbau, das Ausreifen der Samen und sogar das Keimen zu optimieren.

Einfluss von Temperatur und Licht auf die Gibberellin-Bildung

Die Wirkung der einzelnen GA ist heute weitgehend aufgeklärt, man weiß, welche aktiven Gibberelline in höheren Pflanzen wie Hanf zu finden sind und welche Prozesse sie steuern. Von allen heute bekannten GA sind nur ungefähr 30 Prozent aktiv, und von diesen 30 Prozent sind wiederum nur einige wenige in Hanfpflanzen enthalten. Für uns sind vor allem die aktiven Gibberelline GA_1, GA_3 und GA_7 interessant, wobei Feminisierungsexperimente ausschließlich mit GA_3 Sinn machen würden. Die Gibberelline GA_1, GA_4 und GA_7 werden häufig mit anderen Phytohormonen wie NAA oder ISE in Düngemitteln eingesetzt. Die Gabe dieser GA hat weit weniger starke Auswirkungen auf Pflanzen als das für uns interessante GA_3.

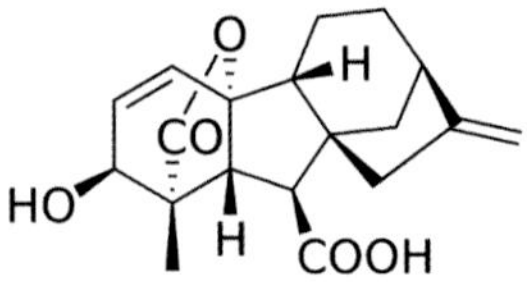

GA_7

Die experimentelle Dosierung von GA_3 liegt im Bereich von 20 ppm bis hin zu 100 ppm. GA_3 ist auch bekannt als *Diterpenoid-Carbonsäure* (oder eben kurz als *Gibberellin-*

Samenfeminisierung durch Gibberelline?

Einige Breeder experimentierten auch mit dem Einlegen von Hanfsamen in einer GA_3-Lösung. Sie erhofften sich so eine weibliche Geschlechtsfestlegung von regulären Samen. Dieses Ziel ist mit Gibberellinen nicht zu erreichen und gehört in die Abteilung «Mythen und Legenden». Man muss wissen, dass Gibberelline zwar bei der Keimung helfen, bei der Festlegung des Geschlechts aber nicht einen derart bestimmenden Einfluss haben.

säure) und wird von verschiedenen Firmen unter Namen wie «Gibb3» oder «Berlelex» angeboten. Will man mit diesem Stoff experimentieren oder eigene Versuche durchführen, sollte man zwei Punkte beachten. Gibberellinsäure ist «stark reizend», es müssen also verschiedene Sicherheitsaspekte beachtet werden. GA_3 ist als leicht kristallines Pulver im Handel erhältlich, ist aber kaum wasserlöslich. Es ist darum nötig, die Chemikalie erst in vergälltem Alkohol zu lösen. Danach kann man Wasser dazugeben, bis die gewünschte Dosierung erreicht ist. Ich empfehle, 10 mg GA_3 mit 10 ml Alkohol und 10 ml Wasser zu mischen und entsprechend so zu verdünnen, dass die Dosierung bei 50–100 ppm liegt. Die Pflanze wird nun tropfnass eingesprüht. Man kann den Vorgang 1–2 Tage später wiederholen und die Pflanzen mit einer niedrigeren Dosis GA_3 einnebeln. Nach weiteren 2–3 Tagen wird man erste Veränderungen an der Pflanze wahrnehmen können.

Eine trockene Swiss-NLx-Blüte.

Eine andere bekannte Wirkungsweise von Gibberellinen ist die Aufhebung der Keimhemmung bei leicht unreifen Samen, bei verschiedenen «Kaltkeimern» oder bei Pflanzenarten, die nur alle zwei Jahre zum Leben erwachen. Legt man Seeds in GA_3 ein, kann die Hemmung aufgehoben werden und die Keimung der Samen wird forciert und beschleunigt. Das ist ein übliches Verfahren, das viele Hobbygärtner

Oben: An den Blättern dieser Pflanze zeigt sich ein beginnender Nährstoffmangel.

bei einigen Pflanzenarten einsetzen, um die schwer keimenden Samen zu unterstützen und die Keimhemmung aufzuheben. Aber das Behandeln von Hanfsamen ist in meinen Augen völlig unnötig und bringt keinerlei Vorteile, sondern eher Nachteile, auf die ich später zurückkommen werde.

Bleiben wir noch kurz bei der Wirkung. Gibberelline fördern sehr stark die Zellstreckung und die Zellteilung. Daraus resultiert ein sehr schnelles Wachstum, das mit gelblichen Blättern, dünnen Trieben und dem späteren Umfallen der Pflanze einhergeht. Auch die Pollenkeimung, also das Wachsen des Pollenschlauchs beim Bestäuben der weiblichen Blüten, wird angeregt. Aber das ist für Hanfbauern weniger wichtig, da der Pollen, sobald er sich auf dem Griffel befindet, zu keimen beginnt und der Pollenschlauch innerhalb von 2–3 Tagen das weibliche Ovulum erreicht, womit die Befruchtung abgeschlossen ist.

Bei einigen Pflanzenarten, die vor allem in der Landwirtschaft angebaut werden, ist es möglich, durch GA-Zugaben und zusätzliche Auxin-Applikationen den Ertrag zu erhöhen.

Wendet man eine solche **Auxin/GA-Applikation** bei Hanfpflanzen an, so werden Blüten und Calyxe länglicher aussehen und auch die Dichte der einzelnen Blütenkelche wird deutlich höher sein. Allerdings sind diese Ergebnisse nicht so einfach zu erzielen, da Wissenschaftler und Botaniker über Jahre hinweg nach genauen Dosierungen für die jeweiligen Pflanzenarten gesucht haben. Für uns Grower ist es sehr schwierig, solche Experimente durchzuführen, da wir in den meisten Fällen zu wenig Wissen über diese Hormone haben und auch nicht über die notwendigen Laborausrüstungen verfügen. Um wirklich ernsthaft mit Gibberellinen experimentieren zu können, muss man wissen, wie diese Stoffe im Detail funktionieren und welche Prozesse sie vorantreiben und beeinflussen – dazu gehört ein umfangreiches Fachwissen über Genexpressionen, Proteinsynthesen, Transkription und vieles mehr. Nicht umsonst untersuchen nur ausgebildete und erfahrene Botaniker, Molekularbiologen und Genetiker solche Prozesse des Pflanzenstoffwechsels.

Aus der Wirkungsweise der Gibberelline leitet sich auch das größte Problem beim **Feminisieren von Cannabis** ab. Bei weiblichen Pflanzen, die wir mit GA_3 einnebeln, um sie zum Ausbilden von männlichen Blüten zu zwingen, werden sich immer auch negative Auswirkungen zeigen. Sie werden extrem schnell wachsen und nach einer gewissen Zeit umfallen bzw. abknicken. Es wird starke Mutationen geben, die sich im schlimmsten Fall auf kommende Generationen übertragen. Ein weiteres Problem ist die richtige Dosierung. Einige Sorten reagieren auf eine bestimmte GA_3-Dosis stärker als andere, die bei gleicher Dosierung keine Veränderungen zeigen. Aus diesem Grund ist das Arbeiten mit Gibberellinen zur Herstellung von feminisiertem Saatgut für uns nicht interessant und nicht zu empfehlen. Es gibt heute andere und einfachere Möglichkeiten, feminisierte Samen herzustellen. Man kann statt GA_3 auch Kolloidal-Silber einsetzen oder man behandelt eine weibliche Pflanze mit der bekannten STS-Methode.

Hormone regulieren das Ausreifen der Samen; diese hier sind erntereif.

Früher nahm man an, dass man mit einer zusätzlichen Gabe von Gibberellinen die Blüte bei Hanfpflanzen unabhängig von der Tageslänge einleiten kann. Diese Annahme basiert auf einem längst widerlegten Mythos. Hanfpflanzen gehen bei einer bestimmten Tageslänge in die Blütephase über. Das heißt, es muss ein Signal geben, das den Pflanzen sagt, dass die kritische Tages-/Nachtlänge erreicht ist und die Blütephase beginnt. Durch die Gabe von GA_3 konnte man die Blüte bei einigen Pflanzenarten trotzdem einleiten. Man nahm nun an, dass Gibberellin dieses Signal steuert oder gar dafür verantwortlich ist. Wissenschaftliche Untersuchungen zeigten hingegen, dass bei verschiedenen Pflanzenarten eine Verlängerung der Sprossachse einsetzt, bevor sie in die Blütephase wechseln. Gibberelline unterstützen diesen Wachstumsprozess und forcieren dadurch auch die Blütenbildung, aber sie geben nicht das Signal zur Blüteninduktion. Kurztagpflanzen, bei denen vor der Blüte keine Streckung der Sprossachse stattfindet, fangen auch bei zusätzlicher GA_3-Gabe nicht zu blühen an, und Hanf gehört zu dieser Gruppe.

Unten: Eine befruchtete OG-Kush-LL-Inbreedline.

Florigen

Das Signal zur Blüteninduktion gibt ein anderes Hormon oder besser gesagt ein ganzer Hormoncocktail. In der gesamten Botanik gibt es keinen anderen Stoff, der so lange unbekannt war. Man wusste zwar, dass es dieses Hormon geben muss, doch konnte man es nicht wirklich isolieren oder gar charakterisieren. **Florigen** ist ein Antagonist, also eine Substanz, die selber keine Wirkung besitzt, aber durch die Bindung an verschiedene Rezeptoren andere Hormone blockieren oder hemmen kann. Erst dadurch entsteht eine Wirkung beziehungsweise eine Funktion, die den Pflanzenstoffwechsel beeinflusst.

Kalichakra von Mandala Seeds am Blütetag 32.

Die meisten Grower wissen, dass Hanf zu der Gruppe der einjährigen **Kurztagpflanzen (KTP)** gezählt wird. Dieser Begriff umschreibt Pflanzen, die abhängig von der Tageslänge verschiedene Entwicklungsstufen durchlaufen, hierbei geht man aber vor allem von der Blüteninduktion und der Blütenbildung aus. Der gesamte Prozess wird unter dem Begriff **Photoperiodismus** zusammengefasst. Es ist aber nicht die Lichtphase, die einen Einfluss auf die Bildung von Blüten bei einer Hanfpflanze hat. Es ist vor allem die Dunkelphase, die den Pflanzen das Signal zur Blüteninduktion gibt. Dr. K.C. Hammer von der *University of California* fand gar eine Abhängigkeit bei Kurztagpflanzen, die aus einem bestimmten Verhältnis von Tages- und Nachtlänge resultierte. Die kritische Nachtlänge beträgt bei Hanf circa 10–14 Stunden, ist die Dunkelphase kürzer, bleibt die Pflanze in der Wachstumsphase. Schon eine kurzzeitige Störung der Dunkelphase kann bei einigen Pflanzenarten die Blüteninduktion hemmen oder gar völlig stoppen.

Die Dunkelphase als Signal zur Blüteninduktion

Doch was passiert eigentlich in der Pflanze selbst welche Vorgänge lösen die Blüte überhaupt aus und warum gibt es überhaupt einen solchen Mechanismus in der Natur? Diese Frage konnte man lange Zeit nicht beantworten. Man wusste zwar, dass es einen Signalstoff geben muss und man konnte diesen auch nachweisen, aber die Struktur, die Zusammensetzung und auch die Wirkungsweise waren bis vor ein paar Jahren völlig unbekannt. Erst die Versuche eines deutsch-britischen Forscherteams unter der Leitung des renommierten Molekularbiologen Detlef Weigel brachten im Jahr 2005 die Erklärung, nach der man über achtzig Jahre lang gesucht hatte.

Werfen wir erst einmal einen Blick auf die Grundlagen des Photoperiodismus. Viele Blütenpflanzen, die man heute auf der ganzen Welt findet, haben sich der Natur angepasst und richten ihre Blütenbildung nach verschiedenen Umweltfaktoren wie der Temperatur oder der Tages- und Nachtlänge aus. Den komplexen Mechanismus der Blüteninduktion kann man in zwei grundlegende Prozesse einteilen. Beim ersten Prozess muss die Pflanze auf das Licht reagieren. Diese Aufgabe erfüllen sogenannte **Photorezeptor-Proteine**, sie steuern und regulieren z.B das Keimen der Samen, die Öffnung der Keimblätter oder auch die Bildung von Xylem-Elementen. Photorezeptor-Proteine, oder genauer gesagt die **Phytochrome**, messen das Verhältnis von hellrotem und dunkelrotem Licht und regeln auf diese Weise die oben beschriebenen Aufgaben.

Grundlegende Prozesse der Blüteninduktion

Phytochrome können in zwei verschiedenen Formen vorliegen und fungieren sozusagen als Schalter für die Bildung des Blütenhormons Florigen respektive dessen, was man unter dem Begriff Florigen zusammenfasst. In der Dunkelphase wird das Protein *Pr* im Cytoplasma einer Zelle so lange produziert, bis ein bestimmtes Level erreicht ist. In der Lichtphase wird das *Pr*-Protein in eine aktive Form umgewandelt, diese aktive Form bezeichnet man als *Pfr*. Es entsteht ein neues Gleichgewicht zwischen *Pr* und *Pfr*. Gehen die Pflanzen wieder in die Nachtphase über, so wird das instabile *Pfr* wieder eliminiert und erneut das Protein *Pr* gebildet. Auf diese Weise entstehen in der Dunkel- und der Tagphase zwei verschiedene Verhältnisse der beiden Proteine zueinander. Dieses Verhältnis ist sozusagen der Schalter, der die Bildung zweier Stoffe, welche für die Ausbildung von Blüten verantwortlich sind, aktiviert. Man kann den ersten Mechanismus der Blütenbildung also folgendermaßen zusammenfassen: Die Pflanze erkennt an dem Verhältnis der Proteine *Pr* und *Pfr* die Tag-/Nachtphase und legt einen

Erster Mechanismus der Blütenbildung

Blüteninduktion und Florigen

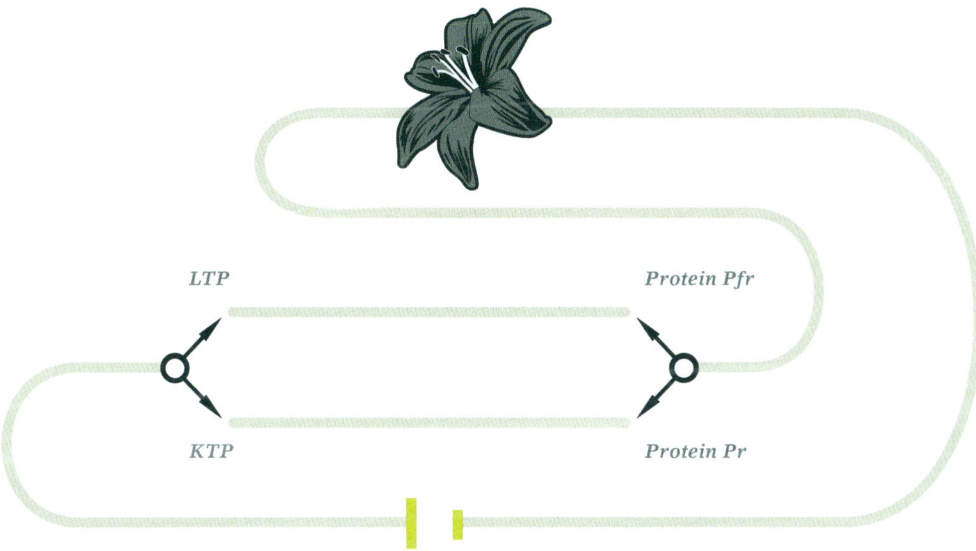

Schalter um, der wiederum den zweiten Mechanismus der Blütenbildung aktiviert.

Zweiter Mechanismus der Blütenbildung

Der zweite Mechanismus beginnt nun damit, dass ein bestimmtes Gen ein Protein in den Blättern der Hanfpflanze bildet. Dieses aktive Protein nennt man auch ***FT*** oder ***Flowering Locus T***. Es wird wahrscheinlich von den Blättern über das Xylem und das Phloem an die Stellen der Pflanze geleitet, an denen sich später auch Blüten bilden sollen. Das Entscheidende ist nun, dass ein weiteres Protein, welches man mit ***FD*** bezeichnet und das von der Pflanze direkt an den Sprossspitzen gebildet wird, an das erste *FT*-Protein bindet. ***FD*** hat darüber hinaus noch einen starken Einfluss auf andere Gene, die nun dafür sorgen, dass sich undifferenzierte Zellen an der Sprossspitze zu Blüten entwickeln. Wichtig ist nun, dass das Protein ***FD*** nur aktiviert wird, wenn es ans *FT*-Protein bindet.

Auch den zweiten Prozess fasse ich nochmals kurz zusammen: Die Pflanze hat das Signal zur Bildung von Blüten bekommen und bildet schon einige Stunden danach das Protein ***FT***. Dieses wird von der Pflanze in die Sprossspitzen der Triebe und des Stammes geleitet, wo sich ein weiteres, noch inaktives Protein befindet, das man als ***FD*** bezeichnet. Erst wenn sich beide Proteine verbinden, wird ***FD*** aktiv und kann nun Gene so steuern, dass diese die Zellen in der Sprossspitze zur Bildung von Blüten animieren. Es stellt sich nun die Frage, ob das Protein ***FT*** vielleicht sogar selbst das lang gesuchte Hormon **Florigen** ist oder ob ***FT*** nur ein Teil des Ganzen ist. Bis heute gibt es auf diese Frage keine genau definierte Antwort. Sicher ist nur, dass die beiden Proteine FT und FD eine wichtige Rolle bei der Blüteninduktion und der Blütenbildung übernehmen.

Durch diese beiden Mechanismen erfolgt die Bluteneinleitung nicht nur in der Hanfpflanze, sondern auch in anderen Blühpflanzen. Die beiden Proteine ***FD*** und ***FT*** findet man in einer identischen Zusammensetzung unter anderem auch in Kirschbäumen, Tulpen und allen Getreidearten. Man könnte sich diesen Prozess der Blütenbildung zunutze machen und Pflanzenarten anbauen, die sonst in unseren

Blüteninduktion

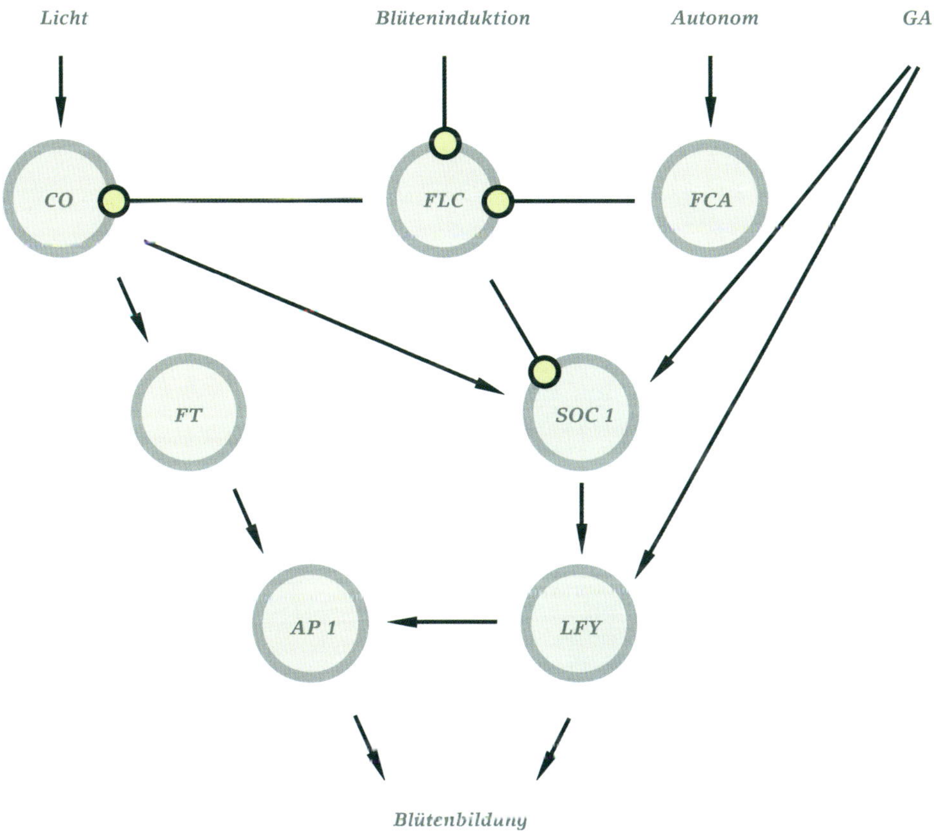

Schema der Blüteninduktion: oben die vier Auslöser der Blütenbildung. GA = Gibberelline. Pfeile bedeuten Förderung, Verknüpfungen Hemmung.

Regionen nie ausreifen würden. Man könnte die Blütephase unabhängig von äußeren Einflüssen und der Tageslänge induzieren. Für Grower liegen die Vorteile auf der Hand: Outdoor-Sorten könnte man schon im Mai in die Blüte schicken, ohne eine zusätzliche Verdunkelung in der Wachstumsphase. Man könnte sie im besten Fall mit einem Spray einnebeln und so die Blüte unabhängig von der Photoperiode einleiten. Die möglichen Anwendungsgebiete wären sehr vielfältig, aber noch ist das alles Wunschdenken, da die Forschung noch nicht soweit ist, dass man diese Projekte wirklich realisieren könnte.

Eine kranke Thai-Sativa am Ende der Bütephase.

Wachstumsregulatoren

Ich will in diesem Abschnitt noch auf ein paar andere Wachstumsregulatoren zu sprechen kommen. Wie Menschen besitzen auch Pflanzen Abwehrmechanismen gegen Pilze, Schädlinge und Krankheiten, die zum Beispiel durch Bakterien oder Viren ausgelöst werden können. Wir haben schon über Jasmonate gesprochen, die unter anderem Pilzinfektionen entgegenwirken können und einen großen Einfluss auf die Abwehrmechanismen haben. Es gibt aber noch andere pflanzeneigene Stoffe, die ähnliche Aufgaben erfüllen. Dazu gehören auch die **Oligosaccharide**, eine Gruppe von natürlich vorkommenden Kohlenhydraten. Sie beeinflussen das Wachstum und die Differenzierung von Zellen und sind an wichtigen Abwehrmechanismen gegen Pilzen beteiligt.

Oligosaccharide sind im Grunde komplexe Einheiten aus Einfachzuckern oder Monosacchariden, die untereinander verknüpft sind. Ihre Produktion wird durch Auxine und den Pilzbefall selbst stimuliert bzw. gebildet werden. Ihre Wirkung kann man in zwei Kategorien einteilen. Freigesetzte Oligosaccharide wirken der Ausbreitung des Pilzes entgegen. Sie können aber auch angrenzende Zellen zum Absterben bringen und auf diese Weise die Ausbreitung eindämmen. Diese Einheiten aus Einfachzuckern sind nicht artspezifisch. Das heißt, dass Hanfpflanzen die gleichen Oligosaccharide enthalten wie andere Pflanzen; die Zusammensetzung und die Wirkungsweise ist immer die gleiche.

Links: Ein STS-Male der OG-Kush-LemonLarry.

Ein anderer wichtiger Bestandteil des gesamten Hormonsystems ist ***Calcium***. Es ist sowohl beim Menschen als auch bei Pflanzen ein weit verbreiteter Stoff, der lebenswichtige Aufgaben erfüllt. In Hanfpflanzen übernimmt es viele Funktionen. Calcium reguliert unter anderem einige zelluläre Prozesse wie das Wachstum, die Teilung von Zellen, die Genexpression oder die Bildung von Harz, welches das für uns wichtige Cannabinoid ***THC*** enthält. Calcium findet man in vielen Teilen einer Zelle, allerdings können die Konzentrationen stark verschieden sein. Während der Calcium-Level in Organellen wie den Mitochondrien oder den Vakuolen sehr hoch ist, befindet sich im Zytosol, also im flüssigen Bestandteil des Zytoplasmas, nur sehr wenig davon.

Funktionen von Calcium

Die Wirkungsweise von Calcium beschreiben Experten häufig als ***Second-Messenger-Rolle***. Das heißt, dass Calcium bei vielen Prozessen eine Art Zwischenglied darstellt und auf diese Weise sehr viele Mechanismen blockieren oder stimulieren kann. Kann eine Zelle kein Calcium aufnehmen, so unterbleibt auch die Blütenbildung an dieser Stelle. Die Calciumaufnahme an sich wird wiederum durch andere

Unten: Ein Virus hat diese Blüte befallen und lässt die Griffel absterben.

Boten- und Signalstoffe bestimmt. Vor allem Auxine, Cytokinine und Gibberelline haben einen sehr großen Einfluss darauf, wie viel oder wie wenig Calcium von einer Zelle aufgenommen werden kann. Man sieht auch hier, wie komplex und außerordentlich eng die gesamten Zellprozesse mit den Phytohormonen verbunden sind. Hormone und andere Wachstumsregulatoren sind sozusagen die Bindeglieder zwischen den äußeren Bedingungen und den Reaktionen der Pflanzen.

Nahaufnahme eines NLx-Blütenkelchs in der Waschstumsphase.

7.4 Salicylsäure und Ethylen

Salicylsäure und das Abwehrsystem einer Pflanze

Wie bei uns Menschen Schutzimpfungen erfolgreich gegen Viren und Bakterien eingesetzt werden, so kann auch der Abwehrmechanismus bei Hanfpflanzen durch die Aktivierung natürlicher Schutzmechanismen gestärkt werden. Das ist nicht nur beim Hanf möglich, sondern auch bei Getreidearten und anderen wichtigen Rohstoffen, die das Überleben des Menschen auf unserem Planeten sichern. Ein solches Verfahren würde auch das Ausbringen von Pestiziden und chemischen Pflanzenschutzmitteln unnötig machen und einen völlig natürlichen und verlustfreien Anbau ermöglichen. Die hohen Verluste durch Krankheiten und Pilze würden der Vergangenheit angehören. Aus diesem Grund arbeiten Wissenschaftler und Biologen an der Aktivierung der natürlichen Abwehrmechanismen bei Pflanzen. Es ist schon länger bekannt, dass Pflanzen, die schon einmal von Krankheiten, Schadlingen oder Viren betroffen waren, beim zweiten Befall deutlich robuster und resistenter sind und kaum mehr Schaden nehmen.

Bei einem Befall mit Krankheiten reagieren Hanfpflanzen oft mit der Bildung von Nekrosen. Zellen sterben ab und verhindern die weitere Entwicklung des Krankheitserregers. Zusätzlich wird ein Signalstoff gebildet, der verschiedene Abwehrmechanismen und Schutzreaktionen aktiviert. Diese

systematische Resistenzaktivierung (**SAR**) bei Pflanzen kann zum Beispiel durch ein Pflanzenschutzmittel erzeugt werden, das einen solchen pflanzeneigenen Signalstoff enthält. Das erste Mittel dieser Art brachte die Firma Novartis 1996 in Form von *Bion* auf den Markt. Dieses Mittel enthielt eine abgeschwächte Form von Krankheitserregern, die das natürliche Abwehrsystem der Pflanzen aktivierten und somit für eine höhere Resistenz gegen Pilze, Viren und Bakterien sorgten. Das gleiche Prinzip kennen wir von einer Schutzimpfung. Krankheitserreger werden uns in einer schwachen Form verabreicht; das Immunsystem reagiert mit der Bildung von Antikörpern, die uns resistenter gegen Krankheiten machen, wie zum Beispiel Grippe.

«Schutzimpfung» für Pflanzen

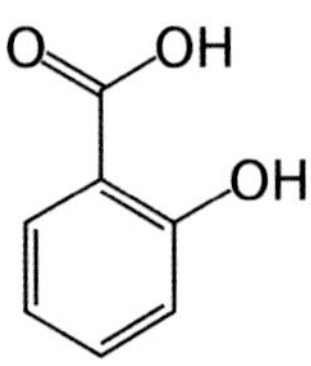

Salicylsäure

Doch was hat das alles mit der endogenen, also pflanzeneigenen **Salicylsäure** zu tun, die auch zu den Hormonen gezählt wird? Wir kennen diesen Stoff in etwas abgeänderter Form als *Aspirin*. Für uns ist Salicylsäure ein Entzündungshemmer und ein Mittel, das nach einer durchzechten Nacht gute Dienste leistet. In Hanfpflanzen hingegen übernimmt es die Funktion eines Signalstoffes bei der Abwehr von Krankheitserregern. Durch Experimente mit Tabakpflanzen fand man in den Sechzigerjahren heraus, dass Salicylsäure einen großen Einfluss auf die Abwehrmechanismen hat. Dabei wurde nur ein einzelnes Tabakblatt mit einem Virus geimpft. Man beobachtete anschließend, dass alle nachwachsenden Teile und auch alle anderen Blätter einen erhöhten Level an Salicylsäure aufwiesen. Somit musste es auch eine Bildung von Salicylsäure in der gesamten Pflanze geben.

Ein weiteres Experiment, das viele Jahre später durchgeführt wurde, brachte weitere Erkenntnisse in Sachen Pflanzenabwehr. In diesem Versuch wurde Pflanzen ein bakterielles Enzym hinzugefügt, das Salicylsäure in den Zellen abbaut. Das Resultat waren Pflanzen, die selber keine Salicylsäure bilden konnten und die sich im Laufe des Experimentes als sehr krankheitsanfällig erwiesen. Vergleichspflanzen, die man zeitgleich mit einer Dosis *Methylsalicylsäure* behandelte, einem Salicylsäure-Derivat, zeigten dagegen eine erhöhte Widerstandskraft gegen jegliche Art von

Krankheitsbefall. Nun konnte man nachweisen, dass Salicylsäure derjenige Signalstoff ist, welcher die natürliche Abwehrreaktion auslöst. Ein weiterer Beweis war die Tatsche, dass die befallenen Pflanzen hohe Mengen von Methylsalicylsäure abgaben Moderne Pflanzenschutzmittel enthalten sehr oft Verbindungen, welche die natürliche Salicylsäure imitieren und den gleichen Wirkungsort haben. Diese Mittel fördern die **systematische Resistenzaktivierung**, indem sie selbst die Rolle der Salicylsäure übernehmen. Behandelte Pflanzen führen nun verschiedene Prozesse aus und beginnen mit der Abwehr von nicht vorhandenen Erregern, was wiederum die Widerstandsfähigkeit erhöht.

Mehltau hat diese Sensi-Star-Pflanzen befallen.

Doch wie funktionieren eigentlich die Abwehrmechanismen? Auf welche Weise können sich Pflanzen überhaupt wehren? Natürlich haben sie kein so effizientes Immunsystem wie der Mensch, aber auch Pflanzen verfügen über einen Stoffwechsel und somit auch über Möglichkeiten, eine Krankheit einzudämmen oder einen Pilzbefall zu überstehen. Eine Möglichkeit habe ich oben schon beschrieben. Wenn eine Pflanze von einem Pilz oder einem Virus betroffen und befallen ist, werden benachbarte Zellen absichtlich in den Tod geschickt – sie sterben ab, um eine Weiterentwicklung des Erregers zu verhindern. Man spricht hier auch von einem **programmierten Zelltod**.

Ist das Blatt einer Hanfpflanze mit Mehltau besetzt, so wird die Pflanze versuchen, eine physikalische und chemische Schutzschicht um die Zellen zu bilden. Der Pilz versucht seinerseits, diese Barriere durch Druck und biochemische Mittel – wie zum Beispiel zellwandhydrolysierende Enzyme – zu durchbrechen. Dann beginnt ein Wettlauf mit der Zeit. Schafft es der Pilz, die Schutzschicht zu überwinden, dann wird sich der Erreger weiterentwickeln und sich dementsprechend ausbreiten. Doch die Pflanze könnte nun zurückschlagen und die befallenen Zellen zum gezielten Absterben zwingen. Auf diese Weise nimmt sie dem Pilz die Nahrung, was eine weitere Ausbreitung stoppen kann.

Diese Pflanze hat das Zeitliche gesegnet.

Beim **hypersensitiven Zelltod** stirbt also die erkrankte Zelle, damit der gesamte Organismus erhalten bleibt; dies wird durch die Bildung sogenannter **Phytoalexine** – das sind niedermolekulare, antimikrobielle Substanzen – ermöglicht. Man beobachtet auch die Häufung verschiedener Abwehrproteine, was darauf schließen lässt, dass bei einem Krankheitsbefall neue Gene angeschaltet oder auch abgeschaltet werden können. Vor allem zwei Enzyme findet man sehr häufig bei einem Pilzbefall in der Pflanze selbst, *Chitinase* und *Glukanase*. Sie können verschiedene Pilzsporen zersetzen und auf diese Art und Weise den Pilz bekämpfen.

Ein selbstgebauter Pollinator zum Trockensieben und für die Hasch-Herstellung.

Pflanzen haben also sehr viele Abwehrsysteme, die sie schützen. Dies ist ja eigentlich auch in der Evolution selber so angelegt. Wenn Krankheiten nicht bekämpft würden, dann könnte eine ganze Population oder gar eine ganze Art aussterben. Nun könnte man meinen, dass wir die Pflanze nur einmal einsprühen müssten und alle Krankheiten wären sofort ausgelöscht oder würden gar nie auftreten. Doch auch bei der Gabe von Pflanzenaktivatoren wie *Bion* gibt es ein Problem. Durch die Behandlung mit Pflanzenaktivatoren werden sogenannte **Sauerstoffradikale** verstärkt ausgebildet. Diese Radikale, unter anderem **Superoxidradikale** oder das durch Umwandlung entstandene *Wasserstoffperoxid*, wirken in großen Mengen toxisch auf die Pflanzenzellen. Die Zellmembran wird bei einem bestimmten Schwellenwert beschädigt; dies kann zum Absterben verschiedener Pflanzenteile oder des gesamten Individuums führen. Auch aus diesem Grund sollte man mit der Gabe von Pflanzenschutzmitteln und überhaupt mit chemischen Hilfsmitteln sehr vorsichtig sein. Wir können die Pflanze jedoch in ihrer Abwehr unterstützen, indem wir ihr die bestmöglichen Bedingungen zur Verfügung stellen.

Pflanzenaktivatoren und toxische Sauerstoffradikale

Ethylen

Ein weiteres und bei Growern sehr bekanntes Hormon ist **Ethylen**, ein gasförmiger Stoff mit einer sehr einfach aufgebauten Struktur. Ethylen ist ein Gas, zählt aber aufgrund seiner Wirkungsweise zu den Phytohormonen und Botenstoffen. Es nimmt unter den übrigen Pflanzenhormonen aber eine besondere Stellung ein, da Ethylen oder Ethen auch zu den **Pheromonen** gezählt werden kann. Es kann in allen Teilen einer Pflanze gebildet werden, egal ob es sich hier um Blätter, Wurzeln oder Blüten handelt. Die höchsten Konzentrationen findet man aber in Meristemen oder in den Knotenpunkten der Triebe und des Stammes. Bei der Entstehung ist vor allem die Aminosäure ***L-Methionin*** beteiligt. Mit Hilfe von Wasser, Sauerstoff und ATP, einer Speicherform von Energie, bildet die Pflanze den Botenstoff Ethylen. Dieses Hormon ist schon in sehr geringen Dosierungen hochwirksam. Dementsprechend schnell kann man die Ethylensynthese beeinflussen und damit auch den Hormonhaushalt verändern, so wie wir es von der Herstellung feminisierter Samen kennen.

Die Biosynthese von Ethylen läuft in zwei wichtigen Schritten ab. Die Aminosäure L-Methionin wird unter ATP in *S-Adenosylmethinin* umgewandelt; aus dieser Substanz entsteht dann eine spezielle Aminosäure namens *1-Aminocyclopropan-1-carboxylsäure* (*ACC*). ACC ist eine

Unten: Ein Hydrosystem, das eine durchgehende Bewässerung garantiert.

inaktive Ethylen-Vorstufe, die über das Leitbündel in der Pflanze transportiert wird. Auf diese Weise ist es möglich, dass ACC schnell und über größere Strecken verteilt und am direkten Wirkungsort in die aktive Form umgewandelt werden kann. Man weiß heute, dass in vielen Pflanzen mehrere verwandte Gene für die ACC-Bildung verantwortlich sind. Durch verschiedene Faktoren wie zum Beispiel einen hohen Auxin-Level können einzelne Gene der **ACC-Synthase** deutlich verstärkt exprimiert werden, was wiederum bedeutet, dass mehr Ethylen gebildet wird.

Ethylentransport innerhalb der Pflanze

Ethylen kann innerhalb der Pflanze auf zwei verschiedene Arten transportiert werden. Als Gas kann es problemlos in die Blätter eindringen; es diffundiert durch die Membranen und kann auf diese Weise den Gasraum zwischen den Zellen nutzen. Die zweite Art habe ich vorhin schon kurz erwähnt. ACC kann unter bestimmten Bedingungen auch in den Wurzeln produziert werden. Es muss also auch eine Übertragungsart geben, bei der Ethylen schnell und einfach in der Pflanze verteilt werden kann. Da ein Gas nur sehr bedingt über das Leitbündel übertragen werden kann, muss Ethylen auch in einer gelösten Form vorliegen. Das übernimmt die inaktive Vorstufe ACC. Durch die **ACC-Oxidase**, einen biochemischen Vorgang, wird ACC in Ethylen umgewandelt. Dieser Vorgang ist wie jede Oxidase sauerstoffabhängig und läuft in den meisten Fällen kontinuierlich in der Pflanze ab. Die Syntheserate ist von verschiedenen Faktoren abhängig und wird über mehrere Gene reguliert.

Ein Blick in die Mutterkammer eines Eigenbedarfs-Growers.

Die Ethylensynthese wird gesteigert, wenn in der Pflanze viel Auxin und viel Sauerstoff vorliegen. Weitere Möglichkeiten, die Bildung von Ethylen zu stimulieren, sind Staunässe und das Beschneiden der Haupttriebe, aber auch Umweltstress und Krankheitsbefall können die Bildung von Ethylen deutlich steigern. In solchen Fällen wird die Genexpression der ACC-Synthase verstärkt; das Genprodukt steigt und damit auch die Bildung oder die Umwandlung in Ethylen. Man kann die ACC-Synthase aber auch blockieren. Wir kennen diese Methode vom Feminisieren und aus der Herstellung von weiblichem Cannabis-Saatgut. Aber nicht

Rechts: Sweet Pink Grapefruit von Alpine Seeds (Balkon-Grow, 2013).

nur die heute am meisten verwendeten Silberionen haben einen großen Einfluss auf die Syntheserate, es gibt noch einige andere Inhibitoren, von denen manche besser und manche schlechter funktionieren. Substanzen, die sich weniger gut zum Feminisieren anbieten, sind ***Aminooxyessigsäure*** oder ***Aminoethoxyvinylglycin***.

Silberionen (Ag+) eignen sich zum Hemmen der Ethylenproduktion besser, wobei es noch andere chemische Substanzen gibt, die nochmals deutlich effektiver als Silber wirken – zumal Silber einen großen Nachteil hat, auf den ich im nächsten Kapitel näher eingehen werde. Bei der Substanz, welche die Ethylensynthese sehr schnell und effektiv blockiert, handelt es sich um ***2,5-Norbornadien***, einen weißen Feststoff mit stechendem Geruch, der zwar sehr schwer erhältlich ist, sich aber viel besser zum Feminisieren eignet. Der stärkste Hemmstoff, mit dem man bis heute erfolgreich experimentiert hat, ist das stark flüchtige ***trans-Cycloocten***.

Effiziente Blockierung der Ethylensynthese

Nun wird klar, warum heute meist ***Ag+*** eingesetzt wird. Silber ist einfach zu bekommen, sehr leicht zu handhaben und die Wirkung auf die ACC-Synthase ist ausreichend. Zu den natürlichen Hemmstoffen der Ethylensynthese zählt aber auch ***Kohlendioxid***, das in höheren Dosierungen stark in die Syntheserate eingreift und diese sogar zum Stillstand bringen kann. Die Prozesse, die das Ethylen in der Pflanze steuert, sind sehr komplex und breit gefächert. Von der Bildung der Wurzelhaare bis hin zur Genexpression – die Aufgaben sind so vielfältig, dass schon kleinste Änderungen in der Ethylensynthese deutliche Auswirkungen auf eine Pflanze haben können. Die bekannteste Wirkung ist die Unterstützung der Fruchtreife, wie sie auch bei Cannabispflanzen beobachtet wurde. Doch nicht alle Pflanzen reagieren bei einer zusätzlichen Ethylen-Applikation mit der Ausreifung von Blüten und Früchten. Es gibt auch Pflanzen, die bei einer erhöhten Ethylenbildung das Wachstum ganz einstellen und die Reife der Blüten hinausgezögert wird.

Dieses Blatt zeigt einen Stickstoffmangel.

Eine andere Form der Wirkungsweise kennt jeder Grower, auch wenn es ihm vielleicht gar nicht so bewusst ist. Bei Staunässe können Wurzeln nur sehr wenig Sauerstoff

Oben: Eine Victory-Kush-Blüte Anfang September auf dem Balkon.

aufnehmen. Da die Umwandlung von ACC zu Ethylen aber sauerstoffabhängig ist, kann am Anfang nur wenig Ethylen gebildet werden. Die Pflanze beginnt nun die ACC-Synthase in den Wurzeln zu erhöhen und schickt die Ethylen-Vorstufe ACC über das Leitbündel zu den Triebspitzen und Blättern. Hier beginnt wieder die Umwandlung zu Ethylen, aber da die ACC-Synthase gesteigert wurde, ist auch dementsprechend viel Ethylen in der Pflanze vorhanden. Das führt zu einem ungewöhnlichen Wachstum der Blätter, die ihre Blattspitzen nun nach unten richten. In einem derartigen Fall wächst die Oberseite eines Blattes schneller als die Unterseite, was zu den nach unten wachsenden Blättern führt. Dieser Vorgang wird durch eine hohe Ethylenkonzentration in den Sprossspitzen ausgelöst; man nennt diesen Effekt bei Pflanzen auch **Epinastie**. Eine Hemmung der Ethylensynthese würde eher zu eingedrehten und verschrumpelten Blättern führen.

Ethylenbildung, Staunässe und nach unten gerichtete Blattspitzen (Epinastie)

Ein erhöhter Ethylen-Level löst bei Pflanzenzellen auch ein gesteigertes Dehnungswachstum aus. Hierbei wachsen Zellen nicht mehr longitudinal, wie es normal wäre, sondern nur noch lateral – also in Längsrichtung. Dieser Effekt wird durch die **Mikrofibrillen** in der Zellwand ausgelöst. Bei

Oben: Ein Seitenbud der Victory Kush.

einer Ethylen-Zugabe werden diese so beeinflusst, dass sie um 90 Grad versetzt abgelagert werden, was wiederum zu einer Richtungsänderung in der Zellstreckung führt. Bei einigen anderen Pflanzenarten ist auch beobachtet worden, dass eine Ethylen-Zufuhr die Samen- oder Knospenruhe aufhebt und eine verfrühte Keimung verursacht, ähnlich wie es bei Gibberellinsäure der Fall ist, weswegen Ethylen von Züchtern exotischer Pflanzen auch angewendet wird.

Eine andere Hauptaufgabe von Ethylen ist die **Seneszenz**, also das Altern der Blätter. Ethylen löst in diesem Fall nicht die Seneszenz selbst aus, sondern es beschleunigt diesen Prozess, in dem auch Cytokinin eine große Rolle spielt.

Die Rolle von Ethylen beim Blattfall

Auch beim Blattfall nimmt Ethylen eine ganz wichtige Position ein. Der Ort, an dem die Verbindung von Blüte zu Pflanze oder von Blatt zu Pflanze getrennt wird, nennt sich **Abszissionszone**. Ein Blatt, das an einer großen Pflanze im unteren Bereich hängt, erhält ein internes Signal, mit dem der Blattfall ausgelöst wird. Die Auxin-Konzentration im Blatt fällt von einem normalen auf ein sehr niedriges Level.

Dadurch wird die Abszissionszone sehr empfindlich auf Ethylen, die Zellen bilden Cellulasen und zellwandauflösende Enzyme, und das betroffene Blatt fällt ab.

Auf zellulärer Ebene hat Ethylen ebenfalls einige sehr wichtige Aufgaben zu steuern. Es verändert die Rate der Transkription und die Bildung bestimmter Proteine, die in vielen Fällen mit der Reifung und der eigentlichen Ethylensynthese im Zusammenhang stehen. Auch verschiedene Differenzierungsschritte sind von Ethylen abhängig. Man konnte auch nachweisen, dass es Pflanzen gibt, die unterschiedliche Ethylenrezeptoren besitzen und damit auf jegliche Veränderung der Ethylensynthese verschieden reagieren. Das würde auch erklären, warum manche Cannabispflanzen viel einfacher zur Ausbildung männlicher Blütenstände gezwungen werden können als andere. Darauf werde ich im folgenden Kapitel näher eingehen und auch die Nachteile von Silber kurz erläutern.

Kapitel 8

8.1 Die Grundlagen der DNA-Analyse

Rechts: Eine OG-Kush ungefähr zwei Wochen nach dem Einsprühen mit STS-Lösung. Die ersten männlichen Blüten sind zu erkennen.

In diesem Kapitel geht es unter anderem um die oft diskutierte, aber noch nicht ganz aufgeklärte Frage der Geschlechtsfestlegung bei Cannabis. Wir wollen herausfinden, wann das Geschlecht einer Pflanze feststeht und welche Faktoren bei der Bestimmung des Geschlechts eine wichtige Rolle übernehmen. Doch bevor wir damit beginnen können, müssen wir uns ein paar Grundlagen im Bereich der DNA-Analyse schaffen. Ich werde in den kommenden Abschnitten oft auf verschiedene Analysetechniken und die entsprechenden Resultate eingehen; wir müssen daher verstehen können, wie eine DNA-Analyse durchgeführt wird und welche Ergebnisse wir aus ihr ableiten können. Die nächsten Seiten werden nicht unbedingt viel mit Hanf zu tun haben. Trotzdem helfen uns diese Informationen bei der Untersuchung des Cannabis-Genoms oder der Cannabinoidsynthese. Die Methoden bei den Genom-Untersuchungen sind meistens dieselben, egal ob es sich um den Menschen oder um Hanf handelt.

Restriktionsenzyme

Ein STS-Male der OG-Kush mit geöffnetem Pollensack.

Der wirkliche Durchbruch in der DNA-Analyse fand erst in den siebziger Jahren statt, als Werner Arber und Daniel Nathans die **Restriktionsenzyme** entdeckten. Ihnen fiel bei der Arbeit mit Bakterienstämmen auf, dass einige Arten resistent gegen **Phagen** sind. Phagen sind nichts anderes als Virenstämme, die an eine Bakterienzelle andocken und ihre eigene DNA in die Bakterien-DNA einschleusen können. So reproduziert sich der Virus immer weiter, während die Bakterienzelle abstirbt. Neben der bekannten ***Escherichia coli*** gibt es noch weitere Bakterienarten, die spezielle Enzyme produzieren können, welche die Phagen-DNA an bestimmten Stellen schneiden und sie so funktionslos machen; dieser in der Natur vorgegebenen DNA-Trennung ist es zu verdanken, dass wir heute den genetischen Fingerabdruck,

die Gentechnik und die DNA-Analyse kennen und in der wissenschaftlichen Entwicklung so weit fortgeschritten sind.

Doch kommen wir noch einmal kurz auf die Bakterien zurück: Damit ein Restriktionsenzym die Phagen-DNA erkennen kann und nicht sein eigenes Bakterien-Genom zerschneidet, ist jedes Enzym mit einem speziellen Code versehen. Man kann sich das so vorstellen: Jedes Enzym ist eine Schere, deren Klingen aus einem bestimmten Muster der Buchstaben A–T–G–C bestehen. Diese Schere bewegt sich nun an der gesamten DNA entlang und kontrolliert dabei ständig, ob sie auf den Doppelsträngen einen Abschnitt findet, der mit ihrem eigenen identisch ist. Erst wenn das Muster auf der DNA das gleiche ist wie auf den Scherenklingen, beginnt sie an dieser Stelle die DNA zu schneiden und komplett zu trennen. Die Buchstaben A–T–G–C stehen, wie wir schon wissen, für die vier organischen Basen Adenin, Thymin, Guanin und Cytosin. Die einzigartige Abfolge von Basen, mit dem jedes Enzym die DNA schneiden kann, nennt man auch **Erkennungssequenz**. Diese besteht in der Regel aus vier bis acht Nukleotiden.

Funktionsweise der Restriktionsenzyme

Heute kennt man über 100 verschiedene Restriktionsenzyme, von denen jedes über eine spezifische Erkennungssequenz verfügt. Restriktionsenzyme schneiden natürlich auch menschliche DNA, genauso wie die von Hanf oder anderen Pflanzenarten. Die bekanntesten Bakterien, aus denen Restriktionsenzyme isoliert wurden, sind *Escherichia coli* (*EcoRI*), *Haemophilus aegyptius* (*HaeIII*) oder *Bacillus amyloliquefaciens* (*BamHI*). Die Abkürzungen setzen sich einfach aus dem Namen des Bakteriums – hier *Escherichia coli* (EcoRI) –, dem Bakterienstamm (EcoRI) und der Stammnummer zusammen, allerdings in römischer Schrift (EcoRI). Restriktionsenzyme kommen heute hauptsächlich bei der DNA-Analyse zum Einsatz, aber auch in der Gentechnik, der Medizin und in vielen anderen Bereichen sind sie nicht mehr wegzudenken.

Um die Arbeitsweise der DNA-Analyse etwas zu verdeutlichen, hier ein Beispiel, das sich durchaus auch auf Hanfpflanzen übertragen lässt: Die *Sichelzellenanämie* ist

Bakterienzelle

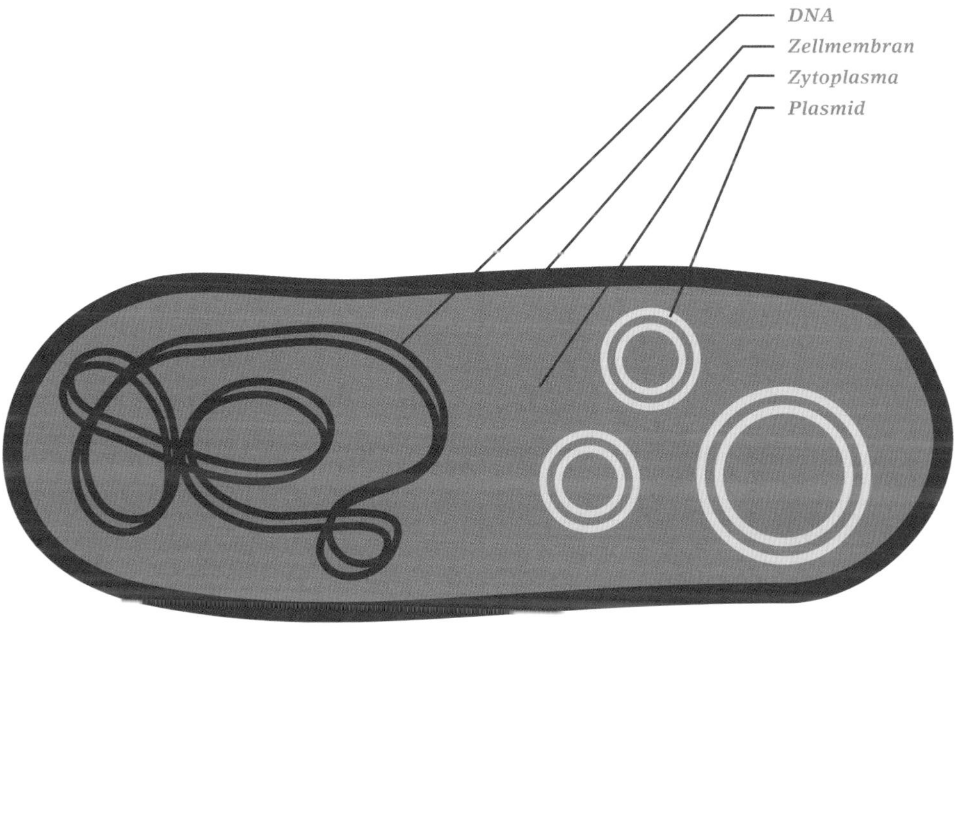

eine erblich bedingte Erkrankung der roten Blutkörperchen. Sie wird durch eine einzige Mutation einer organischen Base ausgelöst. Um festzustellen, ob ein Patient an der Sichelzellenanämie erkrankt ist und die entsprechende Mutation im Genom aufweist, wird die DNA mit einem speziellen Restriktionsenzym behandelt. Dieses Enzym besitzt eine Erkennungssequenz, die identisch mit der Mutation der organischen Base ist. Die DNA-Probe, die keine Mutation enthält, wird von dem Restriktionsenzym nicht geschnitten, da die Erkennungssequenz nicht mit der eigentlichen DNA-Sequenz des Patienten übereinstimmt.

Um das etwas zu verdeutlichen: Unser Restriktionsenzym hat eine Erkennungssequenz von **5'–CCCATTC–3'**. Die Probe des an Sichelzellenanämie erkrankten Patienten hat in einem bestimmten Genabschnitt eine identische Basenabfolge von **5'-CCCATTC-3'**, sie besitzt somit auch die entsprechende Mutation. Die DNA-Probe eines zweiten Patienten ohne Mutation lautet dagegen **5'-CCCTTTC-3'**. Der Unterschied der beiden DNA-Proben beschränkt sich nur auf eine einzelne Stelle in der Basensequenz. Das reicht aber aus, damit ein Restriktionsenzym die DNA schneidet oder eben an einem Stück belässt. Die Probe mit der Mutation wurde an dieser Stelle geschnitten, es entstehen also zwei unterschiedlich große Fragmente. Die Probe ohne Mutation wurde nicht geschnitten, es bleibt ein einzelnes, größeres Fragment übrig. Diese Fragmente kann man nun messen, sichtbar machen und analysieren. Anhand der Anzahl und der Größe der DNA-Fragmente kann man nun feststellen, ob ein Patient die Mutation besitzt und somit an der Sichelzellenanämie erkrankt ist.

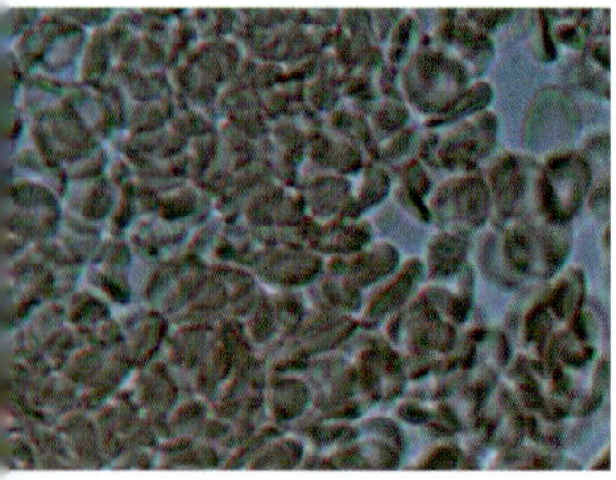

Menschliches Blut in 600-facher Vergrößerung.

Eine zweite Klasse der Enzyme sind die **Ligasen**. Mit den ebenfalls aus Bakterien isolierten Ligase-Enzymen kann man kurze zerschnittene Fragmente wieder zu einem Plasmid (siehe unten) oder einem **Vektor** zusammenfügen. Ein Vektor ist nichts anderes als eine Art «Fähre», die es ermöglicht, Fremd-DNA in eine Bakterienzelle einzuschleusen. Ein Bakterien-Genom besteht aus zwei verschiedenen, nicht verbundenen DNA-Strängen. Dabei handelt es sich zum

Schnittmuster der Restriktionsenzyme

Wenn ein Restriktionsenzym den DNA-Doppelstrang schneidet, passiert das nicht immer mit einem geraden Schnitt. Viele Enzyme schneiden die DNA an der Erkennungssequenz etwas versetzt. Man spricht hier auch von ***Sticky ends***, klebrigen Enden. Gerade Schnitte durch die beiden Einzelstränge nennt man auch ***Blunt ends***, glatte oder stumpfe Enden. Durch diese unterschiedlichen Überlappungen der Fragmente ist es möglich, den zerschnittenen Sequenzabschnitt wieder in der richtigen Reihenfolge zusammenzusetzen. Warum das so wichtig ist, werden wir auf den nächsten Seiten erfahren.

einen um die **chromosomale DNA**, die viel größer ist und in der Regel aus mehreren Genen besteht. Das zweite ringförmige, aber viel kleinere DNA-Molekül bezeichnet man als **Plasmid**, das sich mit etwas Hilfe von außen selbst replizieren und vervielfältigen kann. Und genau dies können wir uns heute zunutze machen. In diese kleine Plasmid-DNA kann man neue Gen-Sequenzen einbauen. Man kann sich die Plasmid-DNA wie einen Kreis vorstellen. Sie wird jetzt mit Hilfe von Restriktionsenzymen an zwei bestimmten Stellen aufgetrennt; dabei wird ein Abschnitt der DNA herausgeschnitten. Die neue Gensequenz wird dann genau in diese entstandene Lücke eingefügt und durch Ligase-Enzyme wieder zu einem vollständigen, ringförmigen Plasmid verknüpft.

Einbau von Gensequenzen in die Plasmid-DNA

Die eingesetzte Fremd-DNA kann nun in Bakterienkolonien oder in Hefezellen vervielfältigt und aufbewahrt werden. Auf diese Weise ist es möglich, DNA-Fragmente oder ganze Gensequenzen zu kopieren und in einer **DNA-Bibliothek** zu sichern. Eine solche Bibliothek ist sehr wichtig, da vor der Identifikation eines Gens das gesamte Genom eines Individuums in Fragmente zerlegt und kopiert werden muss. Erst dann ist es überhaupt machbar, einzelne Gene

Kopieren und Sichern von DNA

Oben: Eine Casey Jones in der Mitte der Blütephase.

Genbanken in den USA, in Deutschland und in Russland

weiter zu untersuchen und sie mit Datenbanken oder DNA-Bibliotheken abzugleichen. Auch für Hanf gibt es solche DNA-Bibliotheken. Weltweit sind es mehrere große Genbanken, die Cannabis-DNA in Form von vielen definierten Sequenzen eingelagert haben und diese Kopien verschiedenen Universitäten oder Biologen zur Verfügung stellen. In Deutschland ist es die ***IPK-Genbank*** in Gatersleben, in den USA diejenige des NCBI (National Center for Biotechnology Information), und in Russland speichert das *Vavilov Research Institute of Plant Industry* einige DNA-Sequenzen und Fragmente von potentem Hanf und Industriehanf.

Die Bibliotheken bestehen aus ganzen DNA-Sequenzen oder auch aus **komplementärer DNA** (**cDNA**). In der Regel werden die Klone als Bakterienkolonien oder als sogenannte **Plaques** auf Agarplatten aufbewahrt. Pro Platte können so bis zu 150 000 Klone gesichert werden.

Polymerase-Kettenreaktion

Es gibt noch eine weitere Möglichkeit, Gene, kurze Sequenzen oder nicht-codierende DNA millionenfach zu kopieren, um sie später bei Analysetechniken zu nutzen. Die **Polymerase-Kettenreaktion**, auch **PCR** genannt, ist im Grunde der gleiche Vorgang wie der in der Pflanzenzelle bei der Replikation des gesamten Genoms. Der einzige Unterschied ist der, dass diese Replikation in einem Reagenzglas durchgeführt wird.

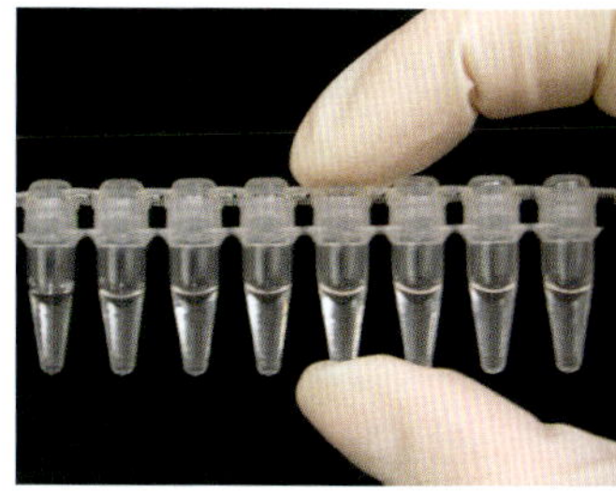

Eine erfolgreiche PCR-Reaktion hängt auch vom verwendeten Kunststoff ab.

Im ersten Schritt wird das zu kopierende Fragment so geteilt, dass zwei komplementäre Einzelstränge entstehen. In der Zelle geschieht das durch Enzyme. Im Reagenzglas werden die Wasserstoffbrücken der DNA bei einer Temperatur von 95 Grad aufgetrennt. Diesen Vorgang bezeichnet man auch als **Denaturierung**. Hat sich der Doppelstrang getrennt, senkt man die Temperatur auf 50 Grad Celsius. Man gibt kleine komplementäre Basen hinzu, sogenannte **Primer** (vgl. Seite 174). Diese setzten sich auf beiden Einzelsträngen ab und markieren so den Anfang und das Ende des zu kopierenden Abschnittes. Dies geschieht einmal in 5'-Richtung und einmal in 3'-Richtung. Nun beginnt die **Taq-DNA-Polymerase** – also die thermostabile DNA-Polymerase des Bakteriums *Thermus aquaticus* – an beiden Einzelsträngen weitere komplementäre Basen anzuhängen. Der vorher zugegebene Primer gibt hier den Startpunkt und das Ende vor. Wenn das Polymerase-Enzym beide Einzelstränge mit Basen vervollständigt hat, liegen wieder zwei Doppelstränge vor. Nun kann man die Temperatur wieder auf 90 Grad erhöhen, die beiden Doppelstränge trennen sich, der Primer legt Start und Endpunkt fest, und das Polymerase-Enzym vervollständigt erneut die vier entstandenen Einzelstränge, bis wieder vier Doppelstränge entstanden sind.

Replikation im Reagenzglas: Ablauf der Polymerase-Kettenreaktion

In der Regel wiederholt man diesen Vorgang bis zu 30 Mal und erhält so bis zu einer Milliarde Kopien eines bestimmten Gens oder eines kurzen Sequenzabschnittes. Mit diesem Material kann man nun weiter arbeiten. Man kann es analysieren, einen Fingerprint machen oder andere

Analysetechniken einsetzen. Da man immer sehr viel DNA-Material des zu untersuchenden Genoms braucht, ist die Vervielfältigung der Fragmente immer der erste Schritt, bevor man weitere Untersuchungsmethoden anwendet. Die beiden genannten Arten der Vervielfältigung fasst man auch unter dem Begriff **Klonierung** zusammen. Die gesamten DNA-Analysetechniken hier zu erklären, würde den Rahmen sprengen, aber ich werde die wichtigsten Methoden kurz beschreiben, ohne dabei allzusehr auf die Technik einzugehen.

Hybridisierung

Eines der wichtigsten Analyseverfahren ist die **Hybridisierung**. Ich erkläre diese Technik anhand eines kurzen und einfachen Beispiels. Wir haben das gesamte Genom einer jungen Hanfpflanze isoliert und schneiden es nun durch Restriktionsenzyme in unterschiedlich große Fragmente. Wir wollen herausfinden, ob diese Pflanze ein einzelnes Gen besitzt, das die Ausbildung der männlichen Blütenstände steuert. Da wir nicht wissen, ob die Pflanze männlich oder weiblich ist, können wir auch noch nicht sagen, ob sich dieses Gen überhaupt im Genom befindet. Um das zu überprüfen, brauchen wir eine radioaktive **Sonde**. Eine Sonde ist nichts anderes als eine DNA-Sequenz, die man von einer anderen Hanfpflanze oder einer genetisch sehr ähnlichen Art isoliert hat und von der man weiß, dass sie das gesuchte Gen oder die gesuchte Sequenz besitzt. Man kann mit dieser Sonde überprüfen, ob sich eine identische Sequenz in unserem zerschnittenen Genom befindet.

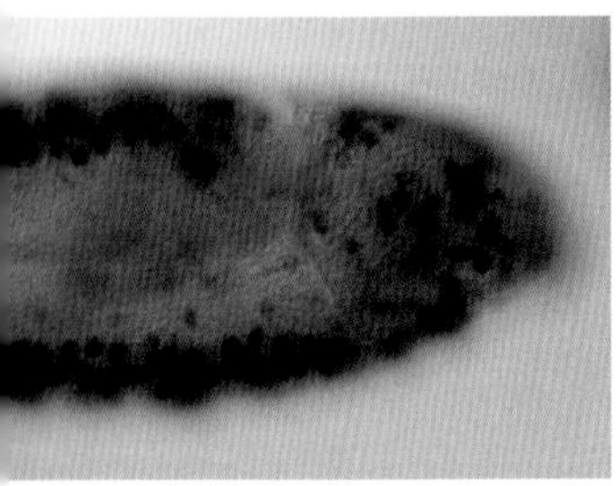

RNA-In-situ-Hybridisierung von Drosophila-melanogaster-Embryonen. Diese Taufliegenart ist wohl einer der bestuntersuchten Organismen der Welt.

Wenn es in diesem Genom eine solche mit der Sonde identische Sequenz gibt, dann hybridisiert der Einzelstrang des zu untersuchenden Genoms mit dem Einzelstrang der Sonde. Es entsteht wieder ein Doppelstrang, den man durch die radioaktiven Moleküle der Sonde auf einem Röntgenfilm sichtbar machen kann. Gibt es ein solches Signal, dann ist die Wahrscheinlichkeit sehr hoch, dass die untersuchte Pflanze männlichen Geschlechts ist oder zumindest das Gen zur Bildung der *Male*-Blüten besitzt. Bei einer rein weiblichen

Pflanze dürfte man kein Signal erwarten, da sich in der Regel kein Gen zur Ausbildung männlicher Blütenstände in ihrem Genom befindet.

Die Hybridisierung ist eine sehr gute Methode, um festzustellen, ob ein Genom bestimmte Sequenzen oder ein bestimmtes Gen enthält. Doch leider ist das nicht immer so einfach, wie ich es hier geschildert habe. Männlich-spezifische Sonden können unter Umständen auch auf weiblichen X-Chromosomen oder auf den Autosomen homologe Gegenstücke haben und entsprechend auch bei weiblichen Pflanzen ähnliche Signale hervorbringen. Es ist auch möglich, dass bei einer Sonde nur ein Signal nachgewiesen werden kann, obwohl es eigentlich immer zwei Signale pro Sonde geben müsste. Da Hanf, wie wir wissen, diploid ist, muss jedes Gen auch immer in zweifacher Ausführung im gesamten Genom vorhanden sein. Dementsprechend müsste eine Sonde auch immer mit beiden Allelen hybridisieren und zwei gleiche Signale hervorbringen.

Mögliche Probleme bei der Hybridisierung

In-situ-Hybridisierung

Eine zweite, wichtige Hybridisierungsmethode hilft bei der Lokalisierung solcher Sequenzen. Bei der *In-situ*-**Hybridisierung** läuft der Prozess nicht im Reagenzglas ab, sondern direkt in der Zelle oder im Chromosom selbst. Auch hier gibt es eine Sonde, eine Sequenz, deren Funktion oder Zugehörigkeit man bereits kennt. Es gibt auch die Möglichkeit, die Sonde mit einem fluoreszierenden Farbstoff oder mit farbgebenden Enzymen zu versehen. Diese Technik findet, leicht abgewandelt, heute oft in der Entwicklungsbiologie Anwendung, da man hier besonders gut beobachten kann, zu welchem Zeitpunkt der Entwicklung welches Gen aktiv ist.

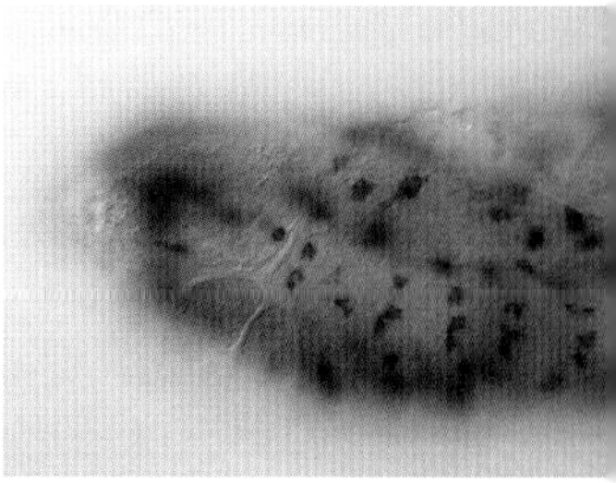

RNA-In-situ-Hybridisierung eines Drosophila-Embryos in einem frühen Stadium.

Mit fluoreszierenden Sonden kann man den genauen Standort eines Gens oder einer Sequenz ableiten und sichtbar machen; man kann herausfinden, auf welchen Chromosomen sich homologe Sequenzen befinden, ob Gene im Bereich des Telomers oder in der Nähe des Zentromers liegen – es gibt enorm viele mögliche Anwendungen. Die

Sonde hybridisiert mit der komplementären Sequenz direkt auf dem Chromosom. Mit einem speziellen Fluoreszenzmikroskop kann man sich nun die Chromosomen genau anschauen und herausfinden, wo spezifische Gene lokalisiert sind, vorausgesetzt, man hat eine passende Sonde.

Gel-Elektrophorese von DNA-Fragmenten, die mit Ethidiumbromid und UV-Licht sichtbar gemacht wurden; links die Kontrollspur.

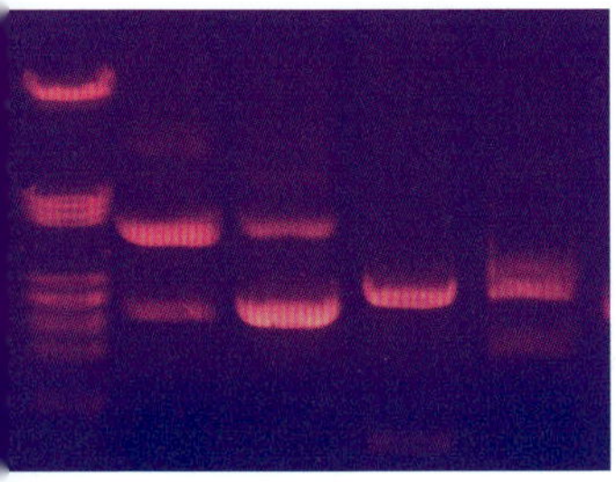

Ablauf der Agarose-Gel-Elektrophorese

Gel-Elektrophorese

Eine weitere Technik, die ich hier kurz vorstelle, ist die **Gel-Elektrophorese**. Diese Methode wird oft in Verbindung mit anderen DNA-Analyseverfahren eingesetzt, um unterschiedliche Fragmente der Größe nach zu trennen oder um mehrere Pflanzen miteinander zu vergleichen und eine mögliche Verwandtschaft festzustellen; eine häufig verwendete Variante dieser Methode ist die **Agarose-Gel-Elektrophorese**. Man füllt das Agarose-Gel in eine flache Acrylglasschale, in der sich auch ein sogenannter ***Kamm*** befindet. Das Gel härtet nach einiger Zeit aus und der Kamm kann herausgenommen werden. An den Stellen, an denen sich der Kamm im Gel befunden hat, haben sich nun kleine Löcher gebildet, die man auch als ***Probetaschen*** bezeichnet. Das Gel wird danach für eine vorgegebene Zeit in eine Pufferlösung eingelegt.

Die zu untersuchenden Fragmente werden dann unter Zugabe von ein oder zwei Farbstoffen in die Probetaschen eingefüllt. Danach kann die Elektrophorese durchgeführt werden. Dies geschieht, indem man einen schwachen Strom anlegt. Später kann man die Gelplatte noch in eine ***Ethidiumbromid***-Lösung tauchen, um die Banden unter UV-Licht besser sehen zu können. Je nach Größe der Fragmente und anhand der Strecke, die sie zurückgelegt haben, kann man nun verschiedene Banden erkennen. Die kürzeren haben den weitesten Weg zurückgelegt; längere Banden findet man dagegen in der Nähe der Probetaschen. Mit verschiedenen Agarose-Konzentrationen kann man verschieden große Fragmente in Form von Banden ablesen. Man verwendet häufig ein 0,3%-Gel für Fragmente, die zwischen 5 und 50 Kilo-Basenpaare groß sind, und ein 5%-Gel für Moleküle mit einer Länge von 100 bis 500 Basenpaaren.

Auch hier erkläre ich die Technik an einem kurzen Beispiel. Wir wollen herausfinden, ob drei verschiedene Pflanzen untereinander verwandt sind und von den gleichen Elternteilen abstammen. Wir schneiden nun mit zwei Restriktionsenzymen die DNA aller Pflanzen und auch die der beiden Eltern in unterschiedlich große Fragmente. Danach geben wir diese getrennt in die fünf Probetaschen, legen einen Strom an und vergleichen die Positionen der Banden. Ist eine der drei Pflanzen mit beiden möglichen Elternteilen verwandt, so werden sich die sichtbaren Banden zu einigen Teilen gleichen. Nicht verwandte Pflanzen werden dagegen völlig andere Bandenpositionen aufweisen, die sich von denen der Vater- und der Mutterpflanze deutlich unterscheiden.

Dies ist ein stark vereinfachtes Beispiel, aber es macht das grundlegende Prinzip dieser Methode deutlich. Nicht verwandte Sorten haben eine ganz andere DNA-Sequenz, wohingegen sich verwandte Individuen deutlich ähnlicher sind. Wenn man nun die DNA aller Pflanzen mit zwei Restriktionsenzymen schneidet, dann wird es unterschiedlich große Fragmente geben, da die Enzyme bei den einzelnen Pflanzen mehr oder weniger oft auf eine entsprechende **Erkennungssequenz** treffen. Verwandte Pflanzen besitzen ähnlich viele Erkennungssequenzen und somit auch ähnlich große Fragmente, was dazu führt, dass sich die sichtbaren Banden der Elektrophorese an den gleichen Stellen befinden. Bei nicht verwandten Pflanzen sind die Fragmente länger oder kürzer, da sich die entsprechende Erkennungssequenz mehr oder weniger oft im Genom befindet. Die sichtbaren Banden werden sich an ganz unterschiedlichen Stellen befinden. In diesem Beispiel könnte man auch feststellen, welche der verwandten Pflanzen eher dem Vater oder der Mutter gleicht und wie die Vererbungsmuster entstanden sind.

Elektrophorese ohne den Farbstoff Ethidiumbromid.

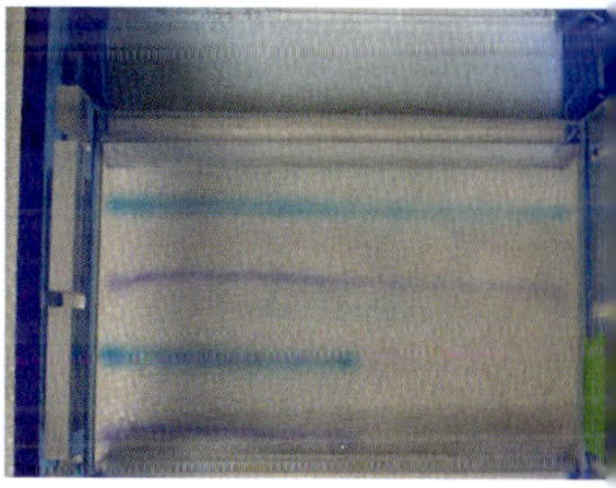

Genom-Sequenzierung und Marker

Bevor wir nun das Thema DNA-Analyse abschließen, müssen wir noch auf einen weiteren wichtigen Bereich

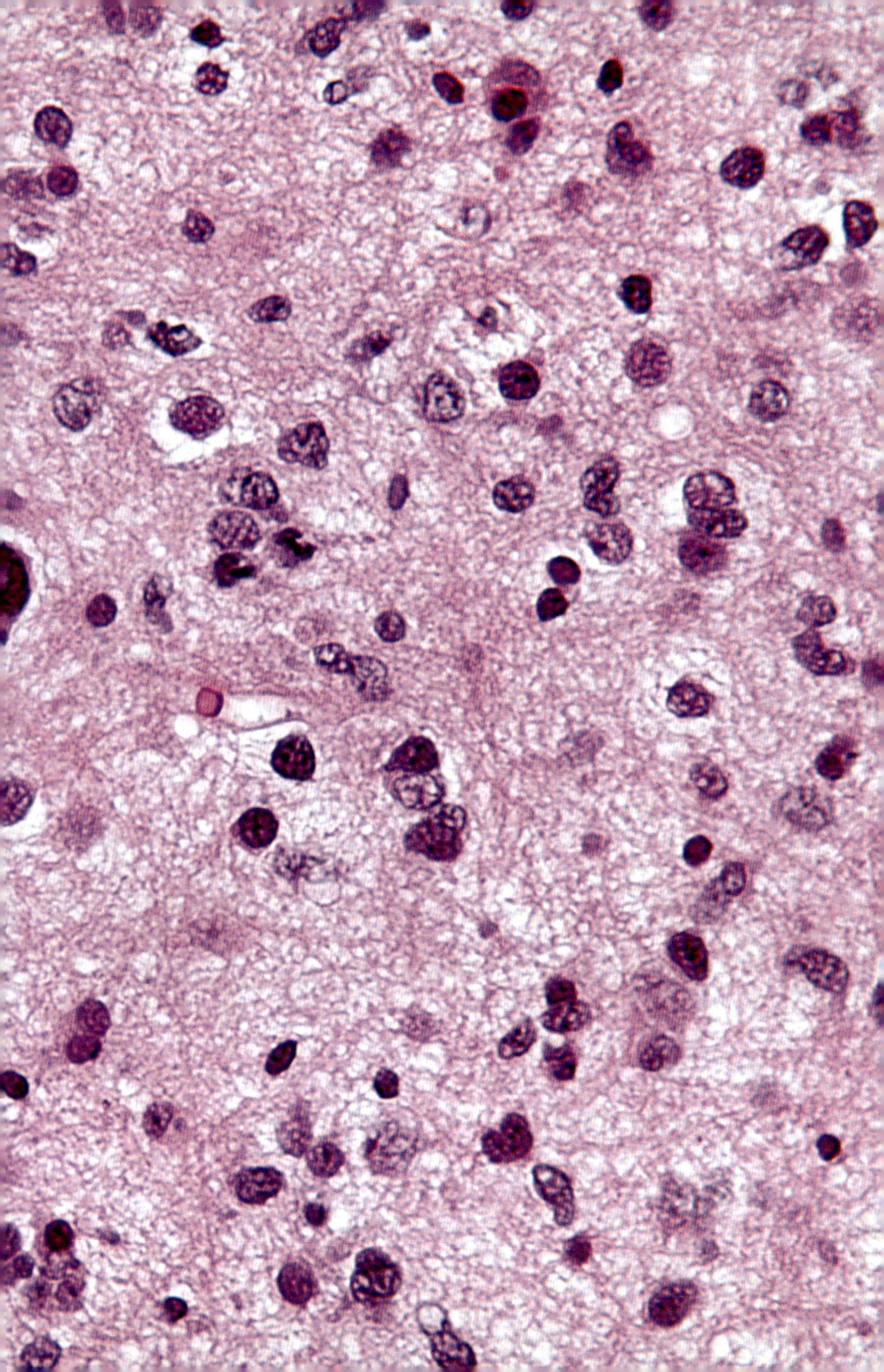

eingehen. Wir haben bisher über drei unterschiedliche Analysetechniken gesprochen, doch ein mindestens genauso wichtiges Verfahren für die Genkartierung ist die **Sequenzierung des gesamten Genoms**. Für die Sequenzierung kleinerer Genome verwendet man in der Regel die sogenannte ***Shotgun*-Methode**. Dabei wird die gesamte DNA mehrfach kopiert und in kleine 300 bp bis 1000 bp große Fragmente zerteilt. Die Teilung geschieht, wie der Name ***Shotgun*** schon verrät, im Stil einer Schrotflinte, nur wird die DNA in diesem Fall per Ultraschall zerschossen. Anschließend werden alle Fragmente auf Überlappungen untersucht und mit dem Wissen biochemischer Gleichungen per Computer zusammengefügt. So gewinnt man nach und nach ein Bild der gesamten Gensequenz, vorausgesetzt, man verfügt über mehrere Sequenzer und eine Menge Rechenleistung.

Links: Eine Probe menschlichen Gewebes mit verschiedenen Zelltypen und markierten atypischen Tumorzellen.

Sequenzierung kleinerer Genome mit der Shotgun-Methode

Die Genome von zwei Cannabispflanzen unterscheiden sich voneinander nur zu ungefähr 0,5 Prozent. Im ersten Moment hört sich das nach sehr geringfügigen Unterschieden an, doch man muss bedenken, dass sich diese Differenz auf das gesamte Genom bezieht. Das heißt also,, dass sich zwei nicht verwandte Pflanzen an fast acht Millionen Stellen der Nukleotidsequenz unterscheiden können. Die restlichen 99,5 Prozent des Genoms sind nahezu identisch; sie sorgen dafür, dass jede einzelne Pflanze grüne Blätter besitzt, Wurzeln ausbildet, Blüten produziert und überhaupt funktioniert.

Mit dieser Genkanone (engl. Gene gun) kann man artfremde DNA in Pflanzen einbringen. Als Munition dienen meist mit DNA beschichtete Gold- oder Wolframpartikel.

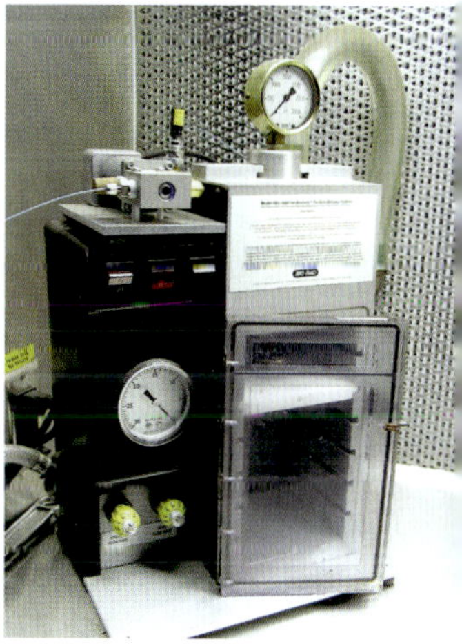

Die meisten genetischen Variationen kommen in Form von Änderungen einzelner Basen vor, dem sogenannten **Einzelnukleotid-Polymorphismus** (SNP, engl. ***Single Nucleotide Polymorphism***). In einem solchen Fall unterscheidet sich die Basensequenz eines Gens nur in einer Position, bei der zum Beispiel das A-T Basenpaar durch ein G-T Paar vertauscht ist. Es gibt aber auch Sequenzen, die aus einer einzigartigen Reihenfolge von Basen bestehen. Diese Sequenzen setzen sich sehr oft nur aus wenigen Basenpaaren zusammen, werden aber in großer Abfolge hintereinander wiederholt. Man spricht hierbei auch von

VNTR-Polymorphismus

einem *Variable Number Tandem Repeat-Polymorphismus*, kurz **VNTR-Polymorphismus**. Je nach Länge der Wiederholungen klassifiziert man diese Einheiten, über die wir im nächsten Abschnitt noch einmal genauer sprechen werden, nach Satelliten-DNA, Minisatelliten oder auch Mikrosatelliten (vgl. Seite 279). Diese Sequenzen können einzigartig wie Fingerabdrücke sein, während andere Abschnitte sich bei verwandten Sorten gleichen oder ähneln können.

Verschiedene Marker-Typen

Um ein Genom wie dasjenige von Hanf zu kartieren und um die Lage der Gene zu bestimmen, werden meist sogenannte **Marker** eingesetzt. Vor allem bei den Untersuchungen zur Geschlechtsfestlegung bei *Cannabis sativa* kommen sehr oft verschiedene genetische und molekulare Marker zum Einsatz.

Es gibt heute viele verschiedene Typen von Markern. Die Unterschiede beziehen sich meist auf den untersuchten Teil der DNA und auf die unterschiedliche Größe der Marker-Sequenzen. Man kann zum Beispiel auch herausfinden, ob ein Gen bei der Vererbung an eine bestimmte Sequenz gekoppelt ist oder ob eine besondere Anfälligkeit für bestimmte Krankheiten vorliegt. Zu den bekanntesten Markern gehört der RFLP (***R****estriktions****f****ragment-****L****ängen-****P****olymorphismus*); ein einfaches Modell einer **RFLP-Analyse** habe ich am Anfang des Abschnitts am Beispiel der Sichelzellenanämie schon gezeigt. Wie der Name schon sagt, geht es bei der

Was ist ein genetischer Marker?

Unter einem Marker versteht man ein Gen, eine Sequenz oder eine bestimmte Basenabfolge, deren Funktion oder deren Genlocus bekannt ist. Durch genetische Marker ist es möglich, ein Genom zu kartieren, genaue Verwandtschaftsmuster zu bestimmen oder herauszufinden, ob bestimmte Sequenzen in einem Individuum überhaupt vorhanden sind.

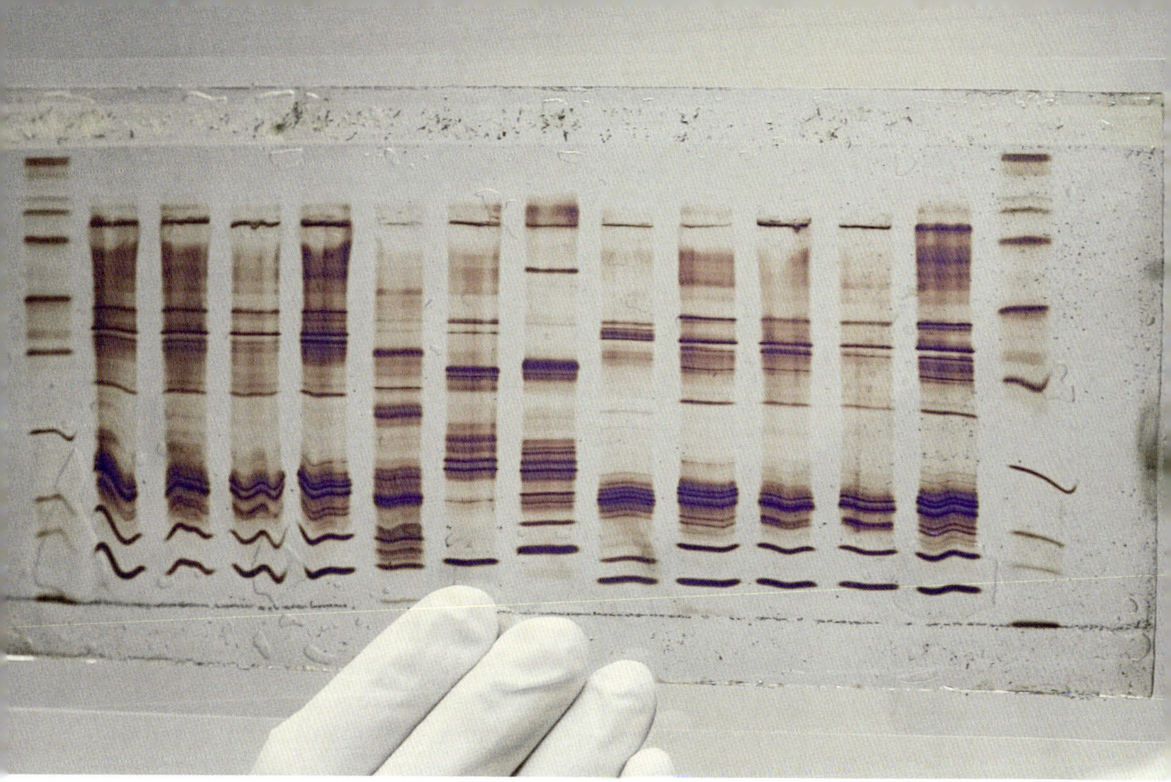

RFLP-Analyse um den Vergleich der unterschiedlichen Fragmentlängen beim Einsatz von Restriktionsenzymen.

Oben: 12-spuriges DNA-Profil mit zwei Kontrollspuren.

Eine ähnliche Methode wie die RFLP-Technik ist die **AFLP-Markeranalyse**. Hierbei wird die DNA durch zwei Restriktionsenzyme zerschnitten. Das eine der beiden Restriktionsenzyme hat in der Regel eine sehr kurze Erkennungssequenz von nur vier Basenpaaren, während das zweite Restriktionsenzym eine Erkennungssequenz von sechs bis acht Basenpaaren besitzt. Dadurch entstehen drei verschiedene Fragmenttypen in einer Anzahl von vielen tausend Stück. Diese werden nun durch eine spezielle Ligase und eine zweimalige Vervielfältigung in der Anzahl stark begrenzt. Durch eine **Elektrophorese** werden die Fragmente der DNA-Proben erneut nach ihrer Länge geordnet. Die AFLP-Analyse hat gleich mehrere Vorteile: Sie ist sehr einfach und schnell durchzuführen und kann darüber hinaus kleinere Unterschiede zwischen mehreren Individuen feststellen. Mit dieser Methode ist es möglich, sehr nahe verwandte Pflanzen dennoch ausreichend zu unterscheiden, um Verwandtschaftsverhältnisse untereinander zu bestimmen. Es gibt natürlich noch viele andere Methoden zur

Vorteile der AFLP-Markeranalyse

Rechts: Eine weibliche Blüte gegen Ende der Blütezeit.

Vielseitige Anwendungsmöglichkeiten der DNA-Analyse

Sequenzierung oder zur Analyse von langen und kurzen Fragmenten. Es gibt die ***Southern-Blot***-Analyse, die schnelle Ergebnisse zu einer im Individuum vorhandenen oder nicht vorhandenen Sequenz liefert, und es gibt Techniken, die eine genaue Messung aller pflanzeneigenen Transkripte oder Genprodukte zulassen.

Grundsätzlich sucht man bei allen Methoden nach bestimmten Sequenzen, die entweder homolog zu den vielen verschiedenen DNA-Sonden sind oder sich durch einzigartige Abschnitte hervorheben. Solche Untersuchungsmethoden sind in der heutigen Landwirtschaft oder in der experimentellen Pflanzenzucht an der Tagesordnung. Man könnte Zuchtprojekte deutlich verkürzen oder langwierige Rückkreuzungen vereinfachen, und man könnte Pflanzen schneller selektieren, indem man ein genetisches Profil erstellt. Die Anwendungsmöglichkeiten sind unglaublich vielseitig; der Bereich der DNA-Analyse ist gleichzeitig aber auch sehr komplex und ein wenig trocken. Auf den kommenden Seiten werden wir nun die praktischen Seiten der DNA-Analyse genauer betrachten.

8.2 Die Geschlechtsfestlegung von Cannabis sativa

Trichome auf einem Blütenkelch.

Eine frühzeitige Erkennung des Geschlechts könnte nicht nur für Grower und Züchter interessant sein. Auch für Bauern und hanfverarbeitende Betriebe könnte die schnelle Selektion eines bestimmten Geschlechts viele Vorteile bringen. Die heute vorherrschende Meinung zur Geschlechtsfestlegung bei ***Cannabis sativa*** ist die, dass Hanfpflanzen abhängig von den äußeren Bedingungen wie Licht und Temperatur in den ersten 1–3 Wochen der Wachstumsphase ihr Geschlecht festlegen. Wenn dies so wäre, dann müsste jede Pflanze die genetischen Anlagen sowohl für das männliche als auch für das weibliche Geschlecht von Anfang an in sich tragen; ob das stimmt, werden wir auf den folgenden Seiten erfahren.

Die zytologischen Grundlagen von Hanf sind schon seit sehr vielen Jahren bekannt. Man weiß schon recht lange,

Genomgrößen bei Hanfpflanzen

Beim Menschen und bei verschiedenen Tierarten ist das X-Chromosom größer als das männliche Y-Chromosom. Beim Hanf und verschiedenen Nelkenarten ist es genau umgekehrt. Hier ist das männliche Y-Heterosom deutlich größer als das weibliche, sogar größer als alle anderen vorhandenen Autosomen. Das erklärt auch die unterschiedliche Genomgröße beider Geschlechter. *Male*-Pflanzen haben im diploiden Zustand eine Größe von 1683 Megabasenpaaren, während weibliche Hanfpflanzen nur ein 1636 Megabasenpaare großes Genom besitzen. Diesen Größenunterschied kann man auch am männlichen Pollen beobachten. Der Kern eines Y-Pollenkorns ist auch hier etwas größer als der Kern des X-Pollens.

dass Cannabis diploid ist und zwei identische Gensätze besitzt. Jede Pflanze hat im haploiden Zustand neun **Autosomen** und ein Chromosom, welches für das Geschlecht verantwortlich ist. Im diploiden Zustand besitzt eine einzelne Cannabispflanze also 18 Autosomen und ein Paar **Heterosomen** (Geschlechtschromosomen). Hanf zählt darum auch zu den wenigen diploiden Pflanzen, die ein **heteromorphes** Paar Geschlechtschromosomen besitzen. Männliche Pflanzen haben ein X- und ein Y-Heterosom, während die weiblichen immer über zwei X-Geschlechtschromosomen verfügen.

Repetitive DNA und Chromosomenstruktur

Man hat herausgefunden, dass gerade auf dem männlichen Y-Heterosom, aber auch auf dem weiblichen X-Chromosom die Anzahl an repetitiven DNA-Abschnitten deutlich höher ist als auf den Autosomen. Als **repetitive DNA** bezeichnet man kurze Sequenzabschnitte von 2–100 Basenpaaren, die sich in schneller Abfolge wiederholen.

Man nennt die kleineren Abschnitte auch **Satelliten-DNA** oder Mikrosatelliten (vgl. Seite 274). Die Aufgabe und Funktion dieser nicht-kodierenden DNA-Sequenzen ist heute noch weitgehend ungeklärt. Man weiß zum Beispiel, dass beim Menschen einige Erbkrankheiten durch eine besonders lange Triplett-Sequenz in der Art eines Mikrosatelliten gekennzeichnet sind.

Repetitive DNA im Hanf-Chromosom

Man findet die repetitive DNA oder Satelliten-DNA in unterschiedlichen Regionen eines Hanf-Chromosoms. Das größte Vorkommen auf dem weiblichen X-Chromosom befindet sich in den Bereichen des Zentromers und des Telomers. Da diese beiden Abschnitte, vor allem das Zentromer, eine sehr große Rolle bei der Zellteilung spielen, liegt der Verdacht nahe, dass die repetitive DNA bei der Chromosomenstruktur und der Organisation der Sequenzabfolge eine wichtige Rolle übernimmt.

Aus früheren Untersuchungen weiß man, dass das männliche Y-Chromosom subtelozentrisch ist und am kurzen Arm

Unten: Eine OG-Kush-LL von Alpine Seeds. Dieser Phänotyp wird gegen Ende der Blüte dunkelrot bis fast schwarz.

über Bereiche dieser Satelliten-DNA verfügt. Diese Region kondensiert in der Mitose erheblich stärker als andere Bereiche des Chromosoms. Solche stark verdichteten Abschnitte können daher nur sehr schwer abgelesen werden. Das heißt, dass Gene in diesen Bereichen allgemein häufig inaktiv sind und nicht in Proteine übersetzt werden.

Auch aus diesem Grund befinden sich auf dem männlichen Y-Chromosom wahrscheinlich nur einzelne aktive Gene, die aber ausschließlich für die Entwicklung des männlichen Geschlechts und der **Antheren**, also der Staubbeutel, verantwortlich sind. Frühere Theorien der Geschlechtsfestlegung gingen sehr oft von einem inaktiven männlichen Chromosom aus, was aber durch spätere Untersuchungen und Analyseverfahren widerlegt werden konnte. Man weiß heute, dass das männliche Y-Chromosom nicht nur aktiv über das Geschlecht mitentscheidet, sondern sogar größten Einfluss bei der Geschlechtsfestlegung ausübt.

Unten: Eine weibliche Swiss ICE mit neu gebildeten kräftigen Griffeln.

Monözie und Diözie

Die Entwicklung der Geschlechtschromosomen bei Hanf und anderen diözischen Pflanzen ist im Vergleich mit der des Menschen sehr jung. Man vermutet, dass es in den letzten 25 Millionen Jahren verschiedene Modelle der Geschlechtsfestlegung gegeben haben muss; deren Anzahl wird auf über 120 geschätzt. Heute unterscheidet man zwei grundlegende Systeme. Zum einen gibt es Pflanzen und Tiere, die **monözisch** (einhäusig) sind. Bei ihnen befinden sich beide Geschlechter auf einem Individuum. Bei Menschen, bei allen Wirbeltieren und auch bei Hanfpflanzen entwickeln sich die Geschlechter jedoch getrennt voneinander. Man nennt diese Form **Diözie** oder auch **Zweihäusigkeit**. Man geht heute davon aus, dass Hanf und alle anderen diözischen Pflanzen früher auch einhäusig waren und sich durch positive Mutationen verändert haben.

Ein einzelner Pollensack bei einer weiblichen Pflanze, die mit STS-Lösung behandelt wurde.

Hoher Inzuchtgrad bei monözischen Populationen

Damit sich aber eine Eigenschaft über Generationen hinweg erfolgreich behaupten kann, muss sie einen Vorteil oder einen positiven Effekt gegenüber der bisherigen Geschlechterform besitzen. Dieser Effekt könnte die Vermeidung eines hohen Inzuchtgrades sein; monözische Populationen zeigen nämlich einen sehr hohen Grad an Inzucht. Darum ist die Wahrscheinlichkeit auch hoch, dass sich rezessive Krankheitsgene oder negative Mutationen auf den Pflanzen festigen und langsam dominant werden. Die meisten negativen Mutationen oder Krankheiten sind rezessiv und kommen meist nur unter gewissen Voraussetzungen zur Ausprägung. Diözische Populationen haben dagegen eine viel größere genetische Vielfalt, sie können sich aufgrund dieser Vielfalt auch viel schneller weiterentwickeln und besitzen deshalb einen sehr großen Vorteil in der Evolution

Genetische Vielfalt bei diözischen Populationen

Natürlich gibt es auch heute noch einhäusige Hanfsorten, die vorwiegend zur Faserproduktion angebaut werden. Die ersten Faserhanfsorten entstanden in den vierziger und fünfziger Jahren. Sie haben einen sehr großen Vorteil gegenüber ihren zweihäusigen Verwandten. Beide Geschlechter blühen zur gleichen Zeit, was einen sehr guten Ertrag und eine hohe Faserqualität zum Ergebnis hat. *Male*-Pflanzen

zweihäusiger Sorten blühen dagegen schneller als die weiblichen, was dazu führt, dass diese schneller ausreifen und absterben.In einem solchen Fall ist der Ertrag an Fasern eher gering, und auch die Qualität ist bei weitem nicht mehr so gut wie bei einhäusigen Sorten.

Links: Griffel, die nur wenige Stunden vorher bestäubt wurden, in einer Nahaufnahme.

Entstehung der Geschlechtschromosomen

Es gibt im Reich der Pflanzen und Tiere einzelne Abspaltungen im Rahmen der Geschlechtsfestlegung. Vögel haben beispielsweise ein ZZ-/ZW-System, bei dem die Männchen über zwei ZZ-Heterosomen verfügen und dementsprechend **homogametisch** sind. Die Weibchen sind **heterogametisch** und besitzen ein ZW-Geschlechtschromosomenpaar. Das in der Genetik am besten untersuchte Lebewesen, die Taufliege (*Drosophila melanogaster*), hat wie der Mensch ein XX-/XY-System – mit dem einzigen Unterschied, dass sich bei ihr die männlich spezifischen Gene auf den Autosomen befinden und das Verhältnis zwischen Autosomen und X-Chromosomen über das Geschlecht einer Fliege entscheidet.

Geschlechtschromosomen bei Vögeln und bei der Taufliege

Im Laufe der Evolution sind, wahrscheinlich aus zwei Autosomen einer Hermaphroditenpflanze, die ersten sehr einfachen Geschlechtschromosomen entstanden. Man geht heute davon aus, dass sich das männliche Y-Heterosom aus **Deletionen** gebildet hat. Deletion ist eine Art der Mutation, bei der ganze Basenpaare, aber auch ganze Chromosomenabschnitte gelöscht werden (vgl. auch Seite 195 f.). Gibt es weitere und wiederkehrende Deletionen, so werden sich diese immer weiter auf den Chromosomen festigen. Das Ergebnis ist eine verminderte Rekombination bei der Zellteilung, und ohne Rekombination und Crossing-over degeneriert ein Chromosom immer weiter. Es werden nach und nach Informationen gelöscht, bis nur noch sehr wenige aktive Gene vorhanden sind. Ein zweiter Effekt dieser gehemmten Rekombination sind stark verdichtete Bereiche, wie sie die Y-Heterosomen auch bei Hanfpflanzen aufweisen. Diese **repetitive DNA** haben wir weiter oben schon kurz angesprochen. Doch trotz der weitgehenden

Männliche Blütenstände einer regulären Male-Pflanze.

Oben: Einfach unverkennbar, die Deep Chung S1.

Unterdrückung der Rekombination gibt es bestimmte Regionen, die sich in der Meiose paaren können. In diesen sogenannten **pseudoautosomalen Regionen**, kurz **PARs** genannt, kann es zum Crossing-over kommen. Dies ist sehr wichtig, da auf diese Weise eine korrekte Trennung der beiden Geschlechtschromosomen während der Meiose gewährleistet wird. Treten bei diesem Prozess Fehler auf, kann es zu Fertilitätsproblemen und zu eingeschränkter Fruchtbarkeit bei den männlichen Individuen kommen.

Crossing-over der Heterosomen

Doch woher weiß man, dass Hanf auch derartige Bereiche besitzt, bei denen es zum Crossing-over der Heterosomen kommen kann? Eine gut untersuchte diözische Pflanzenart, die auch über PARs verfügt, ist die Lichtnelke (*Silene latifolia*). Sie besitzt eine sehr große genetische Ähnlichkeit mit Cannabis. Es ist teilweise sogar möglich, einzelne genetische Marker und Sonden herzustellen, um diese bei DNA-Untersuchungen an Hanfpflanzen einzusetzen. Auch einige Biologen, die sich mit der Kartierung des Hanf-Genoms beschäftigen, haben eben diese PARs bei Cannabis nachgewiesen. PARs gibt es auf jedem Chromosom, doch auf dem männlichen Y-Heterosom findet man nur sehr wenige solcher Bereiche. Trotzdem müssen auf jedem Y-Chromosom auch Gene lokalisiert sein, die in Proteine übersetzt werden und so verschiedene Prozesse steuern.

Bei der genetisch ähnlichen und gut untersuchten Lichtnelke fand man auf dem männlichen Chromosom drei wichtige Regionen. Der erste Bereich wird als **Su^F-Region** bezeichnet. Diese Region dient als sogenannter Suppressor (Hemmer) der Entwicklung des weiblichen Geschlechts. Die beiden anderen Bereiche kontrollieren dagegen die Bildung und die Fertilität der männlichen Blütenstände und der Antheren. Darüber hinaus war es möglich, vier einzelne Gene zu identifizieren und zu charakterisieren. Man bezeichnete sie als *SLY-1*, *SLY-4*, *MROS3_Y^a* und *DD44Y*. Man fand heraus, dass diese vier Gene homologe Kopien auf dem weiblichen X-Chromosom haben. Es scheint, dass das Gen *MROS3_Y^a* zur Gruppe der ***Low-Copy*-Gene** gehört (als *Low-Copy*-Gene bezeichnet man in der Regel Gene, die nur mit einer relativ geringen Anzahl an Kopien in mRNA transkribiert werden oder – einfach ausgedrückt – weniger stark exprimiert werden). Männlich-spezifische Expressionen zeigten dagegen nur die Gene *SLY-1* und *MROS3_Y^a*

Su^F-Region als Hemmer für die Entwicklung des weiblichen Geschlechts

Einzelne Gene auf dem männlichen Chromosom

Es ist nun durchaus möglich, wenn nicht sogar sehr wahrscheinlich, dass es bei Hanfpflanzen eine identische oder zumindest sehr ähnliche Einteilung des *Male*-Chromosoms gibt. Bisher war es jedoch noch nicht möglich, männliche Gene wirklich zu charakterisieren. Einzig K. Sakamoto konnte in den späten Neunzigerjahren männlich-spezifische Sequenzen auf dem langen Arm des Y-Chromosoms nachweisen. Später war es G. Mandolino, der diese Ergebnisse bestätigen konnte und sechs geschlechtsspezifische Sequenzen fand. Diese DNA-Sequenzen bezeichnete man als *MADC1*, *MADC2*… und *MADC6*; im Jahr 1999 konnte Mandolino einen weiteren, 390 Basenpaare großen männlich-spezifischen *SCAR*-Marker entwickeln (SCAR, engl. ***S**equence **C**haracterized **A**mplified **R**egion*), der es möglich machen sollte, männliche Pflanzen schnell zu selektieren.

Ein roter Kush-Phänotyp.

Diese bestimmte Sequenz war in keiner der weiblichen Versuchspflanzen nachweisbar.

Im Jahr 2003 fand dann H. Flachowsky durch AFLP-Markeranalysen einen Zusammenhang zwischen den auf dem Y-Chromosom lokalisierten Genen und ihren homologen Gegenstücken auf dem weiblichen X-Chromosom, so wie es auch bei der Lichtnelke der Fall ist. Darüber hinaus konnte auch M. Riedel im Jahr 2005 ein männlich spezifisches Fragmente der Sonde *OPC-11 2200* in Hanfpflanzen und Y-Pollen nachweisen. Dieses Fragment besitzt eine Größe von 2200 Basenpaaren und konnte in allen 29 männlichen Pflanzen nachgewiesen werden. In den untersuchten 45 weiblichen Pflanzen fand man dagegen keinen solchen Sequenzabschnitt.

Spezifische Gensequenzen in Male-Pflanzen

Flachowsky erstellte 2003 eine Hanf-Datenbank mit über 15 000 verschiedenen Klonen. Es gab also über 15 000 DNA-Abschnitte, die eine bestimmte Sequenz oder ein bestimmtes Gen der Hanfpflanze enthielten. Auch in den nachfolgenden Untersuchungen fand man spezifische Gensequenzen, die man nur in *Male*-Pflanzen nachweisen konnte. Allerdings gab es in allen hier erwähnten Studien einzelne männliche Versuchspflanzen, bei denen kein Signal detektiert werden konnte oder bei denen schwache Signale kein endgültiges Ergebnis zuließen.

All diese Untersuchungen bestätigten die Aussage vieler Autoren, wonach die Geschlechtsfestlegung von *Cannabis sativa* **polygen** ist, also von mehreren Genen bestimmt wird. Dies ist immerhin bereits eine sehr wichtige Aussage, die beweist, dass zur Geschlechtsfestlegung mehrere Gene aktiv werden. Und wie bei den meisten dieser polygenen Eigenschaften gibt es wahrscheinlich auch Wechselwirkungen und Interaktionen zwischen den verantwortlichen Genen.

Ausgereifte weibliche Blüte.

Theorien und Modelle zur Geschlechtsfestlegung

In der Tat kann man auch heute noch nicht ganz genau sagen, wann und wie Cannabis sein Geschlecht festlegt. Und trotzdem konnten viele Rätsel und falsche Theorien widerlegt werden. Wie zum Beispiel im Jahr 1969, als ein Biologe

namens M. Arnoux einen wissenschaftlichen Bericht veröffentlichte, wonach die Geschlechtsfestlegung bei Cannabis unabhängig vom Genotyp ist. Nach dieser Theorie konnte jede Pflanze das männliche, aber auch das weibliche Geschlecht ausbilden, egal welche Geschlechtschromosomen sie besaß. Die endgültige Festlegung fand seiner Meinung nach bei der Interaktion zwischen Genen und Chromosomen statt.

Oben: Der komplett befruchtete Blütenstand einer Afghani-Kreuzung.

Dagegen entwickelten W. Hoffmann und M. Westergaard ein paar Jahre vorher Vorstellungen von einer **chromosomenabhängigen Geschlechtsfestlegung**. Demnach könnte jede Pflanze den Genotyp abhängig von den äußeren Bedingungen und ihrer Geschlechtschromosomen festlegen. Hoffmann war auch der erste, der schon damals von einem polygenen Merkmal der Geschlechtsfestlegung sprach. Er war überzeugt, dass das männliche Y-Chromosom kaum aktiv ist und dass die Eigenschaften des weiblichen Geschlechts auf den X-Chromosomen lokalisiert sind, das Merkmal der männlichen Blütenstände aber auf den Autosomen.

Westergaard dagegen war der Meinung, dass es ein spezielles Verhältnis von Autosomen zu X-Heterosomen geben muss, ähnlich wie es bei *Drosophila melanogaster* der Fall ist. So weit man heute weiß, ist dies tatsächlich der Fall, allerdings nur bei monözischen oder einhäusigen Hanfpflanzen. Die meisten dieser frühen Untersuchungen wurden mit einhäusigen Sorten durchgeführt. Nur einige wenige Biologen – wie zum Beispiel H. Y. Mohan Ram, G. Mandolino, K. Sakamoto und R. Sett – arbeiteten mit THC-reichen zweihäusigen Sorten.

Weitere Theorien zur Geschlechtsfestlegung

C. Panfil vertrat im Jahr 1984 eine ganz andere Theorie zur Geschlechtsfestlegung diözischer Hanfpflanzen. Er nahm an, dass das Geschlecht grundsätzlich vom **Verhältnis zwischen Autosomen und X-Chromosom** vorbestimmt wird, es aber eine Familie von Genen gibt, die auf beiden Geschlechtschromosomen lokalisiert sind und unterschiedlich starke Auswirkungen auf das Geschlecht haben. Dadurch sei es möglich, dass XY-Pflanzen das gleiche Geschlecht ausbilden können wie XX-Pflanzen. Auch C. Ainsworth sprach 2001 von einem solchen System der Geschlechtsfestlegung.

Unten: Die noch unreifen Samen quellen aus den Blütenkelchen heraus. Zum Teil kann man zwei Samen pro Kelch erkennen.

Ein solches Modell könnte seiner Meinung nach sehr anfällig bei Veränderungen der klimatischen Bedingungen sein.

Ein ähnliches Prinzip entwickelte R.L. Rath im Jahr 1968. In seinem Modell existieren aber auch maskuline und feminine Gene, die durch Rekombination auf die beiden Geschlechtschromosomen übertragen werden und durch eine vorhandene Dominanz über das Geschlecht mitentscheiden. Eine männliche Hanfpflanze könnte ihm zufolge auch zwei X-Chromosomen besitzen, würde aber durch männliche Gene auf dem weiblichen Heterosom eine männliche Dominanz entwickeln und entsprechend auch *Male*-Blüten ausbilden. Es gibt also seit einem halben Jahrhundert die wildesten Theorien über die Festlegung des Geschlechts. Mit Hilfe der sich schnell entwickelnden DNA-Analysetechniken konnte man inzwischen viele falsche Theorien aus den Lehrbüchern streichen.

Eine Sweet Chunk BX2, die der bekannten Sweet Pink Grapefruit sehr ähnlich ist.

Variationen der Geschlechtsdifferenzierung

Die Geschlechtsfestlegung von Hanf und vielen anderen höheren Pflanzen basiert im Grunde auf zwei Hauptfaktoren. Es muss zuerst einmal eine **genetische Grundlage** geben; es müssen also Informationen vorhanden sein, damit eine Pflanze das männliche oder das weibliche Geschlecht ausbilden kann. Diesen Part übernehmen die Chromosomen und die auf ihnen lokalisierten Gene. Sie geben das Geschlecht einer Pflanze grundlegend vor. Es muss andererseits auch ein **Schaltersystem** geben, das die einzelnen Prozesse reguliert und die Kommunikation zwischen den Zellen übernimmt. Im siebten Kapitel dieses Buches haben wir diese Schalter genau erklärt. Verschiedene Phytohormone, Signalstoffe und Enzyme übernehmen einen wichtigen Teil in der Geschlechtsfestlegung. Sie steuern nicht nur essenzielle Prozesse wie die Zellteilung, sie reagieren auch auf äußere Bedingungen und geben die entsprechenden Signale an die Pflanze weiter.

Um nun wirklich zu klären, wie zweihäusiger Hanf sein Geschlecht festlegt, schauen wir uns zuerst einmal an, was wir bereits wissen und was als bewiesen gilt. Man weiß, dass sich eine diploide Pflanze aus zwei haploiden Keimzellen bildet. Dabei gibt die Mutterpflanze eines ihrer beiden X-Geschlechtschromosomen weiter, während die Vaterpflanze das X-, aber auch das männliche Y-Heterosom weiter vererben kann. So entsteht wieder ein XY-*Male* oder eine XX-*Female*-Pflanze. Das heißt, dass die jeweilige Kombination von Heterosomen – und damit auch das Geschlecht – grundlegend schon sehr früh feststeht, um genauer zu sein, schon im Samen selber. In den meisten Fällen reguliert dieses Verhältnis das Geschlecht einer Pflanze.

Mögliche Gründe für weibliche XY-Pflanzen

Doch es gibt auch Ausnahmen oder bestimmte Fälle, in denen sich auch ein XY-Genotyp als weiblich outet. Das passiert in der Regel weniger häufig und ist keinesfalls an der Tagesordnung, aber es ist durchaus möglich und kommt vor. Es gibt nun verschiedene mögliche Gründe, warum dies passieren kann. Einige Biologen vermuten einen **Fehler in der Meiose 1**, genauer gesagt in der frühen Prophase, in der sich die Chromosomen paaren und durch Crossing-over neu kombiniert werden. Aber auch eine **fehlerhafte Trennung der Chromosomen in der Anaphase 1** könnte zu einer weiblichen XY-Pflanze führen. In dem Fall könnten die Gene für die Bildung der männlichen Blüten auf dem ersten X-Chromosom liegen. Wenn ein Chromosom Schaden genommen hat oder es Mutationen in der Sequenzabfolge gibt, kann das zweite X-Chromosom diesen Part übernehmen oder ganz aktiv werden. So würden wieder die weiblichen Gene die Oberhand gewinnen. Eine XY-Pflanze ohne die männlich-spezifischen Gene auf dem Y-Chromosom würde womöglich gar keine männlichen Blütenstände ausbilden und entsprechend weiblich werden oder gar beide Geschlechter bilden.

Die harzigen Blütenstände kann man für die Hasch-Produktion verwenden.

Bei einem Fehler in der Meiose könnte es aber auch zu **Deletionen auf dem Y-Chromosom** kommen. Auch hier wäre es möglich, dass männlich-spezifische Gene aus dem Y-Heterosom herausgeschnitten werden. Auch ein solcher Fall hätte Auswirkungen auf das endgültige Geschlecht einer XY-Pflanze. Pflanzen mit zwei XX-Heterosomen sind aber immer weiblich und können keine männlichen Blütenstände ausbilden. Einzig XY-Pflanzen könnten unter gewissen Umständen männlich/weiblich oder zwittrig sein – auch wenn die große Mehrheit dieser Pflanzen rein männlich ist.

Die Resultate der von Riedel und Flachowsky veröffentlichten Untersuchungen zeigten, dass auch männlichspezifische Sonden Signale auf den Autosomen hinterlassen können. Das weist darauf hin, dass es möglicherweise **Wechselwirkungen zwischen den geschlechtsspezifischen Genen auf dem Y-Chromosom und den Genen auf den Autosomen** gibt. Fest steht, dass eine Verbindung vorhanden ist, von der man aber noch nicht sicher sagen kann, was für Auswirkungen sie auf die Geschlechtsfestlegung hat. Aber wir wissen ja bereits, dass es auch beim einhäusigen Nutzhanf eine Geschlechtsfestlegung gibt, welche auf dem Verhältnis von X-Chromosomen zu Autosomen beruht. Es ist deshalb durchaus möglich, dass die Autosomen eine sekundäre Rolle bei der Geschlechtsausprägung spielen.

Mögliche sekundäre Rolle der Autosomen bei der Geschlechtsausprägung

Das Schaltersystem aus Hormonen und Enzymen reagiert ständig auf die unterschiedlichen äußeren Faktoren; ein

Unten: Nahaufnahme eines Pollensacks. Man erkennt bereits die Pollenkörner.

hoher Stickstoffgehalt wirkt sich genauso auf die pflanzeneigene Hormonproduktion aus wie die Länge der Photoperiode oder das Spektrum des Lichts. Es wäre durchaus denkbar, ja es ist sogar sehr wahrscheinlich, dass durch einen starken äußeren Einfluss die Hormonsynthese so beeinflusst wird, dass die auf den Autosomen lokalisierten Gene aktiviert werden, was eine **Änderung der Blütendifferenzierung** zur Folge haben könnte. Eine genetisch weibliche Pflanze wird zwar von ihren Geschlechtschromosomen oder ihrem Genotyp her auch immer weiblich bleiben; ein bestimmter Hormonlevel könnte aber wie beim Feminisieren die Bildung von rein männlichen Blütenständen forcieren. Genauso könnte man auch beide Geschlechter auf einer Pflanze wiederfinden, obwohl sie genetisch gesehen immer noch weiblich ist und auch bleibt. Dasselbe kann auch bei XY-Pflanzen vorkommen. Diese bilden dann anstatt der männlichen Blüten weibliche aus, oder es werden erneut beide Geschlechter auf ein und derselben Pflanze ausdifferenziert.

Ein weiblicher Erdbeer-Clone nach einer STS- Behandlung. Nicht alle Pollensäcke enthalten Pollen.

Solche Veränderungen geschehen aber nicht, wenn die Lichtphase kurz gestört ist oder die Erde vielleicht nicht die optimalen Nährstoffe besitzt. Sicher ist dieser Vorgang auch abhängig von der Sorte, aber es ist schon mehr als ein einzelner Faktor notwendig, um das vorgegebene Geschlecht zu verändern. Das «Selfen» oder Feminisieren geschieht ja ähnlich, auch wenn ich denke, dass man das Selfen nicht mit einer natürlichen Hormonveränderung gleichsetzen kann, da beim Feminisieren ganz andere Prozesse mit hineinspielen und sogar verändert werden. Wir werden im nächsten Abschnitt auf die Geschlechtsdifferenzierung eingehen, wenn es um das Feminisieren und um das Zwitterverhalten von Cannabis geht.

8.3 Feminisieren und Zwitter bei Cannabis

Links: Eine feminisierte männliche Blüte. In ihr befindet sich potenter Pollen, was man schon an der gelblichen Farbe erkennen kann.

Dieses Kapitel behandelt zwei Themen, die in gewisser Weise zusammenhängen und in den letzten Jahren vermehrt unter den Growern diskutiert wurden. Es geht zuerst einmal um die Herstellung von weiblichem Saatgut, die richtige Anwendung von Chemikalien und um die Nachteile dieser Behandlung. Zum Thema Zwitter oder Hermaphroditen werde ich erklären, auf welcher genetischen Grundlage diese Pflanzen entstehen und ob es vielleicht sogar einen größeren Zusammenhang zwischen weiblichem Saatgut und Zwitterpflanzen gibt als bisher angenommen.

Feminisiertes Saatgut: Vor- und Nachteile

Das gesamte Seed-Business hat sich in den letzten zehn Jahren enorm verändert. Gab es früher nur reguläre Samen, so hat sich das Bild seit 1994 komplett verändert. Rein weibliche Cannabissorten traten ihren Siegeszug an; das reguläre Saatgut trat hingegen in den Hintergrund. Seit den frühen Achtzigerjahren experimentieren Biologen an verschiedenen Universitäten mit der Herstellung von rein weiblichem Saatgut. H.Y. Mohan Ram und R. Sett von der *University of Delhi* waren die ersten, die erfolgreich weibliche Samen herstellen konnten. In den folgenden Jahren hörte man nur wenig über feminisierte Seeds, obwohl die Herstellungsmethode durchaus bekannt war. Erst in den frühen Neunzigerjahren brachten die Samenbanken weibliche Seeds auf den Markt.

Siegeszug des weiblichen Saatguts

Nachdem die anfängliche Skepsis überwunden war und Grower in vielen Foren über durchweg positive Ergebnisse berichteten, begann praktisch über Nacht der **Hype des feminisierten Saatguts**. Die meisten Samenbanken produzierten plötzlich nur noch feminisierte Samen und strichen die regulären Sorten ganz aus ihrem Sortiment. Nur einzelne Breeder blieben den regulären Seeds treu oder nahmen nur ganz wenige weibliche Sorten in ihr Programm auf. Vor allem *Mr. Nice* und *Mandala-Seeds* konzentrierten sich in ihrer Arbeit weiterhin ausschließlich auf reguläre Strains. Daneben gehörte noch *Serious Seeds* zu den wenigen Breedern, die ihrer Philosophie treu blieben. Andere Züchter passten sich der Nachfrage an und konzentrierten sich nur noch auf die feminisierten Samen. Ein paar Jahre später änderte sich das Bild ein wenig, da die ersten Zwitter-Meldungen in den Growforen auftauchten. Die Grow-Gemeinde diskutierte

Eine Blattmutation in einem frühen Wachstumsstadium. Sie wird später wieder herauswachsen.

heftig über den Zusammenhang von weiblichen Seeds und Zwittern. Aber aufgrund der weiterhin sehr großen Nachfrage ebbte diese Diskussion schnell wieder ab.

Oben: Ein STS-Male der OG-Kush. Die Pollensäcke sind unterschiedlich weit entwickelt.

Feminisierungstrend und Zwitterpflanzen

Als sich die Gesetze in der Schweiz und auch in den Niederlanden in Richtung Repression entwickelten, verlagerten sehr viele Samenbanken ihre Seed-Produktion nach Spanien und gaben die Herstellung an externe Firmen ab. Nur die wenigsten Züchter produzieren heute noch wirklich selbst. Oft übernahmen andere Firmen die Herstellung von Saatgut oder private Grower stiegen in die Samenproduktion mit ein. Kurze Zeit später konnte man über eine neue Flut von Hermaphroditenpflanzen lesen. Gerade bei einzelnen bekannten Samenbanken häuften sich plötzlich Meldungen über bestimmte Sorten, bei denen Pflanzen beide Geschlechter ausbildeten. Die Grow-Gemeinde setzte sich fortan immer intensiver mit dem Prozess des Feminisierens auseinander und beschäftigte sich mehr mit der Pflanze und ihren internen Abläufen. Man merkte langsam, dass der Eingriff in den Hormonhaushalt doch größer war, als man zu Beginn angenommen hatte, und die negativen Folgen durchaus nicht zu unterschätzen waren.

Vorteile feminisierter Samen

Heute flaut der Hype um die feminisierten Seeds wieder ab. Die Grower setzen vermehrt auf reguläre Sorten, um vielleicht auch wieder eigenes Saatgut zu züchten und sich von Breedern und Samenbanken unabhängig zu machen. Natürlich gibt es auch heute noch viele weibliche Strains und dementsprechend auch viele Grower, die solche Genetiken anbauen. Es ist klar, dass rein weibliche Samen auch viele Vorteile besitzen, vor allem für Grower, die nur wenig Platz zur Verfügung haben, oder für die Leute, die nur einmal im Jahr outdoor growen können und keine Möglichkeit haben, reguläre Pflanzen vorher zu selektieren. Und das ist auch absolut legitim. Jeder Grower muss sich seine Seeds nach den ihm zur Verfügung stehenden Bedingungen aussuchen und feminisierte Samen helfen dabei, den Ertrag auf einer bestimmten Fläche zu maximieren. Ich sage nicht, dass weibliches Saatgut Teufelswerk ist. Ich meine aber, dass man bei der Herstellung verschiedene Dinge beachten sollte und gerade bei der Selektion der Elternpflanzen einen genauen Blick auf die möglichen Kandidaten haben muss, um jede Art Zwitter von vornherein auszuschließen.

Unten: Eine Sweet Pink Grapefruit in der letzten Woche der Blütephase.

Viele Grower und Hanfliebhaber sind sich der möglichen negativen Folgen und Auswirkungen durchaus bewusst. Es ist zum Beispiel möglich, dass eine Genetik nicht so gut auf das Feminisieren anspricht und es zu Fehlern bei der Zellteilung der Meiose kommen kann. Die Folgegeneration könnte dann durchaus einen **hohen Anteil an Zwitterpflanzen** aufweisen. Auch können Seeds eine sehr **hohe Hermaphroditen-Rate** aufweisen, wenn eine Elternpflanze schon leicht zwittrig war oder eine Veranlagung dafür in ihren Genen trägt.

Ein Blatt nach dem Einnebeln mit einer STS-Lösung aus Silbernitrat und Natriumthiosulfat.

Man kann mit weiblichen Samen auch keine alten oder seltenen Sorten erhalten, da es keinen männlichen Part zum weiblichen Gegenstück gibt. Man könnte zwar theoretisch immer wieder feminisierte Samen herstellen, doch wenn die Mutterpflanze verschwindet oder eingeht, dann ist der Strain ausgestorben und es gibt keinerlei Möglichkeit mehr, reguläre Samen herzustellen. Man muss bei der Cannabiszucht immer auf reguläres Saatgut zurückgreifen, zur **Erhaltung der Genetiken** und um eine große Variation des gesamten Genpools zu wahren. Mit einer männlichen Pflanze kann man eine Genetik sichern, man kann Samen herstellen und erneut selektieren. Man kann diese Sorten erhalten und zukünftigen Growern zur Verfügung stellen, ohne dass man neue Genetiken einkreuzen muss.

Erhaltung der Genetiken durch reguläres Saatgut

Ein weiterer Nachteil für Grower ist die **Abhängigkeit von Samenbanken**, da es nicht möglich ist, mit feminisierten Seeds weiter zu züchten und zu kreuzen. Theoretisch kann man das natürlich, doch bei ernsthaften Projekten rate ich jedem davon ab, da das Ergebnis völlig unberechenbar sein kann und die Gefahr von Hermaphroditen immer besteht – auch wenn es vielleicht ein oder zwei Generationen gut gehen kann. Irgendwann können die ersten Zwitter auftreten; dann ist eine weitere Arbeit mit diesen Samen nicht mehr möglich, und man muss das angefangene Projekt erneut beginnen. Feminisierte Samen sind nur Einwegprodukte und nicht für nachfolgende Zuchtprojekte oder gar für die Erhaltung von Strains geeignet. Warum die

Rechts: Nahaufnahme der Blätter nach der Behandlung mit STS-Lösung.

Wahrscheinlichkeit von Zwittern bei verschiedenen Faktoren steigt, erkläre ich etwas später.

Viele Grower werden sich nun fragen, warum feminisierte Samen immer weiblich sind und es im Normalfall keine männlichen Pflanzen gibt. Wir haben im ersten Abschnitt schon darüber gesprochen: Bei einer Kreuzung gibt der männliche Elternteil sein X- und sein Y-Chromosom weiter, während der weibliche Part immer nur das X-Chromosom vererben kann. Nehmen wir jetzt den ***Male*** heraus und kreuzen zwei reine ***Female***-Pflanzen miteinander, dann würde jeder weibliche Elternteil immer nur das weibliche X-Geschlechtschromosom vererben können. Da kein ***Male*** beteiligt ist und dementsprechend auch kein männliches Y-Chromosom mit eingebracht wird, gibt es immer nur weibliche Nachkommen, die wieder über zwei X-Heterosomen verfügen. Man muss eine weibliche Pflanze nur dazu bringen, männliche Blütenstände auszubilden. (Vielleicht ist die Bezeichnung «männliche Blüten» nicht ganz richtig, da die Pflanze ja immer noch rein weiblich ist und auch nur das weibliche X-Heterosom vererben kann.)

Die Bildung von Pollensäcken wird erreicht, indem man in die Hormonsynthese und in den Hormonhaushalt der Pflanzen eingreift. Genau gesagt blockieren wir die Bildung eines Phytohormons, nämlich die Produktion von Ethylen. Dadurch treten andere pflanzeneigene Hormone in den Vordergrund, welche die Bildung von ***Male***-Blüten auf genetisch weiblichen Pflanzen erst möglich machen. Man muss sich dabei bewusst sein, dass wir nicht das Geschlecht der Pflanze verändern. Wir zwingen sie einfach dazu, Blüten zu bilden, die normalerweise vom anderen Geschlecht ausgebildet werden. Wir könnten genauso gut ***Male***-Pflanzen dazu bringen, weibliche Blütenstände zu produzieren. Allerdings macht das nur wenig Sinn, da die Nachkommen wieder beide Geschlechter haben würden und es wie bei regulären Sorten ***Male***- und ***Female***-Pflanzen geben würde. Nur würde es dieses Mal zu einer neuen und besonderen Zusammensetzung der Heterosomen kommen: Neben den weiblichen XX-Pflanzen und den normalen männlichen XY-Typen

Eine Pflanze nach der STS Behandlung: Die unteren Blätter sind braun und eingerollt.

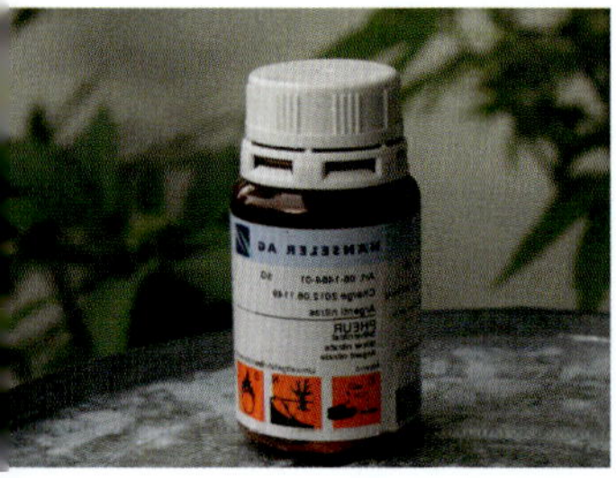

Silbernitrat für die Feminisierung.

gibt es nämlich auch die sogenannten ***SuperMales***, die mit einem Paar an Y-Heterosomen ausgestattet sind. In der Agrarwissenschaft und in anderen Bereichen der Tier- und Pflanzenzucht spielen diese ***SuperMales*** eine große Rolle, da sie verschiedene positive Merkmale besitzen und diese auch entsprechend vererben können.

Es gibt verschiedene Möglichkeiten, feminisierte Samen herzustellen. Manche funktionieren besser als andere und bringen mal mehr und mal weniger Erfolg. Bei den ersten, weniger erfolgreichen Versuchen wurden noch männliche auf weibliche Pflanzen aufgepfropft. Später versuchte man mit **Lichtstress**, männliche Blüten auf weiblichen Pflanzen zu erzeugen. Diese Methode setzt aber einiges an Erfahrung und Wissen voraus und funktioniert nur bei den wenigsten Genetiken wirklich reibungslos. Dabei wird eine weibliche Pflanze während der Dunkelphase mehrmals für 15 Minuten mit Störlicht behandelt. Zusätzlich schneidet man den Wurzelballen und die komplette Pflanze um zwei Drittel zurück. Treibt die Pflanze wieder aus, bilden sich einige wenige männliche Pollensäcke, die potenten Pollen ausschütten können. Die Menge an Pollensäcken ist aber so gering, dass es nicht möglich ist, tausende oder gar zehntausende Samen herzustellen. Wenn man die Pflanze nicht so gut kennt, ist es zudem ein Nachteil, dass man nie genau sagen kann, ob sie ein genetischer Zwitter ist oder ob die Bildung der Pollensäcke wirklich nur auf den Stress zurückzuführen ist.

Feminisierung durch Lichtstress

Heute wird diese Methode nicht mehr angewandt, trotzdem kann man auch mit Lichtstress und einem zusätzlichen Beschneiden rein weibliches Saatgut erzeugen. Es geht nur darum, dass die Bildung der männlichen Pollensäcke auf eine Reaktion der Pflanze zurückzuführen ist und es keine genetisch bedingte Veranlagung gibt. Man experimentierte früher auch mit dem Gas Ethylen, was aber keinen Erfolg brachte, sondern nur zu einer schnelleren Reife der Blütenstände führte. Pflanzen wurden auch mit Kohlendioxid behandelt, da man weiß, dass CO_2 mit Ethylen gekoppelt ist und die Synthese hemmen und völlig zum Stillstand bringen kann. Aber auch diese Methode hat man wieder sehr schnell verworfen.

Heute haben sich zwei Herstellungsmethoden durchgesetzt, wobei beide im Prinzip auf die gleiche Art und Weise funktionieren. Eine weniger effektive , wie an anderer Stelle schon erwähnt, ist die Behandlung mit Silberionen in Form von **kolloidalem Silber (CS)**. Diese winzigen Nano-Ionen werden nur sehr langsam in der Pflanze verteilt, was die Wirkung deutlich hinauszögert. Da kolloidales Silber nicht ganz so spezifisch auf die Ethylensynthese einwirkt, ist es auch viel schwieriger, eine richtige Dosierung für die Pflanze zu finden. Wer seine Pflanzen trotzdem mit CS behandeln will, der sollte sie etwas früher einnebeln und nicht bis zur Blüteeinleitung warten. Ich empfehle, die Behandlung in den letzten fünf Tagen der Wachstumsphase zu beginnen und dreimal alle zwei Tage eine niedrigere Dosierung von 4–5 ppm zu verwenden.

Behandlung mit kolloidalem Silber: Schwierige Dosierung

STS-Methode: Dosierung und Zeitpunkt

Die am häufigsten angewendete Methode ist aber die Behandlung mit der sogenannten **STS-Lösung**, bei der die

Unten: Ein Natriumthiosulfat-Kristall.

Oben: Silbernitrat in einer Nahaufnahme.

Blockierung der Ethylenproduktion durch Silbernitrat

Pflanze bei Blütebeginn mit einer Mischung aus zwei Chemikalien eingesprüht wird. Die erste dabei verwendete Substanz ist ***Natriumthiosulfat*** ($Na_2S_2O_3$), das nicht direkt auf die Pflanze wirkt, sondern nur eine bessere Lösbarkeit der zweiten Chemikalie, des ***Silbernitrats*** ($AgNO_3$), bewirkt. Darüber hinaus werden die Silberionen durch Natriumthiosulfat besser in der Pflanze verteilt, was zu einer schnelleren und stabileren Wirkungsweise führt. Silbernitrat wirkt sich dagegen direkt auf die pflanzeneigene Hormonproduktion aus und stimuliert das Ausbilden von männlichen Pollensäcken auf rein weiblichen Pflanzen. Die Silberionen blockieren die Bildung des Hormons Ethylen, das neben Auxinen und Cytokininen nachweislich für die Bildung der weiblichen Blüten verantwortlich ist. Da die Ethylenproduktion extrem gedrosselt und sogar kurzzeitig aufgehoben wird, tritt ein anderes pflanzeneigenes Hormon in den Vordergrund. Gibberelline sind, wie wir wissen, unter anderem für die Bildung männlicher Blütenstände verantwortlich. Auf diese Art und Weise werden auf einer weiblichen Pflanze männliche Blütenstände ausgebildet.

Hier taucht aber schon das erste Problem auf. Jede Genetik hat unterschiedlich viele Ethylenrezeptoren, darum braucht man auch verschiedene Dosierungen, um die Ethylen-Synthese zum Stillstand zu bringen. Ist der Ethylen-Level in der Pflanze zu hoch, entstehen zwar Pollensäcke, aber sie bilden keinen potenten Pollen. Ein Pollenkorn eines regulären *Males* keimt in der Regel schon nach 12–48 Stunden, nachdem es auf dem weiblichen Griffel gelandet ist. Der Pollenschlauch wächst dabei erst am Griffel entlang und befruchtet die weibliche Blüte nach nur wenigen Stunden. Je nach Dosis kann der STS-Pollen dann innerhalb eines Tages, aber auch erst nach sechs Tagen auf dem Griffel keimen. Man kann sehr gut erkennen, wie schnell oder wie langsam der Pollen die weibliche Blüte befruchtet. Normalerweise sterben die Griffel 24–48 Stunden nach dem Bestäuben ab und färben sich anschließend braun. Bei Verwendung von STS-Pollen kann es eine längere Zeit dauern, bis der Griffel abstirbt, in den meisten Fällen geschieht das vier bis fünf Tage nach dem Befruchten. Es kann auch passieren, dass nur steriler Pollen zur Verfügung steht oder die Menge so klein bleibt, das man ihn nur schlecht bis gar nicht sammeln kann.

Verzögerte Keimung bei STS-Pollen

Es ist nicht einfach, für einen Strain die genaue Dosierung festzulegen, im Gegenteil. Es braucht viele Tests, Erfahrung und Wissen, um die optimale Dosierung herauszufinden. Natürlich gibt es Sorten, die sehr einfach zu behandeln sind und die auch eine ausreichende Menge an potenten Pollen produzieren. Aber in der Regel bilden STS-*Males* nur einen Viertel bis die Hälfte der Pollenmenge einer regulären *Male*-Pflanze aus. Man hat somit auf einer bestimmten Fläche viel weniger Pollen zur Verfügung und kann entsprechend weniger Samen produzieren. Bei einer großen Samenbank reicht es nicht, wenn man tausende Samen hat. Es werden im besten Fall zehntausende von feminisierten Seeds pro Jahr benötigt.

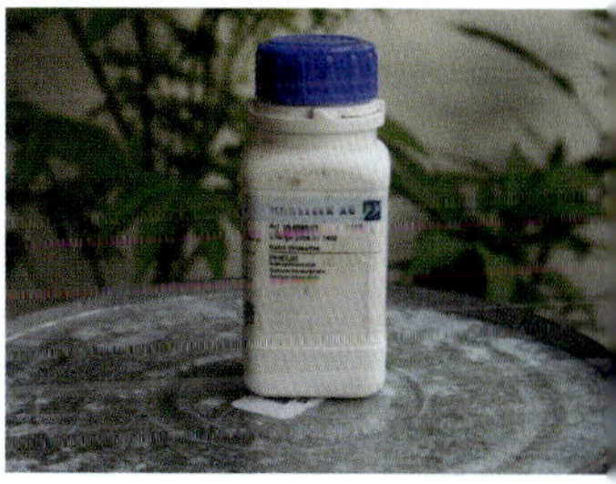

Natriumthiosulfat aus der Apotheke.

Der Zustand der blockierten Ethylensynthese ist nur von temporärer Dauer. Es ist deshalb nicht möglich, eine Pflanze zu behandeln, von ihr Stecklinge zu schneiden und nach einer weiteren Wachstumsphase die Blüte einzuleiten, um Pollen zu ernten. Der **Zeitpunkt der STS-Behandlung** ist somit ein sehr wichtiger Faktor, den man nicht unterschätzen sollte. Man behandelt die Pflanzen in der Regel in den ersten Tagen der Blüte. Oft sprüht man sie am Tag der Umstellung zwei bis drei Mal ein und wiederholt das Ganze am zweiten Blütetag noch einmal. Nach weiteren drei bis fünf Tagen können die Blätter ihre Farbe ändern, sie drehen sich oft ein und vertrocknen an den Rändern, bis sie am Ende abfallen. Die gesamte Pflanze wird jetzt einen eher kränklichen Eindruck machen und ihr Wachstum vielleicht sogar komplett einstellen. Nach zwei bis drei Wochen beginnt sie aber wieder, neue Blätter auszubilden. Die behandelte Pflanze erholt sich schnell und sollte um den 25. Tag der Blütephase die ersten männlichen Pollensäcke ausbilden. Ich empfehle, die weiblichen Elternteile, die man als Kreuzungspartner verwenden will, 5–10 Tage früher in die Blüte zu schicken als die weiblichen Pflanzen, die man mit STS behandelt. Oft bilden die mit STS eingesprühten ***Female***-Pflanzen sehr schnell reife Pollensäcke, dabei haben die anderen Pflanzen

Unten: Bei dieser ungewohnten Blattform handelt es sich eventuell um Adlerkrallen, das Zeichen einer Überdüngung.

zu diesem Zeitpunkt oft nur wenige weibliche Blüten ausgebildet, was wiederum zu wenigen Samen führt. Schickt man die Pflanzen ein paar Tage früher in die Blüte, dann besitzen sie mehr Blütenmasse, wenn der STS-Pollen der anderen Pflanzen reif ist. Je nach Dosierung kann die Bildung der weiblichen Blüten völlig gestoppt oder auch nur verlangsamt werden.

Eine mit STS-Lösung behandelte Erdbeerli-Pflanze mit gut erkennbaren unterschiedlichen Pollensackformen.

Das geübte Auge kann auch schon vorher sehen, ob die Dosierung den gewünschten Erfolg gebracht hat. Eine zu schwache Dosis führt sehr oft zu leicht deformierten Pollensäcken, in deren Mitte ein weiblicher Griffel wächst. Man nennt diese Mischblüten auch «*Intersex Flowers*». Teilweise befindet sich sogar ein kleiner Samen im Inneren, der sich aber nur selten voll entwickelt. Es kommt auch vor, dass die Pollenschläuche aus dem Pollensack herauswachsen und deutlich hervorstehen. Zu schwache Dosierungen kann man auch daran erkennen, dass sich die weiblichen Blüten weiterentwickeln und das männliche Geschlecht nur in Form von einzelnen Bananen sichtbar wird. In diesen Fällen befindet sich oft nur so wenig Pollen in den männlichen Blüten, dass man ihn nur unter dem Mikroskop erkennen kann. Sobald die männlichen Blüten nur etwas anders aussehen als normale reguläre Pollensäcke, sollte man gewarnt sein. Ein weiteres Problem bei einer zu schwachen Lösung sind die Pollensäcke, die nur in sehr geringer Anzahl vorhanden sein können, wogegen eine hohe Dosierung eine Steigerung der Anzahl an *Male*-Blüten zur Folge hat. Darüber hinaus kann es bei einer höheren Dosierung sogar passieren, dass die Pflanze keine weiteren Griffel ausbildet, sondern nur männliche Blütenstände produziert.

Anzeichen einer zu schwachen STS-Dosierung

Mostly Sativas oder reine Sativas zeigen bei einer schwächeren Dosierung häufig ein gesteigertes Längenwachstum. Das liegt daran, dass nach der Blockierung der Ethylensynthese die Auxin-Produktion rasant ansteigt und es zu einer überdurchschnittlichen Synthese kommt. Ist die STS-Dosierung aber sehr hoch gewählt, wird die Pflanze das Wachstum komplett einstellen. In diesem Fall wird die Höhe im weiteren Lebenszyklus auch nicht weiter zunehmen.

Es kann sogar so weit kommen, dass Blätter sich sehr schnell eindrehen, vertrocknen und später sogar abfallen, was durchaus zum Tod der Pflanze führen kann – auch wenn dies nur selten passiert und auch nur dann, wenn man es mit der Dosierung extrem übertreibt. Mohan Ram stellte zudem fest, dass eine hohe Dosierung die Zellaktivität und vor allem die Transkription sehr stark beeinflusst.

Sortenabhängige Dosistoleranz bei der STS-Behandlung

Nun stellt sich die Frage nach der optimalen Dosierung. Wie bereits erwähnt, kommt es auf die entsprechende Genetik an. Während Sorten wie ***Sweet Pink Grapefruit*** oder ***Blueberry*** nur sehr schwer zu feminisieren sind und teilweise stark auf eine falsche Dosis reagieren, zeigen Sorten wie ***OG Kush***, ***C99***, ***Erdbeerli*** oder ***DeepChunk*** eine viel größere Toleranz bei einer nicht ganz optimalen Dosierung. Als Grundsatz gilt eine STS-Dosis von 75–100 µg. Bei 150 µg zeigen die meisten Sorten starke nachteilige Merkmale, während Dosierungen von 25-50 µg als zu schwach gelten.

Herstellung der STS-Lösung

Ich will noch kurz auf das Mischen der beiden Chemikalien eingehen. Wir brauchen 1 Liter destilliertes Wasser sowie Silbernitrat und Natriumthiosulfat. Nun wiegen wir 5 g Natriumthiosulfat ab und mischen es mit 500 ml destilliertem Wasser. Vom Silbernitrat nehmen wir 2,5 g und mischen es ebenfalls mit 500 ml destillierten Wasser. Wir vermengen beide Chemikalien in separaten Behältern. Danach kann man die beiden Lösungen mischen. Entstehen jetzt schwarze Flocken, dann ist das Verhältnis von Silbernitrat und Natriumthiosulfat nicht ganz ausgeglichen und man muss etwas mehr Natriumthiosulfat hinzufügen. Hat man es richtig gemacht und stimmt das Verhältnis der beiden Substanzen, dann färbt sich die Lösung beim Mischen erst gelblich, dann braun und nach ein paar weiteren Sekunden schwarz. Man hat nun seine STS-Grundlösung und kann davon nehmen, was man zum Sprühen braucht. Diese fertige Grundlösung muss man vor dem Sprühen nochmals im Verhältnis von 9:1 mit destilliertem Wasser mischen. Man nimmt z.B. 100 ml Grundlösung und mischt diese nochmals mit 900 ml destilliertem Wasser. Erst jetzt hat man eine sprühfertige STS-Lösung zur Hand.

Bei dieser Pflanze steht die Freisetzung des Pollens kurz bevor.

Die Grundlösung kann man über eine gewisse Zeit lagern. Ich empfehle hier, die braunen Schutzgläser zu verwenden und die Grundlösung nicht im Kühlschrank aufzubewahren, da sie bei niedrigen Temperaturen viel von ihrer Wirksamkeit verliert. Man sollte im besten Fall nur so viel an Grundlösung herstellen, wie man auch beim Sprühen benötigt. Wie erwähnt, kann man bei der Kolloidal-Silber-Methode mit einer Dosierung von 5–8 ppm arbeiten. Liegt der Wert darüber, wird mit destilliertem Wasser verdünnt. Ansonsten bleiben Anwendung und Wirkungsweise gleich. Kolloidales Silber kann man auch leicht selbst herstellen oder in diversen Gesundheits- und Esoterik-Shops in verschiedenen Dosierungen bestellen.

Oben: Schwarze Flecken, gebogene Blattspitzen, Nekrosen – das typische Bild einer STS-behandelten Pflanze.

Gefahren des Feminisierens

Doch wo liegen nun die Gefahren beim Feminisieren, und warum ist die Möglichkeit von Zwitterpflanzen so viel größer als bei unbehandelten regulären Sorten? Zum einen ist Silber nicht so ungefährlich, wie viele meinen. Silber in seinen verschiedenen Formen wirkt sich zwar auf die

Ethylensynthese aus, hat aber noch andere verschiedene negative Auswirkungen auf die Pflanzenzellen an sich. Es kommt auch darauf an, um welches Silber es sich handelt. Während kolloidales Silber als das neues Wundermittel im Kampf gegen Bakterien und Viren gilt und vielleicht sogar über positive Effekte bei Krankheiten verfügt, ist **Silbernitrat** eine sehr giftige Substanz, die das Gefahrensymbol nicht umsonst trägt. Die tödliche Dosis Silbernitrat liegt bei Hunden bei 2,3 g, und Ratten überleben nie mehr als 0,3 mg/kg. Wenn wir unsere Pflanzen mit einer normalen Dosis behandeln, dann geben wir ihnen ungefähr 70–100 ml STS-Lösung mit einem Gehalt von 20–38 mg Silbernitrat. Eine eher niedrige Dosis für Menschen, aber eine nicht zu unterschätzende Menge für eine Cannabispflanze und sogar eine letale Dosis für Ratten. $AgNO_3$ kann die Zellmembran zerstören, was zu einer Strukturveränderung der Pflanzenzelle und damit auch zum Zelltod führt. Darüber hinaus blockiert es Enzyme und verschiedene Transportfunktionen, es greift in die RNA-Synthese ein und verändert das osmotische Gleichgewicht in der Zelle. Man konnte nachweisen, dass schon eine kleine Dosis von 0,17 Mikrogramm pro Liter Entwicklungsstörungen bei Forellen auslösen kann.

Silbernitrat unter dem Mikroskop.

Silbernitrat ist eine hochgiftige Chemikalie, mit der man äußerst vorsichtig umgehen sollte. Doch es ist nicht allein das Silbernitrat, das zu negativen Auswirkungen führen kann. Es ist auch das blockierte Ethylen, das der gesamten Pflanze fehlt. Sie braucht Ethylen vor allem bei der Zellteilung und der Transkription. Man geht davon aus, dass Ethylen auf verschiedene Rezeptoren wirkt und damit eine Gen-Kaskade auslöst. Als Kaskade bezeichnet man verschiedene Prozesse die miteinander und untereinander gekoppelt sind. In diesem speziellen Fall wird durch Ethylen eine ***Serin-Threonin-Kinase*** gebildet, die wiederum als einer der wichtigsten Regulatoren für die Zelldifferenzierung gilt. Ein Gen, das durch Ethylen aktiviert wird, ist das sogenannte ***ERF1-Gen***, das eine ganze Gruppe von Genen aktiviert, welche zum Beispiel für die Fruchtreife, die Pathogenabwehr oder die Transkription verantwortlich sind.

Fehlt Ethylen, so verändern sich diese Prozesse maßgeblich, und es kommt zu fehlerhaften pflanzeneigenen Abläufen. Es ist auch durchaus möglich, dass ein Fehlen von Ethylen Gene aktiviert, die eine genetische Zwitter-Veranlagung erst ausbrechen lassen. Man kann das vielleicht mit den Verhältnissen bei Menschen vergleichen: Viele Leute bekommen von Eltern oder Großeltern genetische Veranlagungen vererbt, die zum Ausbruch einer Erbkrankheit führen können. Ungesunde Ernährung, Rauchen oder zu wenig Sport können die Auslöser für eine solche Erkrankung sein. Genauso ist es auch bei Cannabis. Verschiedene äußere Faktoren können bei vorbelasteten Cannabispflanzen das Ausbilden beider Geschlechter auf einer Pflanze stimulieren.

Aus wässriger Lösung kristallsiertes Natriumsulfat.

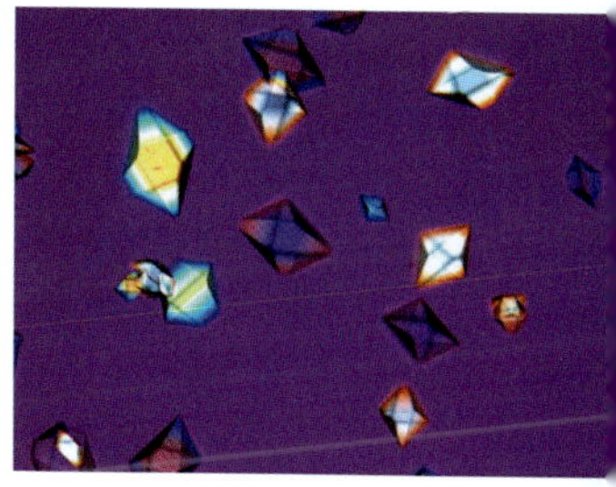

Eine andere Ursache für feminisiertes Saatgut, das hohe Anteile von Hermaphroditen aufweist, ist zum Beispiel eine **ungenaue Selektion**. Es reicht schon, wenn man vielleicht ein oder zwei Pollensäcke inmitten eines Headbuds übersehen hat. Würde man diese weibliche Pflanze nun mit einer STS-Lösung behandeln, so würde sich die Zwitterneigung in der nächsten Generation deutlich verstärken. Man hat die Erfahrung gemacht, dass Pflanzen, die eine genetische Veranlagung zum Zwittern in sich tragen, bei einer starken STS-Behandlung ihre Hermaphroditen-Neigung deutlich verstärken können – so weit, dass die Nachkommen in hoher Anzahl beide Geschlechter ausbilden. Darum ist eine gute Selektion genauso wichtig wie die Kenntnis über den Ursprung und den Stammbaum der jeweiligen Sorte.

Verstärkung der Zwitterneigung durch STS-Behandlung

Es gibt heute viele Strains, die schon sehr lange existieren und deren Ursprung nicht immer auf zwei regulären Elternteilen beruht. Die *Chemdog* ist das beste Beispiel. Entstanden ist der Strain, als man ein paar Samen in einem Beutel Weed gefunden hat. Samen im Weed hat man meist, wenn eine ungewollte Bestäubung stattgefunden hat oder wenn sich in den Blüten ein paar Pollensäcke geöffnet haben. Man weiß schon sehr lange, dass viele *Chemdog*-Kreuzungen ab und an Zwitterpflanzen hervorbringen. Das würde die Theorie bestätigen, dass die ursprünglichen *Chemdog*-Samen,

aus denen die legendären Cuts entstanden sind, aus einer leichten Zwittergenetik stammen.

Will man solche Genetiken feminisieren, dann sollte man wirklich sehr genau selektieren. Es ist auch keine schlechte Idee, die Pflanze vorher in ein oder zwei normalen Kreuzungen zu verwenden und die Folgegeneration ausführlich zu testen. Gibt es in diesem Test schon einzelne Hermaphroditen, dann kann man sicher sein, dass eine STS-Behandlung das Problem noch weiter verschärft. Natürlich brauchen Testkreuzungen und deren Analyse eine gewisse Zeit; es kann schon mal ein Jahr dauern, bis man sich wirklich sicher sein kann, dass eine Elternpflanze zu 100 Prozent weiblichen Geschlechts ist.

Links: Eine Aliendog von TGA in voller Blüte.

Doch auch sehr hohe Dosierungen können Pflanzen in arge Bedrängnis bringen – dazu ein Beispiel aus meiner persönlichen Erfahrung. Ich arbeite schon viele Jahre mit der ***Sweet Pink Grapefruit*** und kenne die Pflanze aus unzähligen Growdurchgängen oder aus sehr vielen Testkreuzungen dementsprechend gut. Ich habe lange versucht, eine optimale STS-Dosierung zu finden, bei der die SPG viele Pollensäcke mit potenten Pollen produziert. Oftmals war nur so wenig Pollen vorhanden, dass es nicht möglich war, diesen zu sammeln oder andere weibliche Pflanzen zu bestäuben. Als ich die passende Dosierung gefunden und einen ersten Batch ***Sweet Pink Grapefruit***-S1-Seeds produziert hatte, testete ich über fünfzig Pflanzen und fand keine einzige männliche Blüte. Auch alle Grower hatten zu 99 Prozent reine ***Female***-Pflanzen.

Aufgrund der großen Nachfrage wollte ich ein Jahr später erneut ***Sweet-Pink-Grapefruit***-Samen produzieren. Der gleiche Clone wurde verwendet, es herrschten die gleichen Bedingungen wie beim ersten Seedbatch, alles war absolut identisch. Der einzige Unterschied zur ersten SPG-S1-Produktion war die etwas höhere STS-Dosis, die verwendet wurde. Die Nachkommen dieses zweiten Batches waren völlig überraschend zu 70 Prozent zwittrig. Einige Pflanzen sahen fast aus wie reine ***Males*** und produzierten erst in der Mitte und am Ende der Blüte weibliche Blütenstände.

Je nach Strain findet man Pollensäcke in unterschiedlicher Menge.

Wo lag nun der Fehler, wenn der Cut der gleiche war und auch die äußeren Bedingungen sich nicht verändert hatten? War es die leicht höhere Dosis der STS-Lösung? Ich denke, dass dies der Fall war, da die SPG immer sehr schlecht auf eine Behandlung anspricht und durchweg sehr eigenwillig reagiert. Ich vermute, dass diese Behandlung eine starke Reaktion in der Pflanze hervorgerufen hat, durch die inaktive Gene aktiv wurden und in der Folgegeneration für eine 70-prozentige Zwitter-Rate sorgten. Der SPG-Clone wurde seither schon viele weitere Male als Elternteil verwendet, und es gab bei keiner Kreuzung Probleme.

Genetische Gründe für die Entstehung von Zwittern

Aber sind Hermaphroditen alle gleich? Die meisten Zwitter, denen man heute begegnet, sind genetischer Natur. Das heißt, dass es einen genetischen Grund dafür gibt, wenn eine Pflanze zwei Geschlechter ausbildet. Vielleicht gibt es in jeder Pflanze auch noch Informationen, die aus einer früheren Zeit stammen, in der alle Hanfpflanzen noch einhäusig waren. Es ist auch möglich, dass diese Gene in den meisten Fällen inaktiv sind und durch bestimmte Faktoren oder durch äußere Einflüsse in der Pflanze aktiviert werden. Möglich ist auch, dass Zwitter durch Zellteilungsfehler entstehen, die wiederum durch Hormonschwankungen oder Signalunterbrüche ausgelöst werden. Man muss sich vorstellen, dass in jedem einzelnen Pollensack der gesamten Pflanze Meiose betrieben wird, viele Male hintereinander. Gibt es zum Beispiel in 10 Prozent der männlichen Blüten Meiosefehler, bei denen sich die gepaarten Chromosomen nicht korrekt teilen, dann könnten fehlerhafte Pollenkörner die *Females* bestäuben, was wieder zu einer bestimmten Hermaphroditen-Rate führen kann. Zwitter können auch durch spontane Mutationen entstehen oder durch Mutationen in den Keimzellen. Vieles ist möglich, aber sehr wenig ist wirklich aufgeklärt.

Vor allem bei sehr hohen STS-Dosierungen können die Blätter großen Schaden nehmen.

Oft liest man auch von sogenannten «Notbestäubungen» oder von **Stresszwittern**. Stresszwitter sind den Pflanzen, die mit STS behandelt wurden, sehr ähnlich. Auch hier läuft eine Art internes Notprogramm ab, bei dem Blütenstände beider Geschlechter gebildet werden. Vielleicht reagiert

eine Pflanze auf diese Weise, weil sie bei sehr schlechten Bedingungen nicht lange überleben könnte. Also bildet sie einzelne Blüten des anderen Geschlechts, um ihr Überleben so zu sichern. Doch dieses Notprogramm wird kaum aktiv, wenn die Photoperiode einmal gestört wurde oder die Nährstoffe nicht optimal sind. Es bedarf schon sehr viel Stress, damit Cannabis auf dieses System umschaltet. Outdoor-Pflanzen sind ständig schwankenden Temperaturen, Wind, Wildfraß oder anderen ungünstigen Bedingungen ausgesetzt und beginnen auch nicht gleich mit der Produktion von *Male*-Blüten. Es muss schon etwas wirklich Schwerwiegendes passieren, damit ein wirklicher Stresszwitter entsteht. Ich erinnere hier an das Feminisieren durch Störlicht und das starke Beschneiden der Pflanze – es handelt sich dabei um denselben Effekt.

Es sind also sehr viele Faktoren, die den Erfolg oder Nichterfolg eines Feminisierungsprojekts bestimmen. Aber jeder Grower kann seine eigenen, rein weiblichen feminisierten Kreuzungen herstellen, sofern er genau arbeitet und vielleicht ein bisschen mehr Zeit investiert.

Oben: Ein besonderer Strain mit sehr viel Harz und einem typischen Geruch, die Aliendog.

8.4 Die Cannabinoidsynthese und die Anwendung der Gentechnik

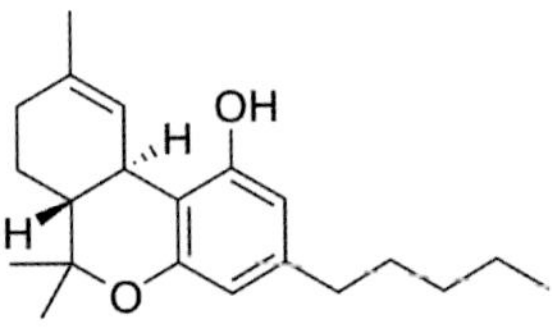

THC

Eine Nachricht, die im Jahr 2011 für Aufregung sorgte, war die **Entschlüsselung des Cannabis-Genoms**. Warum ist diese Entdeckung so wichtig und welche Möglichkeiten bietet sie uns? In dieser von kanadischen Wissenschaftlern durchgeführten Studie untersuchte man die beiden Nutzhanf-Sorten ***Finola*** und ***USO-31*** und verglich sie mit der THC-reichen Sorte ***Purple Kush***. Man stellte sich die Frage, warum Nutzhanf einen ganz anderen Cannabinoid-Genotyp besitzt als die THC-reiche Sorte ***Purple Kush***. Natürlich wurde der niedrige THC-Gehalt bei Nutzhanf gezüchtet, doch das erklärt noch lange nicht, warum einige Marihuanasorten einen sehr hohen THC-Gehalt von über 20 Prozent haben, die Menge an CBD aber verhältnismäßig niedrig ist. Es muss also auch genetische Unterschiede zwischen Nutzhanf- und Cannabis-Sorten geben.

Die Synthese von THC und CBD auf genetischer Ebene

Vor dieser Untersuchung war die Synthese von THC und CBD auf genetischer Ebene kaum erforscht. Man konnte bis dahin nur wenige an der THC-Synthese beteiligte Enzyme identifizieren, das Zusammenspiel der Gene und der Cannabinoide jedoch nicht komplett erklären. Erst in dieser neuen Studie war es möglich, 19 Gene zu charakterisieren, die direkte Auswirkungen auf die THC/CBD-Synthese haben. Vor allem ein Gen mit dem Namen ***AAE3*** scheint einen großen Einfluss auf die Bildung einer THC-Vorstufe zu haben, da es nur in ***Purple Kush*** erfolgreich nachgewiesen wurde. AAE3 hat eine ähnliche Sequenz wie ein Gen, das bei der Ackerschmalwand (***Arabidopsis thaliana***) gefunden wurde und das für die Bildung und Aktivierung mittel- und langkettiger Fettsäuren wie der Carbonsäure verantwortlich ist.

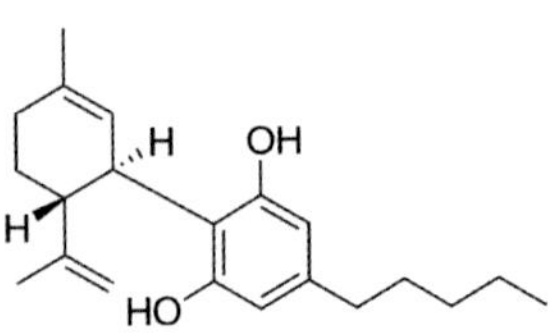

CBD

Cannabinoidsynthese

Cannabinoide sind im Grunde nichts anderes als **Polyketide**. Das sind natürliche Stoffe, die pharmakologische Eigenschaften besitzen und die von sogenannten Polyketid-Synthasen (Enzymen) gebildet werden. Bei der THC- und

Ablauf der THC-CBD-Synthese

CBD-Synthese beginnt alles mit der Bildung von Fettsäuren und der beiden Biomoleküle *Geranyldiphosphat* (*GPP*) und *Olivetolsäure*. Aus diesen beiden Präkursoren (Vorläufern) entsteht das Cannabinoid *Cannabigerolsäure* (*CBGA*). Anschließend wird CBGA durch Enzyme in *Tetrahydrocannabinolsäure* (*THCA*) umgelagert und durch UV-Licht oder Hitze in das psychoaktive *Delta-9-Tetrahydrocannabinol* umgewandelt.

Bei Nutzhanf- und *Ruderalis*-Arten fehlen Gene, welche die Katalyse von CBGA in THCA steuern. Bei THC-reichen Sorten werden dagegen die Gene für eine Umwandlung von CBGA in CBD nur sehr schwach exprimiert. Das erklärt, weshalb THC-reiche Sorten je nach Herkunft eine höhere oder eine niedrigere CBD-Menge produzieren können, THC

So entsteht THC

Den **Umwandlungsprozess der THC-/CBD-Synthese** unterteilt man in vier Stufen. **Stufe 1** ist die Bildung und Aktivierung der Carbonsäure durch spezielle Enzyme und Lyasen. **Stufe 2** nennt man auch *MEP-Weg* (von engl. ***m****ethyl****e****rythritol* ***p****hosphate pathway*). Durch sie wird eine *Prenyl*-Seitenkette bereitgestellt, die für **Stufe 3**, die Geranyldiphosphat-Bildung, benötigt wird. Zusätzlich wird eine *aromatische Prenyltransferase* (*PT*) hinzugefügt. Diese ermöglicht die Übertragung eines Oligoprenyldiphosphaten auf einen Aromaten unter Bildung einer irreversiblen CC-Bindung; erst das Prenyltransferase-Enzym ermöglicht eine Biokatalyse von Geranyldiphosphat und Olivetolsäure zu Cannabigerolsäure. Diese wiederum wird in **Stufe 4**, der letzten Stufe, durch Oxidation zu *Hydroxycannabigerol* und wird durch eine weitere Katalyse in *Cannabidiolsäure* (*CBDA*) oder in Tetrahydrocannabinolsäure umgewandelt. Jede dieser Stufen wird durch vier bis neun Gene reguliert.

Rechts: Die ersten Pollensäcke eines SPG-Clones erscheinen noch vor den weiblichen Griffeln – Anzeichen für eine optimale Dosierung.

aber in allen Nutzhanf-Sorten so gut wie nicht vertreten ist. Die polygene Eigenschaft der Cannabinoid-Synthese ist bei ***Purple Kush*** und allen anderen THC-haltigen Genetiken um ein Vielfaches stärker ausgeprägt als bei den Nutzhanf-Sorten ***Finola*** oder ***USO-31***. Das heißt, dass alle verantwortlichen Gene früher und deutlich stärker exprimiert werden, als dies bei Nutzhanf-Sorten der Fall ist. Auch die Anzahl und die Kopien proteincodierender Gene scheinen bei THC-reichen Sorten viel höher zu sein.

Um die Expression noch genauer zu untersuchen, entnahm man in verschiedenen Lebensphasen Gewebeproben und verglich die Genexpression der für die THC- und CBD-Synthese verantwortlichen Gene. Man stellte schnell fest, dass in Stamm- und Wurzelzellen während der gesamten Blütephase Gene exprimiert werden, die Stufe 2 und Stufe 3 der THC-CBD-Synthese regulieren. Gene, welche für die vierte Stufe verantwortlich sind, wurden in den Blüten selbst vor allem in der mittleren und späten Blütephase exprimiert. Einige Cannabinoid-Vorstufen konnte man auch schon in der Wachstumsphase in allen Gewebeproben nachweisen, auch wenn die stärkste Expression in den Wurzeln deutlich niedriger ist als die schwächste Genexpression in allen anderen Gewebearten.

Die richtige STS-Dosierung für eine Sweet Pink Grapefruit ist schwer zu finden.

Ein Gen ist nicht immer ein Protein

Durch eine **SAGE-Analyse** fand man zum Beispiel heraus, dass *Purple Kush* ein **Transkriptom** von etwas über 32.000 Genen besitzt. Das heißt, dass zu einem bestimmten Zeitpunkt circa 25 000–30 000 Gene aktiv sind, deren Transkripte in mRNA umgeschrieben werden. Die veraltete Vorstellung, dass ein Gen auch ein Protein ist, konnte schon vor Jahren widerlegt werden. Meist wird ein Transkript zu mehreren, aber ähnlichen mRNA umgeschrieben. So ist es möglich, dass mehrere verschiedene Prozesse mit einem einzigen Gen-Transkript ablaufen.

Zwei Tage nach der Befruchtung: Die Griffel sterben langsam ab.

Um die Vererbungsmuster der für die Cannabinoid-Synthese verantwortlichen Gene zu untersuchen, kreuzte ein Biologe in den frühen 90er Jahren eine THC-haltige Genetik mit einer Nutzhanf-Sorte. Die Pflanzen der F1-Generation besaßen einen mittleren THC- und einen mittleren CBD-Gehalt. Wie wir aus früheren Kapiteln wissen, treten solche Mischungen immer bei einem intermediären Erbgang auf. Das würde heißen, dass die Eigenschaft der Cannabinoid-Synthese bei beiden Elternteilen dominant vererbt wird. Um diese These zu stützen, kreuzte man anschließend zwei F1-Pflanzen und erhielt in der F2-Generation unterschiedliche Pflanzentypen im Verhältnis 1:2:1. Eine Pflanze wies einen hohen CBD-Gehalt, aber kein THC auf, wohingegen eine andere weibliche Pflanze viel THC, aber nur wenig CBD enthielt. Die letzten beiden ***Females*** waren wieder eine Mischung aus einem mittleren CBD-THC-Gehalt. Dieses Ergebnis deutet darauf hin, dass es zwei verschiedene, aber miteinander verbundene Bereiche geben muss, auf denen sich jeweils die Gene für die THC-Synthese und die Gene für die CBD-Bildung befinden. Neuste Analysetechniken bestätigten dieses Resultat abermals und widerlegten gleichzeitig die frühere Hypothese, bei der man davon ausging, dass sich die Gene für die THC/CBD-Synthese auf einem gemeinsamen Genlocus befinden.

Verschiedene Genloci der Gene für die CBD- und die THC-Synthese

Inwieweit können nun Grower, Züchter und Biologen von diesen neuen Ergebnissen profitieren und die Erkenntnisse auch umsetzen? Eine große Bedeutung kommt hier einem Thema zu, das die meisten Grower eher abschreckt als wirklich interessiert. Es geht um die Gentechnik und um das **gezielte Verändern eines Genoms**. Genetisch veränderte Pflanzen gibt es heute in allen Größen und Formen; sogar im Handel erhältliche Obst- und Gemüsearten können auf genetischer Ebene manipuliert sein. Auch vor Tieren macht diese Entwicklung nicht halt. Schon vor vielen Jahren wurdden bei Schafen und Kühen spezielle Gene eingesetzt, die bestimmte Proteine bilden können, die bei der Medikamentenherstellung dringend benötigt werden, synthetisch aber nicht herstellbar waren. Doch damit hört der Einsatz

Vier Wochen nach der Bestäubung: Die Blütenkelche werden langsam dicker, Samen bilden sich.

der Gentechnik noch lange nicht auf. BSE-resistente Kühe, Hühner, die immun gegen die Geflügelpest sind, oder Stechmücken, die keinerlei Krankheiten auf den Menschen übertragen können: Es gibt fast nichts, was mit der Gentechnik nicht möglich wäre.

Möglichkeiten der Gentechnik bei Cannabispflanzen

Kennt man die Gene der Cannabinoid-Synthese, dann wäre es durchaus möglich, diese auch auf andere Pflanzenarten oder auf Bakterien zu übertragen. Das Ergebnis wären vielleicht THC produzierende Hopfenpflanzen oder CBD bildende Bakterienkolonien. Man könnte auch Cannabispflanzen entwickeln, die ein abgestimmtes Verhältnis an Cannabinoiden besitzen und so eine optimale Wirkung bei der Schmerzlinderung erzielen könnten. Oder man könnte auch ein Resistenzgen einbringen, das Pflanzen gegen bestimmte Schädlinge oder gegen Schimmelbefall immun macht, was wiederum einen Anbau auch außerhalb der optimalen Anbaugebiete zulassen würde. Die Möglichkeiten, vor allem in der medizinischen Anwendung, sind fast grenzenlos – und wir reden hier nur von Hanf und den Cannabinoiden.

Unten: Sechs Wochen nach dem Auftragen des Pollens: Der erste grüne Samen wird sichtbar.

Die Gentechnik könnte einen enormen Beitrag zur Bekämpfung des Welthungers leisten und Probleme lösen, die schon Millionen von Menschenleben gekostet haben.

Links: An der STS-behandelten SPG-Pflanze haben sich nur wenige Griffel gebildet.

Transgene Organismen

Aber wie kann man Gene einfach so in andere Organismen einbringen? **GVO oder genetisch veränderte Organismen** sind Individuen, die gezielt und direkt verändert wurden und sich damit komplett von Züchtungen oder natürlichen Mutationen unterscheiden. Zur Gentechnik zählt nicht nur das Abschalten von Genom-eigenen Genen, sondern auch das Einbringen von artfremder oder arteigener DNA. Würde man ein Gen von einer anderen Pflanzenart in eine Hanfpflanze einschleusen, so würde man diese Cannabispflanze als einen **transgenen Organismus** bezeichnen und die übertragenen Gene als **Transgene**. Der Ablauf zur Herstellung transgener Organismen ist im Grunde immer derselbe. Es hängt natürlich auch von der Technik ab und davon, ob Bakterien, Pflanzen oder gar ein Tier als transgener Organismus ausgewählt wurde. Wir wollen an dieser Stelle einmal die Herstellung einer Cannabispflanze durchspielen, in die ein Gen für die Schimmelresistenz eingefügt werden soll. Dafür brauchen wir zuerst einmal die Zellen einer Hanfpflanze. Hier verwendet man meist sogenannte **Protoplasten**, die man aus verschiedenen Teilen der Pflanze gewinnen kann. Protoplasten sind einzelne, lebensfähige Zellen, die man auf Nährböden kultivieren kann und die sehr leicht Fremd-DNA aufnehmen. Da Pflanzenzellen im Gegensatz zu Tieren Zellwände besitzen, müssen diese vorher durch Enzyme aufgelöst werden. Als zweites wichtiges Grundelement wird das entsprechende Gen benötigt, welches in die Cannabispflanze eingebaut werden soll. Solche Gene stammen fast immer von genetisch ähnlichen oder artverwandten Individuen. Es ist aber grundsätzlich auch möglich, Gene von artfremden Organismen zu verwenden, da sich die Gensequenzen in den meisten Fällen nur durch einzelne Basenpaare unterscheiden.

Ungefähr drei Wochen nach der STS-Behandlung.

Herstellung transgener Organismen

Eine alte Spice-of-Life Sorte, die Glo F2.

Zuerst schneidet man mit bestimmten Restriktionsenzymen die Plasmid-DNA an zwei Punkten. Danach kann man unsere Gensequenzen durch DNA-Ligasen wieder zu einem Plasmid oder einem Vektor zusammenfügen. In diesem Fall verbinden wir die Plasmid-DNA mit der Sequenz des einzufügenden Gens. Das routinemäßig bei Pflanzen eingesetzte *Ti-Plasmid* wird nun in eine Bakterienkolonie, meist in *Escherichia coli*, übertragen und vermehrt, genauso wie bei der Vervielfältigung einer DNA-Sequenz zur DNA-Analyse. Jetzt isoliert man die Plasmid-DNA, in der sich auch unser Gen der Schimmelresistenz befindet. Man fügt nun große Mengen dieser **T-DNA** einem Bakterium namens *Agrobacterium tumefaciens* zu und infiziert damit die in der Nährlösung kultivierten Pflanzenzellen, also die vorher entnommenen Protoplasten. Durch eine Hormonbehandlung werden die infizierten Zellen zur Zellteilung angeregt, bis kleine Sprösslinge entstehen, die das eingebrachte Gen der Schimmelresistenz in sich tragen. Diese neu entstandenen Pflanzen besitzen nun unser eingebrachtes Schimmelresistenz-Gen. Das Ergebnis sind transgene Pflanzen, die ein völlig neues Merkmal in sich tragen.

Würde man mit diesen Pflanzen aber neue Samen erzeugen, dann würde sich das eingefügte Merkmal nicht mehr im Genom der Folgegeneration befinden. Man muss hier bedenken, in welche Zellen wir das neue Gen eingefügt haben. Bringt man ein Transgen in eine Körperzelle ein, zum Beispiel in eine Blattzelle, so erhalten nur die Nachkommen dieser einen Zelle das Transgen, nicht aber die Nachkommen anderer Gewebezellen und schon gar nicht die Zellen der Folgegeneration. Möchte man, dass auch die Nachkommen das neue Merkmal in sich tragen, so muss das Transgen in das Genom der Keimbahn gelangen. Nur auf diese Weise kann man ein Transgen an eine neue Pflanzengeneration weitergeben. Im Falle der Cannabispflanze müsste man das Transgen in die männliche «Pollenmutterzelle» und die weibliche «Embryomutterzelle» übertragen.

Es gibt verschiedene Techniken, mit denen man Fremd-DNA in nicht verwandte Organismen einbringen kann. In unserem Beispiel wurde das Transgen in sogenannte **Protoplasten** eingefügt. Man kann anstelle dieser Protoplasten auch kleine Blattstücke oder andere Gewebezellen verwenden. Allerdings muss man hier die Zellmembran kurzzeitig dazu bringen, die Fremd-DNA durchzulassen. Hier kommt unter anderem die **Elektroporation** zum Einsatz. Dabei wird durch einen sich schnell entladenden Kondensator ein elektrisches Feld erzeugt, was die Zellmembran für kurze Zeit durchlässig macht. Die zugefügte Fremd-DNA kann nun direkt in eine lebende Zelle eingebracht werden. Eine andere Methode wird auch als **Mikroinjektion** bezeichnet. Diese Technik wird sehr oft bei Tieren oder Bakterien eingesetzt, da Pflanzenzellen eine vergleichsweise feste Zellwand besitzen, was das Einbringen von DNA mit einer Glaskapillare nicht gerade einfach macht. Die dritte Möglichkeit zum Einschleusen von Transgenen in einen neuen Organismus ist der **Partikelbeschuss**. Dabei werden mit DNA bestückte Wolfram-Kügelchen in die Zellen geschossen. Aber man kann sich denken, dass diese Methode sehr ungenau ist, da man so wirklich alles treffen kann, was sich in einer Zelle befindet.

Techniken zur Einfügung von Transgenen: Elektroporation, Mikroinjektion, Partikelbeschuss

Es gibt noch einige andere Techniken, wie zum Beispiel Ultraschall oder Phagenzellen, die es erlauben, bestimmte Gensequenzen in fremde Organismen einzubringen. Dass es allerdings für Grower und Züchter wirklich interessant sein könnte, genetisch veränderte Cannabispflanzen oder manipuliertes Saatgut zu kaufen oder anzubieten, glaube ich nicht. Früher oder später wird jedoch die Gentechnik auch in diesem Bereich der Pflanzenzucht Einzug halten. Ob die Grower diese Entwicklung dann auch mitmachen, sei vorerst einmal dahingestellt.

Abgestorbene Griffel nach der Befruchtung durch eine reguläre Male-Pflanze.

Rechts: Eine Nahaufnahme der wohl bekanntesten Schweizer Clone-only-Sorte – der Erdbeerli – unter natürlichen Bedingungen.

Kapitel 9

Die eigene Samenbank – Erfahrungen von Alpine Seeds

Jeder Grower, der über eine gewisse Erfahrung verfügt oder sich viel mit Hanf beschäftigt, wird sicherlich schon einmal darüber nachgedacht haben, eine eigene Samenbank zu gründen. Doch stimmen die vielen Legenden, die man im Netz oder in Hanfforen liest? Wie viel davon ist wahr und was gehört in den Bereich der Mythen? Im Folgenden will ich mit einigen Falschaussagen aufräumen und euch die Arbeit eines Breeders etwas näher bringen, da ich glaube, dass das Bild, welches die Grower sich von einer Samenbank machen, oft nicht zutrifft.

Meine Geschichte unterscheidet sich kaum von denen anderer Grower und Breeder. Mit dreizehn Jahren kaufte ich mir meine ersten Samen, ohne wirklich viel über Hanf zu wissen. Meine erste Wahl fiel auf eine große niederländische Samenbank und auf eine Sorte, die nicht unbedingt als pflegeleicht galt. Trotzdem war ich stolz wie Oskar, als neun kleine Pflänzchen das Licht der Welt erblickten. Doch das war es dann auch schon mit den positiven Erfahrungen. Kaum wurden die Pflanzen größer, begannen die ersten Probleme. Die Blätter bekamen braune und rostige Flecken, drehten sich ein und fielen ab. Okay, dachte ich, sie brauchen sicherlich Dünger, und zwar viel davon, da alle neun schon deutlich geschwächt aussahen. Zu meiner Verwunderung besserte sich ihr Zustand gar nicht, er wurde eher schlechter, bis schließlich drei von ihnen das Zeitliche segneten.

Diese Pflanze wurde in die Blüte geschickt und später erneut zum Wachstum animiert. Man nennt dieses Vorgehen «Reveggen».

Dann kamen die Fragen: Wie unterscheidet man überhaupt weibliche von männlichen Pflanzen und was sind denn Blüten überhaupt? Ich wusste nichts, rein gar nichts. Zudem hatte ich keine Geduld, ich goss viel mehr, als nötig gewesen wäre und düngte, als ob es kein Morgen gäbe. Das Resultat war entsprechend schlecht. Bei meinem ersten Grow habe ich sehr viel Geld für Samen ausgegeben, nur Probleme gehabt und fünf Gramm Gras geerntet, das geschmeckt hat, als

Oben: Es ist immer wichtig, Samen von bestehenden Sorten zu produzieren, damit es keine Lieferengpässe gibt.

hätte ich es in Säure eingelegt. Nach diesem Erlebnis wollte ich nichts mehr von Hanf wissen, bis ich zwei Jahre später einen älteren Freund wieder traf, der mir die Basics des Anbaus näher brachte. Seitdem lässt mich das Kraut einfach nicht mehr los. Ich liebe es, mit den Pflanzen zu arbeiten, an ihren Blüten zu riechen, das Harz zu begutachten und mich an ihrem ganzen Erscheinungsbild zu erfreuen. Seltsamerweise bin ich kein großer Pflanzenfreund, ich schaue mir gerne Gärten an und esse auch gern Obst, aber ich gebe zu, dass mich die Arbeit mit anderen Pflanzenarten und Blumen kaum interessiert.

Mit sechzehn Jahren begann dann meine zweite Karriere als Grower. Mit dem zusätzlichen Wissen über Dünger, Boden, Photoperiode und Hanf im allgemeinen veränderte sich das Bild, das ich vorher als Grower abgegeben hatte, zum Positiven. Die Grow-Durchgänge verliefen weitaus besser, wenn auch noch nicht ganz optimal. Ich konnte zum ersten Mal mein eigenes Gras ernten und war davon so begeistert, dass ich Freunden einfach davon erzählen musste. Und so blieb auch der erste Kontakt mit den Behörden nicht aus. Zum Glück ging die Sache für mich mehr als gut aus, ohne Strafe und ohne eine einzige Auflage. Doch diese Erfahrung wollte ich nicht noch einmal machen. Keiner meiner damaligen Freunde wusste von weiteren Indoor-Durchgängen oder Outdoor-Grows im Maisfeld um die Ecke.

So vergingen die Jahre, bis ich um die Jahrtausendwende in die Schweiz kam. Hier gab es auf einmal Hanf im Überfluss. Bauern, die riesige Felder bewirtschafteten, Hanfläden mit sehr gutem Weed, es gab Stecklinge, Growshops und vor allem gab es Gleichgesinnte, mit denen man sich unter vier Augen austauschen konnte. Der Schritt aus dem eher repressiven Thüringen in das tolerante Land Schweiz war gleichzusetzen mit meinem ersten Besuch in einem westdeutschen Supermarkt 1989 – es war eine völlig andere Welt, die ich bisher nicht gekannt hatte. Ich lernte den Redakteur des ***Hanfblatts*** kennen, Dennis von der ***THCene***, Hanfbauern, Schweizer Züchter, holländische Dealer und viele andere Grower. Es waren die schönsten Jahre, die ich bis dahin erlebt habe. Ich arbeitete an einer normalen Vollzeitstelle und fuhr am Wochenende zu Interviews mit diversen Züchtern. Ich hatte meine Pflanzen und konnte viel experimentieren und testen. Weed gab es immer und überall; an jeder Ecke gab es Shops mit dem Besten, was die Schweizer Felder und Indoor-Anlagen zu bieten hatten. Doch das änderte sich bald darauf. Im Jahr 2002 wurden die Läden einer nach dem andern geschlossen, Hanf verschwand von den Feldern und Samen wurden verboten.

Die Samenproduktion im Outdoor-Bereich ist aufwendig, da die Seeds zum Ausreifen viel Zeit benötigen.

Was blieb, war der Kontakt zu den Growern, die sich nun wieder in die Anonymität zurückzogen, doch es blieb noch etwas anderes bei den Leuten hängen, das man auch heute noch in der Schweiz spürt: eine gewisse Toleranz gegenüber Konsumenten und kleinen Eigenbedarfs-Growern. Aus diesem Grund konnte man weiterhin recht unbehelligt zwei oder drei Cannabispflanzen auf dem Balkon oder im Garten anbauen, ohne dass Nachbarn und Behörden einschritten. Auch der Anbau in zwei Growboxen war okay; solange man kein Gras verkaufte und sich ruhig verhielt, war das Ganze recht unproblematisch. Wir hatten es also immer noch sehr gut, anders als unsere deutschen und französischen Grow-Kollegen, mit denen man übers Internet und über Grow-Foren weiterhin Kontakt hielt.

Ein kleiner Garten-Grow, wie man ihn oft in der Schweiz und in Deutschland findet.

Ich interessierte mich schon länger für die Vererbung und die Hanfzucht. Ich wollte wissen, warum verschiedene Eigenschaften bei jeder Kreuzung fast eins zu eins weitergegeben wurden, während andere verschwanden und nicht weiter zur Ausprägung kamen. Ich las mich in das Thema ein und beschloss, diesen Weg weiterzuverfolgen. Ich absolvierte daraufhin ein Fernstudium und arbeitete nebenbei an meinen ersten Kreuzungen, die später auch bei *Alpine Seeds* veröffentlicht wurden. Grundgenetiken standen uns genug zur Verfügung, da ein befreundeter Herbaria-Seeds-Breeder viele der früheren Sorten sichern konnte und jeder von uns seit Jahren seinen eigenen Grundstock besaß und die entsprechenden Pflanzen sehr gut kannte.

Im Jahr 2009 gründete ich dann mit einigen dieser Freunde die Samenbank *Alpine Seeds*. Zu Beginn der ganzen Planung, die über ein Jahr in Anspruch nahm, dachte wohl keiner von uns, dass wir im Lauf dieser vier Jahre einen solch guten Einstieg schafften würden. Ich glaube, keiner ging wirklich davon aus, das wir eines Tages eine eigene Samenbank unser Eigen nennen würden. Stoner und ich waren vielleicht sogar die Einzigen, die an unsere Chance glaubten und die überzeugt waren, es mit alteingesessenen Seedbanks aufnehmen zu können. Das meine ich überhaupt nicht im negativen Sinn; viele Breeder haben sehr erfolgreiche und sehr gute Sorten veröffentlicht, Strains, die seit Jahrzehnten bekannt und immer noch mehr als beliebt sind. Es gibt viele sehr gute Züchter mit einer entsprechenden Philosophie.

Uns ging es darum, zu zeigen, dass jeder qualitativ hochwertige Kreuzungen züchten kann, egal ob er eine Samenbank besitzt oder ein kleiner privater Grower ist. Wir wollten unsere eigenen Sorten auf den Markt bringen, wir wollten Bilder von unseren Kreationen in Hanfforen sehen und wir wollten wissen, wie die Grower unsere Samen und Strains aufnehmen würden.

Doch ich lernte auch langsam, dass Breeder sein ganz anders ist, als ich es mir ausgemalt hatte. Ich kannte natürlich ungefähr die Arbeit und die Vorgänge in der Szene, aber ich hatte mir das Ganze doch etwas anders vorgestellt. Ungefähr 90 Prozent der Arbeit spielt sich am PC ab: Kundensupport und Service, Internetpräsenz in diversen Foren, Admin-Tätigkeit und Support der Website, Reseller-Kontakte und Beantwortung sonstiger Firmenanfragen, Grafiken, Layouts, Texte schreiben und interne Kommunikation mit den *Alpine*-Breedern. Nur 10 Prozent der Zeit arbeitet man wirklich mit den Pflanzen.

Ich habe mich oft gefragt – und manchmal tue ich das auch heute noch –, warum ich diese ganze Arbeit auf mich nehme, die oft viele Stunden Freizeit verschlingt. Des Geldes wegen? Kaum, die Einnahmen decken ausschließlich die Kosten. Wegen des Bekanntheitsgrads, den man erlangt, wenn man öffentlich und offen arbeitet? Definitiv nicht. Schreibt man

Unten: Die kleine Mutterkammer eines privaten Growers in Deutschland. Die Sicherung der Grundgenetiken ist von höchster Wichtigkeit.

Links: Ein Alpine-Seeds-Topseller, der heute nicht mehr produziert wird, die X-Dog.

in Internetforen als Breeder einer Samenbank, dann lesen die User jedes Wort ganz genau. Einige warten nur auf einen Fehler, auf eine doppeldeutige Aussage oder einen etwas scharfen Ton. Und oftmals werden Dinge losgetreten, auf die man lieber verzichtet hätte. Es entsteht Druck, mit dem man umgehen muss, es gibt Postings, die persönlich werden oder die eigene Arbeit diffamieren, obwohl man alles für seine Samenbank tut und immer versucht, sehr gut und seriös zu arbeiten.

Warum gründet man also eine Seedbank? Es gibt ein paar Dinge, die uns alle immer wieder motivieren. Es gibt nichts Kostbareres als ein Dankeschön von einem Grower, dem die gezüchteten Sorten gefallen. Und es gibt nichts Besseres, als wenn Kunden mit ihren gegrowten Pflanzen und dem Endprodukt zufrieden sind, mit einem Strain, den man selbst kreiert hat. Darüber hinaus befriedigt die Arbeit mit den Pflanzen, sie bietet einen Ausgleich zum Vollzeitjob, den man trotz Samenbank ausüben muss.

Der eine oder andere wird jetzt sicherlich stutzig werden. Vollzeitjob? Greenhouse und Sensi Seeds werfen doch auch Geld ab. Warum sollte ein Breeder noch nebenbei arbeiten müssen, wenn die Großen der Branche das auch nicht tun? Man muss hier einiges berücksichtigen. Hinter Greenhouse und anderen steht eine ganze Industrie. Es gibt Coffeeshops, es gibt eigene Growshops, Immobilien und vor allem auch eine Menge Merchandising und Werbung. Die großen Samenbanken kann man nicht mit Earth-Seeds oder Mallorca Seeds vergleichen. Das sind zwei komplett verschiedene Welten. Große Samenbanken haben ein viel höheres Budget und somit auch mehr Möglichkeiten. Sie sind die ersten, die es im Bereich Hanfsamen gab, und sind dementsprechend bekannt und etabliert.

Eine erfolgreiche Kreation des Alpine Breeders «Stoner»: die Sweet Tooth3 BX2.

Eine Werbeanzeige in einem Hanfmagazin kostet pro Ausgabe zwischen 400 und 1200 Euro, und es gibt weltweit einige Cannabis-Magazine, in denen man Werbung schalten sollte, wenn man erfolgreich sein will. Werbebanner auf diversen Internetseiten kosten zwischen 20 und 500 Euro pro

Monat, je nach Größe und Besucherzahl des Boards und je nachdem, in welchem Land das Hanfforum beheimatet ist; englische und amerikanische Foren sind wesentlich teurer als die deutschsprachigen Plattformen. Man kann sich also ungefähr vorstellen, wie viel Geld allein schon die Werbung kostet.

Teuer ist vor allem auch die Selektion. Man muss Räume mieten, da man schlecht hunderte von Pflanzen in seiner Wohnung anbauen kann. Strom, Dünger, Grow-Equipment, all das sind Ausgaben, die man erst einmal hat, ohne dass man etwas einnimmt. Ein Zuchtprojekt kann Jahre dauern und in dieser Zeit hat der Strain, den man züchtet, noch keinen einzigen Euro eingebracht. Überraschend hohe Kosten hat man auch beim möglichst sicheren Webauftritt, beim Verpackungsmaterial und anderen Dingen, die anfallen, wenn man eine Seedbank gründet.

Nun könnte man meinen, wenn man tausende Samen pro Monat verkauft und den vollen Preis dafür einnimmt, dann sind die Kosten eh nicht mehr relevant. Diese Aussage gehört jedoch definitiv ins Reich der Mythen und Legenden. Als Breeder bekommt man erstens nur die Hälfte des Preises, das ein Päckchen Seeds kostet, und zweitens ist die Anzahl von tausenden Samen pro Monat völlig utopisch. Als neuer Breeder ohne Namen hat man vielleicht zwei Shops, welche die Samen an den Kunden bringen. Angenommen, man hat vier Sorten im Programm, dann liegt die Anzahl verkaufter Packs bei circa zwei bis fünf pro Monat, und das für alle vier Sorten zusammen. Ein Pack kostet den Kunden 50 Euro, der Breeder erhält davon 25 Euro. Verkauft man aber an einen Großhändler, bleiben dem Breeder sogar nur 25%, also nur 12.50 Euro. Rechnen wir mit 50 Prozent, also mit 25 Euro pro Pack bei fünf verkauften Packs: Das ergibt einen Umsatz von 125 Euro. Von diesem Geld gehen die Kosten weg, die man im laufenden Monat im Growraum hatte – und leben muss man ja auch von etwas.

Unverkennbar: Eine OG-Kush-Lemon-Larry. Aus ihr entstand die spätere Inbreedline.

Und so geht es weiter. Kleine, private Breeder, die sich einen gewissen Namen gemacht haben, verkaufen pro Monat

Oben: Nach vier Jahren Zuchtarbeit ist die reguläre Sweet Pink Grapefruit 2012 auf den Markt gekommen. Sie ähnelt dem Clone sehr stark.

vielleicht 20 bis 30 Packs. Das sind gerade mal 700 bis 800 Euro Umsatz, ohne dass davon auch nur eine Rechnung der Seedbank abgezogen wurde. Jeder kann sich nun ausrechnen, welche Menge an Samen man monatlich verkaufen müsste, um vom Breeder-Dasein leben zu können.

Große Samenbanken verkaufen weltweit und ihre Produkte werden von etlichen Shops angeboten. Das sind ganz andere Dimensionen. Aber um bekannt zu werden, muss man sehr viel in Werbung investieren, man muss bei allen Messeveranstaltungen präsent sein, man muss die Kunden in aller Welt mit dem Namen der Seedbank bombardieren und man muss Qualität vorweisen. Hat man nur mittelmäßige Sorten, dann ist es mit der Seedbank schneller vorbei, als man denkt – vor allem in den Zeiten des Internets, wo jeder schlechtere Grow-Report von hunderten Growern gelesen wird und wo schlechte Pflanzen den Ruf einer Samenbank ruinieren können. Der Samenmarkt ist ein heiß umkämpftes Geschäft. Eine Menge Kunden warten nur darauf, ihr Geld in guten Samen anzulegen, und jeder Züchter will sich seinen Platz sichern.

Die neueste Kreation von Alpine Seeds: Die Victory Kush.

Doch was braucht es überhaupt, um eine Samenbank zu gründen? Zuerst einmal muss man den Markt sondieren: Welche Sorten werden schon angeboten? Wie kann ich etwas Besonderes anbieten? Und vor allem stellt sich die Frage: Warum sollten die Grower bei mir einkaufen? 0815-Sorten wie ***Skunk1, White Widow, Super Skunk*** oder ***Afghani*** haben hunderte Breeder im Angebot. Es ist also schwieriger, die Kunden mit etwas Alltäglichem zu gewinnen. Welches Ziel verfolge ich eigentlich? Habe ich genug Platz? Und vor allem: habe ich auch genug Grundgenetiken zur Verfügung? Wie ist die rechtliche Situation in dem Land, in dem ich lebe? Riskiere ich wegen 200 oder 300 Euro pro Monat eine Anzeige bei der Staatsanwaltschaft? Und was könnte ich verlieren, wenn dieser Ernstfall wirklich eintritt?

Ich kann jedem nur empfehlen, sich Zeit zu nehmen. Die Vorarbeit, die man benötigt, um eine Seedbank zu gründen, dauert bis zu zwei Jahre. Lasst euch nicht stressen, der Samenmarkt ist auch in drei Jahren noch da. Es gibt keinen Grund, auf Gedeih und Verderb etwas zu gründen, was zwei Jahre später wieder in sich zusammenbricht. Gerade als neue Samenbank muss man Strains anbieten, die eine sehr gute Qualität haben und die den Grower auch wirklich überzeugen. Erst dann hat man einen gewissen Kredit bei den Kunden, die dann vielleicht auch eine zweite oder dritte Sorte kaufen und ausprobieren. Hält man über Jahre hinweg einen gewissen Standard, ist man ehrlich mit den Kunden und ist man auch wirklich von seiner Philosophie überzeugt, dann hat man auch eine Chance, sich in der Breeder-Szene zu etablieren. Stellt eine Liste aller Kosten auf und macht eine Vergleichsrechnung mit einem Worst-Case- und einem Best-Case-Szenario. Fragt andere Breeder, lasst euch Tipps geben und sondiert den Markt – erst dann kann man erfolgreich sein.

Ein anderer wichtiger Punkt ist die Werbung. Dafür braucht man ein Logo, etwas, das sich in die Köpfe der Grower brennt, am besten mit einem hohen Wiedererkennungswert. Ein Breeder braucht heute auch eine eigene Website. Man muss den Kundensupport groß schreiben, offen arbeiten, informieren und immer wieder mit den Growern Kontakt halten. So baut man einen Kundenstamm auf, der seine Erfahrungen über Mund-zu-Mund-Propaganda in Internetforen mit anderen teilt. Mit einer richtigen Werbestrategie kann man sich das Leben leichter machen, man bekommt einen Fuß in die Tür und kann für die nächste Zeit diesen Ruf festigen und sich immer wieder neu beweisen, indem man sehr gute Sorten produziert.

Versucht Bekanntschaften in der Szene zu machen, sprecht mit Shopbetreibern, die eure Samen ins Sortiment nehmen können. Es ist heute leider nicht mehr so einfach, neue Shops zu finden, da das Sortiment oft schon zu überfüllt ist und neue Breeder-Anfragen tagtäglich in den Läden eintrudeln. Dazu kommt, dass die Shops meist von Großhändlern kaufen. Das Problem dabei ist, einen Großhändler zu finden, der bereit ist, größere Mengen an Samen von einer völlig unbekannten Samenbank zu kaufen. Bei neuen Breedern kann

Die reguläre Sweet Pink Grupefruit ist nicht nur optisch eine Augenweide, hier stimmt auch die Qualität des Endprodukts.

Rechts: Bei der OG-Kush-LL-Inbreedline stimmt nicht nur der Harzbesatz. Auch das Aroma ist etwas Besonderes.

kein Händler einschätzen, wie lange er auf diesen Packs sitzen bleibt. Sind es drei Monate oder doch zwei Jahre? Es kann auch Shops geben, die Samen auf Kommission haben wollen. Das heißt, man schickt die Samen hin und bekommt das Geld erst, wenn diese verkauft sind. Doch wenn der Shop pleite geht, wartet man vergebens auf sein Geld; so geschehen mit dem österreichischen Shop *Seeds Express*, noch heute wartet so mancher auf sein Geld. Es kann auch Shops geben, die nach dem Erhalt der Samen bezahlen wollen, das aber nie tun und sich auch nie wieder melden. Pakete können am Zoll verschwinden; in einem solchen Fall sind dann schnell mal Samen im Wert von 2000 Euro weg.

Natürlich kann man Samen auch auf der eigenen Website anbieten und die Shops damit umgehen. Doch denkt daran, in welchem Land ihr euch befindet. Sind die Gesetze auf meiner Seite oder mache ich mich strafbar, wenn ich Hanfsamen verkaufe? Es gibt in der Zeit von Terrorismus und Bankenkrise keine anonymen Konten mehr, jedenfalls nicht für wenig Geld. Man muss seinen realen Namen angeben, Daten, die persönlich sind und die es der Polizei einfach machen, Beweise zu finden. Dazu kommt ein viel höheres Arbeitspensum, man muss Briefe schicken, Kundenkontakt halten, man braucht Lagermöglichkeiten, ein gutes und vor allem sicheres Shopsystem für den Webshop und einiges mehr. Überlegt genau, welche zusätzlichen Kosten entstehen können und was ihr am Ende gewinnt. Wägt das Für und Wider des eigenen Verkaufs genau ab.

Eine der ersten Alpine Sorten, die Sweet Chunk F1 – eine Kreuzung aus Deep Chunk und Sweet Pink Grapefruit.

Bleibt noch die Verpackung. Wie kann ich meine Samen einfach und günstig verpacken? Auch hier gilt es, ein paar Dinge zu beachten. Die Verpackung muss so gewählt werden, dass die Seeds sicher gegen Stoßkräfte geschützt sind, die auf dem Postweg immer auftreten. Die Verpackung sollte ein hochwertiges Design und Layout aufweisen, denn es ist der erste Kontakt mit dem Kunden, und dieser entscheidet sich immer für die schönere Verpackung. Natürlich spielt der Strain die größte Rolle, doch der erste Blick auf ein Produkt ist immer entscheidend, denn es geht auch um die Kaufentscheidung des Kunden beim zukünftigen Samenerwerb.

Harz überall. Sogar die Sonnensegel sind von Trichomen besetzt.

Wie kann man zudem gewährleisten, dass die Samen nicht von Dritten ausgetauscht und Verpackungen geöffnet werden können? Kann ich die Packung versiegeln? Man muss auch einberechnen, wie lange man als Breeder mit dem Verpacken der Samen für den Versand beschäftigt ist. Angenommen, man hat fünf Sorten und will von jeder 100 Packs abpacken, dann sind das im Gesamten 500 Seedpacks und jedes einzelne davon will verpackt sein. Brauche ich zwanzig Sekunden oder eine Minute pro Pack? Zusammengenommen kann das einen Unterschied von vier bis fünf Stunden Freizeit ausmachen. Und wie teuer sind die Verpackungen, 1 Euro pro Stück oder 8 Cent? Es gibt viele Punkte, die man bei der Vorbereitung berücksichtigen muss. Aber wenn ihr wirklich etwas auf die Beine stellen wollt, dann macht es richtig. Lebt euren Traum und gebt alles dafür, aber seid euch auch bewusst, dass ein solches Projekt sehr viel Zeit und auch Geld verschlingt.

Schaut euch einige der neuen Samenbanken an. Sie schießen jeden Monat wie Pilze aus dem Boden und bieten auf einmal vier bis fünf neue Sorten an, die insgesamt nur aus drei oder vier verschiedenen Elternteilen bestehen. Wenn man willkürlich Seeds produzieren will, dann ist dieser Arbeitsvorgang der richtige, dazu noch einfach und sehr schnell durchgeführt. Man nehme zwei kleine Growboxen und fülle diese mit zwei verschiedenen Sorten weiblichen Stecklingen oder gar normalen regulären *Female*-Pflanzen. Dazu nimmt man einen männlichen Part, der genug Pollen abwirft, und kreuzt die Pflanzen in den beiden Boxen mit eben diesem ***Male***; vielleicht nimmt man noch einen anderen männlichen Part und kreuzt ihn zusätzlich mit ein paar einzelnen weiblichen Pflanzen. Man erhält nun vier, vielleicht fünf verschiedene F1-Hybriden, testet sie in einer kleinen Selektion und gründet eine Samenbank, in der man diese Seeds für 50 Euro in einer billigen Verpackung mit selbstgemachter Grafik verkauft. Der Grower findet im Netz keine Website und keine Daten zu den verwendeten Elternteilen, es gibt keinerlei Informationen zur Person des

Breeders. Kaum einer kann einschätzen, um wen oder was es sich hierbei handelt.

Dann passiert oft Folgendes: Ein paar Wochen nach der Gründung der neuen Seedbank häufen sich in vielen Grow-Foren Berichte zu den neuen Sorten des Breeders X. Die Threadstarter sind oft registrierte User, die man parallel auch in anderen Foren finden kann, wo sie über den gleichen Strain noch einmal berichten. Man muss sich darüber im Klaren sein, dass 80 Prozent dieser Berichte auf Gratis-Samen beruhen, die der Züchter an Freunde, fremde Grower oder Bekannte verschenkt hat. Oftmals stellen auch die Breeder selbst Erfahrungsberichte ins Internet und auf die gängigen Websites, auf denen sich die Grower tummeln. Einige Leser werden neugierig und greifen via Online-Handel zu. Nun kommt es häufig vor, dass nur einzelne Sorten gut sind und auch das halten, was der Züchter verspricht. Ein dritter Strain ist vielleicht nur mittelmäßig, der letzte Release zeigt sogar leichte negative Merkmale. Negative Aussagen von Growern bleiben unbewusst länger im Gedächtnis der Kunden als positive Posts. Einen schlechten Ruf hat man

Unten: Bis zur Ernte dauert es noch ein paar Tage. Die meisten Griffel sind noch weiß und frisch.

in kürzester Zeit, diesen wieder zu korrigieren, dauert Jahre. Dazu kommt, dass es heute viel zu viele Samenbanken gibt, die ähnliche Sorten anbieten und auf die der Grower ausweichen kann, wenn er häufig nur durchschnittliche Erfahrungsberichte liest. Die Frequenz der Grow-Reports von Breeder X nimmt darauf hin stark ab. Man hört nach sechs bis acht Monaten nur noch sehr sporadisch vom ihm, auch die Reporte tauchen kaum noch auf, die Seedbank wird kaum noch erwähnt, da in der Zwischenzeit schon wieder drei völlig neue Breeder aufgetaucht sind. Nach ein bis zwei Jahren ist dann endgültig Schluss. Genau das ist vielen Seedbanken passiert, die in den letzten zehn bis zwanzig Jahren versucht haben, Fuß zu fassen. Zuletzt sind viele an sich selbst gescheitert. Mit etwas mehr Geschäftssinn und Geduld wären diese Breeder vielleicht auch heute noch da.

Es stellt sich noch eine Frage: Wie viel Platz braucht man, um wirklich sauber und seriös arbeiten zu können? Mehr, als man denkt. Wenn man an einer neuen Sorte arbeitet, braucht man zuerst einmal Platz für eine größere Selektion

Unten: Die Victory Kush ist sehr harzig und fruchtig mild im Aroma – ein Strain, der das Potenzial zum Topseller hat.

der Elternteile. Als nächstes braucht man einen Raum mit eigener Luftzufuhr und einer abgetrennten Abluft, um eine Fremdbestäubung in anderen Abschnitten auszuschließen. In diesem Raum kann man die Bestäubung durchführen und die Seeds reifen lassen. Nebenbei arbeitet man an weiteren Projekten, die auch wieder einiges an Grow-Fläche benötigen. Mütter und Väter müssen auch in einem Raum untergebracht sein und dazu die Stecklinge, die man schneiden muss, um genügend weibliche Pflanzen für Bestäubungen zur Verfügung zu haben. Sind die Seeds reif, kann man sie in einem größeren Testgrow auf Herz und Nieren testen.

Bei dieser Sweet Tooth3 BX1 kann man die Foxtails – die Buds in Form von Fuchsschwänzen – schon gut erkennen.

Große Zuchtprojekte brauchen einfach ihre Zeit, mehrere Generationen und mindestens genauso viele Selektionen. Man arbeitet oft mit verschiedenen Linien und muss zwangsläufig immer genug Fläche zur Verfügung haben, um solche Vorhaben realisieren zu können. Es muss Platz da sein, damit man bestehende Sorten im Sortiment nachproduzieren kann, wenn sie einmal ausverkauft sind. Dabei muss man beachten, dass ein neuer Samen-Batch bis zu sechs Monate dauern kann. Verzögerungen und Erscheinungstermin müssen mit Shops und Händlern abgestimmt werden.

Nun stellt sich für den Neu-Breeder noch die Frage nach dem Preis, den ein Päckchen Seeds kosten soll. Wie ich weiter oben erwähnt habe, muss man mit dem Betrag rechnen, den man als Züchter für den Verkauf der Samen bekommt. Ein wichtiger Punkt bei der Festlegung des Preises ist die Dauer des Zuchtprojektes. Hat man den Strain in sechs Monaten produziert oder in vier Jahren? Hat man nur eine Generation produziert oder fünfzehn? Hat man den Strain in mehreren Jahren gezüchtet, dann hatte man verglichen mit einer sechsmonatigen Projektdauer ein Vielfaches an Kosten. Strom und Miete, die vielen Selektionen und Testdurchläufe – all das muss man in den Samenpreis einrechnen, um am Ende auch wirtschaftlich zu arbeiten. Keine Firma bleibt bestehen, wenn sie am Monatsende jedes Mal ein dickes Minus auf der Abrechnung stehen hat. Alle Kosten, die man mit der Seedbank hat, müssen vom Samenverkauf gedeckt werden.

Die Sweet-Tooth3-verwandten Sorten haben alle einen leichten Rotstich. Oft schlägt die Farbe am Ende der Blütezeit um.

Vielleicht werden sich einige Grower fragen, warum feminisierte Samen immer noch so viel Geld kosten, obwohl diese in der Regel in sehr kurzer Zeit hergestellt werden. Oft stellt man weibliche Samen nur mit bestehenden und hochwertigen weiblichen Pflanzen oder Stecklingssorten her. Das heißt, in drei bis vier Monaten kann eine S1-Generation marktfertig sein. Der höhere Preis kommt durch den teils erheblichen Mehraufwand zustande. Mit STS behandelte Pflanzen produzieren viel weniger potenten Pollen als ein normaler ***Male***. Ist weniger Pollen vorhanden, dann kann man am Ende auch nur ein paar wenige weibliche Blüten bestäuben. Das heißt, dass man auch viel weniger Samen auf einer bestimmten Fläche produzieren kann, als dies bei regulären Kreuzungen der Fall ist. Um das zu kompensieren, werden mehr weibliche Elternpflanzen gebraucht, aber mit jeder neuen Pflanze steigt auch die Wahrscheinlichkeit von Fehlern beim Vorgang der Befruchtung bzw. beim Verschmelzen einer vorgetäuschten männlichen, in Wahrheit aber weiblichen Keimzelle und einer anderen weiblichen Keimzelle. Ein anderer Grund ist der, dass der Grower im Normalfall auch die Anzahl an weiblichen Pflanzen erhält, die er vorher über die Anzahl Samen eingekauft hat.

Eine Möglichkeit, Kosten zu sparen, ist der Outdoor-Anbau von befruchteten Pflanzen oder gar die Befruchtung unter natürlichen Bedingungen. Outdoor-Breeder in Spanien haben sehr oft diesen großen Vorteil, da das Klima deutlich milder ist als in Mitteleuropa. Breeder in anderen Ländern können dagegen nur indoor arbeiten, da Klima und Sonnenstunden nicht zum Ausreifen der Samen ausreichen. Outdoor-Züchter sparen in diesem Fall vor allem Strom- und Mietkosten und können Seeds entsprechend günstiger anbieten. Günstige Samen werden natürlich auch öfter gekauft als teures Saatgut, aber ich denke, ich spreche auch für viele Grower, wenn ich sage, dass richtige Zuchtarbeit auch ihren Preis haben darf. Allerdings muss man dies auch bei jedem gekauften Pack beweisen können; die Qualität muss am Ende stimmen.

Rechts: Eine Verwandte der Sweet Tooth3. Die Glo F1 besteht aus der SPG und der Flo, der Blueberry-Basisgenetik.

Ihr kennt nun die grobe Arbeitsweise von Samenbanken und könnt jetzt ungefähr nachvollziehen, wie die Samenpreise entstehen und was es braucht, um erfolgreich zu arbeiten. Einige haben sich unter dem Job eines Züchters sicherlich etwas anderes vorgestellt. Zum Beispiel, dass man um 10 Uhr morgens aufsteht und dann seinen ersten Kaffee trinkt, inklusive das erste Tütchen des Tages. Danach fährt man in sein Treibhaus und arbeitet bis zum Nachmittag mit den Pflanzen, schneidet Stecklinge, erntet Samen und testet neue Sorten. Um 16 Uhr geht›s nach Hause,und gleichzeitig ist man wieder um 5000 Euro reicher, da die Kunden natürlich wieder hunderte von Samen gekauft haben. Einen solchen Tagesablauf gibt es aber nur als Fantasie, mit dem realen Breeder-Dasein hat das rein gar nichts zu tun. Das gesamte Business ist ein hart umkämpftes Geschäft mit jeder Menge Konkurrenz. Dennoch entwickeln sich auch Freundschaften. Man sollte vor allem eins nicht vergessen: Glaubt an das, was ihr vorhabt, auch wenn euch viele Leute davon abraten wollen. Lasst euch nicht durch negative Kommentare wie «Das wird eh nichts» oder «Lass es lieber» beeinflussen. Lebt euren Traum!

In diesem Sinne,
Mike aka MoD von Alpine Seeds

Alpine Seeds
The Swiss Seedbank

Es geht weiter ...

Genau zehn Jahre ist es her, seit dieses Buch 2013 zum ersten Mal gedruckt wurde. Ich kann mich noch erinnern, wie mir Verlagsleiter Roger Liggenstorfer am Stand des Nachtschatten Verlags bei der Cultiva 2013 in Wien das erste gedruckte Exemplar übergeben hat. Wow! Wie aufregend war dieser Moment, nach so vielen Monaten und Jahren an Arbeit das fertige Buch in den Händen zu halten. Die Meinungen dazu gingen jedoch auseinander. Während meine Mutter nur ein müdes «Aha, und was heißt das jetzt?» herausbrachte, freuten sich all meine Freunde und Bekannten aus der Grow- und Breeder-Szene mit mir. Und ja, es hat mir in den Jahren danach das ein oder andere Türchen geöffnet.

Seitdem hat sich viel verändert. Ich war in Basel zuhause, arbeitete bei einem Pharmaunternehmen, schrieb viele Artikel in verschiedenen Hanfmagazinen und machte am Wochenende oft Interviews oder fuhr zu Freunden, um über besondere Cuts oder die letzte Ernte zu sprechen. Alpine Seeds lief gut, wir hatten einen treuen Kundenstamm und viele zufriedene Grower. Wir pflegten alle das gleiche Interesse an speziellen Sorten, guten Kreuzungen und vor allem an der Pflanze selbst – und das verbindet. Mit der Zeit stieg die Anzahl an Stunden und Aufwendungen, die ich in unsere Samenbank investieren musste. Das war nach einem Neun-Stunden-Tag nicht immer möglich. Eine Samenbank zu bewirtschaften und zu halten, heißt nicht nur, nach den Pflanzen zu schauen. Es heißt auch, sich mit Kundenwünschen und Anfragen zu beschäftigen, in Foren aktiv zu sein und zudem wenn möglich den Bereich Marketing zu pushen. Ich habe aber auch ein privates Umfeld, und da ist es normal, wenn man ab und zu Zeit mit Angehörigen und Freunden verbringen will.

Die nächsten Jahre verliefen nach demselben Motto. Es gab Ups and Downs, es waren tolle Momente und viele Erfolge dabei, aber die Zeit war auch von Stress und Veränderung geprägt. Irgendwann 2015 erhielt ich die ersten E-Mails von

einem kleinen Schweizer Pharma-Start-Up-Unternehmen. Die ersten Anfragen liefen bei mir ins Leere, bis der Kontakt im Herbst/Winter 2016 konkreter wurde und wir uns schließlich in der Ostschweiz das erste Mal für ein persönliches Kennenlernen trafen. Ich kann mich daran erinnern, dass zu dieser Zeit der Weihnachtsmarkt in Konstanz stattfand und ich von der weihnachtlichen Seestimmung begeistert war. Am nächsten Tag traf ich mich dann mit den Gründern am zukünftigen Hauptsitz in einem kleinen Ostschweizer Dörfchen, das mir zu diesem Zeitpunkt völlig unbekannt war.

Ich war überrascht, wie groß die Liegenschaft war. Eine riesige neue Halle, gut eingerichtete Büros und entsprechende Anbauräume, die sich zu diesem Zeitpunkt erst in der Planungsphase befanden, da die Produktion von CBD zum Teil in einer anderen Location stattfand. Ich muss ehrlich sein: Das Angebot kam zum richtigen Zeitpunkt. Es war ein Punkt in meinem Leben gekommen, an dem ich mich beruflich verändern wollte und mich aus zeittechnischen Gründen nicht so um Alpine-Seeds kümmern konnte, wie ich es vielleicht wollte, und in der sich auch privat einiges veränderte.

Eine Schweizer Medizinalcannabis-Sorte.

Fünf Monate später folgte mein erster Tag als Angestellter eines CBD-Unternehmens, das in vier großen Indoor-Anlagen alle drei Monate um die 200 bis 250 Kilo CBD-Blüten von sehr guter Qualität produzierte. Die meisten werden jetzt wohl denken, dass ich wahrscheinlich einen Platz im Garten ergattern und mich täglich mit den Pflanzen beschäftigen konnte. Besser! Ich konnte genau das sein, was ich am liebsten sein wollte: ein Quality Manager. Oh ja, ich stehe auf Qualität, ich mag Dokumentenlenkung, CAPA-Cases, Schulungsnachweise und FMEA Risk Assessments. Und hier konnte ich beides voll ausleben: täglich in die Pflanzbereiche gehen, mit den Gärtnern sprechen, die Blüten anschauen und testen. Wir haben Hydro-Projekte umgesetzt, über die perfekte Düngermischung gesprochen und über die besten Lichtzyklen diskutiert. Auf der anderen Seite habe ich Lieferanten auditiert, Gärtner geschult und SOP geschrieben. Ich habe mit Swissmedic über Inspektionen debattiert, Proben

gezogen, ein GDP-Arzneimittellager aufgebaut und riesige Feldernten im zweistelligen Tonnenbereich eingefahren.

Was gibt es Besseres, als ein Hobby zum Beruf zu machen? Natürlich waren nicht alle in meinem Umfeld glücklich, aber für mich war es die Chance, zwei Dinge zu tun: sich mit Cannabis zu beschäftigen und einen weiteren beruflichen Schritt zu machen. Ich war zu diesem Zeitpunkt «Head of Quality Assurance» und hatte die Marktfreigabe von Cannabisprodukten und das komplette QMS unter mir.

Der Lebensmittelpunkt Basel wurde durch den neuen Lebensmittelpunkt Bodensee ersetzt. Ich gebe zu, Basel fehlt mir noch heute ein wenig; vielleicht bin ich in den 17 Jahren am Rheinknie doch zu einem halben «Bebbi» geworden. Vielleicht fehlt mir aber auch das quirlige Leben in einer Großstadt oder die Möglichkeit, am Rhein einen kapitalen Waller zu fangen. Es ist wohl von allem ein bisschen.

Nun ja, im Bodensee gibt es ebenfalls Waller, auch wenn ich bisher nicht einen einzigen einholen konnte. Das, was der Bodensee im Gegenzug zu bieten hat, ist Natur pur, eine hohe Lebensqualität und viele Möglichkeiten, vor allem die

Oben: Eine solche Auswahl hättten Medizinalcannabis-Patienten gerne. Gesetzlich möglich.

Sommertage zu verbringen. Was der Thurgau nicht hat, ist Quirligkeit. Aber mit dem Alter sinkt auch das Verlangen nach durchzechten Nächten und verpeilten Wochenenden. Ich genieße lieber einen kleinen Joint am Sonntagmorgen auf der Mitte des Sees, wenn niemand auch nur in der Ferne auszumachen ist, und das Wasser spiegelglatt erscheint.

Bis zum Jahr 2020 haben wir auch von externen Lieferanten CBD-Blüten angekauft, diese Produktionen gesteuert und sehr eng betreut und begleitet. Uns war es wichtig, dass wir beide Märkte bedienen konnten und sowohl die medizinische als auch die Freizeitsparte nicht außer Acht ließen. Eine lückenlose Dokumentation des Anbaus, standardisierte Prozesse und eine offizielle Analyse waren die ersten Schritte, um auch mit Pharmagroßhändlern und Lohnherstellern arbeiten zu können. Wir haben uns zu dieser Zeit einen Namen gemacht, uns auch dank einer gut vernetzten Geschäftsleitung, genialen Köpfen in den eigenen Reihen und guten Gärtnern letztendlich etabliert.

Unten: Ein Joint am Sonntagmorgen mitten auf dem Bodensee ...

Aber jedes Jahr kommt eine neue Herausforderung. Meine bestand im Jahr 2019 darin, mich in einem weltweit tätigen Unternehmen aus dem Medizinaltechnik-Sektor als «Head of Quality Management» zu beweisen. Ich habe also der Cannabisbranche den Rücken gekehrt und mich auf meine eigene berufliche Karriere fokussiert.

Ich war zu diesem Zeitpunkt 41 Jahre alt und wollte nochmals eine andere Branche und auch eine etwas andere Firmenhierarchie kennenlernen, ähnlich wie ich es von Novartis her kannte. Ich wollte weg von Cannabis, aber nicht weg von Blüten, Pflanzen und gutem Hasch. Das zwang mich, im täglichen Business eine Maske aufzusetzen und das Thema Weed niemals im Beisein von Kollegen und Vorgesetzen anzusprechen. Ich nehme es vorweg: Diese fünf Jahre, die ich in diesem Unternehmen verbracht habe, haben mich beruflich mehr weitergebracht, als ich es je vermutet hätte. Natürlich steht man unter Druck. Verhaut man ein Projekt oder überzeugt man den CEO nicht von seiner Präsentation, dann bekommt man noch genau eine Chance, jedoch keinen zweiten oder dritten Versuch. Es ist mental anstrengend, aber jeder Projekterfolg macht auch äußerst stolz. Eine fünfköpfige Gruppe von Inspektoren einer der wichtigsten chinesischen Behörden eine Woche von früh bis spät zu begleiten, lässt einen vielleicht etwas schneller altern, aber diese Erfahrungen schärfen fürs Berufsleben.

Je länger man einander kennt, desto häufiger redet man auch unter Kollegen über private Dinge. Über das Verhältnis zu den Kindern oder seiner Frau, über Hausbaupläne und Arzttermine beim Urologen oder einfach über den sehr spannenden gestrigen Abend mit der Schwiegermutter. Aber man redet eben auch über das Kiffen. Hat der andere schon mal an einem Joint gezogen oder liegen sogar fünf Platten «Dosidos» in der heimischen Schublade? Was man auch sagt, kann einen beim nächsten Einzelgespräch mit dem Chef in Erklärungsnot bringen. Es kann in einigen Fällen auch zu einer Kündigung führen, wobei ich keinen solchen Fall kenne. Ich kann heute sagen, dass es auf allen Unternehmensebenen Kiffer und sogar Grower gibt. Der Überwachungsinspektor einer Behörde, der Engineer aus der Abteilung Forschung und Entwicklung, der Servicemitarbeiter im Außendienst oder der Schweißer in der Produktionslinie – wir sind überall

Und jetzt treffen wir uns hier, während eines weiteren Lebensabschnitts mit Ups and Downs, großartigen Momenten und durchaus auch einer Menge Stress. Wir gehen also zum nächsten Abschnitt über, und ich hoffe, dass ich mit dieser ersten Neuauflage der Enzyklopädie der Cannabiszucht wieder einen Einblick in die Cannabis-Szene geben kann.

Ich werde den Schwerpunkt nicht auf den Bereich Züchtungen legen, da die vorangegangenen Kapitel bereits alles Nötige zum Thema darlegen. Ich versuche, das Rad weiterzudrehen, und gebe Einblicke in das komplexe Cannabis-Geschäft. Ich beantworte allfällige Fragen, so zum Beispiel, wie sich die Gesetzgebung der anderen Länder und auch der Schweiz verändert hat, was man machen darf und was nicht. Und ich werde die Fragen klären, wie der Anbau von medizinischem Cannabis umgesetzt werden kann und umgesetzt wird und welche Anforderungen man bedenken sollte.

Viel Spaß beim Lesen!

Kapitel 10

10.1 Gesetze weltweit

Der medizinische Anbau von Cannabis in der Schweiz

Als Einstieg ins Thema ist es wichtig, die aktuellen Gesetze weltweit zu kennen und zu wissen, wie die Behörden mit Cannabis als Medizin und im Bereich Freizeitkonsum umgehen. Vergleichen wir die gesetzliche und regulatorische Lage mit der Situation von 2017 bis 2019, dann haben viele Länder den richtigen Schritt in eine tolerantere Zukunft gemacht. Was häufig unklar bleibt, ist die effektive Umsetzung der Gesetzgebungen in den einzelnen Ländern. Oftmals sind Detailfragen bei den Behörden ungeklärt oder die Gesetze werden auf beiden Seiten unterschiedlich interpretiert. Ich empfinde den gesamten Cannabismarkt wie auch die gesetzliche Situation als sehr schnelllebig. Gesetze können jederzeit und recht kurzfristig geändert, neue Regelungen von den verantwortlichen Behörden erlassen werden. Wer dann nicht schnell genug seine Unternehmensstrategie anpasst, wird vom Tellerrand fallen. Daher ist es aus meiner Sicht wichtig und unerlässlich, dass Behörden und Cannabis-Unternehmen eng zusammenarbeiten und offen miteinander kommunizieren. Beide Seiten sollten voneinander profitieren können.

In der Schweiz hat sich die Einstellung gegenüber medizinischem Cannabis in den letzten Jahren ebenfalls deutlich gewandelt. Mit der zunehmenden Akzeptanz gegenüber der therapeutischen Nutzung und der Etablierung in den Bereichen Personal Care und Retail sowie dem wachsenden wissenschaftlichen Verständnis der medizinischen Vorteile von Cannabis sind die Anforderungen und das Wissen über den Anbau dieser speziellen Pflanze gestiegen. Es ist schon seltsam: Die USA waren die erste Nation, die Cannabis an sich verboten und geächtet hat. Nun, etwa 70 Jahre später, sind sie wie so oft in einer Art Vorreiterrolle.

Vereinigte Staaten

In den Vereinigten Staaten ist Cannabis auf Bundesebene nach wie vor als sogenannte Schedule-I-Droge eingestuft, was den Anbau, den Verkauf und den Besitz grundsätzlich verbietet. Allerdings haben viele Bundesstaaten eigene Gesetze erlassen, die den medizinischen und/oder freizeitlichen Cannabisanbau legalisieren oder zumindest entkriminalisieren. Aus diesem Grund ist die Zahl an neuen Cannabis-Hybriden und -Strains stark gestiegen. Es gibt viele gute Breeder, die sich auf spezielle Cuts und Seeds spezialisiert haben. Für mich ist hier zum Beispiel die Firma Seed Junky Genetics zu nennen, die mit Kreuzungen wie ***Kush Mints*** oder ***Cream Cake*** sehr gute Ware unter die Leute bringt.

US-Strain

Medizinisches Cannabis: Mehr als die Hälfte aller Bundesstaaten hat den Anbau von medizinischem Cannabis inzwischen legalisiert. In diesen Staaten müssen Patienten in der Regel eine ärztliche Verschreibung vorweisen, um Cannabis anbauen oder erwerben zu dürfen.

Rekreatives Cannabis: Eine wachsende Anzahl von Staaten, darunter Kalifornien, Colorado und Massachusetts, haben den Anbau von Cannabis für den rekreativen Gebrauch legalisiert. In diesen Staaten gibt es oft spezifische Regeln bezüglich der Menge an Cannabis, die angebaut werden darf, und es sind in der Regel Lizenzen erforderlich.

Kanada

In Kanada ist der Anbau von Cannabis sowohl für medizinische als auch für rekreative Zwecke auf nationaler Ebene legalisiert. Die Cannabis-Legalisierung und -Regulierung erfolgte im Oktober 2018 durch den **Cannabis Act,** der den medizinischen, privaten und kommerziellen Anbau definiert. Hervorzuheben ist der aus Kanada stammende Anbaustandard GPPC (Good Production Practice for Cannabis), der dem europäischen Gegenstück, der GACP (Good Agricultural and Collection Practice), ähnlich ist. Beide Richtlinien gelten grundsätzlich als Anbaustandard für medizinisches Cannabis auch in der Schweiz und im benachbarten Ausland.

Oben: Eine US-amerikanische Medical-Sorte.

Privater Anbau: Kanadische Bürger dürfen bis zu vier Cannabis-Pflanzen pro Haushalt für den persönlichen Gebrauch anbauen. Einige Provinzen und Territorien haben jedoch eigene Einschränkungen.

Medizinischer Anbau: Patienten mit einer ärztlichen Verschreibung dürfen Cannabis für den persönlichen medizinischen Gebrauch anbauen bzw. von einem lizenzierten Produzenten beziehen.

Kommerzieller Anbau: Der kommerzielle Anbau von Cannabis ist in Kanada legal, erfordert jedoch eine Lizenz von Health Canada. Es gibt strenge Vorschriften bezüglich Sicherheit, Etikettierung und Vertrieb.

Mexiko

In Mexiko ist die rechtliche Lage etwas komplizierter. Obwohl der Oberste Gerichtshof von Mexiko 2018 einige Gesetze, die den Gebrauch von Cannabis kriminalisieren, für verfassungswidrig erklärte, ist der vollständige rechtliche Status immer noch in einer Grauzone. Es gibt Bestrebungen, Cannabis für medizinische und freizeitliche Zwecke vollständig zu legalisieren, aber zum aktuellen Zeitpunkt ist dies noch nicht umgesetzt.

Uruguay

Uruguay ist ein Vorreiter in der Cannabislegalisierung und war 2013 das weltweit erste Land, das den Anbau, Verkauf und Konsum von Cannabis für Erwachsene vollständig legalisiert hat. Uruguayische Staatsangehörige können Cannabis in Apotheken kaufen, es in Cannabisclubs konsumieren oder zu Hause anbauen. Der Staat reguliert und überwacht den gesamten Markt. Zu erwähnen ist hier, dass Uruguay schon seit vielen Jahren Studien zur Epilepsiebehandlung mit CBD-Tinkturen durchführt.

Unten: Acapulco-Gold-Blüte aus Mexiko.

Argentinien
In Argentinien wurde 2017 der medizinische Gebrauch von Cannabis legalisiert. Die Regierung erlaubt den Anbau von Cannabis zu medizinischen Zwecken für Patienten, die eine ärztliche Verschreibung vorweisen können. Im Jahr 2020 wurden die Vorschriften weiter gelockert, um den Eigenanbau und den Anbau durch gemeinnützige Organisationen zu ermöglichen.

Kolumbien
Kolumbien, bekannt für sein ideales Klima für den Cannabisanbau, hat 2015 den medizinischen Cannabisanbau legalisiert. Das Land verfügt über eine wachsende Cannabisindustrie mit mehreren lizenzierten Produzenten, die sowohl den Inlandsbedarf decken als auch Blüten, Samen und teilweise Extrakte exportieren.

Outdoor-Buds aus Kolumbien.

Chile
Chile war eines der ersten südamerikanischen Länder, das den medizinischen Cannabisanbau legalisierte. Seit 2015 ist es Patienten unter bestimmten medizinischen Voraussetzungen erlaubt, Cannabis zu therapeutischen Zwecken zu verwenden. Der Anbau von Cannabis zuhause bleibt jedoch illegal, es sei denn, man hat eine spezielle Genehmigung dafür erhalten. Wegen dieser relativ lockeren Gesetze konnte sich Chile in den vergangenen zwei Jahren mit dem Export von medizinischen Cannabis nach Deutschland und in die Schweiz einen Namen machen. Auch als Samenproduzent hat Chile Spanien mittlerweile den Rang abgelaufen. Viele Top-Samenbanken lassen hier Saatgut in großen Mengen produzieren.

Israel
Israel ist schon viele Jahre führend in der Forschung und Entwicklung von medizinischem Cannabis und hat eines der fortschrittlichsten Programme weltweit etabliert. Der medizinische Cannabisanbau ist legal, aber sehr streng von den Behörden reguliert.

Reiches Angebot in einem Shop in Thailand.

Thailand

Thailand hat in jüngerer Vergangenheit seine Gesetze gelockert und den Anbau von Cannabis für medizinische und Forschungszwecke legalisiert. Dies war ein bedeutender Schritt in einer Region, die traditionell für äußerst strenge Drogengesetze bekannt ist. Ich hatte nach meinem Kambodscha-Trip im November 2023 die Möglichkeit, einen Shop in Bangkok zu besuchen. Die sterile Atmosphäre war nicht mein Fall, aber die Blüten waren von wirklich hoher Qualität. Ob die gesetzliche Lage so bleibt, wie sie momentan ist, steht noch in den Sternen.

Indien

Indien pflegt eine eher komplizierte Beziehung zu Cannabis. Während der kommerzielle Anbau illegalisiert ist und unter Strafe steht, hat sich in vielen Regionen der traditionelle Anbau von Cannabis erhalten. Medizinisches Cannabis ist jedoch nur sehr begrenzt zugelassen.

China

China ist einer der weltweit größten Hanfproduzenten, wobei der Schwerpunkt auf industriellem Hanf liegt. Der Anbau von Cannabis mit hohem THC-Gehalt bleibt illegal und steht unter Strafe.

Japan

Japan hat sehr strenge Drogengesetze, und der Anbau von Cannabis für jegliche Zwecke ist illegalisiert. Selbst der medizinische Gebrauch von Cannabis ist nicht erlaubt. Es gibt in Japan Bestrebungen, eine Entkriminalisierung zu etablieren, aber die Mehrheit der Japaner ist weiterhin gegen eine solche Teilfreigabe.

Südkorea

Südkorea war eines der ersten Länder in Ostasien, das den medizinischen Gebrauch von Cannabisprodukten legalisierte, allerdings unter strengen Bedingungen und nur für bestimmte medizinische Zwecke.

Brasilien

In Brasilien ist der Anbau von Cannabis illegal, aber der medizinische Gebrauch wurde 2015 unter bestimmten Umständen legalisiert. Patienten, die Cannabisprodukte benötigen, können diese importieren, sofern sie eine ärztliche Verschreibung und eine Genehmigung der Gesundheitsaufsichtsbehörde haben.

Peru

Peru legalisierte 2017 den medizinischen Cannabisgebrauch. Der Gesetzesentwurf erlaubt die Herstellung, den Import und den Verkauf von Cannabis zu medizinischen und therapeutischen Zwecken. Der private Anbau zuhause bleibt jedoch weiter illegal.

Deutschland

Der medizinische Gebrauch von Cannabis ist für Patienten mit einer ärztlichen Verschreibung seit 2017 möglich. Die entsprechenden Blüten werden in der Regel aus den Niederlanden oder auch aus Chile und Portugal importiert. Das BfArM (Bundesinstitut für Arzneimittel und Medizinprodukte) hat in Deutschland die Aufsichtspflicht für den medizinischen Anbau und die entsprechende Lizenzvergabe. Auch im Bereich der Forschung können Lizenzen vom BfArM vergeben werden. Der Anbau von Nutz- bzw. Industriehanf ist grundsätzlich legal. Es dürfen aber ausschließlich Sorten angepflanzt werden, die von der EU zertifiziert sind.

Medizinalcannabis-Blüten.

Am 13. Februar 2024 hat der Bundestag eine Teil-Legalisierung beschlossen – ein wichtiger Schritt für Konsumenten und Patienten. Wie sich die Lage in Deutschland weiter entwickeln wird, ist noch nicht absehbar.

Schweiz

Zurück in die Schweiz: Das Land der Eidgenossen blickt auf eine lange Cannabis-Tradition zurück, die ich selbst zu großen Teilen miterleben durfte. Ich hatte es im ersten Kapitel dieses Buches beschrieben: Die 2000er-Wende brachte die sogenannten Duftsäcke und Badezusätze ins Spiel, die

Oben: Eine Schweizer Medizinalcannabis-Sorte.

aufgrund einer Gesetzeslücke als legal eingestuft wurden. Man durfte diese Produkte als «Badezusätze» anwenden, jedoch nicht konsumieren. Es war eigentlich allen klar, dass diese Phase irgendwann ein Ende finden würde, da alle angrenzenden Länder wie Deutschland, Frankreich und Italien restriktivere Gesetze und eine entsprechende politische Haltung pflegten.

Als Folge des erneuten Verbots im Jahr 2002/2003 wurde der Cannabis-Anbau wieder in die Illegalität zurückgedrängt. Große Indoor-Anlagen und riesige Gewächshäuser mit künstlicher Beleuchtung und Verdunkelungsmöglichkeiten standen im Tessin, im Wallis und auch in der Nähe von Bern. Von hier aus wurde der Schweizer Markt mit illegalem Cannabis versorgt.

Erst in den Jahren von 2013 bis 2015 kam eine recht neue Form von Cannabis auf den Markt. Ob Freizeitkonsum oder medizinische Anwendung, viele sprachen plötzlich von *CBD* (Cannabidiol) in Form von Blüten, Extrakten und später auch *Edibles* (essbare Produkte).

CBD ist eines von vielen Cannabinoiden, die in der Cannabispflanze vorkommen, und in seiner Wirkung mit dem menschlichen Endocannabinoidsystem (ECS) interagiert. Im Gegensatz zu THC, dem psychoaktiven Bestandteil von Cannabis, wirkt CBD nicht berauschend, sondern lediglich beruhigend. Es kann daher auch für verschiedene medizinische Zwecke genutzt werden, etwa zur Linderung von Angstzuständen, Schmerzen und Entzündungen, ohne dass der Patient dabei «high» wird.

Für mich gibt es einen deutlichen Unterschied zwischen dem Freizeitkonsum und der Anwendung als Medizinprodukt, was vielleicht auch auf meine berufliche Historie zurückzuführen ist. Viele Patienten, die ich im Laufe der Jahre getroffen habe – und das sind vor allem auch ältere Menschen –, haben nicht immer das Bedürfnis, am Abend «stoned» auf dem Sofa abzuhängen. Ich würde auch nicht bei jeder Paracetamol einen dreistündigen Trip durchmachen wollen. Daher finde ich diese Trennung nur richtig und auch medizinisch zwingend nötig. Dies sollte sich durchaus in den zukünftigen politischen und wirtschaftlichen Entscheidungen der Behörden und des Staates widerspiegeln.

Der damalige CBD-Markt war hart umkämpft, da jeder ein Stück vom Kuchen abhaben wollte. Wie immer in solchen Situationen setzten sich einige gut arbeitende Firmen durch, aber mindestens genauso viele graue Schafe. Es dauerte nicht lange, bis der Markt, an dem alle partizipieren wollten, gesättigt war. Die Preise fielen in den letzten Jahren von 5500 Franken pro Kilogramm auf heute 800 Franken pro Kilo CBD-Blüten. Dazu kamen die rechtlichen und regulatorischen Herausforderungen, die mit der Herstellung und dem Verkauf von CBD-haltigen Produkten wie zum Beispiel CBD-Tinkturen einhergingen.

Markenprodukt CBD-Öl.

Vor ein paar Jahren konnten CBD-Tinkturen noch als «Chemikalien» deklariert in Apotheken, in Onlineshops und in Hanfläden verkauft und eingekauft werden. Heute gelten diese Produkte als «Lebensmittel» bzw. als «Nahrungsergänzungsmittel» und unterliegen entsprechend hohen Anforderungen und einer Zulassung durch die verantwortlichen Behörden. Derzeit sind viele Hundert Zulassungsverfahren offen, nur wenige wurden bis zum heutigen Tag erteilt.

Und wie sieht die Situation Anfang 2024 aus? Es gab selten so viele leerstehende CBD-Indoor-Anlagen auf dem Markt. So gut wie alle, die in der CBD-Branche arbeiten, kennen jemanden, der seine Anlage und seine Firma aufgeben musste. Es gab Fälle, in denen Liegenschaften sozusagen über Nacht stillgelegt wurden, und auch solche, bei denen Existenzen zerbrochen sind. Es hat alle hart getroffen, doch noch haben wir das Tal der Tränen nicht ganz durchschritten.

Natürlich hat sich die Situation im August 2022 positiv verändert, als das Bundesamt für Gesundheit (BAG) das Verbot der medizinischen Anwendung von Cannabis aufhob. Seit dem 1. August 2022 ist der Weg zur Nutzung des Hanfs als Heilmittel also frei. Die wichtigsten Änderungen sind der regulierte Anbau, eine mögliche Verschreibung von Cannabis-Produkten, ohne dass Ärzte eine besondere Bewilligung beantragen müssen, sowie die Freigabe des «kommerziellen Exports». Und endlich darf nun geforscht und entwickelt werden. Das war ein riesiger Erfolg – und gleichzeitig die Anerkennung der Behörden und Länder, dass Cannabis schlussendlich doch eine nachgewiesene medizinische Wirkung aufweist und bei der Behandlung von vielen Krankheiten helfen kann. Somit konnte man sich an die Arbeit machen und zusammen mit den Behörden herausfinden, wie diese vier wesentlichen Veränderungen in der heutigen Gesetzgebung umgesetzt werden sollen.

Ich werde im nächsten Abschnitt beschreiben, wie man auf legalem Weg medizinisches Cannabis produzieren darf und welche Vorgaben und Anforderungen dabei zu erfüllen sind.

10.2 Umsetzung der Gesetzesänderung vom August 2022

Im folgenden Abschnitt gehen wir ins Detail und schauen uns die Änderungen in den entsprechenden Gesetzen an. Um das große Ganze zu verstehen, darf man die internationalen Abkommen nicht außer Acht lassen; die Gesetzgebung zum Thema Cannabis ist auch auf dieser übergeordneten Ebene geregelt.

Grundsätzlich unterscheidet man in der Schweiz und auch in einigen anderen Ländern zwischen der medizinischen und der nichtmedizinischen Anwendung. Dazu kommt die Klassifizierung beziehungsweise die Unterscheidung zwischen einem THC-Gehalt von unter einem und über einem Prozent Tetrahydrocannabinol.

Beim «nichtmedizinischen» Cannabis, das maximal ein Prozent THC enthält, handelt es sich unter anderem um die typischen Tabakersatzstoffe, wie zum Beispiel die beliebten CBD-Blüten. Ein «medizinisches» CBD-Präparat ist dagegen das im September 2019 zugelassene Arzneimittel ***Epidyolex,*** das vor allem bei schweren Krampfanfällen als unterstützende Therapieoption zur Anwendung kommt. Da der THC-Gehalt bei den beiden genannten Beispielen unter einem Prozent liegt, gilt hier das Betäubungsmittelgesetz

Unten: Anwendung und Klassifizierung von Cannabis

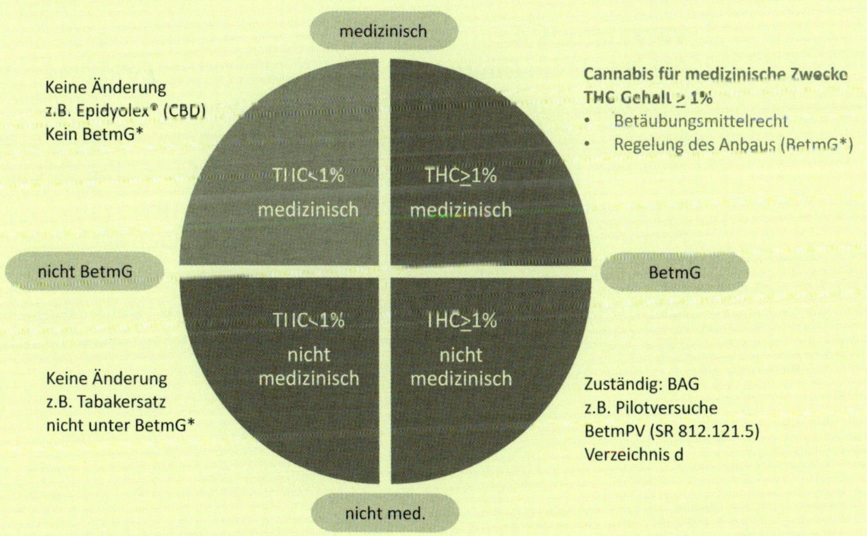

Rechts: Optisch eine echte Schönheit – eine CBD-Sorte.

nicht; es regelt ausschließlich den Umgang mit Cannabisprodukten, die mehr als ein Prozent THC enthalten. Ein Beipiel für die «nichtmedizinische Nutzung» von THC-haltigen Produkten sind die Pilotprojekte, die in vielen Schweizer Städten laufen und meines Wissens durchaus rege genutzt werden. Für mich jedoch nur schwer nachzuvollziehen sind die weit weniger strengen gesetzlichen und regulatorischen Vorgaben bezüglich Mikrobiologie (Schimmel, Hefe usw.), Pestizid- und/oder Schwermetallgrenzwerten.

Bleibt am Ende noch die «medizinische Nutzung» von Cannabis mit mehr als einem Prozent THC – und hier muss ich eins direkt klarstellen: Mir ist bewusst, dass die meisten von uns täglich oder relativ oft mit Cannabis zu tun haben. Für viele ist es einfach Gras, Weed oder Hasch und gehört mehr oder weniger zum Alltag. Für die Behörden ist es zuerst einmal ein medizinischer Wirkstoff, aber auch ein streng reguliertes Betäubungsmittel – wie Morphinderivate, Methylphenidat (Ritalin, Medikinet) und Opiumtinkturen. Aus diesem Grund werden der Anbau, der Import/Export und natürlich auch die Anwendung von Medizinalcannabis durch die verantwortlichen Behörden überwacht und kontrolliert. Was genau mit Überwachung und Regulierung durch Behörden gemeint ist, erkläre ich später. Bleiben wir zunächst noch bei den sogenannten Betäubungsmittelverzeichnissen. Wie in jedem Land werden Betäubungsmittel in Kategorien unterteilt. Wir sprechen hier von den Betäubungsmittelverzeichnissen A bis D.

Verzeichnis A

Für Betäubungsmittel der Liste A braucht es zwingend ein Betäubungsmittelrezept. Die Gültigkeitsdauer eines solchen Rezepts, vom Datum der Ausstellung durch den Arzt bis zum Einlösen in der Apotheke, beträgt einen Monat. Ein Betäubungsmittelrezept berechtigt den Patienten zum einmaligen Bezug des Wirkstoffes. Die verschriebene Menge darf zudem den Bedarf für einen Monat nicht übersteigen. In Ausnahmefällen kann der Arzt ein Dauerrezept für drei Monate ausstellen. Der Apotheker darf also pro Bezug jeweils nur

die Menge für einen Monat abgeben. Alle Wirkstoffe und Substanzen, die in diesem Verzeichnis gelistet sind, werden streng überwacht. Medizinisches Cannabis ist seit kurzer Zeit in dieses Verzeichnis aufgenommen und darf somit verschrieben werden.

Verzeichnis B

Für diese Betäubungsmittel benötigt der Patient ein normales Rezept vom Arzt; ein spezielles Betäubungsmittelrezept ist nicht zwingend erforderlich. Die Gültigkeitsdauer, vom Datum der Ausstellung durch den Arzt bis zum Einlösen in der Apotheke, beträgt ebenfalls einen Monat. Die Medikamente dieser Betäubungsmittelrezepte berechtigen zum mehrmaligen Bezug, falls der Arzt dies auch so verordnet. Die verschriebene Menge darf nicht jedoch über den Bedarf für die Behandlung während eines Monats hinausgehen Der Arzt darf für Substanzen, die der Liste B unterstehen, ein Dauerrezept für maximal sechs Monate ausstellen. Der Apotheker darf in diesem Fall jeweils nur die Menge für einen Monat pro Bezug an den Patienten abgeben. Liste-B-Wirkstoffe sind zum Beispiel Benzodiazepine wie Valium, Rohypnol, Dormicum und Dalmadorm. Barbiturate wie Phenobarbital und Aphenylbarbit fallen gleichfalls in diese Kategorie.

Verzeichnis C

Liste-C-Wirkstoffe bzw. Liste-C-Betäubungsmittel werden ohne Rezept abgegeben. Sie sind trotzdem apothekenpflichtig und dürfen grundsätzlich nur nach einer Fachberatung durch medizinisches Personal ausgehändigt werden. Beispiele sind Codein bis zu 100 mg pro Einheit und Ethylmorphin, das ebenfalls eine beruhigende und schmerzlindernde Wirkung aufweist und in der Regel ein Bestandteil von Hustensäften ist.

Verzeichnis D

Cannabis war bis vor einigen Jahren noch Teil dieser Liste D. Diese Substanzen sind weder verkehrsfähig noch verkaufsfähig und gelten dementsprechend als illegal. Dazu gehören zum Beipiel Heroin, LSD, MDMA und andere illegale Drogen. Übrigens waren auch psychedelische Psilocybin-Pilze im Verzeichnis D gelistet. Vor kurzem wurde auch der Wirkstoff Psilocybin in die Liste A der «kontrollierten Substanzen» aufgenommen, was die gesetzliche Grundlage für einen «zertifizierten Anbau» darstellt. Auch hier wird die medizinische Anwendung neu diskutiert.

Eine Medizinalcannabis-Sorte, die vielleicht bald erhältlich sein wird.

Für den Anbau von Medizinalcannabis heißt das jetzt Folgendes: Wir haben ein **Betäubungsmittel,** das dem Betäubungsmittelgesetz unterliegt. Gleichzeit haben wir ein **Heilmittel,** das die Vorgaben des Heilmittelgesetzes (HMG) erfüllen muss. Und hier beginnen die strikten Regulierungen von Cannabis. Das BetmG verlangt entsprechende Bewilligungen, damit Unternehmen und Firmen mit Betäubungsmitteln «umgehen» dürfen. Ebenfalls sind Handel, Lagerung sowie Import und Export bewilligungspflichtig. Regelmäßige Bilanzierungen bis aufs Gramm genau, spezielle Vorgaben bei der Vernichtung, eine genaue Buchhaltung und eine sichere Lagerung mit Zugangs- und Überwachungssystemen sind Pflicht. Das Heilmittelgesetz gibt zusätzlich vor, dass nur sichere und wirksame Heilmittel in hochstehender Qualität auf den Markt gelangen dürfen. Fassen wir die Anforderungen an dieser Stelle kurz zusammen, denn genau hier beginnt auch die Umsetzung dieser zu Recht hohen Vorgaben. Wer Medizinalcannabis produzieren möchte,

Unten: Betäubungsmittelgesetz und Heilmittelgesetz

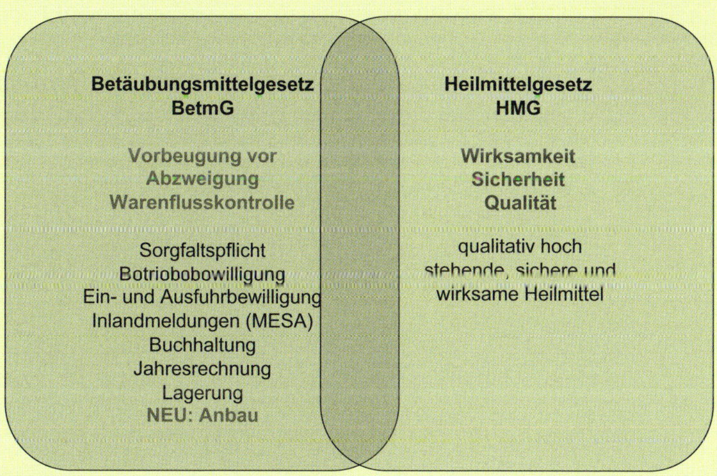

benötigt also eine entsprechende Bewilligung. Hier kommt allerdings schon das erste Aber. Die Bewilligung zum Anbau von medizinischem Cannabis bedeutet lediglich, dass man Pflanzen kultivieren darf. Es heißt nicht, dass man Blüten lagern, exportieren oder einfach auf dem Markt verkaufen darf. Jeder, der Medizinalcannabis produzieren möchte, hat der sogenannten «Sorgfaltspflicht» nachzukommen. In der Umsetzung heißt das unter anderem, dass jeder Produzent einen **Betäubungsmittelverantwortlichen** mit einem Mindestmandat von 20 Prozent anstellen muss. Diese Person hat die Gesamtverantwortung für die produzierten Betäubungsmittel.

Anforderungen an den Betöubungsmittel-verantwortlichen

Nun darf jedoch nicht einfach eine beliebige Person zum Betäubungsmittelverantwortlichen ernannt werden. Voraussetzung, um von der Swissmedic anerkannt zu werden, ist ein Studium in den Naturwissenschaften oder ein Abschluss als Agronom. Das Führungszeugnis muss sauber sein, und man sollte auch eine gewisse Sachkenntnis nachweisen können. Ein Betäubungsmittelverantwortlicher muss zum Beispiel die «Jahresbilanzierung» aller Betäubungsmittel durchführen. Jede Ernte wird bis auf das Gramm genau bilanziert, gewogen und dokumentiert. Jedes Pflanzenteil, das weggeworfen wird, muss dokumentiert und in einigen Kantonen sogar im Beisein des Kantonsapothekers vernichtet werden. Alle Pflanzenteile – ob Blatt, Trieb, Steckling oder Wurzel – gelten als Betäubungsmittel und unterliegen diesen strengen Regelungen. Das Heilmittelgesetz besagt nun, dass nur wirksame und sichere Heilmittel in Verkehr gebracht werden dürfen. Wie setzen wir diese Vorgabe um?

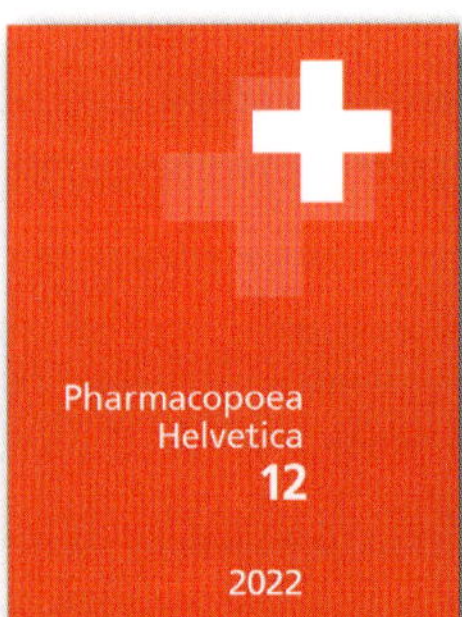

*Die **Pharmacopoea Helvetica,** das Schweizer Arzneimittelbuch.*

Es werden Analysen der mikrobiologischen Belastung verlangt und Grenzwerte für enthaltene Pestizide und Schwermetalle müssen zwingend eingehalten werden, damit die Blüten am Ende in einer Apotheke angeboten werden dürfen. Diese zu erfüllenden Spezifikationen stammen aus dem offiziellen Arzneimittelbuch der Schweiz, der sogenannten ***Pharmacopoea Helvetica,*** in der aktuell gültigen Version 12.

Die Pharmakopöe ist eine offizielle Veröffentlichung, die Standards und Richtlinien für die Qualität, Prüfung,

Lagerung und Dosierung von Arzneimitteln enthält. Sie umfasst detaillierte Beschreibungen von Medikamenten, Chemikalien und anderen Substanzen, die im medizinischen Bereich verwendet werden. Die Pharmakopöe dient als Referenzwerk für Gesundheitsfachleute, Hersteller von Arzneimitteln und behördliche Regulierungsstellen, um die Sicherheit und Wirksamkeit von Medikamenten gewährleisten zu können. Es gibt verschiedene nationale und internationale Pharmakopöen, die jeweils von einer zuständigen Behörde oder Organisation herausgegeben werden.

Alle Produktionsprozesse müssen standardisiert und in **Standard Operation Procedures (SOP)** festgelegt werden. SOP sind grundsätzlich schriftliche Arbeitsanweisungen, die einen Prozess sowie die entsprechenden Verantwortungsbereiche und Schnittstellen im Unternehmen definieren. Alles muss dokumentiert werden, weshalb auch ein Qualitätsmanagementsystem zur Anforderung gehört. Das sind aber nur Beispiele für Vorgaben, die man umsetzen muss; ich werde im Laufe des gesamten Kapitels versuchen, die wichtigsten Details zu benennen.

Beim Eingang zum Hauptsitz der Swissmedic in Bern.

Die Schweiz hat im Jahr 1970 das seit 1961 gültige Einheitsabkommen, die *Single Convention on Narcotic Drugs,* unterzeichnet. Dieser internationale Vertrag verlangt besondere Kontrollmechanismen der beteiligten Länder in Bezug auf den Anbau von Cannabis, Mohnstroh und des Cocastrauchs betrifft. Die überwachenden Behörden müssen eine Überproduktion verhindern und jederzeit die Kontrolle über den Anbau nachweisen können. Auch dem sehr hohen «Abzweigrisiko» während der Anbau- und Produktionsphasen muss mit Sicherheitsmaßnahmen entgegengewirkt werden.

Um diese internationalen Vorgaben einhalten zu können, hat die Swissmedic im August 2022 die Schweizer **Cannabis Agency** nach dem deutschen Vorbild gegründet. Diese Agentur der Swissmedic fungiert als Kontrollorgan und ist somit für die gesamte Produktion von Medizinalcannabis in der Schweiz verantwortlich.

Im August 2022 wurde das Verbot der medizinischen Anwendung von Cannabis nach Artikel 8 des BetmG aufgehoben. Cannabis und alle Bestandteile der Pflanze wurden vom Verzeichnis D ins Verzeichnis A verschoben. Das gilt nicht nur für Blüten, sondern auch für Cannabisharz, Cannabisextrakte mit über einem Prozent THC, für Cannabissamen, Stecklinge und auch für Mutterpflanzen.

Bis jetzt haben wir Gesetze gewälzt und Anforderungen beschrieben. Aber was braucht man nun genau, um Medizinalcannabis zu produzieren? Kann sich prinzipiell jede und jeder anmelden und mit dem Anbau beginnen? Ich hatte es schon beschrieben: Es braucht einen Betäubungsmittelverantwortlichen, der von der Swissmedic anerkannt wird. Diese Person benötigt ein sauberes Führungszeugnis und ein Mandat von 10 Prozent. Die Verantwortungen, die das BetmV betreffen, müssen zwingend in einem Organigramm und in einem schriftlichen Vertrag festgelegt sein.

Die Firma muss im Handelsregister gemeldet sein und den Handelsregisterauszug der Swissmedic vorlegen können. Man benötigt Zugangs- und Überwachungssysteme für die Produktionsräume und natürlich auch für die Lagerräume, in denen aber nur eine Kurzzeitlagerung von maximal ein bis zwei Tagen erlaubt ist. Ein **QM-System** mit Vorgabe- und Nachweisdokumenten muss vorhanden sein, und natürlich sollte man jemanden beschäftigen, der das QM-System steuert und pflegt. Das sind die Grundlagen, um eine Bewilligung zum «Anbau von medizinischem Cannabis» beantragen zu können. Bevor eine solche Bewilligung erteilt wird, erfolgt eine Inspektion vonseiten der Behörden beziehungsweise ein Kontrollaudit des Kantonsapothekers.

Überwachung ist Pflicht.

In einigen Kantonen ist ein Vertreter der Polizei dabei, um die Sicherheitsvorkehrungen zu überprüfen. Bei dieser Inspektion werden die Liegenschaft und die Räume kontrolliert. Will man in einem Glashaus produzieren, dann sollte man zum Beispiel darauf achten, dass sich alle Lüftungsfenster auf dem Dach befinden und nicht etwa seitlich angebracht sind. Durch die seitlichen Öffnungen könnte ein unbefugter

Zugriff auf die Pflanzen erfolgen. Die Sicherheitsvorkehrungen müssen einen möglichen Dieb zwei bis drei Minuten aufhalten können. Diese kurze Zeitspanne genügt der Polizei, um den möglichen Dieb zu stellen. Damit die Polizei informiert wird, ist ein Alarm- und Überwachungssystem zu installieren, das jeden unbefugten Zugang zum Grundstück in Echtzeit an die Behörden meldet.

Das QM-System steht ebenfalls im Fokus dieser Inspektion. Anbauprozesse und die Vernichtung und Meldung von Betm müssen in SOP definiert sein, und man muss nachweisen können, dass diese Prozesse auch wirklich praxisnah umgesetzt werden. So muss die Sicherheit gewährleistet werden, und es muss einen Betäubungsmittelverantwortlichen geben. Das Unternehmen muss sicherstellen, dass es tatsächlich Cannabis anzubauen in der Lage ist und dass keine Ungereimtheiten den Ablauf stören. Es ist eine typische

Oben:
Die richtige Reife ist sehr wichtig, auch für Medizinalcannabis.

Behördeninspektion. Da in der Schweiz der «Kantönligeist» vorherrscht, ist je nach Kanton der Kontrollmechanismus unterschiedlich. Während Tessiner und Zürcher Behörden äußerst strikt sind und alles genau inspizieren, sind Kantonsapotheker im Thurgau und auch in Basel etwas weniger streng.

Nach dem Audit übermittelt der Kantonsapotheker eine Empfehlung an die Cannabis Agency der Swissmedic. In der Regel übernimmt die Swissmedic diese Empfehlung dann und vergibt die Bewilligung zum Anbau von Medizinalcannabis an das entsprechende Unternehmen.

Doch auch, wenn man schließlich so weit ist, heißt das noch lange nicht, dass man einfach anfangen kann, die ersten Stecklinge zu schneiden. Es muss noch eine weitere Anforderung erfüllt werden, denn man muss ein Unternehmen hinzuziehen, das über eine «Umgangsbewilligung mit Betäubungsmitteln» verfügt. Die Bewilligung zum Anbau umfasst nur das Recht zur Kultivierung, nicht jedoch eine mögliche Lagerung und auch nicht die Erlaubnis, selbst Proben zu ziehen und Blüten extern analysieren zu lassen. Man darf lediglich Cannabis anbauen, mehr nicht. Es braucht darüber hinaus immer einen Abnehmer, der sich vertraglich verpflichtet, die gesamte Menge an Blüten und blütennahen Blättern vom Hersteller abzunehmen.

Unten: Schema der beteiligten Betriebe und der erforderlichen Bewilligungen.

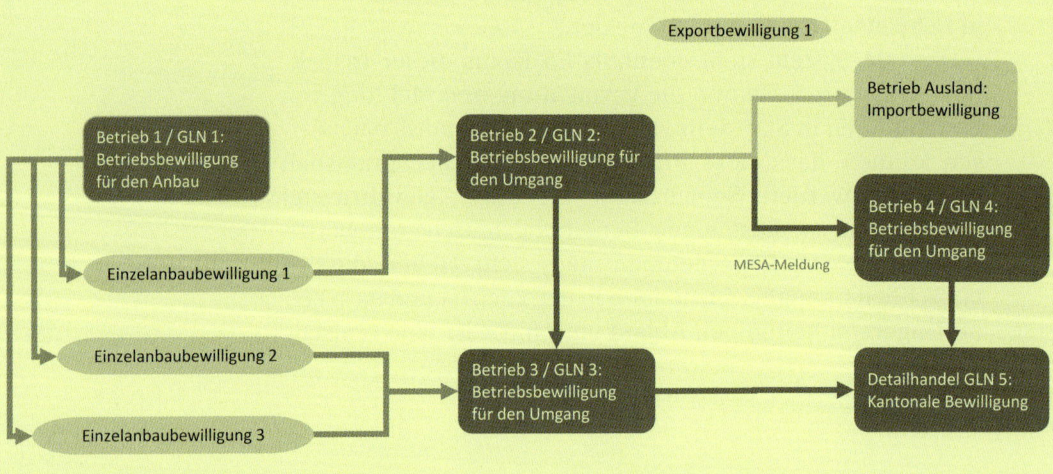

Jeder Blütenproduktion einer Sorte X liegt ein **Abnahmevertrag** mit einem Pharmaunternehmen mit Umgangsbewilligung zugrunde. Das Produktionsunternehmen darf die Pflanzen ernten, trocknen, aufs Gramm genau bilanzieren und in Bulkgebinde verpacken. Danach muss die gesamte Ware unverzüglich zum Abnehmer transportiert werden. Der von allen Partnern unterschriebene Vertrag muss vor dem Anbau der Pflanzen der Swissmedic vorgelegt werden. Erst nachdem die Cannabis Agency den Vertrag geprüft und genehmigt hat, darf der Anbau von Medizinalcannabis durchgeführt werden. Dasselbe gilt für Mutterpflanzen und Stecklinge.

Keine Stecklinge ohne Bewilligung und Vertrag.

Will man zehn Mutterpflanzen der Sorte X archivieren, muss vorher ein Vertrag abgeschlossen und von der Swissmedic genehmigt werden. Will man 500 Stecklinge für eine Blütenproduktion schneiden, muss vorher ein Vertrag aufgesetzt und die Genehmigung der Swissmedic eingeholt werden. Auf diese Weise behält die Behörde die Kontrolle und kann die oben erwähnte Überproduktion verhindern. Nach meiner Erfahrung sind zehn Mutterpflanzen pro Sorte in Ordnung, während eine Anzahl von 20 Mutterpflanzen pro Sorte schon zu einer abgelehnten Anfrage geführt hat. Es gibt also viele Hindernisse und Hürden zu überwinden, bevor man effektiv mit dem Anbau beginnen kann.

Wir haben die Theorie nun abgeschlossen. Wir kennen jetzt die Vorgaben, wir wissen, was man benötigt und was erlaubt ist. Im nächsten Abschnitt gehen wir einen Fall praktisch durch. Zudem werde ich ein paar Einblicke in die Umsetzung von solch riesigen Produktionen geben.

10.3 Umsetzung der neuen Gesetze: GACP, Mutterpflanzen und Stecklinge

Ich gebe zu, dass der letzte Abschnitt etwas theoretisch und auch ziemlich trocken war, aber wir müssen die Vorgaben verstehen, damit wir uns an die praktische Umsetzung machen können. Ich werde in diesem Teil des Buches einen kompletten Anbau von Medizinalcannabis beziehungsweise eine Blütenproduktion durchspielen. Ich gehe dabei vor allem auf zwei Dinge ein: auf die Umsetzung der behördlichen und gesetzlichen Regeln, aber auch auf die praktische Herangehensweise, wenn man in großem Stil produzieren will.

Eine von 500 Pflanzen.

Es ist ein erheblicher Unterschied, ob ich zehn Pflanzen in einer kleinen Growbox habe, oder ob ich 500 Stecklinge in eine großen Indooranlage setze und zum Blühen bringe. Um es vorwegzunehmen, es gibt Produzenten, die täglich über 1500 Pflanzen ernten und täglich 1500 Stecklinge nachschieben, um in einem gleichmäßigen Prozessflow die angestrebte Menge zu generieren. Ich will hier aber anmerken, dass es sich bei den 1500 Pflanzen mehrheitlich um CBD-Genetiken handelt. Trotzdem müssen die Ressourcen und Prozesse vorhanden und definiert sein. In dem Fall, den ich hier nun durchspielen werde, nehmen wir den Durchschnitt einer typischen Medizinalcannabis-Produktion mit ungefähr 500 Pflanzen. Das ist die durchschnittliche Anzahl an Pflanzen für eine Indoor-Produktion. Wenn wir später über Glashäuser sprechen, befinden wir uns mit unserem 500-Pflanzen-Beispiel am unteren Ende der Fahnenstange.

Gehen wir davon aus, dass das Unternehmen XY alle Voraussetzungen erfüllt und eine Bewilligung zum Anbau von medizinischem Cannabis besitzt. Es gibt einen Betäubungsmittel-Verantwortlichen, es gibt ein QM-System und entsprechende Mitarbeiter, die in den Prozessen geschult sind. Wir gehen auch davon aus, dass es einen Pharmapartner gibt, der die gesamte Ernte abnimmt. Diese Abnahme von Blüten und blütennahen Blättern ist vertraglich geregelt und festgelegt. Die Cannabis Agency der Swissmedic hat die Verträge kontrolliert und den Anbau genehmigt.

Anbau nach GACP oder GPPC

Bevor ein Unternehmen Cannabis anbauen darf, muss es den Behörden und dem Pharmapartner nachweisen, dass der gesamte Anbau nach entsprechenden Richtlinien durchgeführt wird. Um dies zu gewährleisten, auditieren und zertifizieren externe Dienstleister Cannabisunternehmen. Einer von diesen Dienstleistern bin ich. Ich schaue mir die Unternehmen an und kontrolliere verschiedene Punkte und Methoden im Bereich des Anbaus, der Produktion und der Hygienemaßnahmen. Werden diese Richtlinien eingehalten, erstelle ich ein offizielles Zertifikat mit einer Gültigkeit von einem Jahr und bestätige somit, dass die Firma XY nach den entsprechenden Richtlinien Cannabis produziert.

Richtlinien im Cannabisanbau

Es gibt weltweit zwei anzuwendende Guidelines im Cannabisanbau. In der Schweiz und in allen angrenzenden Ländern wird die **GACP-Richtlinie** angewendet. GACP steht für *Good Agriculture and Collection Practice*. GACP ist ein international anerkannter Anbaustandard zur Qualitätssicherung von pflanzlichen Ausgangsstoffen, die zur Herstellung von Arzneimitteln verwendet werden. Das heißt, dass dieser Standard zwingend angewendet und umgesetzt werden muss, damit man überhaupt Medizinalcannabis produzieren darf. Auch die Swissmedic setzt die Anwendung dieser Methode voraus und verlangt ein entsprechendes Zertifikat vom Anbauunternehmen.

GACP ist Teil des GMP-Leitfadens Anhang 7 «zur Herstellung von pflanzlichen Arzneimitteln», und genau das ist Medizinalcannabis: ein pflanzliches Arzneimittel bzw. ein pflanzlicher Wirkstoff. Auch der **GMP-Leitfaden** ist also eine Weisung, die zwingend eingehalten werden muss. In Deutschland produziert ein Unternehmen Blüten nach GACP. Die Trocknung muss dagegen im GMP-Bereich (Reinraum) stattfinden, was die Kosten natürlich explodieren lässt. In der Schweiz wird ebenfalls nach GACP angebaut, und auch die Trocknung erfolgt im GACP-Bereich. Der Schritt zum GMP-Produkt erfolgt erst beim Primärverpacken der Ware oder sogar schon bei der Nacharbeitung der Blüten. Jedes pflanzliche Arzneimittel muss irgendwann den GMP-Status erreichen, es muss praktisch aufgewertet werden.

Die Tabelle unten spricht grundsätzlich für sich. Der Anbau und die Produktion von pflanzlichen Ausgangsstoffen zur Herstellung von Wirkstoffen und Arzneimitteln muss nach den GACP-Richtlinien durchgeführt werden. Je weiter man in der Herstellung vorangeht, desto mehr rückt GMP in den Vordergrund. Genau deshalb habe ich weiter oben erläutert, dass man Medizinalcannabis nicht einfach als «Weed» oder «Gras» verstehen sollte; es geht im medizinischen Bereich immer um Arzneimittel und nicht einfach nur um Dope. Wer das nicht versteht, wird im Bereich Medizinalcannabis nicht weiterkommen.

Unten: Ausschnitt des GMP-Leitfadens (Annex7 – Abgrenzung GACP und GMP)

Tätigkeit	Good Agricultural and Collection Practice (GACP)4	Teil II des EG--GMP-Leitfadens	Teil I des EG-GMP-Leitfadens
Anbau Sammlung und Ernte von Pflanzen, Algen,, Pilzen und Flechten, und Gewinnung von Ausscheidungen / Absonderungen			
Zerschneiden und Trocknen von Pflanz,en, Algen, Pilzen, Fl.echten, und von Ausscheidungen/ Absonderungen*			
Auspressen von Pflanzen und Destillation**			
Zerkleinerung, Verarbeitung von Absonderungen, Extraktion von Pflanzen, Fraktionierung, Aufreinigung, Konzentrierung oder Fermentation von pflanzlichen Stoffen			
Weitere Verarbeitung in eine Darreichungsform, einschließlich der Verpackung als Arzneimittel			

Nur strenge Hygiene verhindert die Kontamination der Pflanzen durch Mikroorganismen.

Die GACP-Richtlinien unterstreichen die folgenden Schwerpunkte: Es muss jederzeit verhindert werden, dass das Produkt durch Mikroorganismen bzw. durch Kreuzkontamination verunreinigt wird. Personalhygiene und die Reinigung der Produktions- und Lagerräume wird zwingend verlangt. Diese Prozesse und Schutzmaßnahmen müssen dokumentiert und archiviert werden. Es geht darum, eine gleichbleibend hohe Qualität des pflanzlichen Ausgangsstoffes zu garantieren und jederzeit in der Lage zu sein, Chargen auch nach vielen Jahren zurückverfolgen zu können. Ich gehe hier nicht auf alle Punkte der GACP-Richtlinien ein. Viele Details werde ich auf den nächsten Seiten beschreiben. Für uns ist für den Moment einfach wichtig zu wissen, dass dieser Anbaustandard umgesetzt werden muss. Wer mehr über GACP wissen möchte, sollte die Richtlinien lesen und sich damit auseinandersetzen. Der Standard ist öffentlich verfügbar.

Das Gegenstück zu GACP ist der kanadische Standard **GPPC,** die *Good Production Practice for Cannabis.* Grundsätzlich ähneln sich beide Richtlinien im Inhalt. Beide Anbaustandards legen die Schwerpunkte auf Sauberkeit, Dokumentation und eine hohe und gleichbleibende Qualität. Während GACP aber grundsätzlich nur die Kultivierung und Teile der Nacharbeiten vorgibt, beleuchtet GPPC auch die geschäftlichen und wirtschaftlichen Faktoren und reguliert nach dem Anbau auch den Verkauf und die Distribution von Cannabis-Produkten. Ich kenne nur wenige Partner im Ausland, die nach den kanadischen GPPC-Guidelines arbeiten, in der Regel ist GACP das Maß der Dinge.

Ressourcen, Planung und Mutterpflanzen

Wir haben nun alles, was wir brauchen. Eine Bewilligung, ein QM-System, den BetmV und ein GACP-Zertifikat. Die Verträge mit dem Abnehmer sind unterzeichnet, die nötige Meldung im NDS-System der Cannabis Agency ist erledigt, die Swissmedic hat alles genehmigt. Es kann also losgehen.

Wir haben je zehn Mutterpflanzen pro Sorte von einem BAG-Forschungsantrag übernommen und diese Anzahl an

Oben: Von Mutterpflanzen geschnittene Stecklinge garantieren eine gleichbleibende Qualität des Endproduktes.

Pflanzen auch den Behörden gemeldet. Die Frage ist nun, wie ich meine Mütter am besten halte. Hier kommt die Planung ins Spiel. Wir haben drei Indoor-Räume und wollen jeden mit 500 Stecklingen pro Sorte bestücken. Also sollten die Mutterpflanzen auch eine entsprechende Größe haben. Von einer 60 cm hohen Mutterpflanze im 6-Liter-Topf werde ich niemals auch nur annähernd 50 gleichmäßig große Stecklinge schneiden können. Es braucht also größere Mütter. Einige Produzenten halten einen Meter hohe Mütter unter LEDs, in einem 10-Liter-Topf auf dem Medium Erde. Andere nutzen die Power einer 1000 Watt starken Natriumdampflampe, um ihre 1,6 Meter großen Mutterpflanzen im 30-Liter-Topf mit ausreichend Licht zu versorgen.

Es gibt bei Müttern keine Optimallösung. Die Höhe, die Anzahl und die Umgebungsbedingungen sind individuell und von Fall zu Fall zu betrachten. Vieles steht und fällt mit der Planung. Man sollte sich fragen, wie oft Mütter Stecklinge liefern können sollen und vor allem in welcher Anzahl. Wenn wir von unseren 500 Stecklingen ausgehen, die wir alle drei Monate von zehn Mutterpflanzen schneiden müssen, dann fährt man am besten mit sehr großen und buschigen

Mutterpflanzen und entsprechend dimensionierten Töpfen. Die Swissmedic-Verträge über Mutterpflanzen laufen zwölf Monate, danach muss ein neuer Vertrag gemacht und von der Cannabis Agency genehmigt werden. Für mich ist das die korrekte Vorgehenswieise, da Mutterpflanzen auch irgendwann degenerieren. In der Regel erneuert man seine Mütter alle neun bis zwölf Monate. Manche werfen nach sechs Monaten ihre Mütter aus der Kammer und manche auch erst nach 18 Monaten. Meiner Erfahrung nach ist eine Erneuerung der Mütter nach neun bis zwölf Monaten notwendig. Ich vergleiche die Degeneration von Mutterpflanzen immer mit einer Dokumentenkopie. Wenn ich ein Dokument kopiere und von dieser Kopie wieder eine Kopie mache, dann ist das Blatt nach 500 Kopien weiß, und alle Informationen sind verlorengegangen. So ähnlich ist es auch bei Mutterpflanzen. Die Erfahrung zeigt, dass die Triebe der Mütter mehr und mehr verholzen und die Stecklinge entsprechend schlecht bewurzeln.

Hier ist Platz für 3000 Pflanzen, inklusive Verdunklungsmöglichkeiten und zusätzliches Licht.

Wahl des Substrats für Mutterpflanzen

Ähnlich sieht es mit der Performance der Stecklinge aus, auch diese wird mit der Zeit nachlassen, wenn man seine Mütter nicht im Auge hat. Man sollte nicht die kleinsten Töpfe wählen, sondern den Wurzeln ausreichend Platz zur Entfaltung geben, denn nur dann wird die Pflanze ein üppiges Blattwerk und starke Triebe ausbilden. Jetzt ist die Frage, ob wir uns für das Substrat Erde oder Kokos entscheiden. Die Frage nach dem Medium hat starke Auswirkungen auf die Blütenproduktion; ich werde später noch genau erklären, weshalb das so ist. Trotzdem rate ich bei Müttern immer dazu, Erde anstatt Kokos zu verwenden. Natürlich funktionieren Mütter auf einem sterilen Medium genauso gut wie auf Erde, vielleicht sogar besser, wenn man weiß, wie es geht.

Die Erfahrung zeigt, dass man seinen Mutterpflanzen nicht immer die Zeit widmet, die man zum Beispiel für Pflanzen in der Blütephase aufbringt. Mütter sind wichtig und bilden den Grundstock des gesamten Unternehmens, aber sie werden zu oft etwas nachlässig behandelt. Somit empfehle ich, für Mutterpflanzen immer Erde zu verwenden, denn Kokos oder

Steinwolle verzeihen nur selten grobe Fehler - und solche im Bereich der Grundgenetiken können zu echten Problemen führen, vor allem, wenn man nicht jeden Tag Zeit hat, seine Pflanzen genau zu checken. Mir ist bewusst, dass man sich mit Erde auch Schädlinge wie Trauermücken, Blattläuse und Thripse in die Räume holen kann, allerdings kämpfe ich lieber gegen solche ungeliebten Gäste, als dass ich dabei zusehen möchte, wie meine selektierten Mütter eingehen.

Beim Thema Licht empfehle ich grundsätzlich Natriumdampflampen, wobei das auch ein wenig meine persönliche Meinung ist. Man kann auch mit LEDs großartige Mütter halten und jedes Mal ausreichend Stecklinge schneiden, das funktioniert natürlich. Ich selbst mag aber lieber eine starke und intensive Lichtquelle im Mutterraum.

Anzahl der Stecklinge

Eine weitere Frage, die sich stellt, dreht sich um die Anzahl an Stecklingen, die man schneiden sollte. Wir brauchen nach unserem Beispiel 500 Stecklinge, um einen Blüteraum zu füllen. Wir wollen in diesem Raum 500 gleichmäßig hohe Stecklinge pflegen, die alle gesund und vital sein sollten und nicht im Wachstum hinterherhängen. Darum rate ich immer dazu, zehn bis 15 Prozent mehr Stecklinge zu schneiden, als wir effektiv brauchen, und jeden Cut zu entfernen , der nicht zu 100 Prozent optimal ist. Gesunde und vitale Stecklinge sind die Grundlage jedes erfolgreichen Anbaus. Es kommt auch immer darauf an, von welchem Teil der Mutter wir Klone cutten. Stecklinge aus dem unteren Bereich werden ein wenig besser wurzeln als Stecklinge vom Top der Pflanze, was unter anderem mit dem Stickstoffverhältnis in der Mutterpflanze zu tun hat. Stickstoff an sich hemmt die Bildung von Wurzeln ein wenig. Allerdings ist das bei einer gesunden Pflanze zu vernachlässigen.

Was ich häufig in Mutterabteilen gesehen habe, sind zusätzliche Luftbefeuchter. Hier kann ich nur davon abraten, die Luft noch zusätzlich zu befeuchten. Die Pflanzen sollen ihre Feuchtigkeit aus dem Medium ziehen, nicht aus der Luft. Eine zu hohe Luftfeuchtigkeit im Mutterraum sorgt dafür, dass das Medium nur schwer durchtrocknet, dass die

Oben: Stecklinge der sehr beliebten Amnesia Haze Core Cut.

Pflanzen teilweise einen Nährstoffmangel zeigen und dass man so die Verbreitung des inzwischen häufig vorkommenden HPLV-Virus noch zusätzlich unterstützt.

Doch von vorn. Die Nährstoffe zur Versorgung der Mutterpflanzen sind im Substrat enthalten, und genau von dort sollte die Pflanze ihre Feuchtigkeit auch beziehen. In der Luft sind keine Nährstoffe enthalten, aber die Pflanze zieht bei einer hohen Raumluftfeuchtigkeit die Feuchtigkeit über die Blätter, und genau das wollen wir vermeiden. Oftmals kann man auch eine kleine Auswaschung von Nährstoffen an jüngeren Blättern erkennen, ein klares Zeichen, dass die

Feuchtigkeit, ein Nährboden für Schädlinge.

Raumluftfeuchtigkeit zu hoch ist. Ein weiterer Punkt sind feuchte Substrate.

Durch eine hohe Luftfeuchtigkeit werden die Substrate nie völlig austrocknen, und das führt zu zwei Problemen: Erstens sinkt die Temperatur im Medium, was wiederum zu Nährstoffblockaden führen kann. Zweitens bietet ein ständig feuchtes Substrat einen hervorragenden Nährboden für Schädlinge, Pilze, Bakterien und allerlei andere Dinge, die wir nicht im Bereich unseres Medizinalcannabis-Anbaus haben wollen. Eine Luftfeuchte um die 50 bis 60 Prozent ist okay, alles darüber ist zu viel und sollte vermieden werden.

Ich fasse die wichtigsten Punkte zu Stecklingen und Mutterpflanzen nochmals zusammen: Plant die Anzahl und die Häufigkeit der Stecklingsproduktionen genau und haltet Mutterpflanzen dementsprechend hoch und breit. Erneuert sie lieber zu früh als zu spät und sorgt für optimale Bedingungen im Bereich Temperatur und Luftfeuchtigkeit. Gebt den Pflanzen ausreichend Platz, neue Wurzeln zu bilden, und auch die Zeit, sich von einem starken Stecklingsschnitt zu erholen. Nutzt das Substrat Erde, wenn ihr euch nicht so gründlich um die Mutterpflanzen kümmern könnt. Zum Thema Dünger äußere ich mich hier nicht, denn in der Regel hat jeder sein eigenes Schema und Düngeverhältnis.

Nun ist es aber so, dass wir uns in einem Medizinalcannabis-Anbau befinden und nach GACP arbeiten. Um die GACP-Richtlinie einzuhalten, dokumentieren wir jeden Tag die Bedingungen im Raum. Das kann in physischer Form über papiergeführte Dokumente passieren oder aber auch über **Cannavigia,** eine Art ERP-System für Cannabis-Produzenten. Zudem dokumentieren wir täglich oder wöchentlich die Gabe von Nützlingen, werten die Schädlingsfallen aus und definieren bei einem starken Befall weitere Folgemaßnahmen. Die GACP sieht vor, alles zu dokumentieren, was in irgendeiner Form die Qualität der Blüten oder Pflanzen beeinträchtigen kann. Von der täglichen Düngergabe bis zum Pest-Control-Konzept, vom Wert der Drain-Messung bis hin zum möglichen Zierschnitt der Pflanzen.

Ich hatte im letzten Abschnitt erörtert, dass alle Pflanzenteile als Betäubungsmittel gelten. Dies umfasst sogar vergilbte Blätter, die man von den Pflanzen zupft, und Stecklinge, die man aussortiert, weil sie hinterherhängen und nicht dieselbe Qualität aufweisen wie andere Cuts. Solche Pflanzenteile dürfen nicht einfach so über den Abfall entsorgt werden. Diese Pflanzenteile müssen gesammelt, gewogen und entsprechend dokumentiert und danach vernichtet werden.

Zur Vernichtung kleinerer Mengen an Pflanzenteilen gibt es schweizweit unterschiedliche Meinungen. Manche Kantone erlauben die Vernichtung von Blättern oder Stecklingen über die sogenannte Methan-Gärung. Andere Kantone wie das Tessin und das Wallis verlangen eine Vernichtung (Verbrennung) im Beisein des Kantonsapothekers. Und genau aus diesem Grund müssen Cannabis-Produzenten einen Betäubungsmittelverantwortlichen haben, der die Gesamtverantwortung im Umgang mit Betäubungsmitteln innehat. Auch die Sorgfaltspflicht kommt hier ins Spiel. Der Produzent muss sicherstellen, dass solche Abfälle nicht mehr von unbefugten Personen benutzt werden können. Daher fällt die Kompost- oder Abfallmethode weg.

Ich hatte eben den Begriff **Methan-Gärung** eingeführt. Jetzt werden sich viele fragen, was das ist. Man füllt ein großes Fass mit Wasser und entsorgt seine pflanzlichen Betäubungsmittel-Abfälle auch genau dort. Mit der Zeit (etwa nach fünf bis zehn Tagen) verrotten die Pflanzenteile, Methan entsteht und macht das gesamte Pflanzenmaterial unbrauchbar. Um den starken Geruch etwas erträglicher zu machen, kann man Urgesteinsmehl untermischen, das neutralisiert den doch sehr unangenehmen Geruch deutlich. Wie wir sehen, ist schon im Umgang mit Mutterpflanzen und einfachen Blättern der Aufwand enorm hoch und keinesfalls mit einem «normalen Anbau» zu vergleichen.

10.4 Von der Blüte zur Pharmacopoea Helvetica

Springen wir zur Blütenproduktion. Wir wissen, dass es zwingend Verträge mit Pharmaunternehmen geben muss und dass die Produktion sowie das Schneiden von Stecklingen für neue Mutterpflanzen vertraglich festgehalten werden und von der Cannabis Agency genehmigt werden müssen. Das gleiche gilt auch und vor allem für die Produktion von Cannabisblüten. Während in Mutterpflanzenverträgen vor allem die Anzahl an Pflanzen, die Location und der THC-Gehalt zu den wichtigsten Punkten gehören, ist bei den Abnahmeverträgen im Bereich Blüten die geschätzte Ernte und die geschätzte Abnahmemenge ausschlaggebend. Hier gibt man immer einen getrockneten Gesamtertrag an, der etwas höher liegt als die eigene Schätzung. Würde das Trockengewicht der Blüten die vertraglich definierte Menge klar überschreiten, müsste man eine Lösung mit den Behörden suchen. Das Ergebnis ist im besten Fall ein Kompromiss und im schlimmsten Fall eine überwachte Vernichtung.

Nachdem wir unsere **NDS-Meldung** auf der Swissmedic-Meldeplattform vorgenommen haben und sowohl die Anzahl an Pflanzen als auch die zu erwartende Abnahmemenge vertraglich geregelt ist, können wir demnächst starten. Die Bestätigung der Behörden muss allerdings vorher erfolgen; daran hat man sich ohne Wenn und Aber zu halten. Die Bestätigung kommt in der Regel per Post oder E-Mail und umfasst die sogenannte ***Cultivation Authorisation*** sowie eine von der Agency vergebene **Anbaunummer** – eine Art Chargen- oder Batch-Nummer, damit jeder einzelne Anbau und jede Archivierung von Mutterpflanzen kontrolliert und überwacht werden kann.

Meines Wissens gab es im Jahr 2023 ungefähr 90 bewilligte Kultivierungen, davon etwas über die Hälfte Mutterpflanzen beziehungsweise Stecklingsvermehrungen. Bleiben am Ende etwa 35 bis 40 Produktionen von THC-haltigen Blüten in der gesamten Schweiz. In der Regel umfasst eine Blütenproduktion um die 300 bis 500 Pflanzen, entsprechend könnte man

jetzt die Gesamtmenge an legal produzierten und getrockneten medizinischen Blüten hochrechnen. Nach den mir vorliegenden Informationen schätze ich die Gesamtmenge als nicht höher als eine Tonne Medizinalcannabis im Jahr 2023 ein.

Oben: Gleichmässig hoch, gesund und ein kräftiges Grün, so muss es sein.

Das richtige Substrat

Die erste Frage, die man sich natürlich schon von Produktionsbeginn gestellt haben sollte, ist die nach dem **Substrat,** auf dem man die Pflanzen kultivieren will. Viele Produzenten schwören auf das Medium Erde, aber hier kommt sofort mein Einwand. Ich weiß, dass der Geruch und der Geschmack von auf Erde gezogenen Pflanzen (Blüten) einfach etwas kompletter und vollmundiger ist. Dagegen hat man bei Hydroblüten zwar einen etwas intensiveren Geruch, aber beim Aroma fehlt einfach etwas. Was ich zu bedenken gebe, ist der Punkt Mikrobiologie. Ich habe weiter oben bereits betont, dass wir einen pflanzlichen Wirkstoff produzieren, der in einem späteren Verarbeitungsschritt zu einem Arzneimittel wird. Und das heißt, dass wir in jedem einzelnen Produktionsschritt, von der Aussaat oder der

Produktion von Stecklingen bis hin zur Ernte, dem Trocknen, der Lagerung und der Verpackung an Auflagen gebunden sind. Produziert man medizinische Blüten, dann müssen diese auch einer vorher festgelegten Spezifikation entsprechen. Wie in jeder Branche legen unter anderem die Kunden Produktspezifikationen fest, aber es gibt auch gesetzliche und regulatorische Anforderungen, die zwingend erfüllt werden müssen. Diese Vorgabe ist im Fall des Schweizer Marktes die **Pharmacopoea Helvetica** (Pharm. Helv.). Dieses Arzneimittelbuch ist ein rechtlich bindendes Dokument, das unter anderem Prüfverfahren und die geforderte Reinheit von Wirkstoffen und Fertigarzneimittel definiert. Darüber hinaus beschreibt die Pharm. Helv. Herstellungsvorschriften, Qualitätsstandards und deren rechtliche Bedeutung. Der Sinn dahinter ist der Schutz des Patienten und die Aufrechterhaltung von gleichbleibend hohen Qualitätsstandards. Die Pharm. Helv. beschreibt unter anderem, wie hoch die Grenzwerte der mikrobiologischen Untersuchung sein dürfen oder wie hoch die Belastung der Blüten mit Schwermetallen (z.B im Dünger enthalten) oder Pestiziden sein darf.

Mikrobiologische Analyse

Es gibt noch weitere Spezifikationen, die unsere medizinischen Blüten erfüllen müssen, jedoch ist die **mikrobiologische Analyse** («MiBi») für mich einer der wichtigsten Grenzwerte. Hierzu muss man wissen, dass sich die Grenzwerte je nach Anwendungsmethode des Endproduktes verändern. Ich gebe hier ein Beispiel. Sollen medizinische Blüten zur Inhalation benutzt werden, dann sind die Anforderungen deutlich strenger, als wenn die Blüten für eine Teezubereitung gedacht sind. Es kommt immer auf die mögliche Verwendung und auf die Herstellerdeklaration im **Certificate of Analysis (CoA)** an. Würden die Blüten diese Grenzwerte oder andere Grenzwerte überschreiten, bliebe nur noch die Vernichtung der Ware. Ja, richtig gelesen. Die Ware wird unter Aufsicht des Kantonsapothekers und der Polizei vernichtet bzw. verbrannt. Der produzierte Batch ist **Out of Specification (OoS)** und muss der Agency gemeldet werden. Vielleicht kann man abklären, ob die gemessenen

Grenzwerte für eine mögliche Extraktion niedrig genug sind, oder man erwägt eine Bestrahlung, wobei dies nochmals ein ganz anderes Thema ist.

Bevor man Blüten produziert, die später in der Verbrennung landen, sollte man vor Beginn der Produktion zu 100 Prozent sicher sein, dass man sauber kultivieren kann. Das Pharmaunternehmen, das die Blüten abnimmt, zieht einen «statistischen Musterzug» über die gesamte Charge und lässt die Blüten in zertifizierten und qualifizierten Laboren analysieren. Im Bereich der mikrobiologischen Untersuchung werden unter anderem die **TYMC/TAMC-Werte** gemessen. **TYMC** steht für die Gesamtzahl an Schimmel- und Hefepilzen und sagt etwas über die mikrobiologische Belastung und somit auch über die Qualität und Haltbarkeit der Blüten aus. **TAMC** steht dagegen für «Total Aerobic Microbial Count». Dies ist ein Maß für die Gesamtzahl der aeroben Mikroorganismen, also der Mikroorganismen, die in Anwesenheit von Sauerstoff wachsen. In jeder Erde befinden

Unten: Reifende Blüten.

sich Holzstücke und andere organische Substanzen, die ein perfekter Nährboden für die genannten Mikroorganismen sind. Daher empfehle ich, ausschließlich «sterile» Substrate wie Kokos oder Steinwolle zu verwenden. Wer dann noch seine Lüftungsanlage regelmäßig reinigt und für eine grundsätzliche und selbstverständliche Sauberkeit in den Produktionsräumen sorgt, hat schon sehr viel für eine gute und reine Ware getan.Es hat sich zudem gezeigt, dass man mit regelmäßigen Abklatschtests an den Wänden, auf den Tischen sowie am Boden ein gutes Gefühl für eine mögliche Belastung der Luft bekommt. Es gibt sogenannte **Luftmesser,** die man in verschiedenen Laboren für ein paar Tage mieten kann. Diese Labor-Messgeräte saugen innert zwei Minuten ein definiertes Volumen an Raumluft ein und leiten den Luftstrom über eine Analyseplatte. Diese Analysescheiben werden nach der Messung an das Labor zurückgeschickt, in denen man die Geräte gemietet hat. Nach ein paar Tagen bekommt man ein genaues Ergebnis und kann seine Belastung in den Räumen sehr gut einschätzen. Einige sind sicher überrascht, wie hoch diese Belastung an TYMC und TAMC in der Luft sein kann. Bei belasteten Räumen erhöht sich sicher auch der MiBi-Wert der Blüten.

Unverzichtbares Substrat: Kokos.

Ich sehe oftmals die gleichen Fehler. Man versucht, Geld und Kosten zu sparen, und hofft auf eine gute Ernte. Am Ende sind die Werte zu hoch, die Ware wird im schlimmsten Fall vernichtet und alles war umsonst. Werden jetzt erst Tests und Analysen durchgeführt, ist es schon zu spät und der wirtschaftliche Totalschaden nicht mehr abzuwenden.

Testet eure Räume vor dem Bestücken, analysiert die Belastungen in den Lüftungsanlagen und im Aktivkohlefilter. Checkt Pflanztische und verzichtet in jedem Raum zwingend auf jede Art von Holz. Verwendet stattdessen rostfreien Stahl oder leicht abwaschbare Kunststoffe. Eine mögliche mikrobiologische Belastung sollte man aber nicht nur bei der Auswahl des Mediums erwarten. Während des gesamten Produktionsvorgangs muss man auf ein paar wichtige Dinge achten. Vermeidet stehendes Wasser auf Pflanztischen und auf dem Boden. Alle, die die Anbauräume betreten, sollten sich mit Einweg-Overalls, Handschuhen und einem Haarnetz schützen, um die Pflanzen vor möglichen Schädlingsverschleppungen oder Kontaminationen zu bewahren. Wichtig ist auch, dass Reinigungen und Desinfektionen im Raum dokumentiert werden. Wer hat was wann getan? Mit welchem Reinigungsmittel wurde saubergemacht? All das gehört zum GACP- und Medizinalcannabis-Anbau dazu.

Ein weiterer Faktor, den man nicht außer Acht lassen sollte, ist die Ernte an sich. Wo lege ich die Pflanzen kurzzeitig ab, um Sonnensegel oder kleine Blätter zu entfernen? Sicher nicht auf einen ungereinigten Holztisch. Kontaminationsquellen befinden sich überall, deshalb geht immer auf Nummer sicher, reinigt und desinfiziert lieber einmal mehr. Säubert die Trocknungsräume und sorgt für eine gute Belüftung und dafür, dass ihr die Trocknungsbedingungen jederzeit im Griff habt und nachvollziehen könnt.

CO_2-Begasung

Die zusätzliche Begasung der Pflanzen mit CO_2 finde ich sehr häufig in den Locations. Aus meiner Sicht ist die zusätzliche Begasung von Pflanzen ein letzter Schritt bei der Optimierung der Produktionsbedingungen. Bevor man mit Kohlendioxid arbeitet, sollte man auch ohne Begasung gute Ernten eingefahren haben. Erst dann sollte man mit einer zusätzlichen CO_2-Gabe das Letzte aus den Pflanzen herauskitzeln.

Begasungsverfahren

Wichtig bei einer Begasung sind ein paar Grundregeln. Grundsätzlich arbeitet man heute mit zwei Systemen. Bei einer **kontinuierlichen Begasung** wird der Kohlendioxid-Level im Raum gleichbleibend hochgehalten. Die Steuerung und Regelung erfolgt über Sensoren und entsprechende Ventile. Andere nutzen dagegen das sogenannte **Impulsverfahren.** Hier wird in regelmäßigen Abständen CO_2 in den Raum eingebracht. Bei diesem Verfahren hat man nicht immer ein konstantes Level an CO_2, da der Wert zwischen den Begasungen im Raum häufig sinkt. Viele Produzenten schwören auf CO_2-Werte von 750 bis 1050 ppm.

Damit die Begasung mit Kohlendioxid Erfolg hat, muss man zwei Dinge beachten. Damit die Pflanzen das zusätzliche CO_2 verwerten können, müssen die Temperaturen über 30 Grad liegen. Optimal sind Bereiche zwischen 32 und 35 Grad Celsius. Erst dann kurbeln wir den Stoffwechsel der Pflanzen so richtig an und unterstützen ihn mit CO_2. Ein höherer Stoffwechsel heißt aber auch, dass Pflanzen mehr Wasser und Dünger benötigen und die Bewässerung und das Düngerschema entsprechend angepasst werden müssen. Auch hier ist eine gute Dokumentation unerlässlich.

Licht

LED oder Natriumdampflampe? Ich sage, beides. Über das Thema Licht kann man sich streiten und ewig diskutieren. Jeder hat seine Methode und seine berechtigte Meinung. Man kann sehr gute Ergebnisse mit LEDs erzielen, aber auch die stromfressenden Natriumdampflampen haben ihre Vorteile. Warum keine Kombination aus beiden? Die besten und vitalsten Pflanzen habe ich unter einem Mischspektrum

Unten: Optimales Lichtspektrum mit LED und Natriumdampflampen.

gesehen. Damit deckt man alle Bereiche ab, und die Pflanzen werden es einem danken.

Bewässerung

Gleichmäßige Bewässerung ist wichtig.

Auch beim Thema Bewässerung gibt es unterschiedliche Herangehensweisen. Einige Produzenten nutzen Tropfer, andere fluten ihre Tische in regelmäßigen Abständen. Alle Systeme funktionieren; man sollte einfach die Vor- und Nachteile kennen und sich für ein System entscheiden, mit dem man denkt, am besten zu fahren.

Zuerst einmal sollte man sich überlegen, wieviel Tische man in einem Raum aufstellen möchte. Soll nur eine Sorte in einem Raum produziert oder sollen zwei oder drei Genetiken kultiviert werden? Je mehr Sorten sich in einem Raum befinden, desto besser wäre es, alle Reihen unterschiedlich zu bewässern. Sativas wachsen schneller und benötigen teilweise deutlich mehr Wasser als kleinere Indicas. Entsprechend müssen die Bewässerung und die Nährlösung angepasst werden. Man tut sich keinen Gefallen, wenn man Tische nicht getrennt voneinander bewässert. Davon abgesehen, sollte man sich überlegen, ob man solch unterschiedliche Genetiken zusammen in einem Raum anbaut.

Tropfsysteme arbeiten oftmals mit langen Schläuchen. Man muss gewährleisten können, dass zu Beginn der Bewässerungsphase die gleiche Menge an Nährlösung bei den vorderen Pflanzen und auch am Ende des Tisches ankommt. Eine gleichmäßige Bewässerung in großen Räumen zu garantieren, ist nicht immer einfach. Oftmals lässt der Druck im hinteren Bereich des Verteilerschlauches nach, was die Menge an Nährlösung reduziert, die effektiv den Schlauch verlässt. Ich empfehle, regelmäßig die Menge an Nährlösung in allen Bereichen der Pflanztische zu messen und zu analysieren. Schläuche können außerdem mit der Zeit verstopfen; eine entsprechende Reinigung muss also ab und zu durchgeführt werden. Nimmt man in einem solchen Fall ein falsches Reinigungsmittel, kann das auch schon mal zu Lochfraß und undichten Schläuchen führen.

Auch beim Thema Bewässerung sollte man immer an die Schimmelbelastung denken. Wo stehendes Wasser ist, kann sich jederzeit ein Schimmelherd bilden. Auch bei Ebbe-Flut-Systemen hat man dieses Problem, außer man sorgt für einen guten Abfluss der Nährlösung vom Tisch, was aber nur mit einer entsprechenden Regel-/Steuertechnik sauber funktioniert. Für mich war es früher immer wichtig, die Möglichkeit einer manuellen Bewässerung zu haben; vor allem in Zeiten des HPLV-Virus hat eine angepasste Nährstoffgabe mit Schlauch und Brause Sinn durchaus Sinn.

Lüftung und Raumüberwachung
Es ist wichtig und unerlässlich, dass die Luftverteilung im Raum gleichmäßig stattfindet. Es muss gewährleistet werden können, dass es keine stehende Luft im Raum gibt. Die alte und verbrauchte Luft muss durch neue und frische ersetzt werden. Auch die gesamten Bedingungen im Raum müssen von Beginn bis Ende aufgezeichnet und dokumentiert werden. Einige Produzenten lösen das mit Datenloggern und Sensoren, andere mit Protokollen in Papierform und Thermometern. Egal wie man das Thema am Ende umsetzt, die Bedingungen müssen überwacht und die Ergebnisse archiviert werden. Es heißt bei GACP nicht umsonst, dass alles, was die Qualität des Endproduktes beeinflussen kann, auch dokumentiert und aufgezeichnet werden muss. Die Temperatur, die Luftfeuchte und der CO_2-Gehalt können die Qualität der Blüten stark beeinflussen, was eine Aufzeichnung unabdingbar macht.

Pest-Control
GACP verlangt auch ein Konzept zur Schädlingsbekämpfung. Das heißt, dass nicht nur Schädlinge bekämpft werden müssen, es müssen auch präventive Maßnahmen umgesetzt werden. Das **Pest-Control-Konzept** beschränkt sich aber nicht nur auf die Anbauräume, sondern es gilt auch für gesamte Gebäude und beginnt beim Einsatz von Nagerfallen in den Lagerräumen bis hin zur Nützlingsanwendung im Produktionsbereich. Auch Gelb- und Blaufallen sollten zum

Monitoring eingesetzt werden. Wer jeden Monat Nützlinge für 250 Quadratmeter kaufen muss, der weiß, dass dafür monatliche Kosten von circa 2000 Schweizer Franken eingerechnet werden müssen. Auch hier ist eine detaillierte Dokumentation aller Maßnahmen und Kontrollen Pflicht. Der Einsatz von chemischen Pestiziden und Herbiziden ist ein No-Go. In der Pharm. Helv. finden wir auch hier Grenzwerte, die eingehalten werden müssen. Ich gebe ein Beispiel: Ich war vor einigen Jahren bei einem Produzenten, der CBD-Blüten produzierte. Die Produktion lag in einem älteren Gebäude, in dem vor über 20 Jahren Farben und Lacke hergestellt wurden. Eine später durchgeführte Analyse der Ware hatte extrem hohe Werte einer heute gar nicht mehr zugelassenen Chemikalie aufgewiesen. Die Frage war nun, wie diese hohe Belastung entstanden sein konnte. Am Ende hatte sich herausgestellt, dass der Boden und die Wände im Trocknungsraum belastet waren, da hier vor über 20 Jahren Farben und Lacke eingelagert wurden. Das Lösungsmittel hatte sich schließlich in einigen Räumen verteilt und die darin befindlichen Materialien kontaminiert. Daher rate ich jedem, die Geschichte seiner Liegenschaft zu kennen und gegebenenfalls mit Analysen Klarheit zu schaffen.

Strenge Hygiene hilft gegen ungeliebte Gäste.

Qualitätsmanagement-System

Ich könnte Bücher mit Informationen rund um das QM-System füllen, aber es geht hier nicht um eine Ausbildung zum Quality Manager, sondern ausschließlich um die Grundlagen, die bei einer Medizinalcannabis-Kultivierung gefordert werden. Trotzdem sollte man wissen, was ein **QMS** ist und welchen Zweck es überhaupt erfüllt. Ein Qualitätsmanagement-System besteht aus den sogenannten Vorgabe- und Nachweisdokumenten. Wie der Name schon sagt, geben uns die Vorgabedokumente, also **SOP** oder Arbeitsanweisungen, einen Prozess vor. Ein Beispiel: Eine SOP «Schneiden von Stecklingen» beschreibt unter anderem alle Verantwortlichkeiten, Schnittstellen und Arbeitsschritte beim Schneiden von Stecklingen. Ein neuer Mitarbeiter sollte nach dem Lesen dieser Arbeitsanweisung grundsätzlich wissen, wie er das Ganze umsetzt. Mit den Nachweisdokumenten belegen wir für die Behörden, Kunden, Inspektoren und uns selbst, dass wir die Stecklinge gemäß der schriftlichen Vorgabe geschnitten haben. Hier geht es darum, dass wir Prozesse schriftlich definieren, damit wir immer eine gleichbleibend hohe Qualität erhalten.

Mitarbeiter A schneidet z.B. Stecklinge sehr kurz und gibt den unbewurzelten Cuts vom ersten Tag an nur 17 Stunden Licht und eine Luftfeuchtigkeit von 70 Prozent. Als Substrat verwendet er Erde. Mitarbeiter B hat mehr Erfahrung und schneidet Stecklinge mit einer Mindestgröße von 12 Zentimetern, er stellt sie unter 20 Stunden LED-Licht und versucht, die Luftfeuchtigkeit in den ersten drei Tagen bei 90 Prozent zu halten. Sein Medium der Wahl ist Steinwolle.

Beide Methoden führen wahrscheinlich zum Erfolg, allerdings könnte Mitarbeiter A eine höhere Ausfallquote haben. Die Stecklinge könnten durch eine verlängerte Bewurzelungsphase ungleichmäßig wachsen und würden im schlimmsten Fall weniger vital in die Blütephase gehen. Die Methode von Mitarbeiter B bringt eine 98-Prozent-Quote, und innerhalb von 14 Tagen sind die kleinen Cubes durchwurzelt.

Es geht immer darum, gleiche Methoden anzuwenden und identische Ergebnisse zu generieren. Nur geht es nicht nur um die Art, wie man Stecklinge schneidet, sondern um alle Prozesse, vom Wareneingang bis zum Verpacken der Bulk-Ware. Diese standardisierten Prozesse werden mit **Nachweisdokumenten** aufgezeichnet. Nachweisdokumente sind Protokolle oder Checklisten, mit denen man effektiv arbeitet. In unserem Stecklings-Beispiel sind das die Dokumente, mit deren Hilfe der Mitarbeiter die einzelnen Vorgaben kontrolliert. Er unterschreibt zum Beispiel die Punkte, dass mindestens 10 Zentimeter lange Stecklinge geschnitten, die Luftfeuchtigkeit auf 90 Prozent gebracht und Steinwollwürfel auf den korrekten pH-Wert eingestellt wurden, mit Ja. Und genau hier liegt der Sinn des Ganzen.

Oben: Beginn der Blütephase in einem Medizinalcannbis-Anbau.

Mit einem QMS garantieren wir eine gleichbleibend hohe Qualität. Wir zeigen, dass wir mit standardisierten und immer gleichen Prozessen arbeiten und so die Qualität jederzeit gewährleisten können. Denkt auch hier daran, wir kultivieren einen pflanzlichen Wirkstoff. Alle Pharmaunternehmen, Lebensmittelhersteller, Firmen aus dem MedTech-Sektor, die Automobilindustrie oder Druckbehälter-Hersteller – alle müssen ein QM-System haben, jeder muss zwingend danach arbeiten und es entsprechend pflegen. Meiner Erfahrung nach haben die meisten Produzenten hier ihre Probleme. Nach einem solchen System zu arbeiten, ist für fast alle Neuland und nur schwer umzusetzen. Ich empfehle immer, sich damit auseinanderzusetzen und sich im schlimmsten Fall Hilfe zu holen. Und noch ein Tipp, der im ersten Moment sehr hart klingen mag, euch auf der anderen Seite aber Geld, Zeit und Nerven sparen und euch schneller zum Erfolg führen kann: Arbeitet nur mit vertrauenswürdigen Mitarbeitern, die verstehen, warum man auf diese eine Weise arbeiten muss. Ohne motiviertes Personal, das sich nach den Vorgaben richtet und offen für Neues ist, wird «Medical» nicht funktionieren, mein Wort darauf.

Was braucht man nun als Medizinalcannabis-Produzent, um die Vorgaben des Qualitätsmanagement-Systems zu erfüllen? Die Minimalanforderung besteht darin, dass die wichtigsten Prozesse, welche die Qualität des Endprodukts beeinflussen können, fest in SOP definiert sind. Das umfasst alle Arbeitsschritte, welche die Pflanzen betreffen – unter anderem das Schneiden von Stecklingen, die Bewässerung der Pflanzen, die Ernte und der Trocknungsprozess sowie das Verpacken der Ware. Ebenfalls muss die Schulung von Mitarbeitern festgelegt sein, die Qualifizierung von Lieferanten und auch die Endbilanzierung der Blüten, Blätter und Abfälle. Ganz wichtig sind zum Beispiel auch SOP, die den Umgang mit und die Vernichtung von Betäubungsmitteln regeln. Ich will hier nicht alle Arbeitsanweisungen aufführen, aber um alle Themenbereiche abzudecken, sind etwa 25 bis 35 SOP nötig. Wer hier nicht weiterkommt und nicht weiß, wie man QM-Systeme aufsetzt oder pflegt, der wird nicht darum herumkommen, sich Support zu holen. Ich sage das nicht, weil dies mein Job ist. Ich sage das, weil bei diesem Thema alle ins Straucheln kommen und sehr oft horrende Summen für Consulting-Dienstleistungen ausgeben, am Ende aber mit vorgefertigten Templates dastehen und nichts haben.

10.5 Ernte, Trocknung und Bilanzierung

Der nächste Schritt bei der Herstellung von Medizinalcannabis-Blüten besteht aus Ernte, Trocknung und der ersten Bilanzierung der noch feuchten Ware. Ich werde die verschiedenen Schritte erklären und den Ablauf dahinter vorstellen, denn Ernte und Trocknung sind die Phasen, auf die es am Ende wirklich ankommt. Während dieser Arbeitsschritte kann die Qualität des Produkts positiv, aber auch negativ beeinflusst werden. Zudem besteht hier die höchste Gefahr, dass unbefugte Personen sich an der Ernte bedienen, und genau deshalb fordern Behörden einen sicheren Umgang.

Immer, wenn wir von Prozessen sprechen, in denen Betäubungsmittel im Spiel sind, hat der Betäubungsmittelverantwortliche die Gesamtverantwortung. Geht etwas schief oder stimmen bei der Bilanzierung die Zahlen nicht, dann muss er der Agency gegenüber Rechenschaft ablegen und den Fall plausibel erklären oder begründen können. Darum muss der Betäubungsmittelverantwortliche bei der Ernte und dem Verpacken persönlich vor Ort sein und den Vorgang überwachen. Auch die Trocknung muss der Verantwortliche regelmäßig kontrollieren und überwachen. Zum Trockenraum hat grundsätzlich nur der Betäubungsmittelverantwortliche Zugang. Er kann aber einzelne Aufgaben auch an qualifiziertes Personal delegieren, wobei hier nicht alle anderen Mitarbeiter des Unternehmens gemeint sind. Wir sprechen von einem Stellvertreter und maximal einem zweiten Backup. Der Zutritt muss zwingend schriftlich geregelt sein, wobei hier wieder das QM-System ins Spiel kommt. «Vergabe von Zugangsberechtigungen» wäre ein passender Titel für eine entsprechende Arbeitsanweisung und das gelenkte Nachweisdokument.

Den Beginn der Produktion haben wir der Cannabis Agency über einen entsprechenden Eintrag im Meldesystem übermittelt. Auch jetzt wird eine Mitteilung notwendig. Der Status der Produktion wird von *Start* auf *Total Harvest* gesetzt. Es ist auch wichtig, vor Beginn der Ernte einen Plan zu haben, wie der Prozess ablaufen soll. Und wieder brauchen wir das QM-System. Wichtige, als kritisch zu beurteilende Arbeitsschritte müssen durch **Arbeitsanweisungen** schriftlich definiert sein. Die praktische Umsetzung der Ernte der Pflanzen muss genau nach SOP erfolgen und dokumentiert werden. Fragen, die man in einer solchen Arbeitsanweisung klären muss, sind zum Beispiel, ob man externes Personal benötigt oder ob man alles mit eigenen Mitarbeitern stemmen kann.

Wir müssen uns zudem überlegen, was Ernten eigentlich heißt. Schneiden wir die Pflanzen über dem Substrat ab und entfernen die großen Sonnensegel, bevor die ganzen Pflanzen in den Trockenraum kommen, oder ist es besser, ausschließlich die Blüten zu trocknen und alle anderen Pflanzenteile bei der Ernte zu entfernen? Ebenfalls wichtig ist die Infrastruktur. Man benötigt kalibrierte Waagen mit Referenzgewichten, die ebenfalls kalibriert sein müssen. Wir wiegen Betäubungsmittel ab und

Unten: Die grossen Blätter werden während der Ernte entfernt und gesammelt.

kein CBD, hier ist ein völlig anderes Arbeiten Pflicht und Voraussetzung. Eine solche Waage sollte im besten Fall über eine Etikettendruckfunktion verfügen. Warum das vieles einfacher macht, erkläre ich später. Ein weiteres Thema ist möglicher Diebstahl. Wie sichere ich meine Ware gegen unbefugten Zugriff durch Dritte ab und welche Maßnahmen definiere ich im Vorfeld?

Ihr seht, dass es recht viele offene Fragen gibt, die man in der ersten Projektphase geklärt haben muss. Bevor man eine Bewilligung zum Anbau von medizinischem Cannabis bekommt, werden bei einer Behördeninspektion diese SOP verlangt. Die Swissmedic, der Kantonsapotheker und auch die Polizei wollen sicherstellen, dass der Produzent weiß, was er tut und wie er mit kontrollierten Substanzen umgeht.

Erntevorbereitungen und Ernte

Ich habe es weiter oben schon beschrieben, man muss sich fragen, ob man externes Personal beiziehen sollte oder ob man alle Arbeitsschritte selbst bewältigen kann. Die Frage, die sich dahinter verbirgt, ist folgende: Jeder Mitarbeiter, den man von außen dazu holt, stellt ein erhöhtes Risiko dar, und Risiken muss man durch Maßnahmen nachweislich reduzieren. Der zweite Punkt ist der, dass man als Produzent nachweisen muss, dass alle Mitarbeiter in der Firma das entsprechende Knowhow besitzen. Das macht man über regelmäßige Schulungen und Schulungsnachweise.

Bringt man nun externes Personal in die Firma, muss man diese Helfer schulen, damit jeder nach den Vorgaben arbeitet. Erinnert ihr euch an mein Beispiel weiter oben, als ich geschildert habe, wie unterschiedlich Mitarbeiter A und Mitarbeiter B Stecklinge schneiden? Hier haben wir das gleiche Thema. Jeder Mitarbeiter, ob intern oder extern, muss auf die gleiche Art und Weise ernten. Mitarbeiter A trennt vielleicht die Blüten komplett von der restlichen Pflanze, während Mitarbeiter B nur die großen Blätter entfernt. Es geht immer darum, mit identischen Prozessen gleichbleibende Qualität zu erzeugen, und das funktioniert nur mit Schulungen, die man als Unternehmen schriftlich festhalten muss. Man muss bei einer Behörden- oder Kundeninspektion damit rechnen, dass diese Schulungsnachweise vorgelegt werden müssen.

Das Thema **Waage** habe ich schon kurz angesprochen. Zur Produktion von Medizinalcannabis gehört es, die Ernte zu dokumentieren. Das heißt, dass man alle nassen Pflanzenteile wiegen und die Ergebnisse aufzeichnen muss. Da alle Pflanzenteile als Betäubungsmittel klassifiziert sind, müssen auch alle Pflanzenteile gewogen und bilanziert werden. Man sammelt den Ernteabfall, wiegt diesen und dokumentiert alles für eine spätere Vernichtung. Man wiegt die Pflanzen, die zum Trocknen aufgehängt werden, und dokumentiert das Nassgewicht. Alles muss im Detail aufgezeichnet werden.

Und jetzt kommt meine Waage mit der Etikettendruckfunktion ins Spiel. Bevor man alles irgendwo notiert oder in Excel-Tabellen aufführt, wiegt man die Pflanzenteile ab und druckt über die Waage entsprechende Etiketten aus. Mit diesen Etiketten habt ihr das genaue Gewicht der Pflanzen, ihr habt die Uhrzeit der Wägung, und ihr könnt die Waage so programmieren, dass die Chargennummer auf dem Etikett abgedruckt wird. Auch die kultivierte Sorte kann man im besten Fall in die Waage einspeichern. Diese Etiketten kann man nun in vorbereitete Nachweisdokumente einkleben, und die Dokumentation ist fertig. Es gibt zudem die Möglichkeit, diese Daten in *Cannavigia* zu erfassen und so die Vorgabe zur Bilanzierung zu erfüllen. Ob ihr alles auf Papier oder digital archiviert, ist euch überlassen.

Ich präsentiere an dieser Stelle meine Empfehlungen zum Ernteprozess. Ich habe schon viele Medizinalcannabis-Produktionen betreut und weiß, wo sich die Schwachstellen des Prozesses befinden. Vor der Ernte solltet ihr immer eine **FMEA-Risiko-Analyse** machen und so Maßnahmen definieren, die euch im späteren Prozess helfen. Auf diese Weise kann man risikobasiert entscheiden, welche Maßnahmen etwas bringen.

Sorgt dafür, dass es saubere Arbeitsplätze gibt, auf denen die Pflanzen abgelegt werden können. Hier eignen sich Tische aus rostfreiem Stahl oder aus anderen leicht abwaschbaren Materialien wie Polypropylen, Polyethylen oder Polycarbonat. Reinigt und desinfiziert alle Oberflächen und vor allem auch eure Werkzeuge, die ihr zur Ernte benötigt, zum Beispiel Scheren. Als Hilfsmittel, um die Pflanzen sicher von Raum zu Raum zu transportieren, eignen sich große Wannen aus den oben genannten Kunststoffen. Wenn möglich, verwendet zwei Farben. Eine rote Wanne kann zum Beispiel signalisieren, dass hier Blüten und scharfe Pflanzenteile enthalten sind, während die blauen Wannen für den Abfall stehen.

Auch Blätter sind Betäubungsmittel und müssen gesammelt und gewogen werden.

Ein berechtigter Mitarbeiter und ein Helfer mit Zugang zu den Blüteräumen schneiden die Pflanzen im Blüteabteil 10 Zentimeter über dem Substrat ab. Die Blüten sollten keinesfalls mit dem feuchten Substrat in Berührung kommen. Jede abgeschnittene Pflanze wird in die vorher gereinigte und desinfizierte Wanne gelegt. Hat man zehn oder mehr Pflanzen geschnitten und in der Wanne platziert, trägt man diese zu den Arbeitsplätzen. Zuvor wird die Wanne noch auf die Waage gestellt; das Gewicht der Wanne wird natürlich tariert. Die gedruckten Etiketten werden in ein Protokoll eingeklebt. Ist das erledigt, kommt die Wanne zu den Mitarbeitern, die dann nur noch die großen Sonnensegel und die größeren Blätter entfernen müssen.

Die Pflanzen kommen danach in den vorbereiteten Trocknungsraum. Die entfernten Blätter werden gesammelt; abgebrochene Blüten und Triebe werden als Abfall zusammengetragen und am Ende des Tages gewogen und im Abfallbehälter (z.B. mit Methangärung) vernichtet. Ist die Nassernte abgeschlossen und befinden sich alle Pflanzen im Trockenraum, wird alles erneut gereinigt und desinfiziert.

Die zwingend benötigte **Schutzkleidung,** welche die Mitarbeiter während der gesamten Ernte tragen, besteht aus einem Einweganzug, Handschuhen und Haarnetz. Diese Schutzausrüstung wird in einem BigBag gesammelt. Es gibt Kantone, die eine dokumentierte Entsorgung der Schutzkleidung fordern. Die Begründung ist nicht ganz abwegig. Einige kantonale Behörden vertreten die Meinung, dass sich das Harz der Pflanze auf dem Einweg-Overall und an den

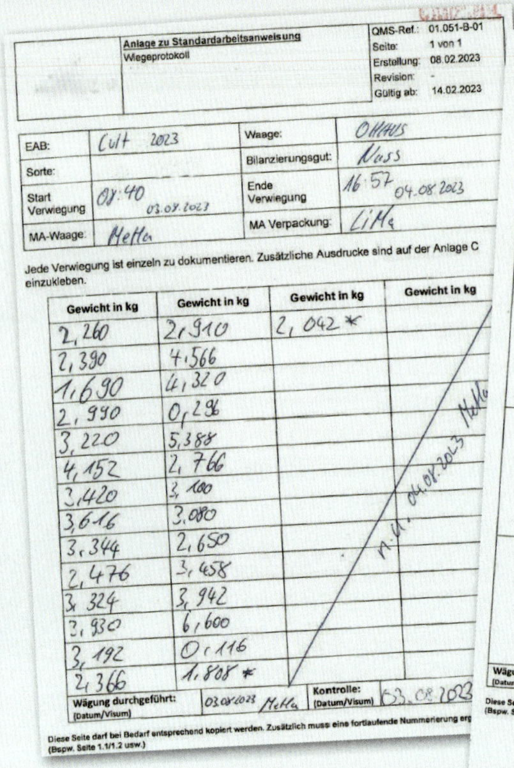

Anlage zu Standardarbeitsanweisung
Wiegeprotokoll

QMS-Ref.: 01.051-B-01
Seite: 1 von 1
Erstellung: 08.02.2023
Revision: -
Gültig ab: 14.02.2023

EAB:	Cult 2023	Waage:	OHAUS
Sorte:		Bilanzierungsgut:	Nuss
Start Verwiegung	08:40 03.08.2023	Ende Verwiegung	16:57 04.08.2023
MA-Waage:	Metta	MA Verpackung:	LiMa

Jede Verwiegung ist einzeln zu dokumentieren. Zusätzliche Ausdrucke sind auf der Anlage C einzukleben.

Gewicht in kg	Gewicht in kg	Gewicht in kg	Gewicht in kg
2,260	2,910	2,042 *	
2,390	4,566		
1,690	4,320		
2,990	0,296		
3,220	5,388		
4,152	2,766		
3,420	3,100		
3,616	3,080		
3,344	2,650		
2,476	3,458		
3,324	3,942		
3,930	6,600		
3,192	0,116		
2,366	1,808 *		

Wägung durchgeführt: (Datum/Visum) 03.08.2023 Metta — Kontrolle: (Datum/Visum) 03.08.2023

Diese Seite darf bei Bedarf entsprechend kopiert werden. Zusätzlich muss eine fortlaufende Nummerierung ergänzt werden (Bspw. Seite 1.1/1.2 usw.)

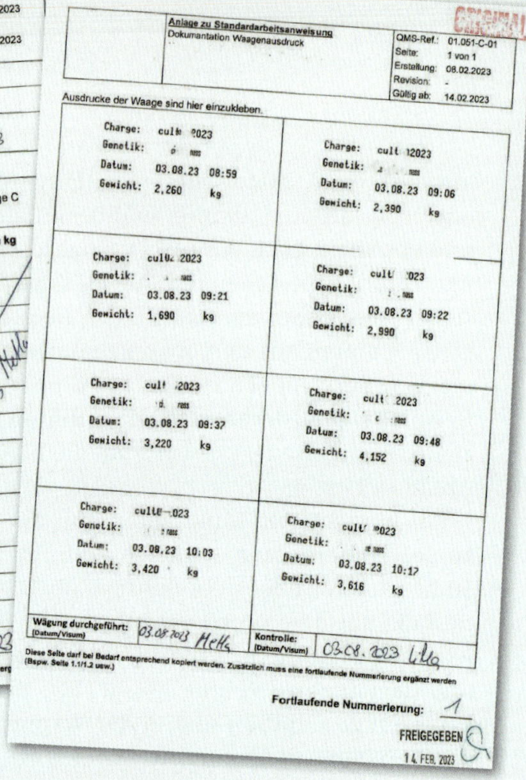

ORIGINAL

Anlage zu Standardarbeitsanweisung
Dokumentation Waagenausdruck

QMS-Ref.: 01.051-C-01
Seite: 1 von 1
Erstellung: 08.02.2023
Revision: -
Gültig ab: 14.02.2023

Ausdrucke der Waage sind hier einzukleben.

Charge: cult 2023 Datum: 03.08.23 08:59 Gewicht: 2,260 kg	Charge: cult 2023 Datum: 03.08.23 09:06 Gewicht: 2,390 kg
Charge: cult 2023 Datum: 03.08.23 09:21 Gewicht: 1,690 kg	Charge: cult 2023 Datum: 03.08.23 09:22 Gewicht: 2,990 kg
Charge: cult 2023 Datum: 03.08.23 09:37 Gewicht: 3,220 kg	Charge: cult 2023 Datum: 03.08.23 09:48 Gewicht: 4,152 kg
Charge: cult 2023 Datum: 03.08.23 10:03 Gewicht: 3,420 kg	Charge: cult 2023 Datum: 03.08.23 10:17 Gewicht: 3,616 kg

Wägung durchgeführt: (Datum/Visum) 03.08.2023 Metta — Kontrolle: (Datum/Visum) 03.08.2023 LiMa

Diese Seite darf bei Bedarf entsprechend kopiert werden. Zusätzlich muss eine fortlaufende Nummerierung ergänzt werden (Bspw. Seite 1.1/1.2 usw.)

Fortlaufende Nummerierung: 1

FREIGEGEBEN 14. FEB. 2023

Links: Seite 1 eines Wiegeprotokolls, in dem die Etiketten eingeklebt werden; rechts: Seite 2 des Wiegeprotokolls mit den ausgedruckten Etiketten.

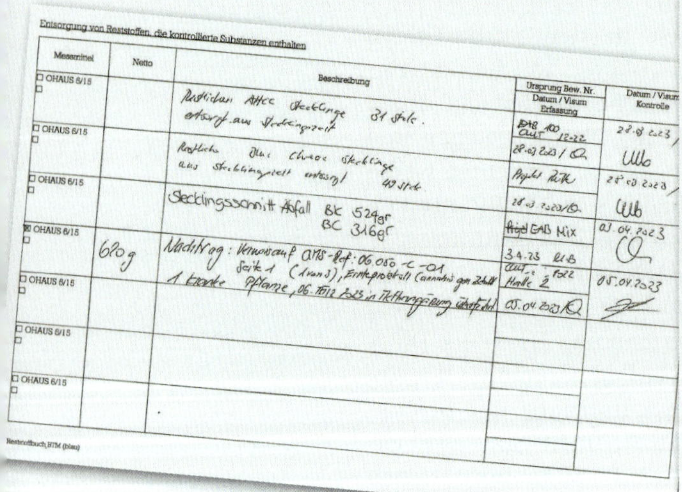

Entsorgung von Reststoffen, die kontrollierte Substanzen enthalten

Messmittel	Netto	Beschreibung	Ursprung Bew. Nr. Datum / Visum Erfassung	Datum / Visum Kontrolle
OHAUS 6/15		Restlichen Attec Stecklinge 31 Stck. entsorgt aus Stecklingszelt	EAB 100 ... 28.03.2023 / ...	28.03.2023
OHAUS 6/15		Restliche Blue Chaos Stecklinge aus Stecklingszelt entsorgt 49 Stck.	...	28.03.2023
OHAUS 6/15		Stecklingsschnitt Abfall BK 524gr BC 316gr	28.03.2023 / ...	...
OHAUS 6/15	620 g	Nachtrag: Verweis auf QMS-Ref.: 06.050-C-01 Seite 1 (Nr. 3), Ernteprotokoll ... 1 kranke Pflanze, 06.03.2023 in ...	EAB Mix 3.4.23 ... 05.04.2023	03.04.2023 05.04.2023
OHAUS 6/15				
OHAUS 6/15				
OHAUS 6/15				

Reststoffbuch_BTM (blau)

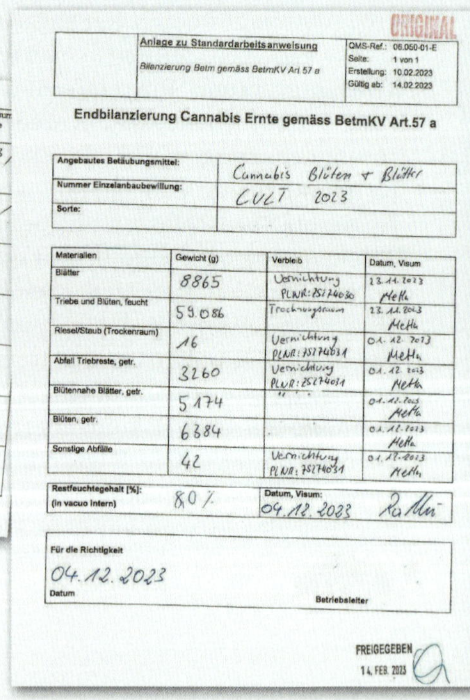

ORIGINAL

Anlage zu Standardarbeitsanweisung
Bilanzierung Betm gemäss BetmKV Art.57 a

QMS-Ref.: 06.050-01-E
Seite: 1 von 1
Erstellung: 10.02.2023
Gültig ab: 14.02.2023

Endbilanzierung Cannabis Ernte gemäss BetmKV Art.57 a

Angebautes Betäubungsmittel:	Cannabis Blüten + Blätter
Nummer Einzelanbaubewilligung:	CULT 2023
Sorte:	

Materialien	Gewicht (g)	Verbleib	Datum, Visum
Blätter	8865	Vernichtung PLNR: 75174030	23.11.2023 Metta
Triebe und Blüten, feucht	59.086	Trocknungsraum	23.11.2023 Metta
Riesel/Staub (Trockenraum)	16	Vernichtung PLNR: 75174031	01.12.2023 Metta
Abfall Triebreste, getr.	3260	Vernichtung PLNR: 75174031	01.12.2023 Metta
Blütennahe Blätter, getr.	5174		01.12.2023 Metta
Blüten, getr.	6384		01.12.2023 Metta
Sonstige Abfälle	42	Vernichtung PLNR: 75174031	01.12.2023 Metta

Restfeuchtegehalt [%]: (in vacuo intern) 8,0 % — Datum, Visum: 04.12.2023

Für die Richtigkeit
04.12.2023
Datum — Betriebsleiter

FREIGEGEBEN 14. FEB. 2023

Links: Eine Endbilanzierung eines Medizinalcannabis-Anbaus, rechts: Logbuch zur Methangärung

Handschuhen ansammelt und deswegen nicht im Hausmüll entsorgt werden darf, da hier jeder den Müll durchwühlen und das Hasch abkratzen und konsumieren könnte. Verrückt, oder? Ehrlich gesagt, für mich hundertprozentig verständlich.

Hier kommt erneut der Punkt zum Tragen, den ich in jedem Abschnitt betone. Medical Weed ist einerseits ein pflanzlicher Wirkstoff, der später zu einem Arzneimittel wird. Andererseits ist Medizinalcannabis ein Betäubungsmittel wie Fentanyl und Morphin. Es gibt zwischen medizinischen Cannabisblüten und beiden erwähnten Substanzen keine grundsätzliche regulatorische Unterscheidung, weshalb die gleichen übergeordneten Vorgaben erfüllt werden müssen. Nur wenn man dieses Mindset verinnerlicht, wird man sich auf Dauer legal im medizinischen Bereich etablieren können.

Durch unsere Aufzeichnungen können wir den Behörden nun nachweisen, dass wir das gesamte Nassgewicht der geernteten Pflanzen kennen. Wir können zudem sagen, wieviel Gramm/Kilogramm Blätter, Triebe und abgebrochene Blüten wir in der Methangärung oder in der Verbrennung (wenn kantonal gefordert) entsorgt haben. Und wir wissen auch, welche Menge an feuchtem Pflanzenmaterial im Trockenraum hängt. Der Verantwortliche hat den Prozess kontrolliert, er hat als Supervisor die Dokumente unterschrieben und damit sein Okay gegeben, dass alles vorschriftsgemäß abgelaufen ist. Der erste Teil des Prozederes ist somit überstanden.

Trocknung und Thema Sicherheit

Während der Trocknung ist es wichtig, die Umgebungsbedingungen zu überwachen und möglichst konstant zu halten. Eine gestaffelte Reduzierung der Luftfeuchtigkeit hat sich bei diesem Vorgang bewährt. In der Regel trocknet man in den ersten beiden Tagen mit einer relativen Luftfeuchte von 40 bis 60 Prozent. Das sorgt dafür, dass die Blüten eine große Menge an Feuchtigkeit verlieren und das erhöhte Schimmelrisiko reduziert wird. Ab dem dritten Tag kann man die Luftfeuchte auf 50 bis 65 Prozent einstellen. Das sorgt für eine schonende und langsame Trocknung, was die Qualität deutlich erhöhen kann.

Die **Temperatur** würde ich während der gesamten Trocknungsphase konstant auf 17 bis 22 Grad Celsius halten. Überwacht die Bedingungen während der gesamten Trocknung genau und detailliert. Verwendet Datenlogger an unterschiedlichen Positionen und Höhen im Raum oder überwacht mit den heute erhältlichen Überwachungssystemen. Sorgt zudem für eine leichte Luftbewegung im Raum, jedoch ohne dass Blüten direkt vom Ventilator angeblasen werden. Führt eine Art Logbuch und dokumentiert, was ihr täglich im Trocknungsraum macht und was ihr dort feststellt. Fällt eine Klimaanlage aus und die Bedingungen kippen in einen nicht optimalen Bereich, dann eröffnet eine Abweichung und dokumentiert einen solchen Fall ausführlich.

Die gesamte Dokumentation, die ein Produzent während des Anbaus führt, wird bei der Lieferung auch an das Pharmaunternehmen ausgehändigt. Das Pharmaunternehmen kontrolliert unter anderem, ob gemäß GACP produziert wurde, ob die Kultivierungs- und Trocknungsbedingungen optimal waren und welche Zusatzstoffe vielleicht verwendet wurden. Erst nachdem der Produzent das dokumentarisch nachgewiesen hat und es keine Unklarheiten oder offenen Fragen mehr gibt, kann das Pharmaunternehmen auf dieser Grundlage die weitere Umarbeitung oder Nachverarbeitung in Auftrag geben oder gegebenenfalls selbst durchführen.

Der Produzent hat eine **Nachweispflicht.** Deshalb ist eine gute Dokumentation unabdingbar und zwingend nötig. Blüten oder Pflanzen, die vom Trocknungsnetz fallen, müssen entsorgt werden. Ist der Boden durch Staub, Nässe oder Bakterien kontaminiert, dann sind es diese Blüten ebenfalls. Kommt eine solche Blüte zur Beprobung, dann ist die gesamte Charge *OOS (Out of Specification)* und wird im schlimmsten Fall vernichtet.

Riskiert mit solchen Dingen niemals den gesamten Anbau. Lieber vernichte ich 10 Gramm als 50 Kilo. Ich weiß, wie es ist, wenn eine Pflanze am Boden liegt und aus dem Netz gefallen ist. Schnell aufheben, ein bisschen abklopfen oder anpusten und wieder aufhängen. Vergesst das, der Schaden ist schon entstanden; man kann es nur noch schlimmer machen. Nehmt die Pflanze, wiegt sie und dokumentiert die Vernichtung mit Gewicht, Grund, Datum und mit dem Mitarbeiter, der die Entsorgung durchgeführt hat.

Ich möchte an dieser Stelle noch etwas zum Thema **Sicherheit** erwähnen. Dieses kritische Thema muss äußerst seriös behandelt werden. Es gibt viele Maßnahmen, die man treffen und umsetzen kann – die einfachste ist eine Überwachung der Mitarbeiter durch die internen Teamleiter und natürlich über CCTV-Systeme. Taschen und Rücksäcke werden in der Umkleidekabine oder im Büro sicher aufbewahrt. In die Arbeitsräume kann man zum Beispiel Kopfhörer mitnehmen, aber niemals Taschen, Beutel oder sonstige Objekte, in denen man etwas verstauen oder verstecken kann.

Jeder muss vor dem Eintritt in den Pflanzenbereich (Arbeitsbereiche, Pflanzräume) seine Schutzkleidung anziehen. Schutzkleidung besteht immer aus Einweg-Overalls, Handschuhen, Haarnetz und gegebenenfalls aus Überschuhen. Die Einweg-Overalls haben keine Taschen, Blüten können also nicht eingesteckt werden. Wenn die Mitarbeiter die Arbeitsbereiche in einer Gruppe verlassen, dann zieht der erste Mitarbeiter seinen Einweg-Anzug aus, rollt seine Handschuhe auf links, wirft alles auf den Boden und verlässt den Raum. Der zweite Mitarbeiter wirft nun zuerst die Schutzkleidung der ersten Person in einen bereitgestellten BigBag. Erst dann zieht er seine PSA auf die gleiche Weise aus und wirft sie auf den Boden. Personen- und Taschenkontrollen können zu Beginn angekündigt und im Stichprobenverfahren umgesetzt werden. Stellt man einen Diebstahl fest, dann wird diese Person angezeigt.

Mir ist bewusst, dass viele anderer Meinung sind und solche Maßnahmen als ungerechtfertigt betrachten. Warum? Weil es hier für viele nur um Weed oder Gras geht, aber genau das ist der Punkt. Medizinalcannabis ist nicht einfach Weed oder Gras, es ist eine Vorstufe zum Arzneimittel. Die Arbeitsweise ist eine völlig andere als bei einer CBD-Kultivierung.

Ich betone das alles nicht ohne Grund. Alle Produzenten, die ich kenne, hatten mit dieser Arbeitsweise anfänglich Probleme. Firmen, die ihre Einstellung nicht ändern, werden über kurz oder lang ihre Bewilligung verlieren. Die Behörden drücken genau einmal ein Auge zu. Lernt man es dann immer noch nicht, wird die Bewilligung entzogen, und man steht vor dem Nichts.

Möglich ist auch, dass dem Betäubungsmittelverantwortlichen das Mandat entzogen wird. Das hat zwei Auswirkungen. Das Unternehmen muss einen neuen Betäubungsmittelverantwortlichen finden, denn ohne diese Position ist kein Anbau von Medizinalcannabis möglich. Zweitens wird es der Betäubungsmittelverantwortliche schwer haben, eine neue Anstellung zu finden, denn diese verantwortungsvolle Position muss immer von der Swissmedic genehmigt werden. Wurde einmal das Mandat entzogen, hat man es sehr schwer, diese Stelle in einem anderen Unternehmen wieder zu besetzen. Der Betäubungsmittelverantwortliche kann bei grob fahrlässigen Handlungen als Privatperson zur Haftung herangezogen werden.

10.6 Nachbearbeitung, Verpackung und Lieferung

Gehen wir die letzten, aber auch die wichtigsten Punkte in dem hier beschriebenen Ablauf einer Medizinalcannabis-Produktion durch. Es geht um die Nachbearbeitung der Blüten, die Verpackung der Ware und zum Schluss um die Lieferung des Massenguts, der *Bulkware*, zum Pharmaunternehmen.

Bei diesen drei Themen gibt es jedoch einige Details, die bis heute nicht zu 100 Prozent geregelt sind. Hier sind die Vorgaben der Cannabis Agency teilweise nicht sehr realistisch Ich gebe ein Beispiel: Grundsätzlich verlangt die Swissmedic, dass der Produzent dem Pharmaunternehmer beziehungsweise dem Endabnehmer – ich zitiere – «vorgetrocknete

Blüten» liefert. Die Umsetzung dieser Vorgabe ist jedoch nicht möglich, ohne dass man die Qualität der medizinischen Blüten negativ beeinflusst. Es ist kontraproduktiv, die Blüten für drei Tage vorzutrocknen, dann die noch feuchte Ware in geeignete Bulk-Gebinde zu verpacken und an den Abnehmer zu liefern. Das Pharmaunternehmen müsste bei Erhalt der Ware alle Gebinde öffnen und die noch feuchten Blüten für weitere fünf bis sieben Tage trocknen. Das sind zusätzliche Kosten für das Unternehmen, da ein geeigneter Trocknungsraum benötigt wird. Zudem müssen die Blüten, wenn sie getrocknet sind, nochmals verpackt werden, was wieder ein doppelter Aufwand ist. Abgesehen davon ist das Risiko für eine Schimmelbildung beim Abpacken im feuchten Zustand hoch, und die Qualität leidet damit enorm. Das ergibt so keinen Sinn. Aus diesem Grund werden Medizinalcannabis-Produktionen aktuell etwas anders umgesetzt.

Bereit zur Nacharbeit. Getrocknete Blüten aus dem Trockenraum.

Die Pflanzen, die sich im Trockenraum des Produzenten befinden und in einem Netz aufgehängt sind, werden beim Erreichen der richtigen **Restfeuchte** für die Nachbearbeitung präpariertt. Ich habe im vorherigen Abschnitt empfohlen, bei der Ernte nur die großen Sonnensegel zu entfernen und die ganze Pflanze, inklusive der kleinen Blätter, im Trocknungsraum aufzuhängen. So erreichen wir einen gleichmäßigen **Trocknungsgrad** für alle Pflanzen. Außerdem wird die Qualität durch eine langsame und schonendere Trocknungsphase gesteigert, da vor allem der Geruch und der spätere Geschmack von dieser Behandlung profitieren.

Doch wie ermitteln wir eigentlich, ob die Blüten einen guten Trocknungsgrad erreicht haben? Und wann ist der richtige Zeitpunkt, mit der Nacharbeit zu beginnen? Der richtige Zeitpunkt für das Verpacken ist immens wichtig. Sind die Blüten noch zu feucht und werden trotzdem verpackt, dann kann sich die Mikrobiologie im Gebinde rapide verschlechtern, was einen großen Einfluss auf die Haltbarkeit und auf eine mögliche Marktfreigabe haben kann. Verpacken wir Cannabis zu spät oder zu trocken, können die Blüten schnell zerbrechen und zu Staub zerfallen. Die übliche Methode des brechenden und knackenden Triebes funktioniert bei der Herstellung eines pflanzlichen Ausgangsstoffs leider nicht.

An dieser Stelle kommt wieder die Pharmakopöe Helvetica ins Spiel. Wir wissen, dass die Pharm. Helv. Spezifikationen vorgibt, welche die Qualität und das Erscheinungsbild von Blüten definieren. Das Arzneimittelbuch der Schweiz sagt auch, dass die medizinischen Cannabisblüten bei einer Restfeuchte von höchstens 12 Prozent verpackt werden dürfen. Auch die Methode für die **Restfeuchtemessung** ist vorgeschrieben. Diese Analyse kann und darf in der Regel von einem zertifizierten Labor durchgeführt werden. Und genau bei diesem Punkt gibt es erneut unterschiedliche Meinungen. Ein Produzent darf Blüten weder lagern, noch darf er Blüten mahlen oder zerkleinern. Er darf auch keine Proben von seiner produzierten Ware für eine Cannabinoidanalyse ziehen oder dies gar selbst in Auftrag geben. All diese Dinge fallen unter den Umgang mit Betäubungsmitteln. Eine solche Bewilligung besitzen vor allem Pharmaunternehmen, Analyselabore oder Lohnhersteller, da die regulatorischen Anforderungen nochmal deutlich höher anzusiedeln sind. In der Schweiz darf der Trocknungsprozess der medizinischen Blüten, im Gegensatz zu Deutschland, unter GACP-Bedingungen stattfinden. Damit man als Produzent den Trocknungsprozess abschließen kann, muss man sagen können, wie hoch die Restfeuchte in den Blüten ist. Man muss wissen, wann die Ware so weit ist, dass man sie verpacken kann.

Es ist nicht zulässig, dass die Produzenten nach einer Schätzung der Restfeuchte die Ware verpacken und an den Abnehmer liefern. Dieser müsste jetzt wieder alle Gebinde öffnen und im schlimmsten Fall in einen separaten Raum nachtrocknen. Wurden die Blüten zu feucht verpackt, kann das erneut einen enormen Einfluss auf die Mikrobiologie haben. Zudem wäre es wieder doppelte Arbeit und das Risiko, dass die Qualität darunter leidet, ist sehr hoch. Die Cannabis Agency vertritt den Standpunkt, dass die Messung der Restfeuchte ein Umgang mit Betäubungsmitteln ist, und diese Tätigkeit ist regulatorisch und gesetzlich bewilligungspflichtig.

Ich bin grundsätzlich derselben Meinung, aber man muss auch daran denken, dass die Trocknung von Blüten ein sehr kritischer und qualitätsrelevanter Arbeitsschritt ist. Meiner Meinung nach ist die Messung der Restfeuchtigkeit ein Teil des Trocknungsprozesses, da man den Trocknungsgrad bestimmen muss, um den Prozess abzuschließen.

Daher wird zurzeit ein Kompromiss umgesetzt. Die Produzenten messen mit unterschiedlichen Methoden die ungefähre Restfeuchtigkeit der Blüten, ohne diese zu zerkleinern. Viele nutzen ein Analysegerät von GemmaCert, das vor allem in der CBD-Produktion zur Anwendung kam. Dieses von der FDA zertifizierte Gerät misst einigermassen genau und verlässlich den THC-/CBD-Gehalt und die Restfeuchtigkeit einer nicht zerkleinerten Blüte. Liegt der Wert in einem mit der Pharm. Helv. vergleichbaren Bereich, kann das Endprodukt verpackt werden. Am Ende zieht der Abnehmer der Ware dann selbst die offiziellen Proben und sendet diese zur Analyse ein. Die Bestimmung der Restfeuchte ist einer der zu prüfenden Parameter, welcher dann ebenfalls auf dem Hersteller «CoA» bestätigt wird.

Die trockenen Blüten werden von der Pflanze getrennt und gesammelt.

Nachbearbeitung

Wir gehen davon aus, dass die Messung der Restfeuchtigkeit beim Produzenten einen akzeptablen Wert erreicht hat. Somit kann man mit der Nachbearbeitung und der anschließenden Verpackung in einzelne Bulk-Gebinde beginnen. Wie bei der Ernte sollten alle Oberflächen und Werkzeuge gereinigt und desinfiziert werden. Auch unsere Wannen sollten bereitstehen, damit wir die Pflanzen-Fraktionen trennen und später bilanzieren können. Ebenfalls sollte man die externen Helfer geschult und über die Sicherheitsmaßnahmen unterrichtet haben. Das Tragen der Schutzausrüstung ist bei diesem Prozess zwingend erforderlich. Zudem sollten unsere Waage und die benötigten Dokumente vorbereitet sein.

Der Prozess an sich läuft ähnlich ab wie bei der Ernte. Ein bis zwei Mitarbeiter holen die getrockneten Pflanzen aus dem Trocknungsraum und transportieren diese in der gereinigten Wanne zu den Arbeitsplätzen, an denen die Helfer warten.

Diese Mitarbeiter nehmen die eingesammelten Pflanzen, schneiden die Blüten von den Trieben und separieren diese. Es ist wichtig, in welche Fraktionen die trockenen Pflanzen getrennt werden sollen. Wir haben zum Beispiel Triebe und Stängel, die als Abfall gelten und gesondert gesammelt und später gewogen werden müssen. Dann haben wir größere Blätter, die noch am Stamm oder an den Trieben hängen. Auch diese werden entfernt und gesammelt, bevor auch hier die genaue Menge durch eine Wägung festgestellt wird.

Fraktionierung

Nun ist noch die Frage, wie die Blüten fraktioniert werden. Grundsätzlich legt das Pharmaunternehmen das Erscheinungsbild der Blüten und die Fraktionierung fest. Wird das Pflanzenmaterial für eine Extraktion verwendet, dann müssen große und kleine Blüten wie auch blütennahe Blätter nicht zwingend voneinander getrennt werden. Dieser Fall ist aber höchst selten. Mehrheitlich werden große Blüten mit einem durchschnittlichen Durchmesser von über 0,6 Zentimetern und größer als «Blüten der Klasse A» bezeichnet. Kleinere Buds und blütennahe Blätter werden als «Kraut» angesehen und von den Klasse-A-Blüten getrennt - und natürlich auch gesondert bilanziert.

Die großen und optisch ansprechenden Buds sind für Schweizer Apotheken oder ausländische Kunden bestimmt, während das Kraut für eine Extraktion vorbereitet wird. Jede Fraktion muss gewogen und genauestens dokumentiert werden. Es wird auch vorkommen, dass Blüten, Blätter oder Triebe von der Pflanze abbrechen und auf den Boden fallen. Diese Abfälle werden regelmäßig zusammengekehrt, gesammelt und gewogen, bevor sie dann später in BigBags oder in der Methangärung kontrolliert vernichtet werden.

Ich hatte erwähnt, dass der Abnehmer das Erscheinungsbild der Blüten und die Nachbearbeitungsspezifikation vorgibt. Davon abgesehen, muss man sich auch hier an die Vorgabe der Pharm. Helv. halten. Das Arzneimittelbuch gibt zum Beispiel an, dass die Länge der blütennahen Blätter einen Zentimeter nicht überschreiten darf. Diese Angabe hat den Hintergrund, dass eine Vollanalyse von Blüten mit langen Blättern andere Werte ergibt, als eine Analyse von Blüten, bei denen alle kleinen Blütenblätter entfernt wurden. Zur Nachbearbeitung ist noch hinzuzufügen, dass eine maschinelle Entfernung der Blütenblätter durch einen Trimmer nicht erlaubt ist und auch optisch keinen Sinn ergibt. Blüten, die maschinell bearbeitet werden, haben ein etwas spezielles Aussehen. Die Oberfläche der Buds ist unnatürlich glatt und eben. Die typische Blütenstruktur einer manuellen Bearbeitung ist bei Anwendung eines Trimmers nicht mehr vorhanden. Auch regulatorisch ist diese Nachbearbeitungsmethode nicht zugelassen. Medizinalcannabis-Blüten, die aus der Schweiz kommen, sind immer manuell bearbeitet.

Verpacken in Bulkgebinde

Gebinde

Parallel zur Nachbearbeitung findet an einer zweiten Arbeitsstation das Verpacken der Ware statt. Bei der Nachbearbeitung werden alle Cannabis-Fraktionen getrennt gesammelt. Blüten der Klasse A werden in einer gekennzeichneten Wanne gesammelt, abgewogen und gekennzeichnet. Hier muss man wissen, dass A-Blüten in der Regel in 500- oder 1000-Gramm-Bulkgebinden verpackt werden. Bei der Auswahl eines solchen Primärpackmittels muss man aber einige wichtige Punkte beachten. Grundsätzlich sollten diese Gebinde bei dem Pharmapartner bestellt werden, da dieser die Vorgabe des Packmittels definiert. Ein solches Primärpackmittel muss eine entsprechende Pharmaqualität aufweisen. Es muss zu 100 Prozent dicht sein, damit die Blüten nicht weiter austrocknen und kein neuer Sauerstoff an das Produkt gelangt. Weiterhin ist wichtig, dass sich die Materialien, aus denen das Packmittel hergestellt ist, nicht ablösen oder ausdampfen, denn dann wären alle Blüten kontaminiert.

Haltbarkeit

Ein weiterer Grund, warum der Abnehmer die Art der Verpackung bestimmt, ist die Definition der Haltbarkeit. Eine Sorte X, die als Medizinalcannabis produziert wird, hat eine grundsätzliche Haltbarkeit von nur sechs Monaten. Dies ist nicht nur in der Schweiz so, auch in Deutschland haben solche medizinischen Blüten eine maximale Haltbarkeit von einem halben Jahr. Das ist nicht sonderlich viel.

sind komplex und kompliziert und dürfen nur von zertifizierten Laboren durchgeführt werden. Auch die Vergabe eines solchen Auftrags ist nur mit den entsprechenden Zertifikaten möglich. Wer mehr darüber wissen will, sollte sich in die geltenden Richtlinien der Pharm. Helv oder der «ICH Guidelines» einlesen.

Links: Amnesia Haze Core Cut Blüten.

Haltbarkeit

Damit man die Haltbarkeit angeben kann, müssen die Primärverpackungen die gleichen sein, die auch bei den Stabilitätstests verwendet wurden. Benutzt man andere Packmittel, dann darf man wieder nur die sechs Monate als Haltbarkeitsdauer angeben. Darum ist es wichtig, diese Dinge mit dem Pharmapartner im Vorfeld zu klären und das spezifizierte Primärpackmittel zu verwenden. Die Bulkgebinde werden mit je 500 oder 1000 Gramm bearbeiteten A-Blüten gefüllt und genau abgewogen. Das Wiegeetikett wird zweimal ausgedruckt. Einmal wird das Etikett auf das Bulkgebinde geklebt, während das zweite Etikett in die vorbereiteten Bilanzierungsdokumente eingeklebt wird.

Beim Verpacken des Krauts ist der Ablauf derselbe. Auch hier werden Gebinde mit 1000 Gramm abgefüllt, gewogen und mit Etiketten versehen. Bei den Trieben, Blättern und abgebrochenen Blüten wird es genauso gemacht. Auch hier muss gewogen, gekennzeichnet und bilanziert werden.

Lieferung

Beim Transport alle Bewilligungen mitführen

Sind alle Fraktionen verpackt und dokumentiert, kann eine neue Meldung im NDS-Meldesystem der Cannabis Agency durchgeführt werden. Die Kultivierung ist grundsätzlich abgeschlossen, nur die Lieferung steht noch aus. Der Produzent darf keine Ware lagern. Das heißt, dass alle Gebinde sofort nach dem Verpacken an den Pharmapartner geliefert werden müssen. Der Transport darf vom Produzenten durchgeführt werden; wichtig ist hierbei, dass der Betäubungsmittelverantwortliche den Transport durchführen bzw. zwingend dabei sein muss. Ich empfehle, stets alle Dokumente mitzuführen – zum Beispiel die Bewilligung zum Anbau von Medizinalcannabis, aber auch die gesamte Dokumentation der Kultivierung einschließlich der Endbilanzierung.

Lieferscheine und Abnahmeverträge müssen ebenfalls mitgeführt werden.

Einem Polizisten bei einer Verkehrskontrolle 50 Kilo Cannabisblüten auf der Rückbank plausibel zu erklären, ist nicht immer leicht. Die Vorlage aller Dokumente und Bewilligungen erspart daher Zeit und viel Ärger. Die Anbaudokumentation muss dem Pharmapartner spätestens bei der Lieferung übergeben werden. Diese Dokumente gehören zum Lieferumfang dazu und weisen die Ware als ein GACP-Produkt aus.

Das Pharmaunternehmen wird die Blüten entgegennehmen und in einem abgenommenen und qualifizierten Arzneimittellager einlagern. Ein dokumentierter Probezug wird durchgeführt und an ein entsprechendes Labor mit Umgangsbewilligung versendet. Der Status der Blüten ist in diesem Moment immer noch auf Quarantäne. Erst wenn die Ergebnisse aus dem Labor konform mit den Vorgaben der Pharm. Helv. sind, kann die «fachtechnisch verantwortliche Person», auch *QP/fvP* genannt, das *CoA* erstellen und die technische Marktfreigabe durchführen. Erst dann sind die medizinischen Blüten made in Switzerland frei für die Abgabe in Apotheken oder für den bewilligungspflichtigen Export.

Die Arbeit hört hier noch nicht auf, dennoch will ich in diesem Buch nur auf die Kultivierung und auf die Pflichten des Produzenten eingehen. Die Primärverpackung in 5- oder 10-Gramm-Portionen lasse ich an dieser Stelle aus, da solche Herstellungsschritte in einem GMP-/Reinraumumfeld durchgeführt werden müssen.

Bestrahlung

Ich lese in den einschlägigen Telegram-Gruppen oder in Foren oft über das Thema Bestrahlung. Eine Bestrahlung von Blüten wird durchgeführt, um eine Reduktion oder eine Eliminierung von Mikroorganismen, Schimmelpilzen oder Hefen zu erreichen. In einigen Ländern sind die geforderten mikrobiologischen Grenzwerte so niedrig angesetzt, dass eine Einhaltung im Rahmen eines sauberen Anbaus praktisch nicht machbar ist. In Australien dürfen Blüten zur

Inhalation den Grenzwert von 500 KbE nicht überschreiten. Da es anbautechnisch gar nicht möglich ist, einen solchen Wert zu erzielen, ist die Bestrahlung von Cannabisblüten unumgänglich und wird sogar von den Behörden gefordert. In Deutschland ist es auch nicht anders, wobei der Grenzwert dort etwas höher liegt. Medical-Blüten aus Deutschland, Portugal und aus den Niederlanden sind mehrheitlich, wenn nicht sogar ausschließlich bestrahlt. Man kann das sehr leicht erkennen. Die Farbe der Blüten hat sich von einem normalen grünlichen Farbton ins Braune gewandelt. Die Struktur und Konsistenz ist weicher, teilweise sogar etwas schlammig. Weitere Erkennungsmerkmale sind der fehlende Geruch und das nicht vorhandene Aroma.

Erkennungsmerkmale Bestrahlung

Eigentlich sollte eine solche Behandlung auch auf dem Label vermerkt sein, was aber nicht immer der Fall ist. Auch auf dem Schweizer Markt gibt es bestrahlte Produkte, die aus dem Ausland importiert und schon im Herstellungsland bestrahlt wurden. In der Schweiz produzierte Cannabisblüten sind allerdings gemäß neusten Erkenntnissen nicht selten ebenfalls bestrahlt. Ob das Produkt bestrahlt ist oder nicht, ist oft behördlich festgelegt und richtet sich immer nach den jeweiligen Grenzwerten. Eine Bestrahlung darf aber nie ein Freifahrtschein für kontaminierte Ware werden. Das ist nicht der Sinn einer Bestrahlung bzw. einer Reduktion der mikrobiologischen Belastung.

Bestrahlungsarten

Es gibt drei verschiedene Arten der Bestrahlung. Die **Gamma-Bestrahlung** mit Cobalt-60 oder Cäsium-137 ist sehr effektiv, aber auch teuer. Der Umgang und der Transport mit diesen radioaktiven Isotopen ist strikt geregelt und entsprechend kostenintensiv. Bei diesem Verfahren wird die DNS der Mikroorganismen zerstört. Gleichzeit reagiert die Strahlung mit den Terpenen, die sich sehr schnell verflüchtigen und chemisch verändern. Am häufigsten wird der sogenannte **E-Beam** verwendet, ein hochenergetischer Elektronenstrahl, der alle Mikroorganismen inaktiviert. Eine sehr schnelle, kostengünstige, aber nicht ganz so effektive Methode. Die Eindringtiefe ist begrenzt, was ein deutlicher Nachteil ist. Die dritte Möglichkeit, die praktisch kaum

Links: Medizinisches Cannabis im Glashaus.

noch Anwendung findet, ist die Behandlung von Blüten mit **Röntgenstrahlung.** Das funktioniert ähnlich wie bei der Gammastrahlung, ist allerdings nochmals etwas aufwendiger und teurer.

Kosten

Auch über dieses Thema lese ich sehr viel. Viele Patienten denken, dass sich Produzenten und Pharmahersteller dumm und dämlich verdienen. Diese Storys gehören definitiv ins Reich der Fabeln und Mythen. Der Schweizer Markt ist zum heutigen Zeitpunkt klein und sehr überschaubar. Die Kosten für eine konforme GACP-Produktion sind aber enorm hoch. Produzenten müssen die Gehälter der Mitarbeiter zahlen, den Strom für Beleuchtung und Klimatechnik, die Miete der Räume liegt dabei oftmals bei 25 000 Franken und mehr pro Monat. Dazu kommt, dass man monatelang Geld vorschießen muss, obwohl man zu diesem Zeitpunkt noch nicht einmal weiß, ob die Blüten die regulatorischen Anforderungen erfüllen.

Ich habe darüber hinaus den großen administratorischen Aufwand beschrieben, den jedes GACP-Unternehmen betreiben und aufwenden muss. Auch das kostet viel Geld. Die monatlichen Lieferungen an Nützlingen, die gesamte Schutzausrüstung, die nach einmaligen Tragen entsorgt werden muss, sensitive Laborwaagen, Dünger, Wasser und Lizenzen sind nur einige Positionen, die man in ein solches Projekt einrechnen muss. Jeder, der jetzt noch sagt, dass ein Produzent oder Pharmaunternehmen sich auf Kosten der Patienten bereichert, hat keinen blassen Schimmer von der Realität.

Ich hoffe, ich konnte euch in diesem großen neuen Kapitel den legalen Medizinalcannabis-Anbau in der Schweiz etwas näher bringen. Die Produktion von medizinischem Cannabis unterscheidet sich grundlegend vom illegalen Anbau oder von den aktuellen Pilotprojekten, die in der Schweiz laufen. Die Arbeitsweise ist völlig anders, als viele Außenstehende denken. Ich bin nicht auf jedes einzelne Detail eingegangen, aber ich habe versucht, die Basics und Grundlagen zu beschreiben.

Kapitel 11

Medical Strains

Links: Trichome in einer spektakulären Makroaufnahme.

Wenn ich mir die Sorten ansehe, die bis jetzt in der Schweiz als Medizinalcannabis angeboten werden, dann kann man einen klaren amerikanischen Einfluss feststellen. Sorten wie ***Wedding Cake, Amnesia Haze Core Cut*** und ***Gorilla Glue*** gehören heute zu den üblichen Apothekenprodukten im Bereich Medizinalcannabis. Ich schätze, dass etwa 90 Prozent aller heute erhältlichen Kreuzungen aus den Stecklingsanlagen der österreichischen Lieferanten stammen. Samen wurden dagegen bis heute nur vereinzelt importiert.

Auch hier ein Hinweis: Jeder Bezug von Stecklingen oder Samen muss offiziell über eine entsprechende Import-Export-Bewilligung in das Land kommen. Phytosanitäre Gutachten sind Pflicht, und Zollpapiere dürfen ebenfalls nicht fehlen. In Österreich ist die Vermehrung von Stecklingen legal; entsprechend darf eine Schweizer Firma mit einer Bewilligung Samen und/oder Cuts offiziell importieren. Die weitere Verwendung muss aber im Vorfeld beantragt werden.

Wedding Cake

Ich werde in diesem Kapitel ein paar aktuelle Sorten aus dem Schweizer Medizinalcannabis-Sortiment vorstellen. Aber auch ein paar US-amerikanische Highlights dürfen nicht fehlen. Die meisten US-Sorten werden früher oder später nach Europa kommen und sich verbreiten. Die aktuelle Entwicklung ist die Bestätigung dafür – alles kommt früher oder später von den USA nach Europa und irgendwann auch in die Schweiz. Amerikanische Sorten sind bekannt für ihre harzreichen und aromatischen Kreuzungen, jedoch entspricht der Ertrag sehr oft nicht den Erwartungen..

Wedding Cake

Wedding Cake ist eine sehr bekannte Genetik, die vor allem für ihre starke Wirkung und den sehr angenehmen süßlich-erdigen Touch bekannt ist. Eine amerikanische Genetik, die vor fast 15 Jahren noch unter dem

Namen *Triangle Mints23* bekannt war. Als Breeder gilt «Seed Junky Genetics». Eigentlich ist sie eine Clone-only-Genetik, da der Cut aus einer Kreuzung von *Triangle Kush* und *Animal Mints* selektiert wurde. Ob die heute erhältliche *Wedding Cake* wirklich noch aus diesen genannten Grundgenetiken stammt, kann ich nicht beurteilen. Dennoch ein toller Strain, der vor allem schmerzlindernd und entspannend wirkt. *Wedding Cake* ist eine richtig gute Medizinalcannabis-Genetik.

Lemon Drip

Lemon Drip

Die *Lemon Drip* kommt aus dem Hause «Exotic Genetix». Eine weitere typische US-Sorte, die kaum mehr aus dem medizinischen Bereich wegzudenken ist. Der Strain ist vor allem wegen seines zitronigen Aromas und der sehr gut ausbalancierten Wirkung bekannt.

Die Elternpflanzen der *Lemon Drip* haben ihre besten Eigenschaften in diesem Hybriden vereint: eine schnelle Blüte von maximal 65 Tagen, ein guter Ertrag und dichte, kompakte Blütenstände. Die *Sour Diesel*-Verwandtschaft ist deutlich zu erkennen. *Lemon Drip* wirkt entspannend, aber gleichzeitig auch etwas euphorisierend – eine wirklich gute und ausgeglichene Balance zwischen einem Indica- und einem Sativa-Strain.

Mimosa

Mimosa

Es gibt heute sicherlich 30 verschiedene *Mimosa*-Variationen. Die originale *Mimosa* wurde 2017 von «Symbiotic Genetics» gezüchtet. Der fruchtige, leicht süße Geruch und das zitronige Aroma machen den Strain zu einem echten Highlight. Mimosa konnte mittlerweile den ein oder anderen Preis einheimsen, was für ihre Qualitäten spricht.

Die Sativa-dominante Genetik hat einen aufhellenden und wachmachenden Turn; daher eignet sich die Sorte vor allem für die Anwendung während des Tages. Aber Achtung, ein THC-Gehalt von 26 bis 28 Prozent zeigt bei einer zu hohen Dosierung seine Wirkung. *Mimosa* ist eine Kreuzung aus

Clementine und *Purple Punch,* eine typische US-Genetik mit Anteilen von *Larry OG* und *Sour Diesel.*

Grease Monkey

Grease Monkey

Eine weitere Haussorte von «Exotic Genetix», die aus den Elternteilen *Gorilla Glue4* und *Cookies & Cream* entstanden ist. Ein schneller Indica-Sativa-Hybrid und ein echter Heavy Yielder mit einer starken, mehr Indica-dominanten Wirkung. Der THC-Gehalt wird mit circa 30 Prozent angegeben, wobei man diese Angaben mit etwas Distanz betrachten sollte. Die Blüten sind kompakt und sehr dicht, die Anzahl an Trichomen überdurchschnittlich hoch. Die Wirkung würde ich als entspannend und teilweise drückend beschreiben. Den Geschmack geht eher in die Richtung skunkig und süß. Auch eine großartige Sorte, die bei uns aber noch nicht so bekannt ist.

C99

C99 (Brothers Grimm)

Cinderella 99, auch bekannt als *C99* und *Cindy 99,* ist eine Sativa-dominante Cannabissorte, die für ihren potenten zerebralen Effekt, ihren süßen und fruchtigen Geschmack und für ihre hohen Erträge bekannt ist. Ursprünglich von Mr. Soul der «Brothers Grimm» gezüchtet, wurde *C99* durch die Kreuzung der Sorten *Jack Herer* und *Shiva Skunk* entwickelt. Die Sorte weist ein THC-Level von etwa 23 Prozent auf und ist beliebt für ihre energetisierenden und euphorisierenden Effekte.

Die Pflanze selbst hat eine hellgrüne Färbung und ist mit zahlreichen Trichomen besetzt. Die dichten Blüten sowie das Auftreten von fruchtigen, tropischen Aromen mit Untertönen von Zitrus und Ananas sind charakteristisch und werden von allen Patienten geschätzt. Die Blütephase ist mit sieben bis acht Wochen vergleichsweise kurz. Der Strain wird häufig genutzt, um Symptome wie Müdigkeit und Stress zu lindern. *C99* gilt als eine ideale Sorte für den Tagesgebrauch, da sie helfen kann, Stress, Angst und Depressionen zu bewältigen. Zudem kann sie bei leichten, aber chronischen Schmerzen sowie bei Migräne hilfreich

Pink Lemonade

sein und Entzündungen lindern, den Appetit steigern und Übelkeit bekämpfen. Eine etwas ältere, aber sehr gute Genetik, die gerade in den frühen 2000er Jahren weit verbreitet war. Heute kann man die ***C99*** mit guten Beziehungen noch als selektierten Cut bekommen.

Pink Lemonade

Die Geschichte hinter dieser Genetik ist nicht ganz klar und eindeutig. Um die Elternteile wird ein großes Geheimnis gemacht, wobei ich eher an eine zufällige Kreuzung eines Cannabis-Liebhabers glaube als an eine zielgerichtete Hybridisierung. Doch das ist gar nicht negativ gemeint. So wie in diesem Fall können zufällige entstandene Sorten oder Testkreuzungen wahre Schätze hervorbringen.

Die Pink Lemonade, die in den Schweizer Apotheken erhältlich ist, besticht durch ein sehr süßes und fruchtiges, teilweise gar beeriges Aroma und einen ebenso großartigen Geschmack. Der Harzbesatz ist überdurchschnittlich hoch. Die Blüten sind dicht und kompakt und besitzen eine Nugget-ähnliche Struktur. Der Ertrag ist bei diesem selektierten Klon nicht übermäßig hoch, dennoch macht die Qualität der Blüten diesen Makel wett. Die Wirkung dieses mehrheitlich Indica-lastigen Strains ist sehr zelebral und kopflastig, wobei der hohe THC-Gehalt als nicht zu drückend beschrieben werden kann. Eine gute Mischung aus den positiven Effekten einer Indica/Sativa-Kreuzung. Auch die ***Pink Lemonade*** bzw. die bekannten Elternteile haben ihren Ursprung in den USA.

Gorilla Glue

Gorilla Glue

Von dieser Medizinalcannabis-Genetik gibt es sehr viele Variationen. Ob und welche nun wirklich die originale ist, kann wohl niemand genau sagen. Als Breeder der ***GG4***, wie ***Gorilla Glue*** auch abgekürzt wird, gilt «Joesy Whales», ein in der Community bekannter Züchter, der einige gute Sorten kreiert hat, wovon seine ***Gorilla Glue*** aber die bekannteste Kreuzung ist. Auch heute gibt es einige Liebhaber, die den originalen ***GG4***-Klon in ihrem Archiv haben. Der angegebene THC-Gehalt liegt bei 28 bis 31 Prozent THC. Patienten schätzen ***Gorilla Glue*** vor allem wegen ihrer stark entspannenden Wirkung und ihrem Potenzial, Schmerzen deutlich zu lindern. Die Blüten sind kompakt und sehr dicht. Eine leicht violette Färbung der Buds kann man des öfteren erkennen.

Banana Monkey

Banana Monkey

Auch eine Medizinalcannabis-Sorte, die in der Schweiz bekannt ist. *Banana Monkey* ist eigentlich für ihr süßes Aroma bekannt, wobei ich das nicht bestätigen kann. Die Sorte hat etwas blumiges, vielleicht auch etwas cheesiges. Die Blüten erinnern teilweise ein wenig an eine ***OG-Kush***-Variation. Der Level an THC liegt bei 21 bis 24 prozent und ist damit nicht ganz so stark wie die anderen Sorten, die ich hier vorstelle. Der mittlere THC-Gehalt der ***Banana Monkey*** eignet sich aber hervorragend für die Anwendung während des Tages. Diese Indica-dominante Kreuzung wirkt entspannend und relaxend auf den Patienten. Auch von dieser Sorte sind heute viele Varianten bekannt; ob das immer alles auf einer ***OG-Kush*** basiert, sei dahingestellt.

Cake and Punch

Cake and Punch

Weniger bekannt in unseren Breitengraden, dafür sehr beliebt in den USA: Die ***Cake and Punch*** ist ein Hybrid aus ***Wedding Cake*** und ***Purple Punch***. Der Purple-Einschlag ist bei den meisten Blüten zu erkennen, ein wirklicher Hingucker. Der Strain bildet kleine Foxtails aus. Die Blütenstruktur ist etwas besonders, da die sehr großen Blütenkelche schön ineinander greifen. Der THC-Gehalt liegt im Bereich der ***Banana Monkey***, aber die Wirkung fühlt sich stärker und intensiver an, da einige Patienten von eher kopflastigen Effekten berichten. Die Cake and Punch riecht nach süßen Beeren. Im Geschmack würde ich sie aber eher als süßlich/erdig beschreiben. Der Ertrag liegt, wie bei den meisten amerikanischen Sorten, im Mittelfeld, die Qualität ist dagegen richtig gut.

Amnesia Haze Core Cut

Die in unseren Breiten bekannteste Medizinalcannabis-Sorte, die zurzeit angebaut und kultiviert wird, stammt ebenfalls aus den USA. Allerdings ist die *Amnesia Haze Core Cut* schon seit vielen Jahren in Deutschland, Österreich und der Schweiz verbreitet. Die Stecklinge, die heute in Österreich erhältlich sind, müssen nicht immer etwas mit dem originalen Klon der AHCC zu tun haben. Der originale AHCC-Klon steht heute meist bei Liebhabern und Sortenkennern, die wohl nur im Notfall in den österreichischen Shops einkaufen würden.

Die AHCC ist für ihr zerebrales High bekannt, das Kreativität und abstraktes Denken fördert. Einige berichten auch über ein Gefühl von Euphorie, wodurch sich so mancher User oft gesprächiger verhält, was gerade im sozialen Umfeld seine Vorteile hat. Ebenfalls besonders ist das einzigartige Aroma, das man als zitronig/erdig beschreiben könnte. Dennoch kann man auch eine gewisse Süße wahrnehmen. Diese Kombination ist sehr beliebt, und das völlig zu Recht. Im Hinblick auf den medizinischen Nutzen kann Amnesia Haze bei Stimmungsstörungen wie Depressionen und Angstzuständen sowie chronischer Müdigkeit helfen, den Appetit steigern und Schmerzen lindern. Aufgrund seiner energetisierenden Wirkung eignet sie sich jedoch nicht zur Behandlung von Schlafstörungen wie Schlaflosigkeit.

Danksagung

Auch beim Verfassen der neuen Abschnitte für dieses Buch war ich immer froh über die Hilfe aus dem Freundes- und Bekanntenkreis. An dieser Stelle bedanke ich mich bei meinen Kollegen und Ex-Alpine-Breedern «Sour7», «Stoner» und «StrongSide», wahrliche Sortenkenner und Cannabisliebhaber. Die Leser werden in Zukunft sicher noch von euch hören. Tausend Dank auch an alle Partner, welche sich mittlerweile zu guten Kollegen und sogar zu Freunden entwickelt haben: Alessandro von ProS, Andreas und «Lars» von BB, Robin, Denis, Silvan, Raphael und Wabe (Deine Frikadellen sind DIE BESTEN) von CA, Michelle, Rainer und Mert von der BF – es war mir immer ein Vergnügen. Thx an «Shantibaba» aka Scott Blakey für das Angebot, beim Buch zu helfen ... ich komme sicher darauf zurück. Auch ein Shout-out an meinen Arbeitgeber und das gesamte MP-Team für den Support und die angenehme Zusammenarbeit. Nicht zu vergessen, die vielen helfenden Hände beim Nachtschatten Verlag, die es diesmal nicht so einfach mit mir hatten ... danke an Roger, Markus und Nina, wie immer großartige Arbeit und toller Verlag. Der größte Dank gebührt jedoch Anja, sie fand das stinkende «Hasch» und «Gras» nie gut und musste in den Jahren so einiges tolerieren, aber sie hat mich immer unterstützt.

Glossar

A

Acylierung — Anlagerung einer Lipidseitenkette an ein Polypeptid.

Adenin — Eine Purinbase, die in der DNA oder der RNA enthalten ist.

AF-Effekt — Abkürzung für den Autoflower-Effekt. Er beschreibt die Fähigkeit von Pflanzen, unabhängig von der Photoperiode die Blütephase einzuleiten. Oft ist eine bestimmte Wuchshöhe der Auslöser zum Blühen.

Agarosegel-Elektrophorese — Methode, um die Größe von DNA-Segmenten zu ermitteln. Dieser Prozess wird auf einem Agarosegel durchgeführt.

AHCC — Amnesia Haze Core Cut, ein selektierter und besonderer Phänotyp der Amnesia Haze.

Aktivator — Ein DNA-bindendes Protein.

alkylierendes Agens — Ein Mutagen, das Alkylgruppen an Nukleotidbasen anfügt.

Aleuron — Speicherprotein der Pflanzen.

Allel — Als Allel bezeichnet man die Ausprägungsform oder die Variation eines Gens, das sich auf einem bestimmten Abschnitt der DNS befindet. Beim Hanf bestimmen zwei oder mehrere Allele eine Eigenschaft.

Allelfrequenz — Die Häufigkeit, mit der ein bestimmtes Allel in einer Population vorkommt.

Allelhäufigkeit — *Siehe Allelfrequenz.*

allgemeine Rekombination — Rekombination zwischen zwei homologen DNA-Molekülen.

Aminosäure — Untereinheit eines Proteins.

amorphes Allel — Allel, das durch eine Mutation funktionslos geworden ist. Ein solches Allel wird auch als *Loss-of-function-Allel* bezeichnet.

Amplifikation — Die Vervielfältigung von einzelnen Genen.

Anaphase — Ein Stadium der Zellteilung bei der Mitose oder der Meiose.

Aneuploidie — Das Vorkommen von anormalen Chromosomensätzen.

Anticodon — Kurzer RNA-Abschnitt einer tRNA, der aus drei Basen besteht. Das Anticodon heftet sich bei der Translation an das Codon der mRNA. Es ist immer komplementär zum Codon der mRNA.

Anthocyan — Ein Farbpigment, das manchen Pflanzen ein rötliches Aussehen verleiht.

AP-Stelle — Ein Bereich der DNA, bei der die Basenkomponente des Nukleotids fehlt.

Austauschmutation	*Siehe Punktmutation.*
Autoradiographie	Eine Methode, mit der man radioaktive Moleküle auf einem Röntgenfilm sichtbar machen kann.
Autosom	Ein Chromosom, das kein Geschlechtschromosom ist.

B

Backcross (BX)	*Siehe Rückkreuzung.*
Basenanaloga	Verbindungen, die aufgrund ihrer ähnlichen Struktur an die Stelle der organischen Basen Adenin, Thymin, Guanin und Cytosin treten und Mutationen auslösen können.
Basenexzisionsreparatur	Ein Reparaturprozess, bei dem anormale Basen herausgeschnitten und ersetzt werden.
Basenpaar/bp	Zwei Nukleotide/Basen, die durch eine Wasserstoffbrücke verbunden sind. Beschreibt auch eine Einheit, mit der die Paare gezählt werden können.
Betm	Betäubungsmittel
BetmV	Betäubungsmittelverantwortlicher
BetmG	BetäubungsmittelgesetzGACP
	Anbaustandard «Good Agriculture and collection Practice»
Bud	Bezeichnung für die weiblichen Blütenstände einer Hanfpflanze.
Bulk/Bulkware	Waren in großen Verpackungseinheiten, die nicht für den Endverbraucher bestimmt sind.

C

Calyx	(*lat.*) Blütenkelch.
CBD	Cannabidiol, ein Cannabinoid mit eher sedierender Wirkung.
cDNA	Synthetische DNA, die von einer mRNA transkribiert wurde.
Chiasma	Kreuzförmige Struktur, die beim Überlappen von Chromatiden während der Meiose entsteht.
Clone-only	Der Begriff beschreibt eine weibliche Cannabispflanze einer einzelnen Art, die nur noch als Steckling existiert. Von solchen Strains gibt es keine originalen Samen mehr. Oft sind solche *Clone-only*-Sorten sehr alt, selten und von besonders hoher Qualität.
Chloroplast	Zellorgan von Pflanzen und Ort der Photosynthese. Gehört zur Gruppe der Plastiden.
Colchicin	Das Gift der Herbstzeitlose. Es verändert den Bestand an Chromosomen und führt zu einer Verdoppelung der Chromatiden, so dass polyploide Chromosomensätze entstehen können.

Chromatiden Chromosomenstränge nach der Replikation des Chromosoms in der S-Phase der Zellteilung.

Chromatin Proteinkomplex, aus dem die Chromosomen aufgebaut sind.

Chromomer Kondensierter Chromosomenabschnitt.

Chromosomen Träger der Gene und der genetischen Informationen. Sie bestehen aus DNS und Proteinen. In einem Chromosom befinden sich hunderte Gene. Cannabis hat 20 Chromosomen und wird auch als **2n** oder diploid bezeichnet.

CoA Certificate of Analysis, Herstellerdeklaration und Nachweis eines Herstellers, dass die Anforderungen eingehalten wurden.

Codon Besteht aus einer Sequenz von drei Nukleotiden (Triplett).

cpDNA Chloroplasten-DNA.

Cross Eine Kreuzung bzw. eine neu entstandene Sorte.

Crossing-over Rekombinationsvorgang, der zum Austausch von DNA-Segmenten und Genen führt.

Couchclock-Turn Bezeichnung für einen Rausch mit einschläfernder Wirkung, der einen sozusagen auf das Sofa zwingt.

CULT Cultivation Authorisation, eine individuelle Batchnummer, mit der eine Kultivierung behördlich registriert wird.

Cytosin Eine der vier organischen Basen in der DNA.

D

Deletion Das Fehlen eines Chromosomenabschnitts oder einer Base.

Desoxyribonukleinsäure (DNS) Trägerin der Erbinformation. *Siehe auch DNA.*

Determination Das Festlegen einer Entwicklungsmöglichkeit oder das Ausprägen eines Merkmals.

Differenzierung Das Entstehen verschiedener Zelltypen.

Diözie/diözisch Zweihäusigkeit bei Pflanzen; männliche und weibliche Merkmale entstehen auf verschiedenen Pflanzen.

Diploidie Das Auftreten von zwei homologen Chromosomensätzen (**2n**).

Diplotän Stadium bei der Zellteilung der Meiose.

divergierende Selektion Eine Art der natürlichen Selektion, bei der aus einer Ursorte zwei verschiedene einzelne Arten entstehen.

DNA *Deoxyribonucleic Acid*, engl. für Desoxyribonuklein säure (DNS).

Doppelhelix DNA-Strang.

dominantes Merkmal	Überdeckt die rezessiven Eigenschaften einer F1-Pflanze und kommt auf diese Weise zur Ausbildung. Nur in einer F2-Generation können sich auch rezessive Merkmale zeigen.
Dominanz	DieAusprägungeinesAllels.DasdominanteMerkmalunterdrückt das rezessive.
Dosidos	Dosidos, do-si-dos-steht für einen sehr starken Hybriden, aber auch umgangssprachlich für sehr starkes Haschisch.
Dosiskompensation	Mechanismus, der die Gendosis von 1X-chromosomalen (*Male*) und 2X-chromosomalen (*Female*) Pflanzen kompensiert. Inaktivierung eines X-Chromosoms bei weiblichen XX-Pflanzen gegenüber XY-*Males*.
Duplikation	Verdoppelung eines Abschnitts oder eines Chromosoms.

E

Edibles	Lebensmittel oder pharmazeutische Wirkstoffe zur oralen Einnahme
Endosperm	Nährgewebe der Hanfsamen.
Erbanlagen	Die Gesamtheit der Gene und Eigenschaften eines Organismus.
Erbsubstanz	Beschreibt die stoffliche Grundlage der Erbinformationen.
Eukaryonten	Ein- oder mehrzellige Organismen, die einen echten Zellkern und verschiedene Zellorgane besitzen.
Euploidie	So bezeichnet man das Vorhandensein ganzer Chromosomensätze.
Evolution	Umschreibung des gesamten Entwicklungsprozesses von Pflanzen, Tieren und anderen Organismen.

F

FDA	Food and Drug Administratration, US-Behörde für Lebensmittel- und Arzneimittelüberwachung.
FISH	Eine Methode, bei der fluoreszierende Moleküle eingesetzt werden, um bestimmte DNA-Abschnitte oder Gene unter einem speziellen Mikroskop sichtbar zu machen.
FMEA	«Failure Mode and Effect Analysis», eine Methode zur Bewertung von Risiken und für Maßnahmen zur Reduzierung eines Risikos.
F1-Hybrid	So bezeichnet man die erste Generation von Nachkommen, die aus zwei unterschiedlichen Elternsorten entstanden sind.
F1-Generation	*Siehe F1-Hybrid.*

F2-Generation So beschreibt man die erste Generation von Nachkommen, die aus Eltern der gleichen Art entstehen. Man spricht auch oft von der ersten *Inbreed*-Generation.

Filialgeneration Folge- oder Tochtergeneration; ausgeschriebene Form der Abkürzung «F» z. B. in F1 oder F2.

G

Gain-of-function So beschreibt man den Gewinn eines zusätzlichen Allels durch eine Mutation.

Gamet Eine in der Regel haploide Keimzelle der weiblichen oder der männlichen Pflanze.

Guanin Eine der vier organischen Basen der DNA.

Gametophyten Eine gametenbildende Generation von Pflanzen.

Gebinde Verpackungscontainer für pharmazeutische Produkte.

Gen Die Funktionseinheit, die das Rezept zur Bildung eines Proteins in sich trägt. Wird auch als Erbanlage oder Erbfaktor bezeichnet. Ein Gen besteht aus einer bestimmten Basensequenz von vielen hundert oder tausend Nukleotiden.

Gendrift Zufällige Veränderungen von Genfrequenzen, ausgelöst durch äußere Bedingungen oder endogene Faktoren, die zu verschiedenen Genotypen führen können.

Genexpression Abfolge von Ereignissen, bei der die genetischen Informationen freigesetzt und für die Zelle verfügbar gemacht werden. Eigenschaften werden ausgebildet oder Hormone gebildet. Das Gen wird exprimiert.

Gengruppen Eine Gruppe von Genen, die für ein einziges Merkmal stehen.

Genkopplung Gene, die immer zusammen weitergegeben werden, da sie gemeinsam eine Eigenschaft oder ein Merkmal bestimmen.

Genlocus Ein Ort in der Genkarte, an dem ein bestimmtes Gen lokalisiert ist.

Genom Die Gesamtheit aller genetischen Informationen eines Individuums.

Genotyp Die Form eines Organismus, die von den genetischen Informationen bestimmt wird.

Gentransfer Übertragung von Genen auf andere Individuen der gleichen oder einer anderen Art/Spezies.

Giemsa Farbstoff, mit dem Chromosomen eingefärbt werden können.

GMP «Good Manufacturer Standard», ein Standard, der zur Herstellung von pharmazeutischen Produkten angewandt werden muss.

GPPC «Good Production Process Cannabis»

H

Haploidie Davon spricht man, wenn der Chromosomensatz einer Zelle nur einfach vorhanden ist.

Headbud Englische Bezeichnung für die größte Blüte, die am Hauptstamm gebildet wird.

Helikasen Enzyme, die in allen Lebewesen vorkommen und vor allem bei der Replikation von großer Bedeutung sind.

hemizygot Vorhandensein nur eines Allels anstatt zwei, vor allem bei X-chromosomalen männlichen Pflanzen oder Individuen.

Hermaphrodit Eine Pflanze, die sowohl männliche wie auch weibliche Geschlechtsmerkmale besitzt.

heterogametisch Verschiedene Typen von Keimzellen, die ein X- oder ein Y-Chromosom besitzen können. Männliche Pflanzen produzieren solche Keimzellen.

Heterosis-Effekt Ein Effekt, der auftritt, wenn man zwei nicht verwandte Genetiken kreuzt; die Folgegeneration wächst stark, bringt viel Ertrag und ist äußerst potent. Je unterschiedlicher die Gene der beiden Sorten sind, desto größer ist der Bastard-Effekt und desto besser die Qualität der F1-Generation. Der Effekt wird mit jeder weiteren durch Inzucht entstandenen Generation schwächer.

Heterosom Bezeichnung für die Geschlechtschromosomen.

heterozygot/mischerbig Unterschiedliche Allele von Mutter und Vater befinden sich auf einer Pflanze, wie es bei Hybriden der Fall ist.

Histone Histone sind Moleküle, die positiv geladene Aminosäuren mitführen, welche die negativ geladene DNA anziehen und festhalten. Bei Eukaryonten muss die DNA stärker verpackt werden. Darum wird sie wie bei einer Spule um die Histone gewickelt.

HMG HeilmittelgesetzPharm. Helv.

Pharmakopöe Helvetica,

Arzneimittelbuch der Schweiz

homogametisch Das sind Individuen, die nur einen Typ von Keimzellen produzieren, wie z. B. weibliche Pflanzen, die nur Keimzellen mit einem X-Chromosom haben.

homogen Beschreibt die Gleichheit der Eigenschaften und Merkmale aller Pflanzen in einer Population.

homologe Gene Ähnliche oder identische Gene, die auf homologen Chromosomen lokalisiert sind.

homozygot/reinerbig Reinrassige Individuen, die identische oder sehr ähnliche Gene von der Mutter und dem Vater besitzen.

Hybridisierung — Die Zusammenlagerung von zwei komplementären organischen Basen.

Hydro/Hydrosystem — Indoor-Anbau mit automatischen Bewässerungssystemen, bei denen Nährstoffe genau dosiert werden können und der Sauerstoffgehalt an den Wurzeln 90–100 Prozent beträgt, wodurch ein schnelleres Wachstum garantiert ist.

Hypokotyl — Der unterste Sprossabschnitt von Samenpflanzen.

I

Inbreed — Englisches Wort für Inzucht.

Inbreedlines — Inzuchtlinien, also Sorten, die dadurch entstehen, dass eine gleiche Generation immer wieder mit sich selbst gekreuzt wird (F1 x F1 oder F2 x F2).

Induktor — Ein Molekül, das die Ausbildung eines Gens induziert, indem es an ein bestimmtes Protein bindet.

Insertionsmutation — Eine Mutation, die durch zusätzliches Einfügen eines oder mehrerer Nukleotide in die DNA-Sequenz ausgelöst wird.

interkalierendes Agens — Eine Verbindung, die in den Raum zwischen den Basen eindringt und dadurch Mutationen auslösen kann.

intermediärer Erbgang — Eine Mischform von Pflanzen, die entsteht, wenn es zwei dominante oder zwei rezessive Allele für eine Eigenschaft gibt.

Interphase — Die Phase zwischen den Zellteilungen.

Inzuchtdepression — Beschreibung für negative Folgen wie z. B. Stressanfälligkeit, Anfälligkeit für Schädlinge und Krankheiten, verminderte Leistung und Mutationen an Blättern oder Stamm. die an den Pflanzen auftreten, wenn Pflanzen immer wieder mit sich selbst bestäubt werden.

K

Karte/Genkarte — Ein Diagramm, das die Position von Genen oder physikalischen Markern im Genom darstellt.

Karyogramm — Ist die Darstellung der gesamten Chromosomen in einer Zelle, bei der jedes Chromosom durch seine Merkmale in der Metaphase typisiert wird.

KbE — Koloniebildende Einheiten, Einheit zur Mengenbestimmung von Mikroorganismen.

Keeper-Plants — Hochwertige Pflanzen, die aufgrund ihrer besonderen Eigenschaften als Steckling und Mutterpflanze erhalten werden. Aus ihnen entstehen sehr oft Clone-only-Pflanzen.

Kerngenom — Sind die im Zellkern enthaltenen DNA-Moleküle.

Kilobasenpaar/kb — Einheit, die 1000 Basenpaare beschreibt.

Kinetochor Teil des Zentromers, an den die Spindelfasern bei der Zellteilung binden.

Klon Eine Gruppe von Zellen, die das gleiche DNA-Molekül enthalten.

Klonbibliothek So bezeichnet man eine Sammlung von Klonen des gesamten Genoms, aus der man bestimmte Klone isolieren kann.

kohäsives Ende Dasjenige Ende des doppelstrangigen DNA-Moleküls, bei dem der DNA-Strang verlängert ist.

komplementäre Basenpaare Bezeichnet zwei Nukleotide oder Basen, die eine Basenpaarung eingehen können, beispielsweise Adenin mit Thymin (A–T) und Guanin mit Cytosin (G–C).

Kotyledonen Keimblätter.

Kush Es gibt zwei unterschiedliche Kush-Formen. Einmal sind damit Sorten gemeint, die aus der Hindukusch-Region stammen. Man bezeichnet aber auch Variationen der OG-Kush weitläufig als Kush, obwohl die OG-Kush nichts mit dem Hindukusch zu tun hat.

L

Landrasse Eine Population von Pflanzen, die sich seit mehr als 10 Jahren unabhängig vom Menschen weiterentwickelt und vermehrt.

Leitstrang Derjenige Strang einer Doppelhelix, welcher während der Replikation auf kontinuierliche Weise kopiert wird.

letale Gene Können im aktiven Zustand den Tod eines Organismus herbeiführen.

letale Mutation Eine Mutation, die zum Tod des Organismus führt.

Ligase Ein Enzym, das vor allem bei der Replikation und bei Reparaturprozessen gebraucht wird.

Locus Die chromosomale Position eines genetischen Markers.

M

Makrochromosom Eines der größeren Chromosomen, die relativ wenige Gene enthalten.

Marker Beschreibt ein Unterscheidungsmerkmal in einer genomischen Karte. Eindeutig identifizierbare DNA-Abschnitte, deren Ort im Genom bekannt ist, werden ebenfalls als Marker bezeichnet.

Matrize Beschreibt die Vorlage des DNA-Strangs bei der Transkription.

MedCan Abkürzung für «medizinisches Cannabis»

Megabasenpaare/Mb	Einheit, mit der die Basenpaare gezählt werden (1 Mb = 1000 kb = 1000000 bp)
Megasporophyll	Weibliche Eizelle. Bei Cannabis verwendet man meist diesen Begriff anstatt des Begriffs «Eizelle»
Meiose	Diejenige Form der Zellteilung, bei der aus einem diploiden Zellkern haploide Geschlechtszellen entstehen.
Mendelsche Regeln	Veraltete Bezeichnung: *Mendelsche Gesetze*. Mathematische Gesetzmäßigkeiten, mit denen man die Anzahl an Genotypen grundlegend vorhersehen kann.
Meristem	Ein Gewebetyp der Pflanzen, der aus undifferenzierten Zellen besteht.
Messenger RNA/m-RNA	Das Transkript eines proteinkodierenden Gens.
Metaphasenchromosom	Ein Chromosom in der Metaphase der Zellteilung. In diesem Zustand kann man Chromosomen sichtbar machen.
MiBi	Mikrobiologie, eine mikrobiologische Analyse
Microarray	Eine Bezeichnung für moderne Untersuchungsmethoden, bei der nur sehr wenig Probematerial gebraucht wird.
Mikrosatellit	Ein einfacher Sequenzlängenpolymorphismus, der aus vielen Wiederholungen von drei bis vier Basenpaarungen besteht. Wird auch oft als *SSR* bezeichnet.
Mikrospore	Bei Cannabis bezeichnet man den männlichen Pollen nicht als Spermium, sondern meist als Mikrospore.
Mikrotubulin	Eine der drei Arten der Spindelfasern.
Minisatellit	Ein einfacher Sequenzlängenpolymorphismus, der aus vielen Wiederholungen von zehn bis zwölf Basenpaarungen besteht. Wird auch oft als *VNTR* bezeichnet.
Missense-Mutation	Eine Veränderung in der Basensequenz, die ein Codon für eine Aminosäure in ein Codon einer anderen Aminosäure umwandelt.
Mitose	Zellteilung, bei der Zellen kopiert werden.
monohybrider Erbgang	Ein Erbgang, bei dem sich die Elternpflanzen in einem Merkmal unterscheiden.
M-Phase	Eine Phase bei der Zellteilung der Mitose oder der Meiose.
Mutagene	Stoffe oder physikalische Faktoren, die Mutationen auslösen können.
Mutant	Eine Zelle oder ein Organismus, der eine Mutation in sich trägt.
Mutations-Scanning	Eine Reihe von Untersuchungen, um Mutationen in einem Organismus zu ermitteln.

N

NDL Abkürzung für die Natriumdampflampe, welche man in der Blüte und der Wachstumsphase verwenden kann. Jede NDL benötigt ein Leuchtmittel im richtigen Lichtspektrum: Blau/Weiss für das Wachstum und Rot/Orange für die Blütephase.

NDS Meldesystem der Cannabis Agency der Swissmedic, hier werden alle Kultivierungen angefragt, genehmigt, überwacht und abgeschlossen.

Nichtkodierende RNA Ein RNA-Molekül, das kein Protein kodiert.

Nodien Die Pflanzenknoten am Stamm, an denen ein oder mehrere Blätter ansetzen.

Nonsense-Mutation Eine Veränderung in der Basensequenz, die ein Triplett für eine Aminosäure in ein Stoppcodon umwandelt.

Nuklease Ein Enzym, das Nukleinsäuremoleküle abbaut.

Nukleinsäuren Verschiedene Makromoleküle, die aus biologischen Bausteinen bestehen. Die bekanntesten Nukleinsäuren sind die DNA oder die RNA.

Nukleus Zellkern.

Nukleosom Ein Komplex aus vier doppelt vorhandenen Histonen.

Nukleotid Grundbaustein der DNA und RNA; besteht aus einem Zucker, einem Phosphat und einer Basenkomponente.

Nukleotidsequenz Auch Basensequenz genannt; sie beschreibt die Reihenfolge der Basenpaare.

O

offenes Leseraster Beginnt mit dem Startcodon und endet mit einem Stoppcodon. Die dazwischenliegende Basensequenz enthält das Rezept zur Bildung eines Proteins.

Okazaki-Fragment Ein kurzes Segment, das bei der Replikation des Doppelstranges synthetisiert wird.

Oligonukleotid Ein kurzes synthetisches, einzelsträngiges DNA-Molekül.

One2One Damit ist ein Einzelgespräch zwischen Mitarbeiter und Vorgesetzten gemeint.

OOS-Batch Out of Specification, eine produzierte Charge die außerhalb der geforderten Spezifikationen liegt und keine Marktfreigabe hat.

Organellen Einfach ausgedrückt sind das die Organe einer Zelle. Organellen in der Pflanzenzelle sind zum Beispiel der Zellkern, die Chloroplasten und die Chromoplasten.

P

P-Arm	Der kürzere Arm der Chromosomen.
Parentalgeneration/P1	Die Elternpflanzen einer Kreuzung.
Perikarp	Das Fruchtgehäuse oder die Fruchtwand bei Samenpflanzen.
Phage	Ein Virus, der ein Bakterium infizieren kann. Verschiedene Arten von Phagen werden vor allem in der Gentechnik eingesetzt.
Phänotyp	Der Begriff beschreibt das äußere Erscheinungsbild, das durch Umweltfaktoren beeinflusst wird.
Pharmazeutischer Wirkstoff	aktive und pharmakologische Bestandteile eines Arzneimittels
Photoperiode	Belichtungszeit oder Lichtlänge pro Tag, also die Zeit, in der Pflanzen das Licht nutzen können.
Photosynthese	Ein biologischer Vorgang, bei dem aus Wasser, Licht und Kohlendioxid Traubenzucker hergestellt wird. Als Abfallprodukt entsteht Sauerstoff.
Plasmid	Ein in der Regel ringförmiges Stück DNA, das häufig in Bakterien vorkommt und in der Gentechnik verwendet wird.
polygene Vererbung	Wird auch als Polygenie bezeichnet. Es beschreibt das Zusammenwirken nichtalleler Gene bei der Bestimmung eines Merkmales. Nichtallele Gene sind Gene, die unterschiedliche Eigenschaften steuern, aber trotzdem ein gemeinsames Merkmal beeinflussen können.
Polyhybrid/Multihybrid	Eine Kreuzung, die aus mehreren eigenständigen Sorten besteht und somit auch eine gewisse Variation an Phänotypen aufweist. Solche Strains sind nicht zur Zucht geeignet, da sie sehr oft aus zu vielen verschiedenen Genetiken bestehen.
Polymerase-Kettenreaktion (PCR)	Beschreibt eine Methode zur In-vitro-Vervielfältigung der Erbsubstanz.
Polypeptid	Ein Peptid, das aus mindestens zehn Aminosäuren besteht.
Primase	Ein RNA-Polymeraseenzym, das während der Replikation synthetisiert wird.
Primer	Ein kurzes Oligonukleotid, das an ein einzelsträngiges DNA-Molekül bindet, um einen Startpunkt am Synthesestrang zu liefern.
Prokaryonten	Zellen, bei denen kein Zellkern vorhanden ist
Prophase	Eine der Phasen bei der Zellteilung.
Protein	Ein Makromolekül aus vielen Aminosäuren.
PSA	Persönliche Schutzausrüstung
Punktmutation	Eine Mutation infolge eines einzelnen Basenaustauschs.

Punnett-Quadrat — Hilfsmittel, mit der man eine Kreuzung von Pflanzen und die Verschmelzung der Eltern-Allele beschreiben und eine theoretische Vorhersage der nachfolgenden Generation treffen kann.

Purin — Eine Form der beiden stickstoffhaltigen Basen, die in Nukleotiden vorkommen.

Q

QM/QMS — Qualitätsmanagement/Qualitätsmanagement-System, ein System, das Prozesse steuert, deren praktische Umsetzung überwacht und eine gleichbleibend hohe Qualität garantiert.

R

Radicula — Begriff für die Keimwurzel des Sämlings, wenn er aus dem Samen kommt.

Rekombinante — Ein Nachkomme, der keine elterlichen Allele besitzt.

repetitive DNA — So bezeichnet man eine DNA-Sequenz, die mehrfach in einem Genom wiederholt wird.

Repeat-Sequenzen — Sequenzen im Genom, die mehrfach wiederholt werden. Sie werden wiederum in verschiedene Bereiche unterteilt, je nachdem, aus wie vielen Basen sie besteheund wo diese Sequenzen vorkommen, z. B. Mikrosatellit oder STR (*Short tandem repeat*).

Replikation — Die Vervielfältigung der Erbanlagen in den Zellen.

rezessives Merkmal — Ein rezessives Merkmal wird immer von einem dominanten Merkmal überdeckt.

RFLP — Der Restriktionsfragment-Längenpolymorphismus ist eine Methode, um einen genetischen Fingerabdruck zu ermitteln. Wird bei Vaterschaftstests oder in der Kriminaltechnik eingesetzt.

Ribose — Ein Zucker in einem Ribonukleotid.

Ribosom — Ein makromolekularer Komplex, der aus Proteinen aufgebaut ist und bei der Translation sehr wichtig ist.

RNA-Polymerase — Ein spezielles Enzym, das RNA synthetisiert.

Rückkreuzung/Backcross/BX — Als Rückkreuzung bezeichnet man das Kreuzen einer F1-Generation mit einem Exemplar ihrer Grundeltern (F1 x P1). Auf diese Weise werden bestimmte Merkmale auf einer Generation fixiert, die Population wird stabiler.

S

Satelliten-DNA — Sequenzen, die sich mehrfach wiederholen können und vor allem am Telomer oder den Zentromeren vorkommen

Selektion	Das Auswählen von besonders guten Pflanzen. Auch bei der Trennung der beiden Geschlechter spricht man von Selektion.
Shotgun-Methode	Eine Untersuchungsmethode bei der Genomsequenzierung.
SoG	Abkürzung für *Sea-of-Green*-Methode, ist eine Indoor-Zuchtform, bei der die Blüten mit sehr geringem Abstand zueinander unter den Lampen platziert werden.
somatische Zelle	Körperzelle. Teilt sich durch Mitose.
S-Phase	*Siehe Synthese-Phase.*
spontane Mutation	Eine plötzlich auftretende Mutation, die durch einen Replikationsfehler entsteht.
stabilisierende Selektion	Eine Form der natürlichen Selektion, bei der eine Population weiter optimiert wird, indem sich bestimmte Eigenschaften immer weiter durchsetzen, bis die meisten Individuen dieses Merkmal besitzen.
Stammbaum	Zeigt die genetische Verwandtschaft.
Startcodon	Gibt den Startpunkt eines kodierenden Gens an.
stille Mutation	Eine Mutationsform, die keine Auswirkungen auf den Organismus hat.
Stomata	Spaltöffnungen an der Unterseite der Blätter.
Stoppcodon	Gibt die Stelle an, an der die Translation enden soll.
Strain	Eine bestimmte genetische Variante (Art, Rasse).
STS-Lösung	So bezeichnet man eine Lösung, die aus Natriumthiosulfat und Silbernitrat besteht und zum Feminisieren bzw. der Herstellung von rein weiblichen Samen benutzt wird.
STS-Sequenz (*Sequence Tagged Site*)	Eine bestimmte Sequenz, die nur einmal in einem Genom vorkommt. Mit dieser Sequenz können genetische Proben einer Art oder einer Spezies zugeordnet werden.
synonyme Mutation	Ist eine Mutation, bei der ein Codon gegen ein anderes eingetauscht wird, das aber die gleiche Aminosäure kodiert.
Synthese-Phase	In dieser Phase des Zellzyklus findet die DNA-Synthese statt.

T

TAMC	«Total aerobic microbial count», Menge an aeroben Bakterien.
Telomer	Das Ende eines Chromosoms.
Tetraploide	Ist eine spezielle Art der Polyploidie, bei der die Individuen vier Chromosomensätze haben.

THC — Tetrahydrocannabinol. Eines der vielen aktiven Cannabinoide, die man in der Hanfpflanze findet und das rauscherzeugende Eigenschaften besitzt.

Thymin — Eine der vier organischen Basen der DNA.

Transfer-RNA — Wird auch als tRNA bezeichnet und dient bei der Translation als Adapter und dekodiert zugleich den genetischen Code.

transformierende Selektion — Beschreibt eine Art der natürlichen Selektion, bei der äußere Bedingungen wie Klimaschwankungen die Anzahl der Individuen in einer Population verringern; die Merkmale, die sich vorher durchgesetzt haben, gehen verloren und neue, bessere Eigenschaften werden von Generation zu Generation weitergegeben.

transgene Pflanze — Eine Pflanze, die ein kloniertes Gen enthält.

Transition — Eine Art der Punktmutation.

Transkript — Die RNA-Kopie eines Gens.

Transkription — RNA-Synthese an der DNA-Matrize durch RNA-Polymerasen.

Translation — Proteinsynthese an der RNA-Matrize mittels Ribosomen.

Translokation — Bei dieser Mutation wird ein Chromosomenabschnitt auf ein anderes, nicht homologes Chromosom übertragen.

Triplett — Eine Folge von drei Nukleotiden, die zusammen ein Codon bilden.

Triploidie — Das Auftreten von drei Chromosomensätzen im Genom.

Tylakoiden — Membransysteme, die in den Chloroplasten vorkommen und die eine wichtige Funktion bei der Photosynthese übernehmen.

TYMC — «Total combined yeast/mold», Menge an Schimmelpilzen und Hefen.

U

Uniformität — Ist die Übereinstimmung der Individuen der ersten Tochtergeneration zweier miteinander gekreuzter Sorten.

V

Vererbung — Weitergabe der genetischen Informationen von den Eltern an die Nachkommen.

W

Wildtyp So bezeichnet man die in der Natur auftretende Form eines Gens bzw. eines Merkmals.

X

X-chromosomale Vererbung Ist die Weitergabe der auf dem X-Chromosom liegenden Erbanlagen.

Z

Zellkern *Siehe Nukleus.*

Zellzyklus Der gesamte Vorgang von der Entstehung zweier Tochterzellen aus einer Mutterzelle bis zur erneuten Teilung.

Zentromer Die Stelle, an der die Spindelfasern am Chromosom andocken. Der Punkt, an dem sich die Schwesternchromatiden kreuzen.

Zwitter *Siehe Hermaphrodit.*

Zygote Das diploide Verschmelzungsprodukt von weiblicher und männlicher Keimzelle nach der Befruchtung.

Zytoplasma Beschreibt die Grundsubstanz einer Zelle, die zu großen Teilen aus Wasser besteht, aber auch Proteine, Nukleinsäuren, Ionen und Kohlenhydrate enthält. Im Zytoplasma befinden sich zudem abgetrennte Organellen wie zum Beispiel der Zellkern oder die Ribosomen.

Zytoskelett Ein aus Proteinen bestehendes Netzwerk im Zytoplasma, das wichtige Aufgaben in der Zelle übernimmt. Es verleiht der Zelle die benötigte Stabilität, ist verantwortlich für den zellinternen Transport und für die Bewegung der Zelle als Ganzes.

1,2,3 . .

12/12 12 Stunden Licht, 12 Stunden Dunkelheit. Der Standard für die Blühphase beim Indoor-Anbau.

18/6 18 Stunden Licht, 6 Stunden Dunkelheit. Der Standard für die Vegetationsphase beim Indoor-Anbau.

Quellenverzeichnis

Fotos

- Danke an Stoner (Alpine-Seeds), Homey, Thinkgreen, Gordon & Thomas von Tattwas, Indicalover und Sour für die freundliche Genehmigung zur Verwendung ihrer Fotos.
- Seite 223: Clematis/Wikimedia
- Seite 267: Madeleine Price Ball/Wikimedia
- Seite 272: Nephron/Wikimedia
- Seite 275: James Tourtellotte/Wikimedia
- Seite 268, 269, 270, 273, 308, 309: Wikimedia
- Seite 324: Dani Winter, Basel
- Infografiken, Seite: 222, 227, 228, 229, 230, 233, 234, 236, 250, 314: Wikimedia
- Seite 345, 354, 356, 372, 376, 385, 389: Shutterstock
- Seite 357, 371: iStock
- Seite 359: swissextract.ch
- Seite 367: Wikimedia
- Seite 417, 420: Seedfinder

Literatur (Auswahl)

Sollte eine Quellenangabe unzureichend sein, bitten wir um Kontaktaufnahme mit dem Verlag.

- Riedel, Marko (2005): In situ Hybridisierung an Hanf (Cannabis sativa L.) Chromosomen. Disseration, Martin-Luther-Universität Halle-Wittenberg
- Online abrufbar unter http://sundoc.bibliothek.uni-halle.de/diss-online/05/06H036/prom.pdf
- Flachowsky, H. (2003): Erstellung einer genetischen Karte an Hanf (Cannabis sativa L.) mit molekularen Markern. Dissertation, Martin-Luther-Universität Halle-Wittenberg.

www.grow.de
grow_magazin
GrowMagazin
grow!
magazin
since 1995
Alle 2 Monate
"erntefrisch"
im Handel...
Neues zum
Cannabis-Gesetz
& täglich im Internet auf www.grow.de
ePaper
NEU!
Das grow! Magazin als ePaper
www.grow.de
Cannabis-Growlampen
Maximierung von Gewicht & Potenz
Homegrowing
Nachhaltiges Gärtnern
Künstliche Intelligenz
beim Cannabis-Anbau?
grow_magazin
GrowMagazin

stecklingsverkauf.de
GUARDIANS OF GENETICS
Samen
Erwerb und die Einführung von THC-Stecklingen aus Österreich für den privaten Eigenanbau in Deutschland ist legal.
total legal
10% Rabattcode auf die erste Bestellung!
GROW
Aussergewöhnliche und geprüfte Genetiken
Versand nach Deutschland & Österreich
Diskrete Verpackung und schneller Versand

Anbau und Growing

3. Auflage

Philip Adams
Weedology
Alles über den Cannabis-Anbau
ISBN 978-3-03788-538-3
356 Seiten, 14,8 × 21 cm, Broschur

Überarbeitete und aktualisierte Neuauflage

Chuck LOre
Cannabis
Anbau, Ernte und Konsum
ISBN 978-3-03788-592-5
ca. 120 Seiten, 12 x 20,3 cm
Softcover

Der Klassiker in der 13. Auflage

Jorge Cervantes
Marihuana drinnen
Alles über den Anbau im Haus
ISBN 978-3-907080-92-4
344 Seiten, 14,7 × 21 cm, Broschur

Jorge Cervantes
Marihuana Anbaugrundlagen
Der praktische Leitfaden für Cannabisfreunde
ISBN 978-3-03788-197-2
240 Seiten, 15 × 21 cm, Broschur

Ed Rosenthal
Marijuana Growers Handbuch
ISBN978-3-03788-263-4
444 Seiten ,17 × 24 cm, Softcover

Ed Rosenthal
Cannabis-Anbau mit LED
Innovative Beleuchtung fürs Indoor-Growing
ISBN 978-3-03788-657-1
88 Seiten, 14,8 × 21 cm,
Softcover

NACHTSCHATTEN VERLAG

Nachtschatten Verlag AG
Kronengasse 11
CH-4500 Solothurn
Tel +41 (0)32 621 89 49
Fax +41 (0)32 621 89 47
www.nachtschatten.ch
info@nachtschatten.ch

HANFGARTEN
Experte für Cannabis Heimanbau seit 2015
DER ONLINESHOP FÜR DEINEN BLÜHENDEN ERFOLG
• Samen, Stecklinge & Pflanzen in bester Bio-Qualität
• Hochwertiges Grow-Zubehör für deinen erfolgreichen Indoor-Anbau
• Know-how & individuelle Beratung von unseren Expert:innen
www.hanfgartenshop.de
-15% RABATT
mit dem Gutschein-code: HG15NK
*Gutschein einmalig einlösbar. Nicht mit anderen Aktionen kombinierbar. Keine Barablöse.